Physik
im
Nachkriegsdeutschland

Dieter Hoffmann (Hrsg.)

Physik
im
Nachkriegsdeutschland

Verlag
Harri
Deutsch

Die Deutsche Bibliothek - CIP-Einheitsaufnahme

Die Deutsche Bibliothek verzeichnet diese Publikation in der Deutschen Nationalbibliografie; detaillierte bibliografische Daten sind im Internet über <http://dnb.ddb.de> abrufbar.

ISBN 3-8171-1696-9

Dieses Werk ist urheberrechtlich geschützt.
Alle Rechte, auch die der Übersetzung, des Nachdrucks und der Vervielfältigung des Buches - oder von Teilen daraus - sind vorbehalten. Kein Teil des Werkes darf ohne schriftliche Genehmigung des Verlages in irgendeiner Form (Fotokopie, Mikrofilm oder ein anderes Verfahren), auch nicht für Zwecke der Unterrichtsgestaltung, reproduziert oder unter Verwendung elektronischer Systeme verarbeitet werden.
Zuwiderhandlungen unterliegen den Strafbestimmungen des Urheberrechtsgesetzes.
Der Inhalt des Werkes wurde sorgfältig erarbeitet. Dennoch übernehmen Autoren, Herausgeber und Verlag für die Richtigkeit von Angaben, Hinweisen und Ratschlägen sowie für eventuelle Druckfehler keine Haftung.

© Wissenschaftlicher Verlag Harri Deutsch GmbH, Frankfurt am Main, 2003
Druck: Rosch - Buch Druckerei GmbH, Scheßlitz
Printed in Germany

Inhalt

Vorwort 7

Kontexte

DIETER HOFFMANN / HUBERT LAITKO
Zwischen Erneuerung und Kontinuität: Rahmenbedingungen ostdeutscher Physik
in der Nachkriegszeit 11

KLAUS HENTSCHEL / GERHARD RAMMER
Nachkriegsphysik an der Leine: eine Göttinger Vogelperspektive 27

MARIA OSIETZKI
Die Physik im Kontext der Disziplinen: Wissenschaftliche Politikberatung und
„Sozialkompetenz" im Deutschen Forschungsrat 1949–1951 57

CATHRYN CARSON
Bildung als Konsumgut: Physik in der westdeutschen Nachkriegskultur 73

Institutionen

NORMAN FUCHSLOCH
Autonomie der Hochschule oder staatlicher Zwang? Die Auflösung des Radium-Instituts
der Bergakademie Freiberg und das Gesetz Nr. 25 der Alliierten Kontrollbehörde 89

BURGHARD CIESLA / DIETER HOFFMANN
Wie die Physik auf den Weißen Hirsch kam: Zur Gründung des Forschungsinstituts
Manfred von Ardenne 99

PETER NÖTZOLDT
Ein tolles Gaunerstück der Physiker: Die Gründung der Forschungsgemeinschaft der
naturwissenschaftlichen, technischen und medizinischen Institute der Deutschen Akademie
der Wissenschaften zu Berlin im Jahre 1957 111

FLORIAN HARS
Geschichte des DESY: Der Weg nach Innen als Weg nach Oben. DESY und die
Hochenergiephysik in den Verliererstaaten des Zweiten Weltkriegs 127

Disziplinen

HELMUT RECHENBERG
Kern- und Elementarteilchenphysik in Westdeutschland und die internationalen
Beziehungen (1946–1958) 141

THOMAS STANGE
Die Reinstitutionalisierung der Kernphysik in der DDR 155

KAI HANDEL
Physik und Industrieforschung oder die Suche nach dem „richtigen" Halbleitermaterial   167

OTFRIED MADELUNG
Schottky – Spenke – Welker. Erinnerungen an die „Gründerjahre" der Halbleiterphysik in
Deutschland nach dem zweiten Weltkrieg 179

Personen

JOST LEMMERICH
Lise Meitner – eine Chance zur Rückkehr nach Deutschland? Es gibt für sie aber
unüberwindbare Schranken, wenn auch die Sehnsucht zur Rückkehr bleibt 191

ANIKÓ SZABÓ
Re-Emigration und Wiedergutmachung. Die Ordinarien Max Born und James Franck ... 201

BURGHARD WEISS
„Ein Forscher ohne Labor ist wie ein Soldat ohne Waffe": Ernst Schiebold und die
zerstörungsfreie Materialforschung und -prüfung in Deutschland 209

GÜNTER DÖRFEL
Werner Hartmann: Industriephysiker, Hochschullehrer, Manager, Opfer 221

Personenregister 231
Autorenverzeichnis 236

Vorwort

Die im vorliegenden Sammelband zusammengefaßten Aufsätze gehen auf Vorträge der VIII. Physikhistorischen Tagung zurück, die am 18. und 19. März 1999 in Heidelberg stattfand. Veranstalter war der Fachverband Geschichte der Physik der Deutschen Physikalischen Gesellschaft.

Beschäftigten sich die vorangegangenen Physikhistorischen Tagungen mit physikalischen Phänomenen und Theorien oder auch mit Umbruchzeiten der Physik, so wurde im Jahre 1999 das 50jährige Jubiläum der Gründung zweier deutscher Teilstaaten - der Bundesrepublik Deutschland und der Deutschen Demokratischen Republik - zum Anlaß genommen, die Geschichte der Physik im Nachkriegsdeutschland in den Mittelpunkt zu stellen. Die Tagungsorganisatoren ließen sich dabei nicht allein vom Jubiläumsdatum leiten, sondern vor allem von der Tatsache, daß nach dem Untergang der DDR und dem Ende des Kalten Krieges zeitgeschichtliche Themen ins Zentrum wissenschaftlichen wie öffentlichen Interesses rückten und insbesondere die Geschichte der DDR zu einem Schwerpunkt historischer Untersuchungen geworden war. Dabei dominierten allerdings allgemeinhistorische, sozial- und politikwissenschaftliche Fragestellungen, wogegen Fragen der Wissenschafts- und Technikgeschichte, der Forschungs- und Technologiepolitik und nicht zuletzt physikhistorische Themenstellungen höchst selten thematisiert worden sind. Solche Defizite zeithistorischer Forschung machten das Tagungsthema "Physik und Physiker in Deutschland nach dem zweiten Weltkrieg (1945/55)" sowohl attraktiv als auch aktuell – und der rege Besuch der Tagung bestätigte dies.

Mit dem Tagungsthema sollte aber nicht allein auf zeithistorische Forschungslücken aufmerksam gemacht werden, sondern es stellt auch einen Versuch dar, die Physikentwicklung in beiden deutschen Staaten nicht – wie häufig üblich - in getrennter Darstellung zu behandeln, sondern aus einer gesamtdeutschen Perspektive zu reflektieren. Damit wird sowohl den gemeinsamen historischen Wurzeln als auch dem wechselseitigen Bezug beider deutscher Staaten bzw. ihrer permanenten Konkurrenz entsprochen, was gerade für die Aufbauphase, d.h. das lange Jahrzehnt nach dem Zweiten Weltkrieg von besonderer Relevanz ist. Eine solch vergleichende Perspektive befördert nicht zuletzt die exemplarische Erörterung von Fragen, die gerade die jüngere wissenschaftshistorische Forschung immer wieder in den Mittelpunkt rückt - so das Problem von Kontinuitäten und Diskontinuitäten bei Entwicklungsprozessen und im Verhalten von Funktionseliten, die Frage nach den (unterschiedlichen) Leitbildern und Grundsätzen beim Wiederaufbau der Physik in beiden deutschen Staaten oder die Problematik der Handlungsspielräume und Entwicklungsmöglichkeiten moderner Wissenschaft unter demokratischen und diktatorischen Machtverhältnissen. Ein solcher Fragenhintergrund gestattet es zudem, die Geschichte der Physik im Nachkriegsdeutschland nicht auf eine reine Personen-, Institutionen- oder Ideengeschichte zu reduzieren, sondern diese auch als Gesellschaftsgeschichte zu verstehen, also die Wirkungen der Physik und ihrer Repräsentanten auf Politik und Gesellschaft herauszustellen und als Bestandteil der allgemeinen Kultur und Lebenswirklichkeit zu erfassen.

Diesen Leitlinien versucht die Gliederung des Buches in vier Themenfeldern - Kontext, Institutionen, Disziplinen, Personen – zu folgen. Reflektiert werden dabei die unterschiedlichen Ebenen des Wissenschaftsbetriebs: von der Makroebene, die Studien zu den allgemeinen wissenschaftspolitischen und institutionellen Rahmenbedingungen des Wiederaufbaus sowie die spezielle Rolle der Physik in der deutschen Nachkriegskultur betreffen, über Untersuchungen zu speziellen physikalischen Institutionen und verschiedenen physikalischen Teildisziplinen bis hin zu biographischen Porträts einzelner Physiker. Auch wenn bei einigen Beiträgen der Zeithorizont auch auf die Jahre der nationalsozialistischen Diktatur zurückgreift oder bis in die 1970er Jahre reicht, liegt der Schwerpunkt doch eindeutig auf die Nachkriegszeit, d.h. die Gründungs- und Aufbauphase der Physik in beiden deutschen Teilstaaten im langen Nachkriegsjahrzehnt, d.h. zwischen 1945 und den späten fünfziger Jahren.

Dem Charakter der Tagung entsprechend, konnten keineswegs alle Forschungsgebiete und aktuellen Probleme systematisch behandelt oder gar abgedeckt werden, so daß auch vom vorliegenden Protokollband kein abschließendes Bild über die Geschichte der Physik im Nachkriegsdeutschland zu erwarten ist. Er versteht sich vielmehr als eine erste, schlaglichtartige Bilanz einer der spannendsten, aber auch bislang nur wenig aufgearbeiteten Epochen der Physikgeschichte in Deutschland. Daß hierbei wohl mehr Fragen aufgeworfen als gelöst wurden, sollte nicht als Mangel, sondern vielmehr als Anregung empfunden werden, die entsprechenden physik- und wissenschaftshistorischen Leerstellen durch weitere Forschungen zu füllen.

Allen Autoren ist ganz herzlich für die Bereitschaft zu danken, ihre Vortragsmanuskripte in eine Druckfassung zu bringen. Ganz persönlich habe ich Dank zu sagen für die Nachsicht, mit der sie die ungewöhnlich lange Drucklegung ihrer Beiträge hingenommen haben. Dem Harri Deutsch Verlag und namentlich Frau Christine Bönisch sei ebenfalls für die geduldige und aufgeschlossene Zusammenarbeit gedankt.

Berlin, im Herbst 2002

Dieter Hoffmann

Kontexte

DIETER HOFFMANN / HUBERT LAITKO

Zwischen Erneuerung und Kontinuität: Rahmenbedingungen ostdeutscher Physik in der Nachkriegszeit

"... für die Lehre arbeitsfähig, jedoch nur mit starken Beschränkungen für die Forschung ist das Physikalische Institut. Der Wiederaufbau der naturwissenschaftlichen Institute der Universität ist dringendste Aufgabe, die im Rahmen der Durchführung des Investitionsplans zu erfüllen ist. Auch die Besetzung der Lehrstühle lässt empfindliche Lücken offen."[1] Dies liest man in einem Zustandsbericht der Universität Leipzig vom Frühjahr 1949 und dieser Bericht wirft ein charakteristisches Schlaglicht auf die institutionellen und personellen Rahmenbedingungen von physikalischer Forschung und Lehre im Osten Deutschlands. So oder ähnlich sah es in der Nachkriegszeit an den meisten Universitäten und auch an den außeruniversitären Forschungseinrichtungen aus - beispielsweise klagte Christian Gerthsen, Direktor des Physikalischen Instituts der Berliner Universität, in einem Bericht an die Zentralverwaltung für Volksbildung vom Herbst 1945, daß von den sechs Physikprofessuren der Universität allein er "mit der kommissarischen Weiterführung des Amtes beauftragt" sei und es zudem wegen der totalen Zerstörung des Instituts in den letzten Kriegstagen an fast allen Forschungs- und Lehrmitteln fehle.[2]

Der Neuanfang im Osten unterschied sich so kaum von dem im Westen und war von den Zufälligkeiten des Kriegsgeschehens und des Kriegsausgangs geprägt - davon, welche Gebäude und Apparaturen noch vorhanden und nutzbar waren und welche Physiker an welchem Ort zur Verfügung standen. So waren die Physikinstitute in Berlin. Leipzig und der TH Dresden fast total zerstört und praktisch nicht arbeitsfähig; in Halle, Jena und Rostock hielten sich die Zerstörungen in Grenzen und lediglich die relativ kleinen Institute an der Universität Greifswald sowie der Bergakademie Freiberg wiesen keinerlei kriegsbedingte Zerstörungen auf. Ähnlich war die Situation an den außeruniversitären Forschungseinrichtungen und den Industrielaboratorien, die zudem noch in besonderem Maße von den Demontagen der sowjetischen Besatzungsmacht betroffen waren. Beispielsweise wurden ganze Laboratorien der ins thüringische Weida ausgelagerten Physikalisch-Technischen Reichsanstalt im Herbst 1945 demontiert und teilweise zusammen mit den entsprechenden Mitarbeitern in die Sowjetunion verbracht.[3] Über

---

[1] Bundesarchiv Berlin (im folgenden BArch) DR2, Nr. 1458, Bl. 62.
[2] Chr. Gerthsen an die Zentralverwaltung für Wissenschaften in der sowjetischen Besatzungszone [sic], Berlin 27.10.1945. Archiv der Humboldt-Universität, Personalakte F. Möglich.
[3] Vgl. L.Peltzer: Die Demontage deutscher naturwissenschaftlicher Intelligenz nach dem zweiten Weltkrieg. Die Physikalisch-Technische Reichsanstalt 1945-1948. Berlin 1995.

die Mechanismen solcher Aktionen gibt ein Bericht von Joachim Teltow Auskunft, der bei Kriegsende unter Ostap Stasiw im Photochemischen Laboratorium der Dresdener Zeiss Ikon Werke gearbeitet hatte: "Das Labor E fand Anerkennung auch bei besichtigenden sowjetischen Fachkollegen, und wir wurden zum Weiterarbeiten ermuntert. Gleichzeitig hatten wir wie die anderen Abteilungen genaue Inventurlisten anzulegen. Es war die Rede von einer ehrenvollen Berufung an Forschungseinrichtungen der Sowjetunion mit der Möglichkeit, unsere Arbeiten dort fortzusetzen, und wir trugen unsere Namen angesichts der allgemeinen Misere in die Interessentenlisten ein ... Trotz seiner Dolmetscherfunktion konnte Stasiw nicht verhindern, daß die Trophäenkommission schließlich den Demontagebefehl auch für unser Laboratorium gab. "Packen Sie nur alles ohne Ausnahme gut ein, damit Ihnen nachher bei der Weiterarbeit in der SU nichts fehlt!" Zwar waren schon vorher einige Meßgeräte von Werksangehörigen aus dem Luftschutzkeller gestohlen worden, doch nun entschwand (bis auf wertlose Reste) die gesamte experimentelle Ausrüstung in großen Kisten in Richtung Osten. Aber die "ehrenvolle Berufung" blieb aus ... Der Grund: unsere Arbeiten waren nicht von militärischem Interesse!"[4]

Neben solchen Demontagen bzw. Plünderungen sowie der Verpflichtung der sogenannten Spezialisten in die Sowjetunion[5] bestand eine andere Art der Indienstnahme des vorhandenen wissenschaftlich-technischen und industriellen Potentials durch die sowjetische Besatzungsmacht darin, daß man wichtigen Betrieben den Status einer sowjetischen Aktiengesellschaft (SAG) gab, die nun wesentliche Teile ihrer Produktion bzw. ihrer Forschungsergebnisse der Sowjetunion als Reparationsleistung zur Verfügung stellen mußte. Das bekannteste Beispiel einer solchen SAG ist sicherlich der sogenannte Wismut-Komplex, der die Ausbeutung der Uranvorkommen im erzgebirgisch-thüringischen Raum für das sowjetische Atombombenprogramm organisierte und in den ersten Nachkriegsjahrzehnten so etwas wie einen Staat im Staat auf dem Territorium der DDR darstellte.[6] Ein anderes Beispiel sind die sogenannten Sonderkonstruktionsbüros, die von sowjetischen Ministerien gegründet wurden und von denen das Labor, Konstruktionsbüro und Versuchswerk Oberspree (LKVO) ein besonders prominentes Beispiel im Bereich von Physik und Elektrotechnik war. Das LKVO umfaßte Büros für Nachrichtentechnik, elektronische Meßgeräte, Starkstromtechnik und ein Institut für Elektronenmikroskopie. Es war im Sommer 1945, unmittelbar bevor Berlin zur Vier-Sektoren-Stadt wurde, als Wissenschaftlich-Technisches Büro des Moskauer Volkskommissariats für Elektrotechnik im ehemalige Röhrenwerk der AEG in Berlin-Oberschöneweide eingerichtet worden. Hierdurch wollte sich die sowjetische Besatzungsmacht qualifizierte Mitarbeiter und Ausrüstungen der Berliner Elektrounternehmen sichern - insbesondere jene der überwiegend im Westteil der Stadt gelegenen Firmen Siemens & Halske, AEG und Telefunken. Die Aufgabe des LKVO bestand in der Anfertigung von Forschungs- und Entwicklungsberichten sowie im Transfer von Fertigungsunterlagen, um so das hohe Niveau der deutschen Elektrotechnik für die sowjetische Volkswirtschaft nutzbar zu machen.[7] Im Rahmen der berühmt-berüchtigten "Oktoberaktion" des Jahres 1946 wurden über 200 Wissenschaftler und Techniker dieses Großinstituts in die Sowjetunion verbracht, wo sie in den nächsten Jahren ihre Forschungen im Rahmen der sowjetischen Rüstungsindustrie fortzusetzen hatten.[8] Doch auch die Arbeit in

---

[4] J. Teltow: Erinnerungen an Ostap Stasiw und das Institut für Kristallphysik, In: Wissenschaftshistorische Adlershofer Splitter, Heft 4, WITEGA Berlin 1999, S. 134.

[5] Vgl. U. Albrecht, A. Heinemann-Grüder, A. Wellmann: Die Spezialisten. Deutsche Naturwissenschaftler und Techniker in der Sowjetunion nach 1945. Berlin 1992.

[6] Vgl. R. Karlsch, H. Schröder (Hrsgb.): "Strahlende Vergangenheit" - Studien zur Geschichte des Uranbergbaus der Wismut. St. Katharinen 1996.

[7] Vgl. Chr. Mick: Forschen für Stalin. München, Wien 2000, S. 49.

[8] Vgl. W. Holzmüller: Ein Physiker erlebt das 20. Jahrhundert. Hildesheim 1993, S. 55ff.

Oberschöneweide ging weiter, denn das nunmehrige Oberspreewerk (OSW) verfügte nach wie vor über ein bedeutendes Potential an physikalisch-technischen Entwicklungsarbeiten, namentlich im Bereich der Elektronik und Lichttechnik.[9] Allerdings veränderte es in den folgenden Jahren insofern sein Profil, als es systematisch von einer vornehmlichen F&E-Einrichtung in einen Produktionsbetrieb umgewandelt wurde. Damit konnte sich hieraus in den 50er Jahren mit dem VEB Werk für Fernmeldewesen bzw. Fernsehelektronik (WF) nicht nur eines der wichtigsten Zentren elektronischer Industrieforschung in der DDR, sondern der DDR-Elektronikindustrie insgesamt herausbilden.[10]

Doch nicht nur Einrichtungen der physikbasierten Industrieforschung der späteren DDR wurzeln in Institutionen der sowjetischen Besatzungsmacht, auch zahlreiche andere außeruniversitäre Forschungseinrichtungen standen nach der bedingungslosen Kapitulation Hitlerdeutschlands vorübergehend unter sowjetischer Verwaltung. So wurde das Kaiser-Wilhelm-Institut für Hirnforschung in Berlin-Buch zunächst als Forschungseinrichtung des Volkskommissariats für Gesundheitswesen weitergeführt, wobei es sogar um artfremde Abteilungen erweitert wurde. Der Physiker Friedrich Möglich, bislang im Rahmen der Studiengesellschaft für elektrische Beleuchtung der Osram AG tätig, erhielt in Buch die Möglichkeit, eine festkörperphysikalische Arbeitsstelle aufzubauen, die dann den Grundstock des Instituts für Festkörperforschung der Deutschen Akademie der Wissenschaften bildete.[11] Ein ähnliches Beispiel ist das Optische Institut von Ernst Lau, der bis 1945 Abteilungsleiter an der Physikalisch-Technischen Reichsanstalt gewesen war und nach der Demontage der Anstalt 1946 in seinem Haus in Berlin-Karow ein Privatlaboratorium gegründet hatte. Dieses führte vor allem Auftragsforschungen für die sowjetische Besatzungsmacht durch, wurde im Jahre 1948 der Akademie angegliedert und zum Grundstock des späteren Instituts für Optik und Spektroskopie, eines der bedeutendsten physikalischen Akademieinstitute, in dem z.B. zu Beginn der sechziger Jahre der erste Laserimpuls in der DDR realisiert wurde.[12]

Überhaupt läßt sich feststellen, daß die sowjetische Besatzungsmacht ab 1946/47, d.h. nach der grundsätzlichen Reorganisation ihrer Reparationspolitik, verstärkt dazu überging, außeruniversitäre Forschungsinstitutionen an die inzwischen neugegründete Deutsche Akademie der Wissenschaften zu überführen. Dies war mit der Absicht verbunden, der Akademie in der SBZ bzw. der späteren DDR jenen wissenschaftspolitischen Part zuzuweisen, den die einstige Kaiser-Wilhelm-Gesellschaft im Vorkriegsdeutschland gespielt hatte und den ihre Nachfolgeorganisation, die Max-Planck-Gesellschaft, in den Westzonen sich anschickte zu übernehmen. Darüber hinaus sollte die Akademie nach sowjetischem Vorbild zu einer sozialistischen Forschungsakademie umgestaltet werden.[13] Um diesen Anspruch erfüllen zu können, war aber nicht nur die verstärkte Überführung außeruniversitärer Forschungseinrichtungen in die Akademie nötig, sondern es waren erhebliche staatliche Investitionen in Personal, Ausrüstung und Infrastruktur geboten.

Exemplarisch wird dieses Bemühen am Aufbau des Akademiestandorts Adlershof deutlich. In diesem südöstlichen Vorort Berlins wurden der Akademie aufgrund der Kulturverordnung vom

---

9 Vgl. J. Bähr: Das Oberspreewerk - ein sowjetisches Zentrum für Röhren- und Hochfrequenztechnik in Berlin (1945-1952). Zeitschrift für Unternehmensgeschichte 39(1994) 3, 145-165.
10 Vgl. A. Schiller: Über die Wirksamkeit der Physiker bei der Entwicklung und Produktion aktiver Bauelemente, In: 30 Jahre Physik in der DDR. Beiträge von Mitgliedern der Physikalischen Gesellschaft der DDR-Ausarbeitung und Dokumente. Herausgegeben von der Physikalischen Gesellschaft der DDR, Berlin 1979.
11 Vgl. D. Hoffmann, M. Walker: Der Physiker Friedrich Möglich (1902-1957) - Ein Antifaschist?, In: D. Hoffmann, K. Macrakis (Hrsgb.): Naturwissenschaft und Technik in der DDR. Berlin 1998, S. 371ff.
12 Vom Optischen Laboratorium in Berlin-Karow bis zum Zentralinstitut für Optik und Spektroskopie in den Jahren 1946-1991. Wissenschaftshistorische Adlershofer Splitter, Heft 6, WITEGA Berlin 2000.
13 Vgl. den Beitrag von P. Nötzoldt im vorliegenden Band.

31. März 1949, die die Umgestaltung der Akademie zu einem "leistungsfähigen Zentrum für die Forschungsarbeit" vorsah[14], Gebäude der einstigen Deutschen Versuchsanstalt für Luftfahrt sowie Teile eines ehemaligen Industriegeländes zur Verfügung gestellt, um dort systematisch naturwissenschaftlich-technische Forschungsinstitute anzusiedeln. Im Laufe der fünfziger Jahre fanden etwa 15 naturwissenschaftlich-technische Einrichtungen in Adlershof ihren Standort, darunter auch mehrere Physikinstitute. Die Profilierung Adlershofs zum Wissenschaftsstandort folgte im übrigen nicht allein der inneren Logik der institutionellen Profilierung der Akademie zur Forschungsakademie, sondern war auch der Ideologie des Kalten Krieges geschuldet, der gerade in der Frontstadt Berlin mit besonderer Konsequenz ausgetragen wurde. Mit Adlershof wollte man nicht zuletzt ein östliches bzw. sozialistisches Pendant zu Dahlem schaffen - jenem westlichen Vorort Berlins, der nach dem ersten Weltkrieg zur Wiege der Kaiser-Wilhelm-Gesellschaft und zum Standort zahlreicher bedeutender Kaiser-Wilhelm-Institute geworden war.[15]

Im Frühjahr 1950 siedelte sich dort als erstes Akademieinstitut das Heinrich-Hertz-Institut für Schwingungsforschung an.[16] Unter seinem Direktor Otto Hachenberg entwickelte das Institut in den fünfziger Jahren nicht nur seine Kompetenz auf seinen traditionellen Forschungsgebieten, der Erforschung aller Arten von Schwingungen hinsichtlich ihrer physikalischen Grundlagen wie ihrer technischen Anwendungen, sondern etablierte mit der sich damals international stürmisch entwickelnden Radioastronomie auch ein neues Forschungsfeld. Das für diese Zwecke 1958 fertig gestellte 36-m-Radioteleskop war seinerzeit das zweitgrößte Gerät dieser Art in Europa und wurde zu einer Art Wahrzeichen des Adlershofer Forschungszentrums. Mit dem Gerät wurde in den folgenden Jahren eine Durchmusterung der Radioquellen unserer Galaxis durchgeführt - Untersuchungen, die mit dazu beitrugen, daß sich das Institutsprofil verstärkt auf solar-terrestrische und sonnenphysikalische Aufgabenstellungen ausrichtete. Allerdings wurden die Forschungsmöglichkeiten des Teleskops schon bald von noch größeren und technisch besser ausgestatteten Radioteleskopen in anderen Ländern in den Schatten gestellt, doch gehört es - neben dem Rossendorfer Kernreaktor - zu jenen Marksteinen in der Entwicklung der Physik in der DDR, die den Beginn der Großforschung, d.h. den Einsatz von teuren und aufwendigen Großgeräten in der physikalischen Forschung dokumentieren. Ausdruck eines solchen Wandels zur physikalischen Großforschung ist auch die Entwicklung der Mitarbeiterzahl des Instituts, die sich im Jahrzehnt zwischen 1950 und 1960 mehr als verdoppelte und von 75 auf 180 Mitarbeiter stieg.[17] Dieser extensive Ausbau des physikalischen Forschungspotentials war im übrigen auch für viele andere Forschungsinstitute typisch – so für das Lausche Institut für Optik, dessen Mitarbeiterzahl sich in den fünfziger Jahren etwa verdoppelte[18], oder für die Dresdener Forschungsgruppe um O. Stasiw, die nach der Umsiedlung nach Berlin-Adlershof als Institut für Kristallphysik firmierte; geplant war in diesem Zusammenhang sogar, das gesamte festkörperphysikalische Forschungspotential der Akademie in Adlershof zusammenzuführen und auch das Bucher Institut für Festkörperforschung von F. Möglich dort anzusiedeln und mit der Forschungsgruppe von Stasiw zu vereinen. Wegen der persönlichen Animositäten der beiden Institutsdirektoren zerschlugen sich jedoch diese Pläne der Akademie-

---

[14] W, Hartkopf, G. Wangermann (Hrsgb.): Dokumente zur Geschichte der Berliner Akademie der Wissenschaften von 1700 bis 1900. Berlin, Heidelberg, New York 1991, S. 488.
[15] Vgl. M. Engel: Geschichte Dahlems. Berlin 1984.
[16] Vgl. Das Heinrich-Hertz-Institut in Berlin. Wissenschaftshistorische Adlershofer Splitter, Heft 2, WITEGA Berlin 1997.
[17] Ebenda, S.15.
[18] Vgl. G. Höldt: Chronik des Instituts für Optik und Spektroskopie. In: Wissenschaftshistorische Adlershofer Splitter, Heft 4, WITEGA Berlin 1999, S. 67ff.

leitung schnell.[19] Möglich erhielt stattdessen die Zusage für einen Institutsneubau in der Berliner Innenstadt, das jedoch erst in seinem Todesjahr bezogen wurde und aus dem dann das Physikalisch-Technische Institut als Kern des späteren Zentralinstituts für Elektronenphysik wurde. Im übrigen hatte sich das Möglichsche Institut auch ohne die geplante Vereinigung zu Beginn der fünfziger Jahre zu einer bedeutenden Einrichtung festkörperphysikalischer Forschung entwickelt. Aus der kleinen Forschergruppe der Bucher Gründerjahre war in den fünfziger Jahren ein fester Mitarbeiterstamm von über 30 Wissenschaftlern geworden, die in sechs Fachabteilungen organisiert waren und deren Potential auch international gesehen konkurrenzfähig war.[20] Auch wenn man mit mancherlei Mängeln hinsichtlich der materiell-technischen Absicherung der Forschung zu kämpfen hatte, konnte zumindest in der Anfangszeit das damalige Spektrum festkörperphysikalischer Forschung weitgehend abgedeckt und Anschluß an den internationalen Forschungsstand gehalten werden.

Trotz aller Expansion und auch vorzeigbarer wissenschaftlicher Erfolge muß festgestellt werden, daß die Nachkriegszeit in Ostdeutschland für die Physik - und wohl auch für andere Naturwissenschaften - mehr in institutioneller als in wissenschaftlicher Hinsicht eine Zeit des Neubeginns war. Zunächst galt es, mit den minimalen verfügbaren Kräften und Mitteln Vorhandenes zu sichern, an frühere Leistungen anzuknüpfen, auf vertrauten Pfaden weiterzugehen und – wie Burghard Weiss es treffend ausdrückt[21] – mit den Mitteln der Camouflage die restriktiven Bestimmungen des Kontrollratsgesetzes Nr. 25 zu unterlaufen. Dabei wurde, wo immer es ging, auf personelle Kontinuitäten geachtet. In Berlin war Christian Gerthsen von 1938 bis 1948 Ordinarius, in Greifswald Rudolf Seeliger von 1939 bis 1958 – um nur die prominenteren Beispiele zu nennen. Entsprechend schrieben sich Arbeitsstile und Forschungsprogramme fort. Auf den ersten Blick konnte es scheinen, als wäre wenigstens in der außeruniversitären Forschung ein rigoroser Neuanfang erfolgt, zumal hier - wie eben kurz angedeutet - ganz neue Institutionen entstanden waren. Bei näherer Betrachtung zeigt es sich aber, daß die Nuclei dieser neuen Einrichtungen vielfach auch aus Kooperationen der Vorkriegszeit herrührten und dort konstituierte Forschungsprogramme weiterführten. Ein besonders aufschlussreiches Beispiel ist das schon wiederholt erwähnte Optiklaboratorium von Ernst Lau. Die Kernmannschaft des Laboratoriums bestand neben dem Institutsgründer aus Rudolf Ritschl und Wolfgang Krug. Alle drei waren Mitarbeiter der PTR gewesen – Lau hatte dort das Laboratorium für Strahlungsforschung geleitet, Ritschl das Laboratorium für spektroskopische Untersuchungen und Krug war Mitarbeiter im Laboratorium für Feinmechanik gewesen. Es waren die Forschungstradition und der wissenschaftliche Geist dieser Institution der Präzisionsphysik, die man nun nach dem Neuanfang in einem veränderten institutionellen Umfeld bewusst fortzuführen versuchte. Ganz ähnlich war die Situation im Instituts für Kristallphysik der DAW, das sich auf die gemeinsame Arbeit von Stasiw und Teltow an großen Silberhalogenidkristallen bei Zeiss Ikon in Dresden während der Kriegsjahre gründete; die Eigenart ihres Stils war wiederum durch ihre Tätigkeit bei Robert Pohl in Göttingen geprägt worden. Das Heinrich-Hertz-Institut für Schwingungsforschung schließlich, das nach völliger Kriegszerstörung 1946 in die DAW übernommen wurde, folgte zunächst ganz den Intentionen, mit der es Karl Willy Wagner 1928 gegründet hatte. Diese Beispiele mögen genügen, um zu veranschaulichen, daß in der unmittelbaren Nachkriegszeit in erster Linie Kontinuität und Konsolidierung für die ostdeutsche Physik angesagt waren. Erst nachdem die personelle Basis in gewissem Maße

---

[19] Vgl. J. Teltow: Erinnerungen ... a.a.o., S. 139.
[20] Vgl. die entsprechenden Angaben in den Jahrbüchern der Deutschen Akademie der Wissenschaften, Berlin 1954ff.
[21] B. Weiss: Kernforschung und Kerntechnik in der DDR, In: D. Hoffmann, K. Macrakis (Hrsgb.): Naturwissenschaft und Technik in der DDR. Berlin 1997, S. 298.

ausgebaut, das Institutionennetz gefestigt war und sich nicht zuletzt die alliierten Forschungsrestriktionen zunehmend lockerten, wurden im Laufe der 50er Jahre neue bzw. bis dahin kaum zugängliche Forschungsrichtungen - wie etwa die Radioastronomie im Falle des Heinrich-Hertz-Instituts - in das jeweilige institutionelle Forschungsprofil integriert. Dieser innovative Zug erhielt einen zusätzlichen starken Impuls durch das Kontingent der "Spezialisten", die Mitte der 50er Jahre aus der Sowjetunion in die DDR zurückkehrten und mit beträchtlicher staatlicher Rückendeckung – zum erheblichen Teil von Anfang an in einflussreichen Stellungen[22] – in das wissenschaftliche Leben des Landes eingriffen und namentlich die kernphysikalische Forschung in der DDR aufbauen halfen.

Das Wachstum der personellen Basis der Physik in Ostdeutschland im ersten Nachkriegsjahrzehnt läßt sich insgesamt als moderat, aber stetig kennzeichnen. Wie das Beispiel des Aufbaus des Akademiestandorts Berlin-Adlershof dokumentiert, zog es vor allem im außeruniversitären Bereich an, so daß die Forschungskapazität der Akademiephysik jene der Universitätsinstitute zu dominieren begann; das betrifft in erster Linie die Quantität des Personal- und Mitteleinsatzes, wobei ein vergleichbares Urteil über die Qualität der Forschungen an dieser Stelle nicht getroffen werden kann. Damit wurde in den 50er Jahren an der Akademie das geradezu paradigmatische Gleichgewicht von Natur- und technischen Wissenschaften auf der einen und den Geistes- und Sozialwissenschaften auf der anderen Seite durchbrochen; fortan wuchsen die naturwissenschaftlich-technischen Kapazitäten überproportional, was unvermeidlich auch auf das Verhältnis von Akademie und Universitäten durchschlug. Allerdings war in dieser Zeit jene ungesunde Auseinanderentwicklung von Akademie und Universität, die später die interne Wissenschaftsbalance der DDR belastete, noch nicht eingetreten. Als man z.B. um 1949 in der Wissenschaftsverwaltung über Schwerpunktbildungen an den Universitäten nachdachte, hob man als einen Vorzug des Standortes Greifswald hervor, daß sich dort eine Symbiose zwischen der von Paul Schulz geleiteten Akademie-Arbeitsstelle, dem späteren Institut für Gasentladungsphysik, und dem Physikalischen Institut unter Rudolf Seeliger herausgebildet hatte – als Schulz 1949 Greifswald verließ, wurde die Leitung beider Institute und damit auch ihre enge Zusammenarbeit durch Rudolf Seeliger, einen der führenden Pioniere der Plasmaphysik, wahrgenommen.[23] Ähnliche Symbiosen lassen sich insbesondere zwischen den Berliner Akademieinstituten und der Universität konstatieren, wobei Robert Rompe als Direktor des II. Physikalischen Instituts der Universität und des Akademieinstituts für Strahlungsquellen sicherlich das prominenteste Beispiel ist, doch mit F. Möglich, W. Friedrich oder R. Ritschl noch zahlreiche weitere Beispiele genannt werden können. Solche Personalunion führte dann auch dazu, daß einige Forschungseinrichtungen von Akademie und Universität in einer Art Departmentsystem betrieben wurden. In welchem Maße hierbei wissenschaftspolitische Prämissen eine zentrale Rolle spielten oder angesichts der beschränkten personellen Ressourcen aus der Not eine Tugend gemacht wurde, ist eine Frage, die an dieser Stelle nicht behandelt werden kann.

Während bei der Bildung und Umprofilierung von Lehr- und Forschungseinrichtungen der Physik in Ostdeutschland schon frühzeitig eine lebhafte Bewegung zu verzeichnen war, vollzog sich die Herausbildung einer besonderen ostdeutschen Physikergemeinschaft ausgesprochen zögernd. In den westlichen Besatzungszonen hatte sich die einstige Deutsche Physikalische Gesellschaft in Gestalt von regionalen Vereinigungen relativ schnell und konsequent neu

---

[22] Vgl. den Beitrag von B. Ciesla/D. Hoffmann in diesem Band.
[23] J. Wilhelm: R. Seeliger und die Plasmaphysik in Greifswald, In: Festschrift aus Anlaß des Jubiläums „150 Jahre Physik in Greifswald", Greifswald 1998, S. 29-50; D. Hoffmann: Pionier der Plasmaphysik – Zum 100. Geburtstag von Rudolf Seeliger. Wissenschaft und Fortschritt 36(1986) 278-280.

konstituiert.[24] In der Sowjetischen Besatzungszone kam es zu einer solchen Gründung nicht und über die Gründe dieses Zögerns gibt es keine endgültige Klarheit. Entscheidend war sicherlich, daß man im politischen Apparat lange Zeit dezidiert die Meinung vertrat, daß das in den ersten Nachkriegsjahren etablierte Ensemble von "Massenorganisationen", von denen für die Physiker in erster Linie die Kammer der Technik infrage kam, auch für wissenschaftliche Fachgemeinschaften der geeignete Organisations- und Betätigungsrahmen sei, und daher die (Wieder)Gründung spezieller Fachgesellschaften als überflüssig ansah. Allerdings verfehlte das wissenschaftliche Leben, das sich in den westlichen Teilen Deutschlands und in Westberlin an der Wende zu den fünfziger Jahren in den jeweiligen Physikalischen Regional-Gesellschaften zunehmend entwickelte, keineswegs seine Wirkung auf die ostdeutschen Physiker - zahlreiche Physiker aus Ostdeutschland und insbesondere aus Berlin hatten sich so in die Mitgliederlisten westlicher Regionalverbände einschreiben lassen. Beispielsweise stammten etwa 20% der Mitglieder der 1949 wieder gegründeten (West)Berliner Physikalischen Gesellschaft aus Ostberlin und dem Umland. Die Wahrnehmung dieser Tatsachen und die wachsende Anziehungskraft des Westens auch auf diesem Gebiet führte im Zeichen der allgemein zunehmenden Ost-West-Rivalität und der damit verknüpften politischen Spannungen zu einem Umdenkungsprozeß bei den politisch Verantwortlichen in der DDR. Im Herbst 1952 kam es so auf Initiative von R. Rompe und F. Möglich zur Gründung einer "Physikalischen Gesellschaft in der DDR",[25] wobei es um die Verwendung des Wortes "in", das erst 1970 gestrichen wurde, bereits damals zu einer Kontroverse kam, da hiermit der gesamtdeutsche Gestus allzu stark manifestiert schien.

Die Gesellschaft konnte sich auf bestimmte Traditionen wissenschaftlichen Lebens berufen – so auf das Max-von-Laue-Kolloquium, das F. Möglich unmittelbar nach Wiedereröffnung der Berliner Universität in Anknüpfung an das berühmte Mittwochs-Kolloquium des Physikalischen Instituts eingerichtet hatte; ebenso gehörte zu diesen Traditionen das von R. Rompe geleitetet Festkörperkolloquium. Die Gesellschaft selbst trat nach ihrer Gründung mit anspruchsvollen Tagungen hervor, bildete Ortsgruppen und verschiedene Fachverbände; auch wurde man im physikalischen Zeitschriftenwesen aktiv. Umstritten blieb aber, ob die Gesellschaft über ihre kommunikative Funktionen hinaus auch wissenschaftsstrategische Kompetenzen wahrnehmen sollte. Unter den Verhältnissen der DDR erschien dafür ein exklusiveres Gremium geeigneter - die ebenfalls in dieser Zeit, am 15. April 1953, gegründete Sektion Physik bei der DAW. Solche Sektionen waren damals bei den jeweiligen Klassen der Akademie eingerichtet worden und ihr gehörten neben den Akademiemitgliedern weitere Fachvertreter aus den verschiedenen Wissenschaftseinrichtungen der DDR an. In der Sektion Physik, die von R. Rompe geleitet wurde, waren so neben Ordinarien der Universitäten und Institutsdirektoren der Akademie auch Physiker anderer außeruniversitären Forschungseinrichtungen wie des Deutschen Amtes für Maße und Gewichte und aus der Industrie vertreten. Mit der Einrichtung der Sektionen wollte man die Forschungsplanungen der Akademie auf eine breitere Grundlage stellen und nicht zuletzt die Akademieforschung stärker als bisher den Bedürfnissen der Praxis anzupassen versuchen. Darüber hinaus sollten die Sektionen wohl auch ein Einfallstor bilden, den "bürgerlichen Charakter" der Akademie sukzessive zurückzudrängen und insbesondere die Kontrolle und Einflußnahme auf die Akademieinstitute seitens des Partei- und Staatsapparats besser zu gewährleisten. Bisher waren die Institute - wenn überhaupt - allein der jeweiligen Klasse der Akademie gegenüber rechenschaftspflichtig und sollten von dieser bei der Wahl

---

[24] Vgl. W. Walcher: Physikalische Gesellschaften im Umbruch. In: Th. Mayer-Kuckuk (Hrsgb.): 150 Jahre Deutsche Physikalische Gesellschaft, Weinheim 1995, S.107ff.

[25] Vgl. D. Hoffmann: Die Physikalische Gesellschaft (in) der DDR, In: Th. Mayer-Kuckuk (Hrsgb.): 150 Jahre Deutsche Physikalische Gesellschaft, Weinheim 1995, S.157-182.

ihrer Forschungsthemen beeinflußt werden. Da die Klassen der Akademie im Selbstverständnis der SED von "bürgerlichen Wissenschaftlern" dominiert wurden und einige von ihnen zudem noch im Westen wohnten bzw. wirkten, wurde dieser Zustand von den maßgeblichen Stellen in Partei und Staat mit zunehmendem Argwohn gesehen. Allerdings erfüllten sich die Hoffnungen, die man in die Gründung der Akademie-Sektionen gesetzt hatte, nicht, denn, wie es in einem Bericht zur Lage der Akademie heißt, "gelang es aber bisher noch nicht, eine enge wissenschaftliche Verbindung zwischen den Instituten der Akademie, den Klassen und den Sektionen und dem Präsidium herzustellen. Ferner gelang es nicht, den Plan der Institute in den Klassen und Sektionen im einzelnen zu diskutieren, da die fachlich dafür zuständigen Sektionen organisatorisch nicht zuständig sind und die organisatorisch zuständigen Klassen fachlich dazu nicht in der Lage sind."[26] Trotz ihres Scheiterns sollte man die Sektionen der Akademie keineswegs nur als ein peripheres und momentanes Phänomen der frühen DDR-Wissenschaftspolitik ansehen, sondern vielmehr als eine Vorform des später, im Jahre 1957 gegründeten Forschungsrats der DDR betrachten, der sich in den folgenden Jahren zum zentralen Beratungs- und Planungsgremium der DDR-Wissenschafts- und Forschungspolitik profilierte.[27] Dies und die ebenfalls 1957 erfolgende Gründung der Forschungsgemeinschaft naturwissenschaftlicher, technischer und medizinischer Institute der DAW[28] hoben die ursprünglichen Gründungsintentionen die Akademie-Sektionen weitgehend auf bzw. machten sie sogar überflüssig, so daß diese an der Wende zu den sechziger Jahren wieder aufgelöst wurden. Zum wichtigsten Startdokument der Sektion Physik, wie wohl ihrer Tätigkeit überhaupt, wurde eine Physik-Denkschrift von R. Seeliger, O. Hachenberg, F. Möglich und R. Rompe,[29] die dem Akademiepräsidenten bereits im Herbst 1952 zugeleitet worden war und nach der offiziellen Gründung der Sektion dort als vertrauliches Strategiepapier diskutiert wurde.

Diese Denkschrift muß als ein Schlüsseldokument für die Frühzeit der Physikentwicklung in der DDR angesehen werden. Die Verfasser, sämtlich Direktoren von Akademieinstituten, stellten darin zunächst fest, daß die Aufwendungen für die Physik an der Akademie zu bescheiden seien, gemessen an der allgemeinen Bedeutung der Physik und selbst an dem Umfang, in dem sie an den Hochschulen der DDR gepflegt werde. "Die Physik als Forschungsgebiet hat in den letzten 25 Jahren eine ungeheure Ausweitung erfahren. Zumeist tritt dies nicht genügend in Erscheinung, weil der akademisch gebildete Außenstehende geneigt ist, die Breite eines Gebietes etwa nach der Zahl der Professoren an unseren Hochschulen und Universitäten zu beurteilen. In der Tat würde danach die Physik mit im Durchschnitt drei Ordinarien etwa gegenüber der Medizin mit zwanzig und noch mehr Ordinarien sehr stark in das Hintertreffen geraten. Dabei darf man aber nicht übersehen, daß die Zahl der Ordinariate in der Physik an den deutschen Hochschulen etwa seit der Jahrhundertwende konstant und damit hinter der Entwicklung zurück geblieben ist."[30] Bei der Aufholung dieses Rückstands, so empfehlen die Autoren, sollte man sich nicht so sehr auf die abgeschlossenen Gebiete wie Mechanik, geometrische Optik oder Elektrizitätslehre konzentrieren - auch wenn diese zweifellos "für die Wissenschaft und vor allem für technische Auswertung von großem Interesse (sind)"[31] -, sondern "vor allem für die im vollen Fluß der Entwicklung befindlichen Gebiete" Aufmerksamkeit

---

26 Die Lage der Akademie der Wissenschaften, BArch DY 30/IVA2/904/373, Bl. 84.
27 Vgl. A. Tandler: Geplante Zukunft. Wissenschaftler und Wissenschaftspolitik in der DDR 1955-1971. Freiberger Forschungshefte D 209/2000.
28 Vgl. den Beitrag von P. Nötzoldt in diesem Band.
29 Denkschrift an den Herrn Präsidenten der Deutschen Akademie der Wissenschaften zu Berlin vom Herbst 1952, In: Wissenschaftshistorische Adlershofer Splitter, Heft 4, WITEGA Berlin 1999, S. 12-21.
30 Ebenda, S. 13.
31 Ebenda, S. 12.

entwickeln, "denn gerade diese Gebiete, die zumeist industriell noch bei weitem nicht vollständig erfaßt sind, für die an den Forschungs- und Entwicklungsstellen der Industrie der DDR noch kein Platz gefunden werden kann, bedürfen der fürsorglichen Pflege der höchsten wissenschaftlichen Institution der DDR."[32]

Konkret gibt die Denkschrift eine Liste solcher Schwerpunktgebiete (in ausführlicher Untergliederung) an, die in der Reihenfolge ihrer Bewertung lautet[33]:
1. Kernphysik
2. Festkörperphysik
3. Physik des Plasmas
4. Molekülphysik und Spektroskopie
5. Elektronik
6. Schwingungsforschung

Mit Nachdruck stellt die Denkschrift die Elektronik als „Geburtsstätte der künftigen großen technischen Forschungs- und Produktionsgebiete" heraus, die „der pfleglichen Fürsorge der Physik (bedarf) und gleichzeitig für die experimentelle Physik die beste Quelle des apparativen Fortschritts (ist)."[34] Weiterhin schlägt die Denkschrift vor, solche Gebiete wie die Gasdynamik in der Forschungsplanung auszusparen, da sie hauptsächlich für militärische Anwendungen von Bedeutung ist, die für die DDR nicht relevant sind. In aller Deutlichkeit stellt das Memorandum zudem fest, daß nur Länder wie die Sowjetunion oder die USA in der Lage sind, alle genannten Gebiete in voller Stärke zu bearbeiten; auch ein einheitliches Deutschland wäre in der Lage, auf den meisten Gebieten erfolgreich zu forschen. Angesichts der realpolitischen Lage wird diesbezüglich jedoch festgestellt: "Im Augenblick wird man sich jedoch in der DDR – und auch in Westdeutschland – wohl mit einer Teilauswahl zu begnügen haben. Der Gesichtspunkt, nach welchem diese Teilauswahl für uns in der DDR erfolgen muß, ist unserer Meinung nach vollständig durch den Wirtschaftsplan gegeben: je besser wir die Erfüllung des Planes durch geeignete Bevorzugung der für den Plan erforderlichen Gebiete unterstützen, desto schneller werden wir instand gesetzt, in der Zukunft neue Gebiete in Angriff zu nehmen."[35]

Für die erforderliche Teilauswahl schlägt die Denkschrift ein sequentielles Vorgehen vor, wobei im laufenden Fünfjahrplan (1951/55) vor allem die Schwerpunkte Festkörperphysik, Elektronik und Plasmaphysik entwickelt werden sollten; nach 1955 und unter Voraussetzung der Aufhebung der alliierten Forschungsverbote wären als vollwertige Forschungsgebiete ebenfalls die Kernphysik sowie Molekularphysik und Schwingungsforschung auszubauen. Um dies zu ermöglichen, müßten aber bereits jetzt die notwendigen "Keimzellen" vorbereitet werden. Zu jenen Keimzellen zählte beispielsweise das sogenannte "Institut Miersdorf", dessen Gründung 1950 durch das Plenum der Akademie beschlossen wurde und das atom- und kernphysikalische Grundlagenforschung durchführen sollte.[36]

Nach ausführlicher Diskussion der personellen Konsequenzen wurde gewissermaßen als Quintessenz vorgeschlagen, „die seit Jahren angekündigte Sektion "Physik" an der DAW baldmöglichst zu konstituieren", um in diesem Rahmen, „den von uns in großen Zügen gemachten Vorschlag bis in jede erforderliche Einzelheit zu klären und durchzuführen."[37] Auch wenn sich, wie schon kurz erwähnt, die Hoffnungen hinsichtlich der Tätigkeit der Sektion kaum erfüllt haben, läßt sich zumindest feststellen, daß mit dem Ausbau des Akademiestand-

---

[32] Ebenda, S. 13.
[33] Ebenda, S. 14f.
[34] Ebenda, S. 16.
[35] Ebenda, S. 16.
[36] Vgl. den Beitrag von Th. Stange in diesem Buch sowie Ders.: Institut X, Stuttgart, Leipzig, Wiesbaden 2001.
[37] Denkschrift ... a.a.o., S. 21.

orts Adlershof und der dort lokalisierten Physikinstitute, dem Neubau für das Institut für Festkörperforschung in der Berliner Innenstadt sowie der Profilierung der plasmaphysikalischen Forschung in Greifswald (Seeligers Institut für Plasmaphysik) und Berlin (Rompes Institut für Strahlungsquellen) zumindest im Grundsatz jenen Empfehlungen gefolgt wurde, die die Denkschrift bezüglich der Forschungsgebiete Festkörperphysik, Elektronik und Plasmaphysik ausgesprochen hatte – oder war dies vielleicht nur Konsequenz der Tatsache, daß die Initiatoren der Denkschrift den eben genannten Instituten vorstanden?

Obwohl sich formell die Denkschrift nur auf die Physik an der Akademie bezog, betrafen die darin ausgesprochenen Gedanken und Vorschläge de facto die Physik in der DDR insgesamt. Damit spiegelt sich in ihr das in jenen Jahren kultivierte und von der DDR-Regierung wiederholt bestätigte Selbstverständnis der Akademie wider - sie sollte die höchste wissenschaftliche Institution des Landes sein und zumindest für die naturwissenschaftlichen Disziplinen landesweite wissenschaftsstrategische und forschungspolitische Verantwortung tragen. Dieses spezifische Akademiebewußtsein, das mit der traditionellen Auffassung von der zentralen Rolle der Universitäten im Wissenschaftsgefüge kollidierte und daher auch zu Konflikten mit universitären Fachvertretern führte, trug indes bei Wissenschaftlern wie z.B. Hachenberg oder Seeliger, deren Sympathien für das politische System der DDR höchst ambivalent waren, zur Herausbildung einer ausgeprägten Staatsloyalität bei, die zumindest bis zum Mauerbau hielt.

Darüber hinaus wurde mit der Physik-Denkschrift ein Ansatz verfolgt, der die Physik in den Geltungsbereich des Planungsprinzips einzubeziehen suchte – wie dies seit dem Zweijahresplan von 1949/50 in der DDR immer wieder verlangt wurde. Allerdings kann man diesem Ansatz bescheinigen, dies mit Selbstbewußtsein und Intelligenz getan zu haben; ohne jene in der damaligen Zeit vielfach zu beobachtende und für die späte DDR so typische blinde Subsumtion unter einen bürokratischen Apparat. Erst nach und nach bekam man in der SED-Führung eine Ahnung davon, welche Bedeutung physikbasierte Hochtechnologien für die Zukunft der Wirtschaft haben konnten. Einstweilen waren die Forderungen, den Plan zu unterstützen, eher hausbacken. Auf die 1948 an die Physikinstitute von der Deutschen Zentralverwaltung für Volksbildung gerichtete Anfrage, was sie für den Zweijahresplan tun könnten, hatte beispielsweise der Jenaer Physiker Martin Kersten, später, nach seinem Weggang aus der DDR übrigens Präsident der Physikalisch-Technischen Bundesanstalt, geantwortet: "Die führende Rolle der Physik in der modernen Technik und somit auch für wesentliche Aufgaben des Zweijahresplans scheint mir bei den bisherigen Planungen – soweit ich sie aus der Tagespresse kenne – keinesfalls fortschrittlich zu sein."[38] Friedrich Hund, damals ebenfalls Professor in Jena, schrieb am 23.8.1948 zu der gleichen Frage: "Auf lange Sicht dient die wissenschaftliche Hochschule der Industrie und der Landwirtschaft dadurch, daß sie einen hohen Stand der Forschung auf den grundsätzlichen Gebieten aller Wissenschaften aufrecht zu halten sucht und den Nachwuchs für die wissenschaftlichen Berufe heranzubilden versucht. Wir müssen bekennen, dass beides gefährdet ist, die Forschung durch Mangel an geeigneten Mitarbeitern, Forschungsmittel und Bibliotheken und durch Überlastung namhafter Forscher mit anderen Arbeiten, die Nachwuchsbildung durch die geringe Zahl von Studenten, die die Hochschulen auf Grund wissenschaftlicher Eignung auswählen dürfen."[39] Hund schloß eine gewisse Beteiligung von Universitätsinstituten auch an "kurzfristig ausgerichteter Zweckforschung" nicht aus, vor allem aber schrieb er den Planern ins Stammbuch: "Wir glauben uns mit Ihnen einig in der Ansicht, dass auch in Zukunft eine fruchtbare Förderung der Industrie voraussetzt, dass die volkseigenen Betriebe solche Forschungslaboratorien weiterführen und die Landesanstalten weiter ausgebaut werden. Die Universitäten werden dann besonders fruchtbar mitarbeiten kön-

---

38 BArch, DR 2, Nr. 1405, Bl. 43.
39 BArch, DR 2, Nr. 1404, Bl. 72.

nen, wenn sie diesen Laboratorien Mitarbeiter mit umfassender wissenschaftlicher Bildung zur Verfügung stellen, in der Auswahl der Mitarbeiter beraten, in grundsätzlichen Fragen der Forschung Auskunft geben."[40] Dieser Appell – und das ungelöste Problem, auf das er sich bezieht – zog sich in wechselnden Formulierungen sinngemäß durch die gesamte Geschichte der DDR bis zu ihrem Untergang.

Der Stellenwert anwendungsorientierter Arbeit für Grundlagenforscher wurde damals sehr unterschiedlich gewertet. Physiker, die aus der Industrie, der PTR oder ähnlichen Wissenschaftseinrichtungen kamen, hielten es meist für ihre selbstverständliche Pflicht, nach Anwendungsbezügen zu suchen bzw. ihre Forschungen darauf auszurichten – auch dann, wenn sie ein großes Interesse an fundamentalen Fragen der Theorie hatten. Von diesem geistigen Profil war beispielsweise E. Lau, der im Oktober 1954 dem Akademiepräsidenten mitteilte, daß es aufgrund der vielen bei der Bearbeitung von Themen der optischen Grundlagenforschung in seinem Institut gesammelten Erfahrungen nunmehr gelungen sei, "ein neues Brillenglas herzustellen, das für die gesamten älteren Jahrgänge der Bevölkerung, insbesondere für die Werktätigen von größter Bedeutung ist. Es ist uns gelungen, Brillengläser mit gleitender Dioptrienzahl herzustellen ..."[41] Er fügte positive Urteile von Probanden bei und gestattete sich die Bemerkung, daß er selbst diese Brille seit ihrer Fertigstellung trage: "Ich habe den Eindruck, dass mir durch diese Brille mein Sehvermögen wieder geschenkt ist, dessen Möglichkeiten ich durch den altersbedingten zunehmenden Mangel an Akkomodationsfähigkeit fast vergessen hatte."[42] Obwohl lange Zeit in der Industrieforschung tätig gewesen, war O. Stasiw ein ganz anderer Forschertyp, über den sein engster Mitarbeiter J. Teltow folgendes berichtete: "Leider wies Stasiw den Gedanken weit von sich, einen auch nur geringen Anteil unserer Forschungskapazität für industrielle Aufträge zur Verfügung zu stellen; so blieben die Beziehungen zur photographischen Industrie (Wolfen) auf dem Nullpunkt, und wenn (selten genug) Vertreter anderer Betriebe mit irgendwelchen kristallphysikalischen Fragen bei uns anklopften, wurden sie meist nicht einmal vorgelassen."[43] Gewiß wurde solch bärbeißiges Verhalten im Akademiepräsidium und auch an anderen Stellen der DDR-Wissenschaftsadministration nicht gern gesehen, doch trug Stasiws Renitenz ihm offenbar keine gravierende Nachteile oder Restriktionen ein – sieht man vielleicht von der Tatsache ab, daß er nicht in den "Wissenschaftsolymp der DDR" aufgenommen und zum Akademiemitglied gewählt wurde. Diese Ehre wurde aber auch Lau und manch anderem, der es wissenschaftlich durchaus verdient hätte, nicht zuteil, der vielmehr einen langen und zermürbenden Kampf mit der DDR-Industrie führen musste, die seine segensreiche Erfindung zunächst nicht realisieren wollte. Insgesamt war der Applikationsdruck auf die physikalische Forschung an den Akademieinstituten und Universitäten in den fünfziger Jahren noch relativ gemäßigt und ihre Forschungsautonomie recht hoch – nicht zu vergleichen mit den Bedingungen nach der Akademiereform von 1968, als die Konzepte der Produktivkraft Wissenschaft und der wissenschaftlich-technischen Revolution die Wirtschaftspolitik und damit auch zentrale Teile der Wissenschaftspolitik der DDR beherrschten.

Wenn man den politischen und ideologischen Habitus jener Zeit in Betracht zieht, dann stellen sich die Verhältnisse innerhalb der Physik als vergleichsweise normal dar. Gewiß lassen sich Symptome der Repression und Reglementierung aufzeigen, ebenso wie tendenziell zunehmende Erschwernisse, die aus der sich allmählich vertiefenden deutschen Spaltung und dem sich verschärfenden Kalten Krieg resultierten. Aber nichtsdestoweniger blieb das Bewußtsein der Gemeinsamkeit bei der Majorität der Physiker auch in der DDR im großen und ganzen

---

[40] Ebenda.
[41] Wissenschaftshistorische Adlershofer Splitter, Heft 4, WITEGA Berlin 1999, S.57.
[42] Ebenda, S.58.
[43] J. Teltow: Erinnerungen ... a.a.O., S. 145.

erhalten – in einer Periode, die weltpolitisch durch ein forciertes nukleares Wettrüsten und ein sich vielfach bis ins Absurde steigerndes Lagerdenken, deutschlandpolitisch durch die Währungstrennung, Berlin-Blockade, Billdung zweier deutscher Separatstaaten und eine emotional aufgeheizte politische Polemik sowie durch die rasant zunehmende Stalinisierung der DDR-Gesellschaft gekennzeichnet war. Bis in die fünfziger Jahre hinein war es keineswegs unüblich, den Ruf einer Hochschule im anderen Teil Deutschlands anzunehmen. So wurden beispielsweise Christian Gerthsen keinerlei Schwierigkeiten gemacht, als er 1948 einen Ruf der TH Karlsruhe annahm und Berlin verließ; gleiches trifft auf P. Schulze zu, der im September des folgenden Jahres Greifswald ebenfalls in Richtung Karlsruhe verließ.[44] Selbst nach Gründung der DDR und gravierender Verschärfung der Ost-West-Konfrontation lassen sich noch vereinzelte Beispiele einer relativ problemlosen Übersiedlung in den Westen nachweisen – so übernahm 1951 Albrecht Kußmann, immerhin Vize-Präsident des DAMW in der DDR, die Leitung der Rest-PTR in (West)Berlin.[45] Umgekehrt wurden natürlich auch Versuche unternommen, Wissenschaftler aus Westdeutschland oder dem westlichen Ausland für eine Tätigkeit in der DDR zu gewinnen. Insbesondere R. Rompe setzte dafür seine guten Kontakte ein und konnte beispielsweise erreichen, daß 1952 der Münchener Physiker Manfred von der Schulenburg die Leitung des Miersdorfer Instituts übernahm.[46] Schulenburg trat übrigens die Nachfolge Georg Otterbeins an, der 1949 von Braunschweig, wo er bei einem Forschungsinstitut der Deutschen Post angestellt war, nach Miersdorf übergesiedelt war.[47] Ebenfalls 1952 war der griechische Theoretiker Achilles Papapetrou aus Dublin an die Berliner Akademie gekommen, um am Mathematikinstitut zunächst eine Abteilung für theoretische bzw. mathematische Physik aufzubauen und 1957 parallel dazu auch den durch F. Möglichs Tod verwaisten Lehrstuhl für theoretische Physik an der Berliner Universität zu übernehmen. 1954 wurde Wilhelm Macke, ein Schüler Heisenbergs, den es nach dem Krieg zunächst nach Südamerika verschlagen hatte, zum Professor für theoretische Physik an die Technische Universität Dresden berufen. Ebenfalls Mitte der fünfziger Jahre folgte der Göttinger Astrophysiker Friedrich Jäger einen Ruf an die Akademie und übernahm zum 1. April 1957 die Leitung der Abteilung Sonnenphysik des Astrophysikalischen Observatoriums in Potsdam.

Die Suche nach geeignetem Personal blieb für lange Zeit ein großes Problem für die DDR-Wissenschaft – ungeachtet dessen, daß die Physik-Denkschrift optimistisch feststellte: "Unserer Ansicht nach dürfte es bei den verbesserten Lebens- und Arbeitsbedingungen für Forscher in der DDR und bei dem großen Ansehen, welches die DAW in ganz Deutschland genießt, nicht schwer sein, geeignete Kandidaten zu finden. Falls unsere Vorschläge die Zustimmung des Präsidiums der DAW finden, sind wir selbstverständlich bereit, von uns aus Personen zu benennen, sowohl in der DDR als auch in Westdeutschland, die für diese Stellen in Frage kommen dürften."[48] Obwohl gerade in den frühen 50er Jahren westdeutschen Gelehrten verstärkt Offerten zur Übersiedlung in die DDR gemacht wurden, waren diese Werbungsversuche allzu selten von Erfolg gekrönt: die Übersiedlung von Ost nach West wurde zunehmend zur Regel. Dennoch sollte man die Werbungsversuche der DDR-Führung nicht nur eindimensional als Versuch werten, den wachsenden Bedarf insbesondere an naturwissenschaftlich-technischen Kadern zu befriedigen, sondern sie müssen zugleich auch als Bestandteil der politischen und kulturellen Rivalität zwischen den beiden deutschen Staaten und ihres Anspruchs, jeweils das

---

[44] Vgl. J. Wilhelm: R. Seeliger ... a.a.O., S. 41.
[45] Vgl. D. Kind: Herausforderung Metrologie. Die Physikalisch-Technische Bundesanstalt und die Entwicklung seit 1945. Bremerhaven 2002, S.31.
[46] Vgl. Th. Stange: Institut X, Stuttgart, Leipzig, Wiesbaden 2001, S.50ff.
[47] Ebenda, S. 55f.
[48] Denkschrift ... a.a.O., S. 20.

bessere Deutschland zu repräsentieren, gesehen werden.[49] Die geringe Zahl der Wissenschaftler, die ihre berufliche Zukunft in der DDR suchten, wurde zunehmend vom in den fünfziger Jahren dramatisch anschwellenden Strom jener übertroffen, die es gen Westen zog. Waren es zu Beginn noch überwiegend fachliche und persönliche Gründe, die Wissenschaftler veranlaßten, von Ost nach West oder eben auch von West nach Ost zu gehen, so nahmen mit der Vertiefung der politischen und gesellschaftlichen Spaltung des Landes solche Ortswechsel immer mehr den Charakter politischer Entscheidungen an. Mit der Herausbildung des Wohlstandsgefälles zwischen den beiden deutschen Staaten, das auch ein Gefälle der wissenschaftlichen Arbeitsbedingungen einschloß, dominierte dann endgültig die Migration von Ost nach West. Die Bestrebungen des DDR-Systems, diese Fluchtbewegung durch restriktive Maßnahmen einzudämmen, bewirkte in der Regel das Gegenteil und verprellte auch jene, die eigentlich bereit waren, materielle Defizite in Kauf zu nehmen, wenn ihnen Karriereperspektiven geboten und das unumgängliche Minimum an Autonomie und Liberalität gewährt worden wären. Ein charakteristisches Beispiel dafür, wie fachliche und persönliche Beweggründe für den Ortswechsel gen Westen eine politische Motivierung erfuhren, bietet die Flucht Friedrich Hunds in den Westen. Hund, der im Herbst 1948 als Rektor der Universität Jena zurückgetreten, 1949 indes sowohl mit der Wahl zum Mitglied der Akademie als auch mit dem Nationalpreis ausgezeichnet worden war, wollte 1950 in die Bundesrepublik übersiedeln und einen Ruf an die Frankfurt/Main annehmen. Dies wurde ihm jedoch kategorisch verweigert, wobei sich die Hochschulbehörden nicht auf den legitimen Versuch beschränkten, ihn durch großzügige Offerten in Jena zu halten. Ein Aktenvermerk über eine Unterredung mit Hund in der Hauptabteilung Wissenschaft des Ministeriums für Volksbildung vom 12. Januar 1951 stellt vier Kündigungsgründe von Hund heraus:

"1.) Er selbst ist geboren in Karlsruhe, seine Frau ist Rheinländerin. Es sei ein alter Wunsch von ihm, eine Professur in seiner süd-westdeutschen Heimat zu erlangen ...

2.) Prof. Hund hat den Eindruck, dass unsere Oberschulen ein schlechtes wissenschaftliches Niveau haben. Er könne deshalb nicht verantworten, dass seine Kinder diese Schulen besuchen. Insbesondere mißfällt ihm, dass in den Oberschulen eine Fremdsprache weggefallen ist. Außerdem könnten sich seine Kinder in der Schule einen politischen Einfluss schlecht entziehen, während er sich das Recht vorbehält, gewisse Veranstaltungen der Universität nicht zu besuchen.

3.) Er selbst glaubt, in der DDR auf einem isolierten Posten zu sitzen, da die Quantenphysik, die er speziell vertritt, nicht von unmittelbarem Interesse für den Aufbau wäre.

4.) Prof. Hund würde nunmehr bald 55 Jahre alt und müßte in allernächster Zeit noch wissenschaftliche Forschungsarbeit leisten, wenn er darauf nicht überhaupt verzichten wolle. Dies sei aber nur möglich in unmittelbaren Kontakt mit den Kollegen seines Fachgebiets, die er in Westdeutschland finde."[50]

Keines dieser Argumente dürfte bloßer Vorwand gewesen sein. Wenn Hund, als 98jähriger befragt, warum er sich seinerzeit für den Weggang aus Jena entschieden habe, eindeutig antwortete: "Aus politischen Gründen ..."[51], dann handelte es sich hier wohl eher um eine retrospektive Verkürzung. Interessant ist gerade die Mischung von fachlich-persönlichen Gründen und politischer Unzufriedenheit, die den Übergang zu dominant politisch motiviertem Migra-

---

[49] Vgl. R. Jessen: Akademische Eliten und kommunistische Diktatur. Die ostdeutsche Hochschullehrerschaft in der Ulbricht-Ära. Göttingen 1999, S. 298ff.
[50] BArch, DR 2, Nr. 1421, Bl. 191.
[51] Friedrich Hund zum 100. Geburtstag, befragt von K. Hentschel und R. Tobies. NTM, N.S.4(1996), S.15.

tionsentscheidungen anzeigte. Nach dem eben erwähnten Gespräch im Ministerium suchte der zuständige Abteilungsleiter Alfred Büchner noch einmal Hund in Jena auf und vermerkte in einer diesbezüglichen Protokollnotiz vom 19. Januar 1951: "Prof. Kersten sieht im Verhalten des Ministeriums im Falle Hunds eine ernste Gefährdung der Freizügigkeit der Professoren, die geeignet ist, den illegalen Weggang namhafter Professoren aus der DDR zu beschleunigen."[52] Genauso verhielt es sich - ganz konkret beschleunigte das Verhalten des Ministerium auch die Flucht Kerstens, denn entgegen getroffenen Absprachen, die eine gemeinsame Flucht der Familien Kersten und Hund nach Westberlin vorsahen, verließ Kersten Jena wenige Tage vor der Flucht Hunds.[53]

Auch wenn in den fünfziger Jahren der Arbeitsplatzwechsel von Wissenschaftlern zwischen Ost und West aufhörte, etwas Selbstverständliches und Unspektakuläres zu sein, blieben dennoch persönliche Arbeitskontakte und der wissenschaftliche Austausch zwischen ihnen weitgehend erhalten. So war es üblich, wenn auch mit zunehmenden Schwierigkeiten verbunden, daß man die Physikertagungen in Westdeutschland besuchte; seitens der DDR legte man ebenfalls großen Wert darauf, daß westdeutsche Kollegen die Tagungen in der DDR besuchten. So nahmen nicht nur westdeutsche Physiker im März 1951 an einer Tagung in Halle teil, wobei der Tagungsbesuch aus propagandistischen Gründen mit einem Besuch der Leipziger Messe verknüpft wurde, sondern es gab in den frühen fünfziger Jahren sogar noch einen offiziell gebilligten Austausch von Kolloquiumsvorträgen zwischen den Universitäten Jena und Göttingen.[54] So besuchte der schon erwähnte M. Kersten im Frühjahr 1951 im Rahmen dieses Austauschprogramms nicht nur Göttingen, sondern auch Braunschweig und gab über seine Reise dem Ministerium einen ausführlichen Bericht, in dem er sich zu der abschließenden Feststellung veranlasst sah: „Ich habe jede Gelegenheit benutzt, ... weitere Besuche westdeutscher Kollegen mit Fachvorträgen in Jena zu veranlassen ... Es ist deutlich festzustellen, dass die Austauschvorlesungen Göttingen/Jena bei den westlichen Kollegen vielfach die Scheu vor einem Besuch in der DDR überwunden ... haben. Die bessere finanzielle Lage der physikalischen Forschung in der DDR im allgemeinen findet bei den westdeutschen Kollegen starke Beachtung, zumal sie sich bei den Besuchen in Jena von den Tatsachen überzeugen konnten."[55] Ein anderes Beispiel für das nach wie vor weiter bestehende wechselseitige Beziehungsgeflecht zwischen den Physikern in beiden deutschen Staaten bilden Arbeitskontakte der jeweiligen Diplomprüfungskommissionen, die bis in die späten fünfziger Jahre hinein Bestand hatten und maßgeblich von den Physikalischen Gesellschaften getragen wurden.[56]

Überhaupt läßt sich feststellen, daß es die Physikalische Gesellschaft war, die im DDR-Wissenschaftsgefüge am deutlichsten und längsten die Artikulation fachlicher Gemeinsamkeiten pflegte - nicht zuletzt im Rahmen von repräsentativen Höhepunkten und Jubiläen. So wurde die Einstein-Ehrung 1955 von der (West)Berliner Physikalischen Gesellschaft und der Physikalischen Gesellschaft in der DDR gemeinsam initiiert und kooperativ gestaltet. Die dazu nötigen Absprachen waren zwischen Max von Laue und Gustav Hertz erfolgt und sicherlich nicht ohne politische Rückendeckung geschehen. Im Großen Hörsaal der Technischen Universität in Charlottenburg war Max Born der Festredner und im Plenarsaal der Akademie trug der ehemalige Einstein-Mitarbeiter Leopold Infeld vor.[57] Die Gemeinsamkeit der Ehrung

---

[52] BArch, DR 2, Nr. 1421, Bl. 103.
[53] Persönliche Mitteilung von M. Kersten an einen der Autoren, Braunschweig 1.7.1999.
[54] Vgl. E. Buchwald: Die Göttinger-Jenaer Kolloquien. Physikalische Blätter 7(1951) 225-226.
[55] BArch, DR 2, Nr. 1464, Bl. 9.
[56] W. Hanle: Memoiren, Giessen 1989, S.183.
[57] Vgl. D. Hoffmann: Wider die geistige Trennung. Die Max-Planck-Feier(n) in Berlin 1958. Deutschland-Archiv 29(1996)4, S. 526.

unterstreichend, sandten Laue und Hertz ein Telegramm an Einstein, in dem es heißt: "Die Physikalische Gesellschaft in der Deutschen Demokratischen Republik und die Physikalische Gesellschaft zu Berlin senden von ihren Feiern für die Theorie der Lichtquanten und der Relativitätstheorie dem Manne, der vor 50 Jahren beide ins Leben rief, in Dankbarkeit einen ehrfurchtsvollen Gruß."[58]

Der Erfolg der Einstein-Ehrung ließ in beiden Physikalischen Gesellschaften und namentlich bei Laue und Hertz die Idee entstehen, des anstehenden 100. Geburtstages von Max Planck in ähnlicher Weise zu gedenken und ihn zu einer "gesamtdeutschen Nationalfeier" (Laue) auszugestalten. In der Tat wurde dann die im April 1958 in beiden Teilen Berlins veranstaltete Planck-Feier der Höhepunkt deutsch-deutscher Gemeinsamkeiten der Physiker im Nachkriegsdeutschland. So waren zu diesen Feierlichkeiten nicht nur hochrangige Physiker aus Ost- und Westdeutschland, sondern auch zahlreiche emigrierte Kollegen nach Berlin gekommen. Dazu gesellten sich eine repräsentative Physikerdelegation aus der Sowjetunion sowie zahlreiche Wissenschaftler aus anderen Ländern, womit diese Veranstaltung sicherlich eine der hochrangigsten Physikertagungen der Nachkriegszeit war. Die Vorträge auf der Festsitzung in der Staatsoper Unter den Linden hielten Max von Laue und Hans Frühauf. Friedrich Ebert, Oberbürgermeister von Ostberlin, übergab an diesem Tag in einer feierlichen Zeremonie das Magnus-Haus an die Physikalische Gesellschaft in der DDR, womit auch nach außen hin die Rolle und Stellung der Physik für die DDR-Gesellschaft dokumentiert wurde. Im Lesesaal des Magnus-Hauses fand die aus diesem Anlaß öffentlichkeitswirksam von der Sowjetunion zurückgegebene Privat-Bibliothek Plancks ihre Aufstellung[59] - zusammen mit der von Otto Hahn namens der Max-Planck-Gesellschaft überreichten Planck-Büste. Am nächsten Tag wurden die Feierlichkeiten dann in Westberlin fortgesetzt, wo in der neu erbauten Kongreßhalle Gustav Hertz, Wilhelm Westphal und Werner Heisenberg die Festvorträge hielten. Auf die Details der Planck-Feier und ihrer politischen Hintergründe ist bereits an anderer Stelle ausführlich eingegangen worden.[60]

Mehr noch aber als mit solchen spektakulären Gedenkfeiern war die Physik in der zweiten Hälfte der fünfziger Jahre in der DDR vor allem dadurch zu einem Politikum geworden, daß mit dem "Wendejahr 1955" die Kontrollratsbeschlüsse aufgehoben wurden und man nun auch hierzulande den Schritt in das Atomzeitalter vollzog. Letzterer erfolgte zwar mit großer Geste, doch nicht unvorbereitet, hatte man doch schon seit Jahren - u.a. mit dem Beschluß des Akademieplenums vom November 1950, das die Gründung des Miersdorfer Instituts vorsah[61] - darauf hingearbeitet. So verwundert es kaum, daß noch im gleichen Jahr 1955 zwischen der DDR und der UdSSR eine Vertrag über die Lieferung von Forschungsreaktoren und spaltbarem Material abgeschlossen wurde. Unverzüglich wurde auch der Aufbau eines DDR-Kernforschungszentrums in Rossendorf bei Dresden in Angriff genommen und an der Dresdener Technischen Universität eine spezielle Kerntechnische Fakultät gegründet.[62] Begünstigt wurden all diese Maßnahmen durch die Rückkehr jener deutschen Wissenschaftler, die nach 1945 im Rahmen des sowjetischen Atombombenprogramms tätig gewesen und nun von der Sowjetunion von ihren Verpflichtungen entbunden worden waren. Viele von ihnen erhielten leitende Stellungen im wissenschaftlichen Leben der DDR und nicht zuletzt beim Aufbau der

---

58 Archiv der Deutschen Physikalischen Gesellschaft, Berlin, Nr. 10683.
59 D. Hoffmann, Th. Stange: „Das zu wissen wäre mir von hohem Werte" – Über das Schicksal der Bibliothek von Max Planck. Physikalische Blätter 53(1997) 10, 21-23.
60 Ebenda, S. 525-534.
61 Vgl. Th. Stange: Institut X ... a.a.o..
62 Vgl. B. Weiss: Kernforschung und Kerntechnik in der DDR, In: D. Hoffmann, K. Macrakis (Hrsgb.): Naturwissenschaft und Technik in der DDR, Berlin 1997, S. 297-315.

Kernforschung.[63] Als am 16.Dezember 1957 der Rossendorfer Reaktor erstmals kritisch wurde, hatte man zwar den innerdeutschen Wettlauf verloren - die Inbetriebnahme des Garchinger "Atomeis" war bereits sechs Wochen vorher, am 31. Oktober erfolgt -, doch war der Reaktor und das um ihn herum gewaltig expandierende Kernforschungszentrum ein Symbol, daß die Physik in der DDR ihren Kinderschuhen entwachsen war und eine Schwelle ihrer gesellschaftlichen Existenz überschritten hatte. Sie war zu einem zentralen Faktor der gesellschaftlichen Entwicklung in der DDR und zu einem Politikum ersten Ranges geworden. Dies brachte für die Physik zwar wachsendes gesellschaftliches Prestige und auch eine beträchtliche Zunahme der Forschungsetats mit sich, doch war damit zugleich die Aufgabe weiterer Freiräume - persönlicher wie wissenschaftspolitischer – ebenso wie die Beeinträchtigung der disziplinären Entwicklung durch fortschreitende Unterordnung unter politische Restriktionen, planwirtschaftliche Erfordernisse und teilweise auch unter militärische Aufgabenstellungen.

---

[63] Vgl. Ebenda sowie E. Hampe: Zur Geschichte der Kerntechnik in der DDR von 1955 bis 1962. Berichte des Hannah-Arendt-Instituts, Nr. 10, Dresden 1996.

KLAUS HENTSCHEL / GERHARD RAMMER

Nachkriegsphysik an der Leine: eine Göttinger Vogelperspektive

1 Einleitung

Die Physik- und Zeitgeschichte der Nachkriegszeit findet erst seit einigen Jahren, bedingt durch die allmähliche Öffnung der Archive, verstärktes Interesse der Wissenschaftshistoriker. Was noch weitgehend fehlt, sind vergleichende Studien, die die mittlerweile vorliegenden Teilergebnisse zu einzelnen Biographien, Universitäten und außeruniversitären Forschungseinrichtungen zueinander in Beziehung setzen und durchgängige Muster herausarbeiten. Wir hoffen, mit unserer bewußt auf die Zusammenschau von Einzelprozessen angelegten Studie solche zukünftigen Vergleiche zu erleichtern.

Die Universität Göttingen zählt insgesamt gesehen mittlerweile zu den historisch besser untersuchten Universitäten – dies gilt insbesondere auch für ihre Geschichte kurz vor und während des Nationalsozialismus,[1] für die Auswirkungen der britischen Deutschlandpolitik auf die größte Universität in ihrer Besatzungszone,[2] sowie für den lokalen sozial- und zeithistorischen Kontext der Kriegs- und unmittelbaren Nachkriegsära.[3] Auch diejenigen Wissenschaftler, die in der Hochphase der Göttinger Physik vor 1933 Weltruhm erlangten, können zumindest in bestimmten Aspekten ihrer Biographie, die auch die Emigrationsphase einschließen, als gut untersucht gelten.[4] Dagegen wurde bislang noch kaum einer der zwischen

---

[1] Siehe insbesondere H. Becker, H.-J. Dahms & C. Wegeler: Die Universität Göttingen unter dem Nationalsozialismus, Göttingen, 2. erweiterte Aufl. München, London 1998; ferner auch N. Kamp et al.: Das Göttinger Jubiläum von 1937. Glanz und Elend einer Universität, Göttingen 1987; N. Kamp: Exodus Professorum, Göttingen 1989; sowie die dort jeweils angegebene weiterführende Sekundärliteratur zu spezielleren Themen. Auch andere Universitäten, wie z. B. Köln oder Hamburg, wurden mittlerweile untersucht, wobei allerdings die Abschnitte zur Nachkriegsphase auch aufgrund bisheriger Beschränkungen der Akteneinsicht, zumeist noch sehr kurz ausgefallen sind. Das neue niedersächsische Archivgesetz mit seiner nur 10-jährigen Sperrfrist von Personalakten (gerechnet nach Todesjahr) ist in dieser Hinsicht vorbildlich.

[2] Siehe dazu z. B. J. Foschepoth, R. Steininger (Hg.): Die britische Deutschland- und Besetzungspolitik 1945-1949, Paderborn 1985; bzw. M. Heinemann (Hg.): Nordwestdeutsche Hochschulkonferenzen 1945-48, Hildesheim 1990.

[3] Siehe z. B. J.-U. Brinkmann et al.: Göttingen 1945. Kriegsende und Neubeginn, Göttingen 1985; N. Kamp, H. Heimpel & W. Kertz: Der Neubeginn der Georgia Augusta zum Wintersemester 1945-46, Göttingen 1986; sowie W. Krönig & K.-D. Müller: Nachkriegssemester. Studium in Kriegs- und Nachkriegszeit, Stuttgart 1990, für eine auf 735 beantworteten Fragebogen ehemaliger Studierender der Kriegs- und unmittelbaren Nachkriegssemester basierende sozialhistorische Untersuchung zu Studienbedingungen, Familienhintergrund und damaligen Interessen.

[4] Siehe z. B. die Autobiographie von M. Born: Mein Leben. Die Erinnerungen eines Nobelpreisträgers, München 1969; ferner J. Lemmerich: Max Born–James Franck: Physiker in ihrer Zeit, Berlin 1982; sowie J. Teichmann: Zur Geschichte der Festkörperphysik. Farbzentrenforschung bis 1940, Wiesbaden 1988, zu Pohl und der Göttin-

1945 und 1955 hauptamtlich an der Georg-August Universität Göttingen tätigen Physiker gezielt biographisch untersucht.[5] Auch institutionshistorisch gibt es speziell zu den physikalischen Instituten der *Georgia-Augusta* in der Nachkriegsperiode noch keinerlei Literatur.

Im Hinblick auf außeruniversitäre Einrichtungen sieht es hingegen etwas besser aus, da sich bereits etliche Autoren mit der Geschichte der Kaiser-Wilhelm-Gesellschaft und einigen ihrer Institute auseinandergesetzt haben, die nach 1945 aufgrund der wohlwollenden Wissenschaftspolitik der englischen Besatzungsmacht ihren Sitz nach Göttingen verlagerten. Die bereits im September 1946 erfolgte Rekonstitution der vom Kontrollrat zunächst aufgelösten Kaiser-Wilhelm-Gesellschaft in der Britischen Zone wurde vielfach als ein Beispiel für den eher konstruktiven Beitrag der Briten zum raschen Wiederaufbau funktionierender Forschungsstrukturen und Forschergruppen in ihrem Sektor gewertet;[6] gleiches gilt aber auch für das vormalige Kaiser-Wilhelm Institut für Physik (Berlin, dann ausgelagert in Hechingen), das im Jahr 1946 (bis auf die zunächst in Hechingen verbleibende Abteilung Spektroskopie) nach Göttingen verlegt wurde und dort unter dem geänderten Namen Max-Planck-Institut für Physik bis zu seinem Umzug nach München im Jahr 1958 blieb.[7] Wie unser Blick auf das Lehrangebot zeigen wird (siehe Abschnitt 4), hatten mehrere der am Max-Planck-Institut für Physik angestellten Wissenschaftler auch Honorarprofessuren, oder Lehraufträge an der Universität Göttingen inne, aber darüber hinaus gab es keine allzu große Verzahnung des MPI mit der Universität. Dies ist anders in Bezug auf die Aerodynamische Versuchsanstalt (AVA) sowie das KWI für Strömungsforschung, da deren langjähriger Leiter Ludwig Prandtl (1875–1953) zugleich ordentlicher Professur an der Universität Göttingen war.[8] Prandtl war bis 1934 auch Leiter des Instituts für angewandte Mechanik, dessen Umbesetzung im Jahre 1934 und spätere Fusion mit dem Institut für angewandte Elektrizität im Jahre 1947 hier erstmals auf der Basis unveröffentlichter Quellen geschildert wird (siehe Abschnitt 5). Wir

---

ger Farbzentrenforschung als Vorläufer der Festkörperphysik; eine detaillierte biographische Studie zu James Franck von Jost Lemmerich ist in Vorbereitung.

[5] Die einzige uns bekannte Ausnahme ist K. Schlüpmann, der z. Z. an einer Studie über Hans Kopfermann arbeitet.

[6] Siehe dazu u. a. M. Heinemann in R. Vierhaus & B. vom Brocke (Hg.): Forschung im Spannungsfeld von Politik und Gesellschaft: Geschichte und Struktur der Kaiser-Wilhelm/Max Planck-Gesellschaft, Stuttgart 1990; F. Pingel: Wissenschaft, Bildung und Demokratie – der gescheiterte Versuch einer Universitätsreform, in: J. Foschepoth & R. Steininger (Hg.): Deutschland- und Besatzungspolitik, S. 183-209, hier S. 193; T. Stamm: Zwischen Staat und Selbstverwaltung. Die deutsche Forschung im Wiederaufbau 1945-65, Köln 1981, S. 88ff.

[7] Zur KWG/MPG nach 1945 siehe insb. M. Heinemann in: R. Vierhaus, B. vom Brocke: Forschung sowie K. Macrakis: Surviving the Swastika: The Kaiser-Wilhelm-Society 1933-1945, New York 1993, S. 187ff.; D. Kaufmann (Hg.): Geschichte der Kaiser-Wilhelm-Gesellschaft im Nationalsozialismus: Bestandsaufnahme und Perspektiven der Forschung, 2 Bde., 2000 Göttingen; speziell zum MPI für Physik siehe W. Heisenberg: Das Kaiser-Wilhelm-Institut für Physik, Geschichte eines Instituts, in: Jahrbuch der Max-Planck-Gesellschaft zur Förderung der Wissenschaften 1971, S. 46-89. K. Macrakis: Wissenschaftsförderung durch die Rockefellerstiftung im Dritten Reich, in: Geschichte und Gesellschaft, 12, 1986, S. 348-379; und H. Kant: Institutsgründung in schwieriger Zeit: 75 Jahre Kaiser-Wilhelm/Max-Planck Institut für Physik, in: Physikalische Blätter 48, 1992, S. 1031-1033; zu den Verwicklungen mit der gescheiterten Heisenbergschen Wissenschaftspolitik der Nachkriegszeit, siehe insb. M. Eckert: Primacy doomed to failure: Heisenberg's role as scientific advisor for nuclear policy in the Federal Republic of Germany, in: Historical Studies in the Physical Sciences, 21,1, 1990, S. 29-58.

[8] Zur Geschichte der seit 1933 stark expandierenden anwendungsbezogenen AVA und des demgegenüber stärker auf Grundlagenforschung orientierten KWI für Strömungsforschung, siehe z. B. B. H. Trischler: Luft- und Raumfahrtforschung in Deutschland 1900-1970. Politische Geschichte einer Wissenschaft, Frankfurt a. M. 1992, S. 56ff., 128ff., 167-172, 199f., 290ff; dazu und zu Prandtl siehe u. a. Tollmien in H. Becker, H.-J. Dahms & C. Wegeler: Universität Göttingen; ferner zu Prandtl J. Rotta: Die Aerodynamische Versuchsanstalt in Göttingen, ein Werk Ludwig Prandtls, Göttingen 1990; sowie mit Einschränkungen R. Wuest: Sie zählten den Sturm, zur Geschichte der AVA, einem der Forschungszentren der Deutschen Forschungsanstalt für Luft- und Raumfahrt (DLR) in Göttingen, Göttingen 1991; H. Trischler (Hg.): Dokumente zur Luft- und Raumfahrtforschung in Deutschland 1900-1970, Köln, DLR-Mitteilung 92-08, 1992, S. 144ff.; K. Hentschel (Hg.): Physics and National Socialism. An Anthology of Primary Sources, Basel 1996, Doc. 70, 84ff., 94; sowie die leider nicht immer ganz verläßliche Biographie von J. Vogel-Prandtl: Ludwig Prandtl. Ein Lebensbild, Göttingen 1993.

beginnen mit einer Untersuchung des Lehrkörpers der Universität Göttingen, um die Protagonisten der Organisation des Physikunterrichts und der physikalischen Forschung mit besonderem Augenmerk auf deren politische Vergangenheit vorzustellen.

2 Zum Lehrkörper der Göttinger Universität

Der gewaltige Unterschied zwischen 1933 und 1945 ist, daß 1933 einen eklatanten Bruch darstellt, während 1945 von größerer personeller Kontinuität gekennzeichnet ist, insofern der vorhandene Lehrkörper mit ‚nur einem vorläufigen Verlust' in die Nachkriegszeit geführt wurde. Um diese These weitgehender Kontinuität zu belegen, haben wir in Tabelle 4 und Tabelle 5 (Siehe Anhang) auf der Basis von Vorlesungsverzeichnissen sowie Personalakten eine möglichst vollständige Übersicht des in der Lehre tätigen Personals der experimentellen, theoretischen und angewandten Physik erstellt, die ordentliche und außerordentliche Professoren ebenso erfaßt wie Privatdozenten und Honorarprofessoren.

In der angewandten Physik liegt der besondere Fall vor, daß von den vier Professoren drei in den Jahren 1946–47 emeritiert wurden. Bei Ludwig Prandtl und Hermann Zahn (1877–1952) handelte es sich um normale, altersbedingte Emeritierungen, während bei Max Schuler (1882–1972) politische Überlegungen zu einem Gesuch um frühzeitige Emeritierung führten. In der Diskussion um die Nachbesetzungen zeigte sich einerseits das Bemühen um inhaltliche Kontinuität in Forschung und Lehre, andererseits forderte die Militärregierung durch ihr Verbot der angewandten Forschung eine Ausrichtung zur Grundlagenforschung. Beiden Forderungen wurde Rechnung getragen, indem die Prandtl-Nachfolge sein früherer Schüler Walter Tollmien (1900–1968) übernahm, und die Institute von Zahn und Schuler (angew. Elektr. und angew. Mech.) zum neuen III. Physikalischen Institut zusammengelegt wurden, als dessen Direktor o. Prof. Erwin Meyer (1899–1972) aus Berlin berufen wurde (zum Fall Schuler und zu dieser Umstrukturierung der Institute siehe Abschnitt 5).

In der experimentellen und theoretischen Physik wird die Kontinuität um 1945 schon auf deren Leitungsebene deutlich: Der Direktor des Instituts für theoretische Physik, Richard Becker[9] (1887–1955) war 1936 durch das Reichserziehungsministerium (REM) von seinem Lehrstuhl für theoretische Physik an der TH Berlin-Charlottenburg nach Göttingen versetzt worden, um dort die durch die Emigration Max Borns gerissene Lücke auszufüllen; er blieb bis zu seinem Ableben ordentlicher Professor und Direktor des Instituts für theoretische Physik in Göttingen und war somit Garant eines nahtlosen Übergangs in die Nachkriegszeit. Er war nicht Mitglied der NSDAP geworden, jedoch der Nationalsozialistischen Volkswohlfahrt (NSV) und des Reichsluftschutzbundes. Sein Prestige war so groß, daß er 1951 von der Universität sogar eine Olympia-Cabriolet-Limousine für Dienstreisen zur Verfügung gestellt bekam,[10] und 1955, kurz vor seinem plötzlichen Tod, noch zum Vorsitzenden des Verbandes Deutschen Physikalischen Gesellschaften gewählt wurde. Verschiedenen Augenzeugenberichten zufolge hatte jedoch bis zu seiner Pensionierung im Jahr 1952 der langjährige Leiter

---

[9] Zu Becker, der nach seiner Assistententätigkeit in Hannover um 1920 zeitweise in der Sprengstoffindustrie gearbeitet hatte und sich 1922 über Detonation und Stoßwellen habilitierte, siehe z. B. W. Döring: Richard Becker 60 Jahre, Physikalische Blätter, 3, 1947, S. 393. G. Leibfried: Richard Becker †, Physikalische Blätter, 11, 1955, S. 319-320.

[10] Universitätsarchiv Göttingen (künftig: UAG), Rek. Personalakte (im folgenden stets abgekürzt PA) Richard Becker.

der I. Experimentalphysik, Robert Wichard Pohl (1884–1976), die Rolle des Platzhirsches inne.[11] Pohl war bereits seit 1920 ordentlicher Professor und Direktor des ältesten physikalischen Instituts der Göttinger Universität, das er ganz auf seine Forschungsthemen, insbesondere Farbzentren in Kristallen sowie Lumineszenz, orientierte. Durch seine durchgehende Forschungstätigkeit, aber auch durch seine äußerst innovativen Lehrmethoden, für die er weltberühmt war, verkörperte er geradezu die Stabilität der universitären Physik über zwei politische Umbrüche hinweg.[12] Die Leitung des II. Instituts für Experimentalphysik blieb zwischen 1942 und 1953 in den Händen von Hans Kopfermann (1895–1963), der die schon von seinem mittelbaren Vorgänger James Franck (1882–1964) verfolgte spektroskopische Methode in Richtung der Hyperfeinstrukturanalyse weiter ausbaute. Da mit diesen Untersuchungen auch Aussagen über elektrische und magnetische Felder von Atomkernen gemacht werden konnten, erweiterten Kopfermann sowie seine ebenfalls seit 1942 in Göttingen arbeitenden Assistenten Wolfgang Paul (1913–1994) und Wilhelm Walcher (geb. 1910) mit ihren Experimenten über Isotopentrennung zugleich den Arbeitsbereich der II. Physik in Richtung der rasch expandierenden Kernphysik.[13]

Unterhalb der Leitungsebene dieser drei Institute kam es zu einer einzigen von der Militärregierung veranlaßten Entlassung. Der Dozent Karl Heinz Hellwege (1910–1999), der bis 1945/46 regelmäßig Vorlesungen und Praktika hielt, wurde aufgrund von mündlichen Beschuldigungen vom Entnazifizierungsausschuß entlassen. Mit nur einer Entlassung von 14 Hochschullehrern war die Physik somit, verglichen mit dem universitätsgesamten Mittelwert von 27%, von der Entnazifizierung weniger stark betroffen. Wie in Tabelle 4 deutlich zu sehen ist, vergrößerte sich das Lehrpersonal in der experimentellen und theoretischen Physik besonders in den ersten Jahren nach 1945, was zur Folge hatte, daß im Jahr 1950 18 Personen an der Lehre beteiligt waren, während es z. B. 1944 nur 7 waren.[14] Für diesen Schub an neuen Physikern gibt es mehrere Gründe. Zum einen brachte die Verlegung des KWI für Physik nach Göttingen,[15] wo dann auch die meisten der aus Farm Hall zurückgekehrten Physiker eine Stelle bekamen, neue und berühmte Physiker, zum anderen gab es auch politische Gründe, die Göttingen zum Anlaufpunkt werden ließen. So fanden z. B. Siegfried Flügge (1912–1997) und Carl Friedrich von Weizsäcker (geb. 1912) den Weg nach Göttingen, nach-

---

[11] Einer uns von dem damaligen Physikstudent Manfred Schroeder berichteten Anekdote zufolge hatte Pohl u. a. angeordnet, auf der Bunsenstraße kein Fahrrad zu fahren. Daraufhin schiebt Kopfermann, Becker überholt ihn im Schrittempo auf dem Fahrrad und fragt ihn: „na, Herr Kopfermann, auch Angst vor Pohl?" In die gleiche Kerbe schlägt die kryptische Notiz aus den Senatsprotokollen vom 8. Aug. 1945: „Verfassungsfragen. Pohl Raum- und Kohlendiktator" (UAG, Senatsprotokolle 1945-49); leider befindet sich der Pohl-Nachlaß offenbar noch in Privatbesitz.

[12] Pohl war auch Mitglied im Entnazifizierungsausschuß und galt als der NSDAP kritisch gegenüberstehend. In dem Fragebogen der Militärregierung notierte er aber bei der Spalte „SS [-Mitgliedschaft]": „Bei Haussammlungen der SS ab 1933 Beiträge als förderndes Mitglied gezahlt." Hauptstaatsarchiv Hannover (künftig: HStAH), Nds. 171 Hildesheim, 13098. Pohls kritische Haltung ist u. a. durch Anspielungen in seinen Vorlesungen dokumentiert. Siehe U. Rosenow: Die Göttinger Physik unter dem Nationalsozialismus, in: H. Becker, H.-J. Dahms & C. Wegeler: Universität Göttingen, S. 563; und W. Kertz: Student im Wintersemester 1945/46, in: Der Neubeginn der Georgia Augusta zum Wintersemester 1945-46 (Göttinger Universitätsreden 77), Göttingen 1986, S. 31-46, hier S. 38f.

[13] Vgl. hier Tabelle 2f. zu den konkret bearbeiteten Forschungsthemen, sowie zur Vita von Kopfermann z. B. E. Dreisigacker: Gedenkkolloquium für Hans Kopfermann, Physikalische Blätter, 51, 1995, S. 527; u. insb. K. Schlüpmann: Kopfermann (in Vorb.). W. Paul war ab 1952 o. Prof. an der Univ. Bonn und die Schlüsselfigur für die weitere Entwicklung der Beschleunigertechnik in der BRD: siehe Professor Dr. Ing. Wolfgang Paul zum sechzigsten Geburtstag, Bonn: Physik. Inst. d. Univ. Bonn 1973.

[14] Eine Besonderheit ist hier, daß die Anzahl des Lehrpersonals stärker wuchs als die Studentenzahl. Dieser Effekt war nur kurzfristig wirksam, denn während die Studentenzahl weiter zunahm, verringerte sich die Zahl der an der Lehre tätigen Physiker im Jahr 1954 auf 11.

[15] Siehe oben Anm. 7.

dem sie ihre früheren Arbeitsstätten, die Universitäten Königsberg und Straßburg verlassen mussten. Aber auch wer durch seine politische Vergangenheit belastet war, fand in Göttingen (vielleicht leichter als anderswo) eine freundliche Aufnahme (siehe dazu das Beispiel Sauter weiter unten). Für manchen war Göttingen in den ersten Nachkriegsjahren, in denen die politische Säuberung und die neu gezogenen Ländergrenzen die Personalstruktur der Universitäten kurzfristig aufwirbelte, nur eine kurze Zwischenstation in ihrer Laufbahn. Zusammenfassend ergibt sich ein Bild, in dem ein reges Kommen und Gehen zu verzeichnen ist; man kann sogar von einer Wanderschaft in dieser Zeit sprechen.[16]

Die in vieler Hinsicht ‚schweren Zeiten' nach dem Krieg führten zu einem sehr starken Solidarisierungsverhalten unter den Göttinger Physikern, welches aber bezüglich der Stellenbesetzungen nur selektiv zur Wirkung kam. Einen günstigen Einfluß hatte es auf den entlassenen Dozenten Hellwege. Sein frühes Engagement für das NS-Regime war dabei kein Hindernis. Ab 1933 gehörte er der SA an und ab 1937 war er NSV Mitglied und Parteigenosse.[17] Im Krieg arbeitete er an einem Forschungsprojekt der höchsten Dringlichkeitsstufe SS für das Nachrichtenmittelversuchskommando der Kriegsmarine.[18] Als Hellwege zwischen April 1941 und Mai 1942 vertretungsweise die Leitung des II. Physikalischen Instituts übernommen hatte, erreichte er sogar, daß „das Zweite Physikalische Institut als Spezialbetrieb der Rüstungsindustrie anerkannt worden ist."[19] Obwohl er ab 1942 als Vertreter der Joos'schen Schule eine Sonderstellung in seinem Institut hatte und mit dem neuen Leiter Kopfermann und dessen Assistenten politisch nicht einer Meinung war, konnte er nach seiner Mitte Juli 1945 erfolgten Entlassung im Entnazifizierungsverfahren mit Rückendeckung der Fakultät rechnen.[20] Der Dekan Arnold Eucken (1884–1950) fand in diesem Zusammenhang Sympathie für Leute, die zu ihrer nationalsozialistischen Haltung stehen – etwas das ihnen auch nicht zum Vorwurf gemacht werden solle.[21] Nachdem Hellwege nach kurzer Wiedereinstellung ein zweites Mal entlassen worden war, konnte er 1948 nach Einstufung in Kategorie V durch den Entnazifizierungsausschuß endgültig wieder in seine alte Stelle eingesetzt werden und ab dem SS 49 wieder Vorlesungen halten.[22] Ende 1949 wurde er auf Antrag der

---

16 Auf der Generaldebatte der 1. Hochschulkonferenz am 26/27. 9. 1945 sprach man sogar von „einer Art akademischer Völkerwanderung von Hochschule zu Hochschule": siehe M.Heinemann (Hg.): Nordwestdeutsche, Bd.1, S.52.

17 Hellwege hat 1929–1934 in Marburg, München, Kiel und Göttingen Physik, Mathematik, Philosophie und Leibesübungen studiert, 1934 die Staatsprüfung für Lehramt und 1935 die Promotion in Göttingen zum ‚Einfluß kleiner mechanischer Spannungen auf den elektrischen Widerstand von Chromnickeldrähten' absolviert. Er gehörte seit dem 7.7.33 der SA an (Dienstgrad: Oberscharführer, Dienststellung: beauftr. m. d. Führung des Reitersturms 6/57; am 5.10.37 wurde er zum Gefr. d. Res. befördert und zum Res. Offz.-Anwärter ernannt) und war 1937–1945 Mitglied der NSDAP und der NSV und 1943–1945 des NS-Dozentenbund. HStAH, Nds. 171 Hildesheim, Nr. 11847.

18 Siehe dazu die von Dr. Ruprecht unterzeichnete Bestätigung in UAG, PA Hellwege, datiert 21.5.1941; im Nov. 1944 wurde er vermutl. für diese Arbeiten auch mit dem Kriegsverdienstkreuz ausgezeichnet.

19 Siehe das Schreiben von Hellwege an den Dekan der Mat.Nath.Fak., 28. 8. 1941, UAG, Rek., PA Hellwege.

20 Siehe die von Kopfermann, Walcher, Paul und Brix unterzeichnete Bescheinigung vom 18. 11. 46 für Hellwege anläßlich seines Entnazifizierungsverfahrens, in der sie erklären, daß sie „auch in politischen Fragen und in Fragen des Kriegseinsatzes der Wissenschaft oft verschiedener Meinung waren". HStAH, Nds. 171 Hildesheim, Nr. 11847.

21 Eucken in einer „Stellungnahme zum Einspruch des Dozenten Dr. Hellwege gegen seine Entlassung" vom 4. 2. 46: „So vermeidet er [Hellwege] denn in seinem Einspruchsschreiben die sonst oft gebrauchten Wendungen wie ‚ich habe nie ein inneres Verhältnis zum Nationalsozialismus besessen' odgl. Indirekt gibt er auf diese Weise zu, daß er den Nationalsozialismus an sich billigte, das ist sympathisch und sollte ihm nicht zum Vorwurf gemacht, sondern anerkannt werden." (ibid.)

22 Am 19. 7. 45 wurde er auf Veranlassung der Milit. Reg. entlassen, am 16. 8. 45 wieder eingestellt und am 19. 1. 46 wieder entlassen, bis er schließlich am 20. 9. 48 vom Entnazifizierungshauptausschuß als entlastet festgestellt und in Kategorie V eingestuft wurde. (ibid.)

Math.-Nat. Fakultät zum außerplanmäßigen Professor ernannt, wobei sich die im Senat protokollierte Begründung dafür wie folgt liest: „Dieser ist 10 Jahre habilitiert. Er war in der Reiter-SA. Der Senat stimmt dem Antrag zu."[23] Analog wird im gleichen Jahr auch Hans König (geb. 1910) außerplanmäßiger Professor.[24] König war von 1941 bis 1945 offiziell bei der Luftfahrtforschungsanstalt München e. V. angestellt, faktisch aber ‚ausgelagert' in Göttingen und arbeitete im Pohlschen Institut,[25] wobei er vor 1945 das Institut und den Campus stets in Uniform betreten haben soll.[26] Nach eigenen Angaben war er ab 1936 NSDAP-Mitglied, weil er glaubte, damit dem Deutschtum in Danzig zu dienen. Seine „jugendliche Begeisterung"[27] für das NS-Regime wurde ihm von seinen Kollegen nachgesehen, und auch im Entnazifizierungsverfahren wurde er 1949 als Entlasteter in Kategorie V eingestuft. Ab 1. Mai 1947 war er Oberassistent am III. Physikalischen Institut (siehe dazu Abschnitt 5), im WS 1947/48 erhielt er die *venia legendi*, und seit SS 1948 hielt er in Göttingen Vorlesungen, z. B. Elektronenbeugung an Materie. Ende 1951 wurde er an die TH Darmstadt als ordentlicher Professor berufen; ein Jahr später folgte ihm sein Freund Hellwege an dieselbe Hochschule.

Einer, der sich nach 1945 aus politischen Gründen gezwungenermaßen auf Wanderschaft begeben mußte und 1948 den Weg zurück nach Göttingen fand, ist Fritz Sauter (1906–1983). Er hatte sich 1933 bei Richard Becker in Berlin habilitiert. Seine erste Verbindung zu Göttingen geht auf das Jahr 1934 zurück, in dem er als Dozent die Vertretung von Max Born (1882–1970) übernahm sowie vertretungsweise auch die Leitung des Instituts für theoretische Physik.[28] 1936 ging er nach Königsberg und erhielt dort im Alter von 32 Jahren eine ordentliche Professur; 1942 wechselte er nach München, wo er bis 1945 ordentlicher Professor an der TH war. Im September 1945 wurde er dort dienstenthoben und fand dann vom November d.J. bis Ende 1948 eine Anstellung als wissenschaftlicher Mitarbeiter an einem wissenschaftlichen Institut des französischen Staates in Weil am Rhein, bis ihm die Universität Göttingen anbot, als Dozent (!) am Physikalisch-Chemischen Institut bei Eucken zu arbeiten. Am 17. Nov. 1948 bat Sauter in Göttingen um seine politische Überprüfung, aufgrund derer er Ende des Jahres als entlastet festgestellt wurde.[29] 1949 hat man Sauter „unter Beschränkung

---

[23] UAG, Senatsprotokolle 1945-49, Eintrag vom 2. 11. 1949, Nr. 11; vgl. dazu auch den Antrag an den Dekan vom 19.10. 1949, unterzeichnet von Kopfermann, Pohl und Becker, die argumentierten, daß Hellweges exp. Untersuchungen über die Absorption der seltenen Erd-Ionen in Kristallen im In- und Ausland anerkannt seien und er zu den Besten des physikalischen Nachwuchses gehöre.

[24] „Dieser hat sich 1940 in Danzig habilitiert und vor einigen Jahren hierher umhabilitiert. Der Senat hat keine Bedenken." (Senatsprotokolle, ibid.). Vgl. auch Königs Lebenslauf vom 31. 10. 1949 in UAG, Rek., PA König.

[25] Angaben aus seinem Fragebogen der Militärregierung, UAG, Rektorat 5250 / 6 A. Von 1934 bis 1941 war er Assistent an der TH Danzig, 1937 promovierte er über magnetische Doppelbrechung organischer Flüssigkeiten und Dämpfe, und 1940 habilitierte er sich.

[26] Siehe U. Rosenow: Göttinger Physik, S. 569.

[27] Zitat aus Schreiben von Rektor Trillhaas an Scherzer (Darmstadt), 30. 5. 1951; UAG, Rek. PA König, mit dem offenbar Bedenken der hessischen Landesregierung ausgeräumt werden sollten, die „erfahrungsgemäss [...] den Entnazifizierungen aus der Britischen Zone mit Mißtrauen begegnet."

[28] Siehe zu Sauters Stellung UAG, 5250/8 A, Schreiben des Rektors Neumann an den Minister für Wissenschaft, Kunst und Volksbildung, 27.11.1934, sowie Rektor Neumann an den Kurator, 13.12.1935.

[29] HStAH, Nds. 171 Hildesheim, Nr. 12794. Seine Mitgliedschaften in der NSDAP 1939–1945, dem NSKK 1938–1945 (Truppführer) und der NSV 1935–1945 waren für die Einstufung in Kategorie V kein Hindernis; er wurde „als nur nominelles Mitglied der NS-Organisationen" angesehen, auch wenn Sommerfeld in einem Gutachten meinte: „Persönliche Vorteile hat er aus seiner Parteizugehörigkeit nicht gezogen; andererseits hat er seinen politischen Standpunkt nie verleugnet." Demgegenüber bescheinigte Eucken, daß er sich an keine politischen Gespräche mit Sauter erinnern könne, obwohl sie häufig im Familienkreis zusammen gewesen seien; Sauter sei aber innerlich auf keinen Fall Anhänger des Nationalsozialismus gewesen. Sauter selbst hingegen gab seine Begeisterung für den Nationalsozialismus zu, und er sei nicht aus politischen Zweifel erst 1939 in die Partei eingetreten, sondern weil er „nicht infolge irgendwelcher ‚politischer Verdienste' zum Professor ernannt" wer-

der geforderten Leistung neu habilitiert", und am 31. Juli 1950 wird für ihn eine Assistentenstelle beantragt. Ab dem SS 1950 hielt er in Göttingen Vorlesungen; außerdem hatte er auch einen Lehrauftrag an der Hochschule Bamberg.[30] 1952 erhielt er einen Ruf als ordentlicher Professor nach Köln. In einem offiziellen Lebenslauf wird die Nachkriegszeit geflissentlich übergangen: „Die unmittelbare Nachkriegszeit brachte weitere Wanderschaft, bis Sauter 1952 in Köln als Direktor des Instituts für theoretische Physik der Universität schließlich seßhaft wurde."[31]

Sowohl nach 1933 wie nach 1945 kamen viele neue Physiker nach Göttingen, im ersten Fall als Ersatz für die Vertriebenen, aber nach dem Krieg fast ausschließlich als Erweiterung des Personals. Wer nicht wieder auf der Bühne erschien, sind jene Professoren und Assistenten, die 1933 ihre Stelle aus politischen Gründen verloren hatten. Einerseits versuchten die wenigsten von ihnen, ihre alte Stelle wiederzuerlangen, andererseits wurden sie dabei keineswegs mit offenen Armen empfangen: Ein Beispiel hierfür ist der Aerodynamiker Kurt Hohenemser (geb. 1906), der noch am 3. April 1933 als wissenschaftlicher Assistent auf die Reichs- und Preußische Verfassung vereidigt wurde, aber schon vier Tage später nach § 3 des Gesetzes zur Wiederherstellung des Berufsbeamtentums zunächst vom Dienst suspendiert und am 29. Sept. 1933 dann auch in den Ruhestand versetzt wurde. Hohenemser, der während der NS-Zeit in der Flugzeugindustrie unterkam, betrieb nach 1945 vergeblich den Versuch der Wiedereinsetzung in seine alte Stelle; ausschlaggebend gegen seine Wiedereinstellung war dabei das Argument der nicht Vertriebenen, daß Hohenemser, der bei der Kritik der Haltung von Kollegen kein Blatt vor den Mund nahm, den ‚Arbeitsfrieden' am Institut gefährde.[32] Diese Abwehrhaltung zeigt sich nicht nur in der Physik; nur ein einziger der Privatdozenten der Universität Göttingen, nämlich Heinrich Düker (Psychologie), erhielt nach 1945 nicht nur seine *venia legendi* zurück, sondern wurde auch durch Erhalt einer Stelle für das an ihm begangene Unrecht entschädigt. Bereits am 9. Juni 1945 wurde als Ergebnis einer Senatssitzung, auf der die Strategie in Bezug auf die 1933 ausgeschiedenen und z. T. in die Emigration gezwungenen Hochschullehrer besprochen wurde, protokolliert:

> „Die Listen über die aus politischen Gründen ausgeschiedenen Mitglieder des Lehrkörpers (Rechts- u. Staatswiss., Phil., Math.-Nat. Fakultät) werden vorgelegt und durchgesprochen. Sie sollen in Reinschrift als Grundlage für die Sammlung aller Informationen über ihren Verbleib usw. dienen. Man ist einig darüber, daß diese Ausgeschiedenen nicht unbedingt und lediglich der Rehabilitation wegen wieder in Göttinger Stellen zu berufen sind, sondern nur im Zuge eines Berufungsverfahrens mit dem Ziel der Ergänzung durch die Besten."[33]

Eine umfassende Wiedergutmachung, wie sie die Alliierten zu dieser Zeit von den deutschen Universitäten einzufordern begannen, war also seitens der Verantwortlichen deutschen Wissenschaftler ausgeschlossen; bestenfalls eine Art ‚Auffüllung' vakanter Ränge durch „die Besten" unter den Vertriebenen erschien ihnen wünschenswert. Entsprechend wenige Naturwissenschaftler fanden denn auch den Weg zurück an ihre frühere Wirkungsstätte, und ent-

---

den wollte. In seiner Königsberger Zeit war er von den „unbestreitbaren innen- und aussenpolitischen Erfolge der Staatsführung" sehr angetan, obwohl er einräumte, daß er die „Kinderkrankheiten" des neuen Regimes „zu wenig kritisch" geprüft habe.

[30] UAG, Rek., PA Sauter.

[31] Siehe B. Mühlschlegel: Nachruf auf Fritz Sauter, Physikalische Blätter, 39, 1983, S. 350.

[32] Für die Details dieses erschreckenden Falles siehe Hentschel & Rammer : Physicists of the University of Göttingen, 1945-55, Physics in Perspective 3(2001)189-209..

[33] UAG, Senatsprotokolle 1945-49, Eintrag Nr. 8 vom 9.6.1945.

sprechend schleppend verliefen auch die Wiedergutmachungsverfahren, die vielfach erst Ende der 1950er Jahre mit der Zahlung von Ruhegehältern etc. ihren Abschluß fanden.[34]

Unter die Rubrik ‚Auffüllung durch die Besten' fällt wohl auch der Kernphysiker Fritz Georg Houtermans (1903–1966). Er hatte in Göttingen bei James Franck studiert und war 1927–28 dessen Hilfsassistent, wurde 1928 Assistent von Wilhelm Westphal an der TH Berlin, habilitierte sich 1932 und war dort Oberassistent, mußte aber aus politischen und rassistischen Gründen 1933 den Staatsdienst verlassen und emigrierte zunächst nach England, dann nach Rußland. 1940 wurde er gegen seinen ausdrücklichen Wunsch von den Sowjetbehörden nach Deutschland ausgewiesen und wegen seiner früheren KPD-Mitgliedschaft sofort von der Gestapo verhaftet. Seine Einweisung in ein Konzentrationslager wurde dadurch verhindert, daß der Reichsforschungsrat ihm auf Vermittlung Max von Laues (1879–1960) und Paul Rosbauds kriegswichtige Forschungen zuwies, woraufhin Houtermans dann zunächst zwei Jahre lang im Forschungslaboratorium Manfred von Ardennes arbeitete, von 1942–45 dann in der Physikalisch-Technischen Reichsanstalt bei C. F. Weiss, und sich bei Kriegsende ‚als Gast' Richard Beckers im Physikalischen Institut der Universität Göttingen befand. Im WS 1945/46 rehabilitierte ihn die mathematisch-naturwissenschaftliche Fakultät als Dozent und schlug seine Ernennung zum außerplanmäßigen Professor vor, um „das ihm zugefügte Unrecht dadurch in geringem Umfang wieder gut [zu] machen".[35] Im Oktober 1948 folgte die Übertragung einer Diätendozentur auf Houtermans, den man gegenüber dem Niedersächsischen Kultusminister als „einen der besten Kenner der Radioaktivität und des sich daran anschließenden Gebietes der Kernumwandlungen" pries. Neben seinen international renommierten Beiträgen über Neutronenphysik schätzte man in Göttingen vor allem seine Arbeiten über das Alter von Mineralien und ihren Gehalt an radioaktiven Elementen, das weiter rückreichende Datierungen (z. B. über das Alter der Erde) erlaubte.[36] 1952 folgte Houtermans einem Ruf an die Universität Bern, nachdem Bleibeverhandlungen mit Niedersachsen aufgrund leerer Kassen zu keinem Erfolg geführt hatten.

3 Forschungsschwerpunkte vor und nach 1945

Einen ersten Überblick verschafft die Zusammenstellung der Forschungsthemen, die Ende 1945, also noch *vor* dem Kontrollratsgesetz Nr. 25 von Göttinger Physikern an den German Control Officer für die Universität Göttingen, Mr. L. A. Sutton, geschickt wurde. Die Initiative dazu war von Mr. Goody, dem kommissarischen Leiter der AVA ausgegangen, der im Oktober 1945 dem Dekan der Math.-Nat. Fakultät den Wunsch einer Anzahl englischer Naturwissenschaftler übermittelte, „allmählich mit den deutschen Fachgenossen wieder in einen wissenschaftlichen Konnex zu treten. Um einen solchen anzubahnen, will man in England zunächst über die Ergebnisse wichtiger Forschungsarbeiten unterrichtet werden, die im Laufe der letzten Jahre in einer Anzahl Göttinger Institute ausgeführt, aber bis jetzt noch nicht oder

---

[34] Vgl. A. Szabo: Vertreibung, Rückkehr, Wiedergutmachung. Göttinger Hochschullehrer im Schatten des Nationalsozialismus, Göttingen 2000; und ihren Beitrag in diesem Band.

[35] Daten laut Fragebogen Houtermans und Lebenslauf in UAG, Kur. PA Houtermans; Zitat aus dem Schreiben des Dekans an den Herrn Oberpräsidenten–Abt. Wissenschaft, Kunst und Volksbildung in Hannover, 3. 6. 1946, ibid. Dem Antrag wurde mit Wirkung von 29.8.1946 stattgegeben.

[36] Siehe das Schreiben des Dekans an den Niedersächsischen Kultusminister, 23.6.1948 mit dem Vorschlag in UAG, Kur., PA Houtermans; die Ernennung zum Beamten auf Widerruf erfolgte am 20.10.1949.

nur unvollständig in Fachzeitschriften veröffentlicht sind."[37] Daraufhin wurden folgende Forschungsberichte eingesandt:

Tabelle 1 Liste der Forschungsberichte Göttinger physikalischer Institute vom Nov. 1945, (Aus UAG, Math. Nat. Fak. 56)

Inst. f. angew. Mech.	Schuler	Sammelbericht (Zeitmessung-Penduluhren-Kreisellehre-Regelungstechnik)
II. Physik. Institut	Hellwege	Termaufspaltung und elektrische Dipolstrahlung
	Severin	Spektren kristallwasserhaltiger fester Salze des Erbiums
	Dietrich Meyer	Wechselwirkung zwischen 4fn Elektronen und Kristallgitter
	Yu Kang Chow	Kramersche Entartung und J-Werte im Spektrum des kristallinen NdF_3
Inst. f. angew. Elektr.	Zahn & Severin	Sammelbericht (Beugung elektromagnetischer Wellen an metallischen Blenden)

Diese Tabelle erfaßt somit all diejenigen Forschungen Göttinger Institute bis Herbst 1945, die man alliierten Wissenschaftlern als ‚bedeutungsvoll' (und zugleich wohl auch wissenschaftspolitisch unverfänglich) präsentieren wollte. Ergänzend zu diesem Rückblick auf Forschungen, die sicher auch in Jahre vor 1945 zurückreichen, haben wir eine in Tabelle 2 wiedergegebene Liste derjenigen Forschungsthemen gefunden, die schon einen Monat zuvor, im September an das Military Government gesandt worden waren, um die Genehmigung zur Wiederaufnahme eigenständiger wissenschaftlicher Forschungen gemäß den Kontrollratsbeschlüssen zu erhalten, nachdem die physikalischen Institute bereits Mitte Mai 1945 „überwiegend als entmilitarisiert freigegeben" worden waren.[38]

Schließlich gibt es natürlich auch noch etliche Göttinger Beiträge zu der *Fiat Review of German Science 1939–46*, die 1947 im Auftrag der *Field Information Agency, Technical* des *Military Government of the British, French and US Zones of Germany* gesammelt und im folgenden Jahr dann publiziert wurden.[39]

Unmittelbar im Anschluß an diese Auflistung wurde vom Dekan noch vermerkt: „All these themes have been gone into in detail by an Allied Scientific Committee, and been agreed by them as de-militarized research themes for the case of research to be reopened." Bei dieser Kommission handelte es sich, wie aus einem Schreiben Hans Kopfermanns vom

---

[37] Laut Rundschreiben Euckens an alle math.-nat. Institute, 1.11.1945; UAG, Math. Nat.Fak. 56.
[38] Mitteilung von H. Kopfermann, Senatssitzung 16.5.1945, UAG, Senatsprotokolle 1945-49.
[39] Unter den physikalischen Themen sind dies R. Becker: Ferromagnetismus, FIAT Review of German Science 1939–1946, 9: Physics of Solids II, Wiesbaden 1948, S. 27-42. F. G. Houtermans: Meßverfahren für Neutronen, FIAT Review of German Science 1939–1946, 14: Nuclear Physics and Cosmic Rays II, Wiesbaden 1948, S. 12-24. H. Kopfermann: Atomspektren, FIAT Review of German Science 1939–1946, 12: Physics of the Electron Shell, Wiesbaden 1948, S. 1-17. W. Walcher: Isotopentrennung in kleinen Mengen, FIAT Review of German Science 1939–1946, 14: Nuclear Physics and Cosmic Rays, Wiesbaden 1948, S. 94-107. Betz, Tollmien, und Prandtl in: A. Betz (Hg.): FIAT Review of German Science 1939–1946, 11: Hydro- and Aerodynamics, Wiesbaden 1948.

11. Dez. 1945 deutlich wird, um die ALSOS-Mission unter Leitung von Samuel S. Goudsmit, wobei federführend für den Göttinger Antrag die Herren Smythe und Kuiper agierten.[40]

Tabelle 2 Liste der Forschungsprojekte physikalischer Institute vom Sept. 1945; (Aus UAG, Math. Nat. Fak. 56 (Engl. Original))

Inst. f. angew. Mech.	Mechanical vibrations and waves	Dr. Stellmacher
"	Gyroscope regulators	Prof. Schuler
"	Measurement of time	"
I. Physik. Inst.	Investigations of optical properties and electric conductivity of crystals	Prof. Pohl, Prof. Mollwo, Dr. Stöckmann
II. Physik. Inst.	Mass spectroscopy	Dr. Walcher, Dr. Paul, Brix
"	Research on atomic spectra	Prof. Kopfermann, Dr. Meyer
"	Research on fast electrons and hard x-rays	Prof. Kopfermann, Dr. Paul
"	Research on spectra of the ions of rare earth crystals	Dr. Hellwege
"	Research on gaseous discharges	Dr. Walcher
"	Research on natural and artificial radioactivity	Prof. Kopfermann, Dr. Paul, Dr. Walcher
Inst. f. theor. Phys.	Theoretical work on the following fields of investigation: thermodynamics, electromagnetic field, quantum theory of radiation	Prof. Becker
"	Theory of electron astrophysics	Prof. Flügge
"	Ferromagnetism, quantum theory of radiation	Prof. Döring
Inst. f. angew. Elektr.	Works out of the sphere of the piecoelectricity, dielectric constants, conductibility of electrolyts, transformation of amorph metals into crystalline form	Dr. Severin

Die vorgenannten Forschungsthemen waren also weitgehend die Fortführung bereits bestehender Forschungsprojekte, wie Kopfermann dies in seiner Antwort auf eine Anfrage des Alliierten Kontroll-Offiziers L. H. Sutton auch selbst bekräftigte:

„Research work on the subjects mentioned has been continued up to the occupation of Göttingen by Allied troops. Concerning items 3 and 6 only preparatory work has been done. It may be added that all research work the continuation of which is proposed has in the past being considered as fundamental research exclusively and was not underly-

---

[40] Siehe ibid. sowie zur ALSOS Mission auch S. Goudsmit: Alsos, Reprint Los Angeles 1983; vgl. auch die Protokolle der Senatssitzungen vom 2. und 5. 5.1945 (UAG) zu Befürchtungen der „künftigen Einschränkung der Forschungsfreiheit".

ing any restriction concerning publishing of any details of apparatus and results. All work done as far as it has been finished has been published or is in print at present."[41]

Auffällig an obiger Liste sind insbesondere die Beiträge von Wilhelm Walcher und Wolfgang Paul zur Massenspektroskopie, die wegen der dadurch ermöglichten Isotopentrennung auch für den ‚Uranverein' von gewisser Bedeutung waren,[42] wenngleich dieses Verfahren auf sehr kleine Mengen beschränkt blieb. Walchers Projekt ist ein gutes Beispiel für ein Forschungsprojekt, das seinen eigentlichen Ursprung an anderem Ort (nämlich an der TH Berlin-Charlottenburg) gehabt hat, und wegen des baldigen Weggangs von Walcher[43] auch nur kurz in Göttingen zwischengeparkt war. Für die von Walcher und Paul angeführten Arbeiten über schnelle Elektronen und harte Röntgenstrahlen installierte Wolfgang Paul 1947 ein bereits 1943 bei den Siemens-Schuckert-Werken bestelltes Betatron, nachdem Kopfermann im Jahr zuvor beim britischen Research-Officer Ronald Fraser erwirkt hatte, in Göttingen für strahlenbiologische und medizinische Untersuchungen ein solches Gerät aufzustellen. Durch dessen Installation in der Frauenklinik und vorübergehende Affiliation von Paul an der medizinischen Fakultät wurde ihm somit kernphysikalische Forschung möglich, die bei strengerer Auslegung des alliierten Verbots von angewandter Kernforschung unmöglich gewesen wäre.[44]

Die erwähnten Punkte 3 und 6 von Kopfermanns Schreiben bezogen sich auf eine dem Antwortschreiben beigegebene Liste physikalischer Instrumente, mit denen die in der vorigen Tabelle aufgeführten sechs verschiedenen Forschungsthemen des II. Instituts für Experimentalphysik, dem Kopfermann vorstand, angegangen werden sollten:[45]

1   Massenspektrometer, konstruiert von Walcher und Paul,[46]

2   mehrere Glas- und Quarz-Spektrographen sowie Fabry-Perot-Interferometer,

3   Instrumente zur Herstellung harter Röntgenstrahlen und schneller Elektronen (induction-electron-accelerator), bestellt vom gynäkologischen Institut der Universität bei den Siemens-Reiniger-Werken,[47]

---

[41] Kopfermann an Sutton, 11.12.1945, UAG, Math.Nat.Fak. 56, bezugnehmend auf Suttons Anfrage mit 5 Fragen, datiert 23.11.1945 (Engl. Orig.); zu den erwähnten Punkten 3 und 6 siehe den folgenden Haupttext.

[42] Vgl. dazu u. a. M. Walker: German National Socialism and the Quest for Nuclear Power, Cambridge 1989; H. Rechenberg: Transurane, Uranspaltung und das deutsche Uranprojekt, Physikalische Blätter, 44, 1988, S. 453-459.

[43] Zwischen 1933 und 1937 war Walcher Assistent von Gustav Hertz an der TH Charlottenburg; nach seiner Promotion 1937 ‚über einen Massenspektrographen hoher Intensität' ging er als Assistent Kopfermanns nach Kiel, und 1942 auch mit ihm weiter nach Göttingen, wo er bis 1947 blieb, um dann eine ordentliche Professur für Experimentalphysik an der Universität Marburg anzutreten. Einen Ruf zurück nach Göttingen als Nachfolger von Pohl lehnte er 1952 ab.

[44] Siehe dazu M. Eckert & M. Osietzki: Wissenschaft für Macht und Markt. Kernforschung und Mikroelektronik in der Bundesrepublik Deutschland, München 1989, S. 55, 57.

[45] Kopfermann an Sutton, 11.12.1945, UAG, Mat.hNat.Fak. 56; für Listen derjenigen wiss. Instrumente, die in den physikalischen Instituten nach 1945 durch die Alliierten beschlagnahmt bzw. anderweitig entwendet worden waren, siehe Schuler, Kopfermann, Zahn und Prandtl an den Dekan der Math.-Nat. Fak., 14. bzw. im Falle des Schreibens von Prandtl, 15. 6.1945 (UAG, Math.Nat.Fak. 24a).

[46] Siehe die Beschreibungen von W. Walcher: Über einen Massenspektrographen hoher Intensität und die Trennung der Rubidiumisotope, Zeitschrift für Physik, 108, 1938, S. 376-390. W. Walcher: Isotopentrennung, Ergebnisse der exakten Naturwissenschaften, 18, 1939, S. 155-228.

[47] Offenbar wurde eine Zusammenarbeit mit dem gynäkologischen Institut unter Prof. Heinrich Martius angestrebt, um die Eigenschaften von Strahlung, insb. ihre Brauchbarkeit für Strahlentherapie bei der Krebsbehandlung zu erproben.

4 zwei Rowlandsche konkave Beugungsgitter, die noch aus der Zeit von Carl Runge stammten,

5 handelsübliche Vakuumpumpen und Entladungsröhren,

6 einen 100 kV Hochspannungsgenerator mit passender Entladungsröhre, Geiger-Müller-Zählrohre und Verstärker, sowie eine radioaktive Strahlungsquelle von etwa 100 mg Radiumäquivalent.

Weitere Forschungsthemen sowohl vor als auch nach 1945 ergeben sich aus Akten, die eigentlich ganz andere Aspekte der Universität betreffen, so etwa Finanzen, Raumplanung oder auch Berufungsangelegenheiten. Eine im Jahr 1951 noch offene Rechnung der Mauser-Werke in Höhe von 910 RM führte beispielsweise zu folgender Erläuterung des theoretischen Physikers Günther Leibfried (1915 - 1977):

„Der Sachverhalt ist folgender: Im Krieg hatte das Institut für Theoretische Physik einen Forschungsauftrag der Forschungsführung der Luftwaffe von 100 000 RM erhalten. Der Auftrag bezog sich auf Forschungen über Geschoßentwicklung und ich war der Sachbearbeiter. Im Laufe des Auftrags wurde von den Mauser-Werken eine Anzahl von Maschinengewehrläufen für Erprobungszwecke geliefert. Diese Rechnung wurde aber nicht mehr bezahlt, da die Überweisungen von der damaligen Forschungsführung Ende März 1945 an das Institut nicht mehr erledigt wurden."[48]

Ob der damalige Auftrag an die theoretische Physik über Geschoßentwicklung tatsächlich militärisch verwertbare Forschung darstellte, oder ob hier nur unter dem Deckmäntelchen kriegswichtiger Forschung die uk-Stellung von Mitarbeitern betrieben wurde, die nicht eingezogen werden sollten, ist nicht ohne weiteres feststellbar. Richard Becker hatte jedenfalls gute Kontakte zur Luftwaffe, weshalb er auch seit 1. März 1942 korrespondierendes Mitglied der von Göring 1935/36 gegründeten *Deutschen Akademie für Luftfahrtforschung* war. Viele seiner speziellen Forschungsgebiete, die er auch nach 1945 weiter betrieb, waren von potentieller militärischer Relevanz, so etwa seine Untersuchungen zum Ferromagnetismus (für die Demagnetisierung von U-Booten), sowie zur plastischen Deformation von Metallen (eventuell war es dieses Arbeitsgebiet, das zur Erteilung des Forschungsauftrages der Luftwaffe geführt hat).[49] Die „Geschoßentwicklung" verschwand natürlich ebenso aus dem Forschungsprofil der physikalischen Institute wie die Entwicklung von Infrarotdetektoren und andere Auftragsarbeiten für das Heereswaffenamt und das Nachrichtenmittelversuchskomando der Kriegsmarine;[50] nicht hingegen andere Themen, die zumindest dem eingeweihten sofort als militärisch relevant erscheinen mußten, wie etwa ‚Gyroskope' und ‚Regelungstechnik', eines der speziellen Arbeitsgebiete von Max Schuler am Institut für angewandte Mechanik, mit dem er vor 1945 an der Entwicklung von selbstlenkenden Systemen für die Luftwaffe und Torpedo-Lenksystemen für die Marine mitgewirkt hatte und dafür mit insgesamt 35.000 RM unterstützt worden war.[51]

---

[48] Leibfried an den Kurator, 11.4.1951; UAG, Kur. XVI. V. C. i.2. Aus rechtlichen Gründen brauchte die Rechnung dann nicht mehr beglichen werden.

[49] Siehe UAG, Kur., PA R. Becker sowie G. Leibfried: Becker, S. 319. Über Beckers Arbeiten zum Ferromagnetismus siehe z. B. R. Becker: Ferromagnetismus.

[50] Siehe dazu z. B. den nicht unterzeichneten Durchschlag eines Schreibens des Inst. f. angew. Elektrizität an das REM, 28. 8. 1941, in dem betont wird, „daß das Institut bereits vor dem Krieg für die Aufgaben der Landesverteidigung eingesetzt war, daß es im Kriege völlig in diesen Aufgaben aufgeht, und daß es auch nach dem Krieg weiter im Interesse der Landesverteidigung arbeiten wird" (UAG, Mat.Nat.Fak. 24a).

[51] Siehe den Vermerk vom 22.10.1944 in der PA Schuler, UAG; zu Schuler siehe Abschnitt 5.

Zusammenfassend ist festzustellen, daß für die Forschung an der Universität Göttingen (im Unterschied zur aerodynamischen Forschung an der AVA und zu anderen außeruniversitären Institutionen) durch das Alliierte Kontrollratsgesetz Nr. 25 vom 29. April 1946, das Deutschland die Forschung auf den Gebieten der angewandten Kernphysik, der Aerodynamik, des Schiffsbaus und Raketenantriebes verbot und strenge Kontrollen in der Chemie, der Rundfunktechnik und allen militärisch nutzbaren Sektoren vorschrieb, *keine* wesentlichen Einschnitte resultierten. Dies stimmt überein mit Aussagen in der Literatur, denen zufolge gerade die Briten eine eher „lockere Forschungskontrolle ausübten, die kaum als ernsthafte Behinderung aufgefaßt wurde".[52]

4 Kontinuität und Wandel im Lehrangebot und in der Zusammensetzung der Studentenschaft

Einen ersten Überblick verschaffen die Tabellen 6 und 7 (Siehe Anhang), die den zeitlichen Verlauf des Lehrangebots und der Studentenzahlen zeigen.[53]

Erwartungsgemäß zeigt die Tabelle 6 eine Kontinuität vieler Lehrveranstaltungen, die keiner besonderen Erläuterung bedarf. Hingegen ist während der Kriegsjahre eine allgemeine Verdünnung im Lehrangebot festzustellen, was sich mit den gleichzeitig drastisch gesunkenen Studentenzahlen erklären läßt (siehe Tabelle 7). Auffällige Diskontinuität zeigt die Relativitätstheorie, die von der ‚Deutschen Physik' bekanntlich zum „großen jüdischen Weltbluff" erklärt worden war.[54] Sie wurde zwischen den Jahren 1934 und 1946 zumindest offiziell gar nicht gelesen, wenngleich unklar bleibt, inwieweit sie in den Vorlesungen über Elektrodynamik doch mit behandelt wurde, wie dies insbesondere Otto Heckmann (1901–1983) und Fritz Sauter *nach* 1945 behauptet haben.[55] Erst im SS 1946 hielt Richard Becker wieder eine Vorlesung über Relativitätstheorie, obwohl sie eigentlich bereits im November 1940 im Zuge des sogenannten „Münchener Religionsgesprächs" zwischen Vertretern der ‚Deutschen Physik' und einigen anderen vorwiegend theoretischen Physikern wieder ‚hoffähig' geworden war.[56]

---

52 Siehe F. Pingel: Wissenschaft, S. 192; vgl. auch T. Stamm: Zwischen Staat, S. 55f.; ein leicht zugänglicher Abdruck des Gesetzes findet sich in der Göttinger Universitätszeitung, 1, Heft 11 vom 7.6.1946, S. 13.

53 Randbereiche wie Astronomie, Geophysik, physikalische Chemie und Metallkunde müssen hier aus Platzgründen ausgespart bleiben. Hingegen beziehen wir für die ausgewählten Fächer bewußt auch die Jahre vor 1945 mit ein, um unserer Fragestellung nach Kontinuität und Wandel im Lehrangebot gerecht zu werden. Die Tabelle basiert zumeist auf den publizierten Vorlesungsverzeichnissen der Univ. Göttingen; diese im voraus gedruckten Angaben spiegeln aufgrund z. T. kurzfristiger Änderungen nicht immer das tatsächliche Lehrangebot wieder, und deshalb wurden auch Ergänzungen und Korrekturen aus den Akten des Universitätsarchivs beigezogen.

54 Zur ‚Deutschen Physik' siehe z.B. S. Richter: Die „Deutsche Physik", in: H. Mehrtens & S. Richter (Hg.): Naturwissenschaft, Technik und NS-Ideologie, Frankfurt a. M. 1980, S. 116-141; vgl. auch K. Hentschel (Hg.): Physics, S. lxxv und dort genannte weiterführende Literatur.

55 Siehe dazu O. Heckmann: Sterne, Kosmos, Weltmodelle. Erlebte Astronomie, München 1976, S. 32, der behauptete, er habe zusammen mit Sauter im SS 1936 ein Seminar über ‚Elektrodynamik bewegter Körper' gehalten, in dem es angeblich um die spezielle Relativitätstheorie ging. Laut Vorlesungsverzeichnis ist der Titel des Seminars im SS 36 Ausgewählte Fragen der Quantenmechanik gewesen, und für die Semester davor und danach sind die Seminare mit Sauter nicht näher bezeichnet. Zu Heckmanns ‚flexibler' Selbstdarstellung vgl. auch K. Hentschel & A. M. Renneberg: Eine akademische Karriere. Der Astronom Otto Heckmann im ‚Dritten Reich', Vierteljahrshefte für Zeitgeschichte, 43, 1995, S. 581-610.

56 Punkt 2 der Vereinbarung, die am 15.11.1940 zwischen Volkmann, Thüring, Müller, Tomaschek und Wesch als Vertreter der Deutschen Physik und Weizsäcker, Scherzer, Joos, Heckmann und Kopfermann auf der anderen Seite getroffen wurde: siehe dazu z. B. A. Flitner (Hg.): Deutsches Geistesleben und Nationalsozialismus, Tü-

Die ‚Deutsche Physik' lehnte auch die Quantentheorie als zu formalistische Theorie ab, aber hier hatte sie weniger Wirkung auf das Lehrangebot in Göttingen: Quantentheorie (einschließlich Quantenmechanik) wurde im Mittel jedes dritte Semester gelesen (in 23 Semestern und Trimestern 9 Mal). Was die Zeit nach 1945 betrifft, gab es allerdings ab dem SS 1946 einen wahren Schub an Quantentheorie und -mechanik Vorlesungen mit insgesamt sieben Veranstaltungen in den nächsten sechs Semestern, was schon einen gewissen Nachholbedarf anzeigt. Der von Born und Franck im SS 1931 eingeführte englische Sprachkurs überlebte nur bis zum WS 1934/35.

Während der 12 Jahre des ‚Dritten Reiches' ist allgemein eine Häufung von anwendungs- und technikbezogenen Vorlesungen festzustellen. Dieser Effekt ist in der angewandten Physik nicht so deutlich festzustellen, da hier militärisch relevante Forschungsthemen eine lange Tradition hatten und demzufolge schon vor 1933 ihren Niederschlag auch in der Lehre fanden. Als Vorlesungen finden wir z. B. Ballistik (W. Flügge SS 1934) oder automatische Steuerung von Maschinen, Schiffen und Flugzeugen, die Max Schuler im SS 1935 gelesen hat. Ein Blick auf das Vorlesungsangebot der experimentellen und theoretischen Physik zeigt, daß die Förderung der Kriegswirtschaft sich auch hier auf den Physikunterricht auswirkte. So wurde z. B. im SS 1938 Maschinenzeichnen und Normenkunde für Physiker angeboten, im folgenden WS Werkstoffkunde für Physiker; leider sind die Vortragenden dieser Vorlesungen nicht namentlich genannt. An anderer Stelle zeigt sich, daß sogar die Kernphysiker für die technische Ausbildung sorgten: Im WS 1943/44 lasen Kopfermann und Wolfgang Paul Physikalische Technik- und Werkstoffkunde. Neben diesen auf die praktische Verwertbarkeit im Krieg abgestimmten Vorlesungen findet sich auch eine Kuriosität mit sozialdarwinistischen Anklängen, nämlich Georg Joos' (1894–1959) im WS 1936/37 gehaltene Vorlesung Physik als Waffe im Daseinskampf. All diese Vorlesungen finden sich nach 1945 nicht wieder.

Die Zusammenarbeit der Universität mit der AVA spiegelte sich auch im Lehrangebot wider. Durch die von den Briten 1945 erzwungene Schließung der AVA fiel alle flugspezifische Forschung und Lehre aus. Obwohl die AVA schon 1953 wieder eröffnet wurde, wurde erst im WS 1955/56 wieder eine erste einschlägige Vorlesung – nämlich Tragflügeltheorie (Ludwieg) – gelesen. Aber nicht nur durch den kompletten Wegfall der AVA hatte sich das Profil in der Lehre stark verändert. Der Forschungsschwerpunkt hat sich von der angewandten zur Grundlagenforschung verlagert (siehe dazu auch Abschnitt 5): z. B. wurde die Vorlesung angewandte Elektrizität durch Elektroakustik und Hochfrequenztechnik ersetzt, das Mechanikpraktikum fiel ganz weg und aus mechanischer Schwingungslehre wurde allgemeine Schwingungs- und Wellenlehre. Die Festigkeitslehre wurde im SS 1947 das letzte Mal gelesen.

Nach 1945 wurde in der Physik nicht nur der ‚normale' Vorlesungsbetrieb wieder aufgenommen, es gab auch eine Auseinandersetzung mit der Frage der Verantwortung des Wissenschaftlers im Krieg, die zu einer breiter gestreuten Ausbildung führte, denn man sah eine Wurzel der Gefahr in der Spezialisierung des Wissenschaftlers, von der man wieder loskommen müsse.[57] Dies führte zu Ansätzen eines *studium generale*, in dem der ganze Mensch als soziales Wesen in den Vordergrund des Interesses rückte. Von Weizsäcker drückte dies in seiner Vorlesung „Die Geschichte der Natur" wie folgt aus:

> „Der Wissenschaftler ist nie nur Wissenschaftler. Er ist zugleich lebendiger Mensch, er ist Glied der menschlichen Gemeinschaft. [...] Er muß sich fragen: Was bedeutet meine

---

bingen 1965, S. 47-58; A. D. Beyerchen: Scientists under Hitler, London 1977, S. 177ff.; H. Mehrtens & S. Richter (Hg.): Naturwissenschaft, S. 127.

[57] Vgl. dazu auch das Zitat von Weizsäcker bei Cathryn Carsons Beitrag in diesem Band.

Forschung für das Leben meiner Mitmenschen? Kann ich die Wirkungen verantworten, die mein Tun im Leben der Menschheit auslöst?"[58]

Von Weizsäcker unterschied zwischen einem instrumentellen Wissen, das aus der spezialisierten Wissenschaft hervorgehe und zur Macht führe, und dem Wissen, das den Zusammenhang des Ganzen betrachtet, welches er als Einsicht bezeichnete.

„Streben wir nach dieser Einsicht, so gewinnt der Begriff der Verantwortung für das Ganze einen besonderen, konkreten Sinn. Sie ist nun die Verantwortung für dasjenige Ganze, das die Gesamtheit der Wissenschaften, die Universitas literarum darstellt. Denn Einsicht in diesem Sinne ist offenbar nicht in den Einzelfächern, sondern nur in ihrem Zusammenhang, nicht in den einzelnen Bausteinen, sondern nur im ganzen Haus der Wissenschaften zu finden."[59]

Hier haben wir eine Begründung für die vor allem zwischen 1946 und 1950 in großer Zahl angebotenen Vorlesungen für Hörer aller Fakultäten, die offenbar auch einem Bedürfnis nach Orientierungsmarken bei den Studenten gerecht wurden. In die gleiche Richtung zielten auch die neu eingeführten physikhistorischen Vorlesungen, die ebenfalls um ‚Synthese‘ und den ‚großen Überblick‘ bemüht waren. Die Suche nach geeigneten Physikhistorikern erwies sich als schwierig; zuerst wurde Siegfried Flügge als Zwischenlösung auf diese Vorlesung angesetzt, bis ihn kurze Zeit später Max von Laue ablöste.[60] Damit war zwar immer noch kein Fachmann für Physikgeschichte gefunden, wohl aber jemand, der sich durch ernsthafte Quellenarbeit in das Thema eingearbeitet hatte. Eine weitere Neuerung im Lehrangebot stellten die Physikdidaktikvorlesungen dar, die Ernst Lamla (1888–1986) hielt. Lamla war ab 1933, als er seine Beamtenstelle verlor und in den Ruhestand versetzt wurde, zuerst als selbständiger Physiker und ab 1938 als freier Mitarbeiter der Deutschen Versuchsanstalt für Luftfahrt in Berlin-Adlershof tätig. Am 1. Juli 1947 wurde er Direktor des Max-Planck-Gymnasiums in Göttingen und Ende 1947 erhielt er eine Honorarprofessur an der Universität Göttingen. Die Erweiterung des Lehrangebots hatte als willkommenen Nebeneffekt die Schaffung neuer Stellen für ‚heimatlos‘ gewordene Physiker wie z. B. Siegfried Flügge (Königsberg) und von Weizsäcker (Straßburg). Anders als Flügge hatte sich von Weizsäcker schon während des Kriegs mit seinem neuen Aufgabengebiet auseinandergesetzt; im WS 1944/45 hat er die Vorlesung Naturphilosophie angekündigt, die aber nicht mehr stattfinden konnte.[61] In Göttingen war er dann der geeignetste Mensch für die erwünschten (natur)philosophischen und wissenschaftstheoretischen Vorlesungen, wie z. B. Kosmogonie, Philosophie der Quantenwissenschaften und der mathematischen Wissenschaften, Vorlesungen über Kant und die Entstehung des Planetensystems.

Göttingen war nach 1945 noch aus einem anderen Grund Anziehungspunkt für viele Physiker: Durch die Verlagerung des KWI für Physik hierher kamen der Großteil der in Farm Hall

---

[58] C. F. von Weizsäcker: Die Geschichte der Natur, Göttingen 1956 (3. Aufl.), S. 6.

[59] Ibid., S. 7.

[60] Vgl. auch W. Kertz: Student, S. 36, zu Siegfried Flügges physikhistorischen Vorlesungen, deren Inhalt und Stil sich aus Flügges späteren Publikationen, S. Flügge: Theoretische Optik. Die Entwicklung einer physikalischen Theorie, Wolfenbüttel u. Hannover 1948, sowie S. Flügge: Wege und Ziele der Physik, Berlin 1976, über Wege und Ziele der Physik allgemein wohl einigermaßen ablesen lassen. Von Laue veröffentlichte seine „Geschichte der Physik" 1946 in einem Buch, das 1950 in einer aufgrund seiner Vorlesungen erweiterten Fassung neu aufgelegt wurde.

[61] Vgl. H. Kant: Zur Geschichte der Physik an der Reichsuniversität Straßburg in der Zeit des Zweiten Weltkrieges, Max-Planck-Institut für Wissenschaftsgeschichte, Reprint 73, 1997, S. 25. Vgl. auch C. F. von Weizsäcker: Zum Weltbild der Physik. Leipzig 1943. Zu Weizsäckers späteren populärwissenschaftlichen Publikationen siehe auch die in Vorbereitung befindliche Studie von Cathryn Carson über ‚Bildung als Konsumgut. Physik in der Westdeutschen Nachkriegskultur‘.

interniert gewesenen Physiker des ‚Uranvereins' zu dem wiedereröffneten und umbenannten MPI für Physik nach Göttingen und erhielten zusätzlich in vielen Fällen eine Professur an der Universität. Mit ihren Spezialvorlesungen bereicherten sie das Lehrangebot in der theoretischen Physik. Werner Heisenberg (1901–1971) las z. B. Quantenmechanik, Kernphysik und speziell über Neutronen, Karl Wirtz (1910–1994) auch über Neutronenphysik, über kosmische Strahlung und Atomphysik, von Weizsäcker las Relativitätstheorie und von Laue Supraleitung. Ein Grund für diese Vorlesungstätigkeit der am MPI arbeitenden Wissenschaftler mag unter anderem die Suche nach geeigneten Doktoranden gewesen sein.

Zusammenfassend läßt sich sagen, daß es nach 1945 ein ausgesprochen reiches und vielseitiges Lehrangebot gab, und daß Göttingen durch die berühmten Physiker zu einem Anziehungspunkt für die Physikstudenten im Nachkriegsdeutschland wurde. Der damalige Mathematikstudent Walter Kertz, der auch Physikvorlesungen besuchte, empfand es sogar als „eine große Zeit für die Physik in Göttingen", wobei das für ihn herausragendste Ereignis die Vorlesung über die ‚Geschichte der Natur' war, die von Weizsäcker im SS 46 im großen Hörsaal des mathematischen Instituts hielt, und die er 1948 als Buch veröffentlichte.[62]

Wie groß die Anziehungskraft der Göttinger Physik auf die Studenten war, läßt sich schwer feststellen, denn nach 1945 gab es auf jede wiedereröffnete Universität einen Ansturm von Studenten, der in der Zahl die vorhandenen Plätze bei weitem überstieg. Besonders die Universität Göttingen als eine der ersten wiedereröffneten Universitäten, die zudem verhältnismäßig wenig Kriegsschäden hatte und nahe an der Grenze zur sowjetisch besetzten Zone lag, hatte eine stark überregionale Sogwirkung auf Studenten aus dem gesamten ehemaligen Reichsgebiet.[63] Aber schon für die letzten Kriegsjahre ist ein Anstieg der Studentenzahlen allgemein und auch speziell in der Physik zu verzeichnen.[64] Jedoch waren es vor allem die Medizinstudenten, die in den Kriegsjahren die Physikvorlesungen überfüllten, die Zahl der Physik-Hauptfach Studenten stieg nicht so stark an.[65] Für die Zeit unmittelbar nach 1945 fand sich eher zufällig eine tabellarische Übersicht der Studentenzahlen Stand September 1945, derzufolge in Physik-Diplom[66] und Promotionsstudiengängen insgesamt 153 Studenten der Physik eingeschrieben waren, darunter 15 Frauen.

---

[62] Siehe dazu z. B. W. Kertz: Student, S. 37 sowie W. Krönig & K.-D. Müller: Nachkriegssemester, S. 202: „Weizsäcker kam 1946 nach Göttingen, es hatte sich wie ein Lauffeuer herumgesprochen, daß man dahin gehen mußte. Wir hörten damals die Geschichte der Natur. Der Raum war so brechend voll – alles, alles kam da hin. Und er war doch ein junger Mann, außerhalb der Physik eigentlich nicht bekannt."

[63] Zu den allgemeinen Studienbedingungen und zur Atmosphäre vgl. den Augenzeugenbericht von W. Kertz: Student und von H. P. Bahrdt: Studium in Göttingen in der Zeit nach 1945, in: Göttingen ohne Gänseliesel, Gudensberg-Gleichen, 1988, S. 203–211. Durch die günstige Verkehrslage der Stadt an der Dreizonengrenze, durch Flüchtlinge, Vertriebene, Evakuierte und Rückwanderer hatte sich die ortsansässige Bevölkerung verdoppelt.

[64] Für die Zeit bis 1942 siehe die im Auftrag des REM kompilierte Statistik von Charlotte Lorenz 1943 Bd. I, Diagramm 21b. Nach dem Absinken der Studentenzahl 1936/37 auf 15% des Standes von 1933 stiegen sie bis 1941 nur langsam auf 50% des alten Niveaus wieder an. Vgl. auch H. Titze: Wachstum und Differenzierung der deutschen Universitäten 1830-1945, Göttingen (= Datenhandbuch zur deutschen Bildungsgeschichte, I,2), 1995, S. 148, 231; sowie K. Hentschel (Hg.): Physics, S. l-lii.

[65] Im Winter-Trimester 1940 z. B. nahmen insgesamt etwa 900 Studierende am physikalischen Unterricht teil; der Löwenanteil darunter waren circa 700 Mediziner, deren Zahl sich während des 2. Weltkriegs seit dem WS 1938/39 etwa verfünffacht (!) hatte. Entsprechend belegt war dann auch das physikalische Praktikum für Mediziner, an dem 380 (statt 80 in normalen Semestern) teilnahmen. Demgegenüber waren nur etwa 25 Hauptfachstudierende der Physik eingeschrieben; ein seit dem WS 1938/39 praktisch unveränderter Sockel. Siehe Schreiben von Joos an den Rektor, 23. 2. 1940, UAG Math.Nat.Fak. 24a.

[66] Das Diplom war in Physik 1942 mit der Absicht der Studienverkürzung eingeführt worden; vgl. dazu z. B. U. Rosenow: Göttinger Physik, S. 571.

Tabelle 3 Immatrikulierte Physikstudenten im Wintersemester 1945/46. (Aus: UAG Math. Nat.Fak., Ord. 19b)

	Hauptfach		Lehramt
	männlich	weiblich	m + w
Vorstudium	50		14
mittlere Semester	52	4	11
kurz vor Abschluß	12	4	3
DoktorandInnen	2	1	
zusammen	116	9	22 + 6 Frauen
+ Lehramt	22	6	
insgesamt	138	15	

Der Frauenanteil lag also bei 10% und war damit deutlich niedriger als der der Math.-Nat. Fakultät insgesamt mit 21,1% bei insgesamt 773 Studenten.[67] Vor Kriegsende stieg die Zahl der Frauen in der Physik begünstigt durch den Kriegseinsatz der Männer auf einen erstaunlichen Höchststand von 46 (entspricht 41%) an, der in den nächsten 15 Jahren nicht einmal zur Hälfte wieder erreicht wurde. Nach dem Krieg wurden die Studienplätze den männlichen Studenten reserviert, und die Verdrängung der Frauen wurde gerade in der Physik besonders praktiziert. Das Instrument, das diese Verdrängung ermöglichte, war die Aufnahmeprüfung, die unter der Kontrolle der Fakultät stand. Für die Math.-Nat. Fakultät war der gestrenge Professor Eucken der Vorsitzende, der auf Begabung (logisches Denken) und charakterliche Stärke besonderen Wert legte, Frauen aber prinzipiell ablehnte.[68] Das Ergebnis war ein rapide sinkender Frauenanteil in der Physik. Im SS 1944 betrug er noch 41%, im WS 1945/46 10%, im SS 1946 6,5% und im WS 1948/49 nur noch 2,4%. Dieses Absinken ist aber nicht nur eine Folge des gestiegenen männlichen Anteils, sondern auch die absolute Zahl der immatrikulierten Frauen sank von 46 im SS 1944 auf 5 im WS 1948/49.[69]

Für Frauen war es also praktisch unmöglich, nach 1945 in Göttingen Physik zu studieren, aber auch die männlichen Bewerber hatten einige Hürden zu überwinden. Noch bevor die *Georgia Augusta* am 1. Sept. 1945 als erste deutsche Universität wieder ihre Toren öffnete, versuchte sie den großen Ansturm einzudämmen, indem ihr Rektor Rudolf Smend (1882–1975) im August 1945 folgende Warnung an die Studierenden aussprach:

„Wegen besonders schlechter Berufsaussichten wird vor dem Studium der Medizin, der Physik (Diplom), der Chemie (Diplom) und der Germanistik gewarnt. Diese Warnung gilt insbesondere für Studentinnen. Selbst ausgezeichnet befähigte Studierende können kaum auf Verwirklichung ihrer Berufspläne hoffen."[70]

---

[67] Alle Zahlen im vorigen in UAG, Math.Nat.Fak., Ord. 19b; zu beherzigen ist jedoch die berechtigte Warnung von W. Krönig & K.-D. Müller: Nachkriegssemester, S. 117 vor z. T. nur vorgetäuschter Exaktheit der Studentenstatistiken der ersten Nachkriegsjahre.
[68] Siehe z. B. W. Kertz: Student, S. 33 sowie W. Krönig & K.-D. Müller: Nachkriegssemester, S. 132f.
[69] Siehe alphabetisches Verzeichnis der Studierenden und Gasthörer der Georg-August Universität Göttingen (UAG).
[70] Rektor R. Smend in Mitteilungen für die Studierenden vom 9. 8.1945, UAG, Rek. 7101. Zu anderen ‚amtlichen' Prognosen mit negativ-warnendem Tenor siehe W. Krönig & K.-D. Müller: Nachkriegssemester, S. 128 und deren Kap. 15. Zu den Umständen der Umbesetzung des Rektorats, die im wesentlichen der Versuch einer ‚vorsichtigen Selbstreinigung' waren, um Eingriffen der Alliierten zuvorzukommen, siehe u. a. J.-U. Brinkmann: Das Vorlesungsverzeichnis ist noch unvollständig: Der Wiederbeginn an der Georgia Augusta, in: J.-U. Brinkmann et al.: Göttingen, S. 301; F. Pingel: Wissenschaft, S. 191f. sowie A. Szabo: Verordnete Rückberufungen.

Nur etwa ein Drittel der Studienbewerber wurde im WS 1945/46 zugelassen. Bevorzugt wurden dabei entlassene Soldaten mit mindestens dreijähriger Dienstzeit, Kriegsversehrte ab Stufe II, Kriegerwitwen, Kriegswaisen, Studierende, die durch politische Zwangsmaßnahmen der nationalsozialistischen Regierung im Studium geschädigt waren und Studierende in den Abschlußsemestern, wobei immer die wissenschaftliche Eignung vorausgesetzt wurde.[71] Genauso wie der Lehrkörper wurden auch die Studenten der politischen Überprüfung unterzogen, jedoch hatte hier die Entnazifizierung durch die in der britischen Zone am 22. August 1946 erlassene Jugendamnestie für die Immatrikulation kaum eine Auswirkung gehabt.[72] Aber auch vor dem Erlaß der Amnestie wurde die Entnazifizierung geschickt umgangen. Die britische Militärregierung ließ die Kandidaten in fünf Kategorien einteilen, von denen die zu den letzten beiden zählenden (D und E) vom Studium ausgeschlossen waren.[73] Die Professoren zeigten wenig Verständnis für dieses Ausleseverfahren und versuchten, die Aufmerksamkeit auf die fachliche Qualifikation und wissenschaftliche Eignung zu lenken. Das Senatsmitglied Eucken formulierte in einem Entwurf einer Erklärung der Universität am 27. April 1945 die Grundsätze, an denen unbedingt festzuhalten sei:

> „Bei der Auswahl der akademischen Lehrer und bei der Beurteilung der Studenten sind allein entscheidend deren wissenschaftliche Leistungen, wobei allerdings unter allen Umständen ein völlig einwandfreier Charakter, vor allem unbedingte Wahrhaftigkeit vorausgesetzt wird."[74]

Auf derselben Linie liegt der Vorschlag des Aerodynamikers Ludwig Prandtl, der durch die politische Auslese eine Bevorzugung der Mittelmäßigkeit befürchtete. In einem Schreiben an den Rektor schlug er eine Berücksichtigung der Leistung vor, und er erfand eine geschickte Kombination der politischen Klassifizierung mit jener der Begabung. Seine Argumentation ist typisch für Naturwissenschaftler seiner Zeit.

> „Hierbei wäre besonders darauf hinzuweisen, daß Jungens und Mädels unter 20 Jahren doch in politischen Dingen noch gänzlich unreif sind, und daß es deshalb falsch ist, Zulassung oder Nichtzulassung zur Universität abhängig zu machen von einem Entschluß der Jungen und Mädels, eine ihnen übertragene Stellung als Scharführer oder dergleichen anzunehmen oder abzulehnen, wobei die Ablehnung bei dem bekannten System der NSDAP sogar oft mit schwersten Unannehmlichkeiten verknüpft zu sein pflegte. In Wirklichkeit ist es doch so, daß gerade diejenigen, die sich durch schnelle Auffassung und größere Gewandtheit aus der Menge herausgehoben haben, den oberen Führern auffielen, und sie müßten dann keine frischen Jungens und Mädels gewesen sein, wenn

---

Die Hochschulkonferenz und die Diskussion um die emigrierten Hochschullehrer, in: Nationalsozialismus und Region. Festschrift für Herbert Obenaus, Bielefeld, 1996, S. 339-352, hier S. 339.

[71] Vgl. Regierungsrat Wienert am 26.11.1945, UAG, Rundschreiben der Georg-August-Universität II (1945–1950).

[72] Siehe dazu C. Vollnhals (Hg.): Entnazifizierung. Politische Säuberung und Rehabilitierung in den vier Besatzungszonen 1945-1949, München 1991, S. 352; laut Schätzungen der Militärregierung konnten Entnazifizierungsbestimmungen nach der Jugendamnestie nur mehr auf circa 10% der Studierenden angewendet werden; siehe dazu F. Pingel: Wissenschaft, S. 193.

[73] Die Klassifizierung der Gruppen war wie folgt: **A** niemals Mitglied der HJ, BDM, NSDAP, nie Antragsteller; **B** kein Mitglied aber Anwärter auf Mitgliedschaft, sowie diejenigen, die zwar Mitglied aber kein Führer in der HJ oder BDM waren, **C** kein „aktivistisches Mitglied" der NSDAP; **D** aktives Mitglied der NSDAP oder einer angeschlossenen Organisation; **E** „Diejenigen, die sonst unter die Entnazifizierungsbestimmungen der Militärkontrollbehörden fallen". Aus: Militärregierung – Deutschland, Britisches Kontrollgebiet, Erziehungs-Anweisung an die deutschen Behörden Nr. 5, Zulassung von Studenten zu den Hochschulen (geltend für das Sommersemester 1946), UAG, Rundschreiben der Georg-August-Universität 1945-50, abgedruckt in W. Krönig & K.-D. Müller: Nachkriegssemester, S. 155.

[74] UAG, Senatsprotokolle 1945–49.

sie sich über diese Anerkennung nicht einfach kindlich freuen. Und diese Zustimmung soll ihnen jetzt zum Verhängnis werden. Die Situation wäre vollständig gerettet, wenn die Bestimmung durchgesetzt würde, daß offensichtliche überdurchschnittliche Begabung in dem Sinne wirken soll, daß die Bewerber in die nächsthöhere Gruppe übergeführt werden, also B nach A, C nach B und D nach C."[75]

Dieser Vorschlag von Prandtl wurde tatsächlich umgesetzt. Über 80% der in den Aufnahmeprüfungen Geprüften wurden höhergestuft.[76] Das Ergebnis sah dann auch entsprechend aus: Laut einer „politischen Statistik der Studierenden für das Sommersemester 1947" mit Stichtag 1. September 1947 waren insgesamt 919 Studierenden in die minder belasteten Kategorien eingestuft worden, 778 davon in die Kategorie A und 115 in die Kategorie B; lediglich 26 Studierende wurden als Mitglieder der NSDAP oder ihrer Gruppierungen entweder gleich in Kategorie C eingestuft, oder bis zum Stichtag von D nach C höhergestuft.[77]

Eine weitere Hürde bei der Zulassung zum Studium war ein sechsmonatiges Vorstudium, das eingeführt wurde, um den schlechten Vorkenntnissen der Neubewerber Rechnung zu tragen. Nach dem Vorstudium mußte man noch die Aufnahmeprüfung an der Fakultät ablegen.[78]

Der für die Göttinger Universität notwendige *numerus clausus* beschränkte bis 1948 die Gesamtzahl der Studenten. Am 21. Febr. 1949 wurde seine Regelung von der britischen Militärregierung den deutschen Ländern in eigener Verantwortung überlassen, infolgedessen nicht mehr die Gesamtzahl sondern die Zahl der Neuzulassungen für jede Fakultät festgesetzt wurde.[79] Für die Math.-Nat. Fakultät wurde die Zahl der Neuzulassungen auf 200 festgelegt (für die gesamte Universität 1176). Außerdem sollte von Zwangsexmatrikulationen nach Vollendung der Pflichtsemesterzahl abgesehen werden.[80] Nachdem im Jahr 1953 der *numerus clausus* weggefallen war, stiegen Ende der 50er Jahre die Studentenzahlen in der Math.-Nat. Fakultät auf über 1500 an, sodaß der Leiter des I. Physikalischen Instituts und damalige Dekan der Math.-Nat. Fakultät, Rudolf Hilsch (1903–1972), sich Ende Mai 1959 an den Rektor der Göttinger Universität wandte, um „Maßnahmen zur Verringerung der Studentenzahlen" zu diskutieren.[81] Das Ansteigen in der Math.-Nat. Fakultät veranschaulichte Hilsch durch Beilage einer graphischen Darstellung, die wir in Abbildung 1 wiedergeben. Um sein

---

[75] L. Prandtl an den Rektor Hermann Rein, UAG, Rek. 7101, 1.4.1946 bzw. mit Änderungen versehen, 2.4.1946.

[76] Siehe den Bericht des Immatrikulationsausschusses vom 10. 7. 1946, UAG, Rek. 7101. In 24 Sitzungen innerhalb von drei Monaten wurden 350 Einzelfälle geprüft; 68 persönliche Vorladungen fanden statt. 289 Fälle wurden höhergestuft – nach Prandtl wären dies offensichtlich überdurchschnittliche Begabungen. Die Angaben in den Fragebögen, die zur politischen Klassifizierung herangezogen wurden, wurden nicht auf deren Richtigkeit geprüft. Der Ausschuß, bestehend aus dem Vorsitzenden Rektor Hermann Rein, Professor Becker, Dozent Ziegler, Stadtsyndikus Kuss und Druckereileiter Arnholdt, betonte, daß er die Einzelfälle „gewissenhaft, aber zugleich wohlwollend" geprüft habe.

[77] Siehe UAG, Kur. IX. 97 Bd. 1, datiert 4. 9. 1947; laut derselben Statistik waren von diesen 919 Studierenden 32 ehemalige aktive Offiziere und 221 Reserveoffiziere (d. h. 27,5% und somit weniger als im Durchschnitt aller Fachbereiche, der 1605 Offiziere von 4900 Studierenden insg. und somit 32,7% betrug).

[78] Teilnehmen mußten daran alle Neubewerber und alle Erst- und Zweitsemester bei mehr als drei Jahre Studienunterbrechung, oder wenn es die Fakultät vorsah. Die Studenten der Naturwissenschaften und der Mathematik mußten je vier Stunden Deutsch und Mathematik plus vier Stunden Englisch oder Französisch belegen. Siehe z. B. das Schreiben von Dr. Glaß vom 26. 9. 1945 des Zentralinstituts für Erziehung und Unterricht, und das Schreiben des Oberpräsidenten aus Hannover vom 1. 9. 1945; beide in UAG, Rek. 7101. Laut W. Krönig & K.-D. Müller: Nachkriegssemester, S. 117 wurde dieses sog. ‚Vorsemester' in Göttingen Ende 1946 abgeschafft.

[79] Göttinger und Universitäts-Zeitung (GUZ), Nr. 5, 11. 3. 1949, S. 14.

[80] GUZ, Nr. 8, 29. 4. 1949, S. 19.

[81] Unter anderem wurde daran gedacht, zum kommenden WS den Zugang für Neuanfänger ganz zu sperren und im darauffolgenden SS „wesentlich zu beschränken", worunter er eine Verringerung der Neueinschreibungen um mindestens 50% verstand. Siehe das Schreiben Hilsch an den Rektor, 26. 5. 1959, UAG, 7112-2/2.

Argument zu belegen, daß die Zunahme der Studentenzahlen ganz wesentlich auf das Konto der Physik gehe, nannte Hilsch unter anderem folgende Zahlen: In der Physik stieg die Zahl eingeschriebener Studenten von 270 im WS 1954/55 auf 641 im SS 1959. Diese Steigerungsrate von circa 140% war deutlich höher als etwa die der Chemie mit 40% und auch höher als die der Fakultät insgesamt mit 86% Zuwachs.

Abbildung 1 Studentenzahlen in verschiedenen Fakultäten der Universität Göttingen in den Jahren 1953–1959 jeweils am Ende des Sommersemesters. (Aus UAG, 7112-2/2.)

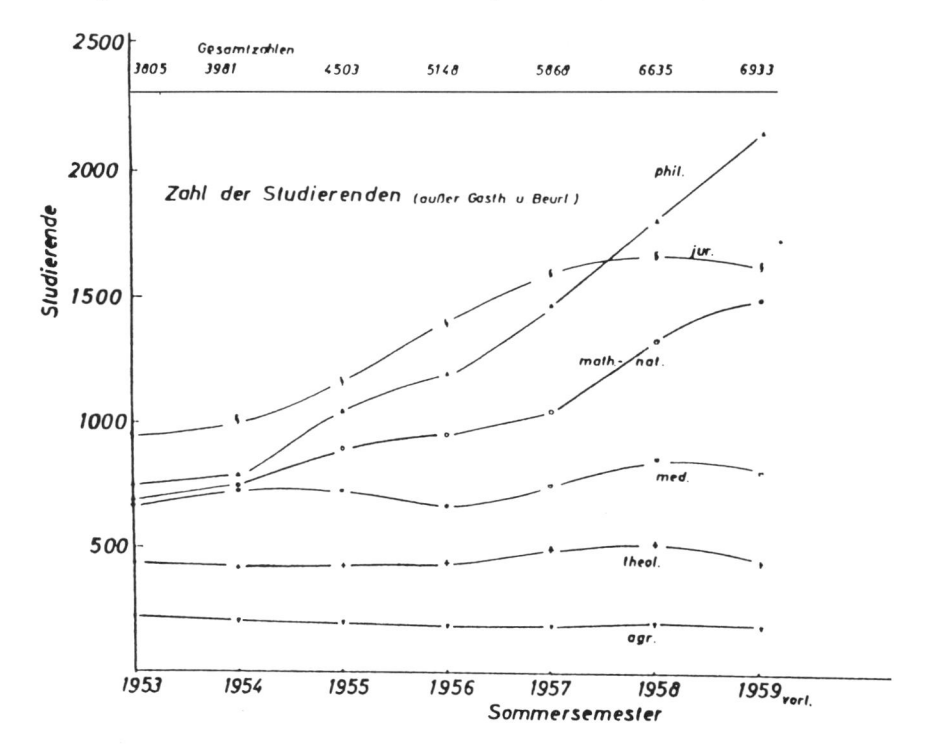

5 Die Umstrukturierung der Institute für angewandte Mechanik und angewandte Elektrizität in das dritte physikalische Institut

Zur Abrundung unserer Vogelschau betrachten wir nunmehr noch einen institutionshistorisch interessanten Vorgang in der Göttinger Physik. Bis Anfang 1934 war das Institut für angewandte Mechanik vom Direktor des KWIs für Strömungsforschung, Ludwig Prandtl, nebenher mitverwaltet und geleitet worden. Auf Betreiben Schulers und mit Unterstützung seines

Doktoranden Erich Hahnkamm[82] (geb. 1905) und möglicherweise auch seines ‚Privatassistenten' und späteren NSDAP-Kreisleiters Gengler (doch gegen den anfänglichen, aber nicht sehr hartnäckigen[83] Widerstand Prandtls) war mit Erlaß UI Nr. 16020 vom 9. April 1934 das Institut unter eine selbständige Leitung gestellt worden, die „bis auf weiteres" Max(imilian Joseph Johannes Eduard) Schuler[84] (1882–1972) übertragen wurde.[85] Schuler war vor allem durch die Konstruktion der damals genauesten Pendeluhr der Welt (mit einer Ganggenauigkeit von 1/1000 sec pro Tag) hervorgetreten.[86] Trotz seiner Ernennung zum nicht beamteten außerordentlichen Professor für angewandte Mechanik im Jahr 1928 hatte Schuler *vor* 1933 dennoch wiederholt Schwierigkeiten bei der Erlangung von Lehraufträgen. So wird beispielsweise 1929 ein Antrag auf Erteilung eines Lehrauftrages für Theorie und Anwendung des Kreisels mit Verweis auf Geldmangel abgelehnt. Mit der Machtübernahme verbessert sich Schulers Situation. Seit November 1933 war er förderndes Mitglied der SS (Nr. 216.917), ferner seit Juli 1934 in der Reichsschaft Hochschullehrer des NS-Lehrerbund, seit Juli 1935 in der NSV sowie in weiteren NS-Organisationen, allerdings nicht in der NSDAP.[87]

Mit dieser Wahl seines Nachfolgers war Prandtl damals eigentlich nicht einverstanden, und zwar weniger aus politischen als vielmehr aus fachlichen Gründen, aber er scheint diese Vorbehalte damals nicht anhängig gemacht zu haben, sondern erst nach Kriegsende darüber gesprochen zu haben:

> „Prof. Prandtl bestätigte mir noch diesen Sommer, daß er Prof. Schuler nicht zu seinem Nachfolger gewählt hätte, falls er frei zu entscheiden gehabt hätte, da das Arbeitsgebiet von Prof. Schuler nicht mit den bis 1933 im Institut erfolgten Arbeiten übereinstimmt. [...] In normalen Zeiten hätte die Universität gewiss die Wünsche eines ihrer bedeutendsten Mitglieder geachtet; dagegen ist es bekannt, welch großen Einfluß nach der

---

[82] Siehe die Eingabe des Hilfsassistenten und früheren Doktoranden Schulers und NSDAP-Mitglieds, Erich Hahnkamm, an den Kurator Valentiner vom 18. „Nebelung" [=November] 1933, in der Prandtl wegen fast ständiger Abwesenheit vom Institut angeschwärzt wird und um dessen Ablösung durch Schuler gebeten wird. Siehe UAG, Kur. XVI.V.C.h.11 I. Hahnkamm war Mitglied des Deutschnationalen Jugendbundes seit 1919, des Wehrwolfes seit 1923, des Stahlhelms seit 1924, der NSDAP seit 1931 und der SS seit 1933. Siehe UAG, 5250/7A Inst. f. angewandte Mechanik, Dez. 1933–Febr. 1947, T.B. Nr. 1414 sowie Rektor Neumann an den Kurator, 28.8.1934 und mehrere Lebensläufe von Hahnkamm in UAG, Kur. XVI.V.C. e.1. Assistenten 1934–47, in denen Hahnkamm, der 1930 bei Schuler und Prandtl über gekoppelte Schwingungssysteme promoviert hatte, sich selbst als „Mitkämpfer für die nationale Erhebung seit 1922" bezeichnet.

[83] Siehe insbesondere Prandtls Schreiben an den Dekan der Math.-Nat. Fakultät vom 26.2.1934: „Aus einer Reihe von Vorkommnissen der letzten Zeit glaube ich schließen zu müssen, daß man höheren Orts meinen Rücktritt von der Leitung des Instituts für angewandte Mechanik wünscht. Ich werde mich diesem Wunsch nicht entziehen." UAG, 5250/7A sowie Abschrift in UAG, Kur., PA Schuler.

[84] Nach Abschluß eines Maschinenbaustudiums an der TU München war Schuler 1907 der auf den Bau von Kreiselkompassen spezialisierten Firma Anschütz u. Co. seines Vetters Hermann Anschütz-Kaempfe (1872–1931) beigetreten und dort 1910 zum technischen Direktor aufgestiegen. 1921 hatte er in München über die Aufdeckung der Ursache des Schlingerfehlers von Kreiselkompassen promoviert, und sich 1924 an der Univ. Göttingen für das Fach Mechanik habilitiert. Siehe auch H. Gebelein: Prof. Dr.-Ing. M. Schuler 75 Jahre, VDI-Nachrichten, Nr. 3, 1957, S. 9. K. Magnus: Max Schuler 90 Jahre, Physikalische Blätter, 28, 1972, S. 80-81; zur Bedeutung der von Anschütz-Kaempfe hergestellten Kreiselkompasse für Schiffslenkung, insb. auch in U-Booten und Torpedos, im 1. Weltkrieg siehe D. Lohmeier (Hg.): Einstein, Anschütz, und der Kieler Kreiselkompaß, Heide, Holstein 1992.

[85] Siehe das Schreiben des Kurators der Universität, 8.3.1934, UAG, Math.Nat.Fak., Nr. 19a sowie an Schuler, 9.4.1934, UAG, Kur. , PA Schuler.

[86] Nach Aussage Genglers betrachtete Schuler „seine Uhr als Kampfansage an alle bis dahin bestehenden Zeitmesser." Schreiben von Gengler an Oberschulrat Kreß vom 25.10.1939, Bundesarchiv Berlin (ehem. Berlin Document Center, im folgenden stets abgekürzt BDC), PK-akte, Schuler Max, 1110016005.

[87] Angaben laut Schulers ausgefüllten Fragebögen in der Personalakte, datiert 22.1.1936 bzw. 31. 10.1938, UAG, kur., PA Schuler.

Machtübernahme die nationalsozialistischen Parteimitglieder auf die Absetzungen und Neuberufungen hatten, auch wenn sie nicht in den eigentlich maßgebenden Körperschaften saßen."[88]

Daß es sich hierbei nicht nur um Vermutungen handelt, wird auch deutlich aus einem Schreiben Prandtls an den Dekan der Math.-Nat. Fakultät, in dem er bestätigt, daß entgegen dem Anschein der offiziellen Schreiben in den Akten es „in Wirklichkeit aber so [war], daß man damals einen Druck auf mich ausübte, beschleunigt einen solchen Antrag zu stellen. Die Vorgänge, die sich hinter den Kulissen abgespielt haben, sind mir unbekannt geblieben. Doch ich bin aufgrund einer Rücksprache mit Professor Schuler durchaus geneigt anzunehmen, daß in der fraglichen Angelegenheit Herr Gengler [...] keine Rolle gespielt hat.[89]

Wie groß auch immer der Einfluß des NSDAP-Kreisleiters sowie anderer Parteifunktionäre auf die Neubesetzung der Leitung des Instituts für angewandte Mechanik gewesen sein mag, schon bald darauf versuchte Schuler, seine eigene Stellung zu festigen und den Kompetenzbereich des Instituts allmählich zu erweitern. So stellte er, bis dato noch immer nicht beamteter außerordentlicher Professor, 1938 einen Antrag auf Errichtung eines planmäßigen Extraordinariats für angewandte Mechanik einschließlich der Stelle eines Direktors des Instituts für angewandte Mechanik. Dies wurde damit begründet, daß die bisherige Lösung „mit Rücksicht auf die Aufgaben der Fakultät in Technik und Rüstung als nicht haltbar angesehen" wurde. Die Hochschulgruppe des NSD-Dozentenbundes hatte diesen Antrag befürwortet und Schuler die politische und charakterliche Unbedenklichkeitserklärung gegeben. Daraufhin erfolgte die Ernennung zum außerplanmäßigen Professor am 28. September 1939.[90]

Mit der undurchsichtigen Figur Schulers verbindet sich auch der Versuch, während der NS-Zeit eine Umbenennung des *Instituts für angewandte Mechanik* in *Institut für Mechanik* zu erreichen und somit den Aufgabenbereich seines Instituts auf Kosten der anderen Institute zu erweitern.[91] Dieser Vorschlag Schulers stieß allerdings auf den erbitterten Widerstand der meisten anderen Göttinger Physiker, denn auch Robert Wichard Pohl am I. physikalischen Institut und Richard Becker in der theoretischen Physik lasen Vorlesungen über Mechanik bzw. theoretische Mechanik. In einem Schreiben an das REM, das Schulers Antrag beigegeben wurde, argumentierte Kopfermann:

„Mechanik ist ein integrierender Bestandteil der Physik, der sich gar nicht aus dem Gesamtgebäude der Physik herauslösen läßt. Sie ist die Grundlage aller physikalischen Vorstellungen und aller physikalischen Forschung. Diejenige Schulersche Vorlesung, die meist von den Physikern besucht wird, ist eine Vorlesung über theoretische Mechanik, die er abwechselnd mit Prof. Becker liest, seine weitere Vorlesung betrifft Anwendungen der Mechanik. Sein Praktikum behandelt die reine, aber im Gegensatz zu dem mechanischen Praktikum des [I.] Physikalischen Instituts auch ausführlich die angewandte Mechanik. Seine Forschung ist eindeutig angewandte Mechanik. [...] So bitte

---

88 Hohenemser an den Rektor der Univ. Göttingen, 30.7.1945, UAG, Kur., PA Hohenemser.
89 Prandtl an den Dekan, 3.7.1945, UAG, Math.Nat.Fak., Nr. 19a. Siehe auch Anmerkung 83.
90 Alle im vorigen erwähnten Vorgänge laut UAG, Rek. PA Schuler. Mit den Rüstungsaufgaben spielte Schuler vor allem auf seine Forschungen über die automatische Steuerung von Torpedos mittels Gyroskopen an – Vgl. Schulers an den Dekan der Math.Nat.Fak. gerichtete mehrseitige Darstellung zur ‚Bedeutung des Instituts für angewandte Mechanik' vom 19.7.1938 in UAG, Math.Nat.Fak. 24a, S. 2 zur Bedeutung der am Institut entwickelten Kreisel für die Treffsicherheit von Bombenabwürfen, Torpedoschüssen und schwerer Schiffsgeschütze.
91 Siehe Schreiben Schulers an das REM, 18.7.1944, UAG, Math.Nat.Fak. 24a.

ich das Ministerium, nicht im Sinne des Schulerschen Antrages, sondern im Sinne der Göttinger Physik zu entscheiden."[92]

Nach dem Ende des NS-Regimes reagierte der damals 64jährige Schuler, der besonders durch seine Mitgliedschaft in der SS stärker belastet war, zunächst mit Abwarten, im Mai 1946 dann jedoch mit einem Gesuch um (vorzeitige) Emeritierung, begründet mit seinem „gegenwärtigen schlechten Gesundheitszustand".[93] Daraufhin übernahm der wissenschaftliche Assistent am Institut, Dr. Karl L. Stellmacher (geb. 1909) vertretungsweise die Geschäfte des Institutsdirektors, und es entspann sich eine interessante Diskussion um die Frage der Wiederbesetzung seiner Stelle, in der auch das zunehmend altmodisch wirkende Forschungsprofil der beiden Göttinger Institute für angewandte Mechanik bzw. Elektrizität thematisiert wurde. Am 22. Mai 1946 unternahm der Dekan der Math.-Nat. Fakultät in einem Schreiben an einen Ministerialbeamten in Hannover eine geschickte Uminterpretation der ursprünglichen Intentionen des Mathematikers und Wissenschaftsorganisators Felix Klein, unter dessen Ägide diese beiden Institute, finanziert durch die „Göttinger Vereinigung zur Förderung der angewandten Physik und Mathematik" entstanden waren:[94]

> „Ebenso wie im Falle des Instituts für angewandte Elektrizität hält die Fakultät eine Wiederbesetzung auch dieses Lehrstuhls durch einen vorwiegend technisch orientierten Fachvertreter für unzweckmässig, da die gegenwärtigen Verhältnisse ein Zurücktreten der angewandten Wissenschaftszweige gegenüber der zweckfreien Grundlagenforschung notwendig macht. Eine derartige Anpassung an die einem dauernden Wechsel unterworfenen Unterrichts- und Forschungsbedürfnissen entspricht durchaus dem Standpunkt Felix Kleins, dessen Weitblick die Fakultät durch die Schaffung einiger kleinerer physikalischer Lehrstühle und Institute eine ausserordentlich fruchtbare Entwicklung verdankt.
>
> Wenn es auch nur etwa 40 Jahre richtig erschien, durch diese Lehrstühle die gesamte Basis der Göttinger Physik nach der praktischen Seite hin zu verbreitern, so ist doch der Grundgedanke des Kleinschen Programmes viel allgemeiner: Die genannten Spezialinstitute sollen erstens Gelegenheit bieten zur Berufung origineller Köpfe, für die im Rahmen der normalen Grundfächer keine rechte Betätigungsmöglichkeit vorhanden ist, zweitens sollen sie zur Lösung von Forschungs- und Unterrichtsaufgaben dienen, die infolge der jeweiligen Zeitumstände vordringlich erscheinen. Im Hinblick auf die vorhandene Ausstattung des Instituts für angewandte Mechanik an Apparaten kann zwar unter den gegenwärtigen Verhältnissen eine Umstellung auf ein anderes physikalisches Fach nicht in Erwägung gezogen werden, doch hat das Gesamtgebiet der Mechanik (unter Einbeziehung der Akustik) inzwischen eine derartige Ausdehnung angenommen,

---

[92] Kopfermann an den Herrn Reichsminister für Wissenschaft, Erziehung und Volksbildung, 10.10.1944, UAG, Math.Nat.Fak. 24a.

[93] 1944 scheint sich Schulers Gesundheitszustand tatsächlich verschlechtert zu haben, jedenfalls machte er mehrere Kuraufenthalte. Ob die angeschlagene Gesundheit hingegen der ausschlaggebende Grund für die vorzeitige Emeritierung gewesen war oder die Sorge um die durch eine etwaige Entlassung bedrohte Pension, bleibe dahingestellt. In einem Schreiben an den Kurator Bojunga vom 6.12.1948 erwähnte Schuler, daß „früher die Militärregierung eine Vorlesung von mir nicht gewünscht hat". UAG, Kur. , PA Schuler.

[94] Die Göttinger Vereinigung war am 26.2.1898 zunächst nur für angewandte Physik gegründet und am 17.12.1900 auf angewandte Mathematik erweitert worden: vgl. z. B. H. Trischler: Luft- und Raumfahrtforschung, S. 56ff.; sowie dort genannte weiterführende Literatur, bzw. E. Riecke: Das neue physikalische Institut der Universität Göttingen, Physikalische Zeitschrift, 6, 1906, S. 881-892. E. Riecke et al.: Die physikalischen Institute der Universität Göttingen. Festschrift im Anschluß an die Einweihung der Neubauten am 9.12.1905.

dass für die vorteilhafte Wiederbesetzung eine ganze Reihe von Möglichkeiten besteht, die durchaus dem allgemeinen Kleinschen Programm entsprechen."[95]

Am 28. Oktober 1946 beantragte der Dekan beim Minister für Volksbildung, Kunst und Wissenschaft die Vereinigung der Institute für angewandte Mechanik und angewandte Elektrizität zu einem III. Physikalischen Institut. Dies wurde damit begründet, daß beide Leitungsstellen, damals planmäßige Extraordinariate, neu besetzt werden müßten, eine erfolgreichere Bewältigung der Aufgaben in Forschung und Lehre aber nur durch die Leitung eines Ordinarius erfolgen könne, der dann auch den zusammengelegten Etats beider zur Verfügung habe. „Schwingungsforschung im allgemeinsten Sinne, sowohl in mechanischem wie im elektrischen Gebiet, müßten nach der Auffassung der Fakultät zur Zeit im Vordergrund stehen."[96] Während das eine Extraordinariat in eine Oberassistentenstelle abgestuft wurde, die dann mit Hans König besetzt wurde (siehe oben), sollte das andere zu einem Ordinariat aufgestuft werden. Mit der Berufung von Erwin Meyer zum 1. April 1947 verlagerte das III. Institut seine Arbeitsgebiete dann vorwiegend auf Akustik, Elektroakustik und Hochfrequenzforschung.[97] In beharrlichen Verhandlungen mit der Leitungsebene der Göttinger Universität erreichte Meyer nicht nur die Ausstattung mit Ultraschall-Apparaten und modernen elektrischen Geräten sowie die Einrichtung spezieller schallgedämpfter bzw. hallender Räume, sondern er schaffte es auch, den Etat des III. Instituts auf etwa 8000 Mark jährlich hochzuschrauben, während die Vorgängerinstitut für angewandte Elektrizität und Mechanik zuletzt nur 1.612 bzw. 3.153 Mark, zusammen also 4.765 Mark Etat gehabt hatten; (zum Vergleich hatte das I. Institut damals 5.850 RM und das II. Institut 3.170 RM).[98] 1953 wurde auch der Sachfonds des III. Instituts um 5.000 M auf nunmehr 33.000 Mark erhöht und damit denen der anderen beiden Institute angeglichen.[99] Der Grund für diese entgegenkommende Behandlung dürfte unter anderem auch darin bestanden haben, daß Meyer für das Department of Scientific and Industrial Research (DSIR) Auftragsarbeiten durchführte, für die die Londoner Behörde seit Ende 1947 erhebliche Gelder – weit über 50.000 RM – fließen ließ, darunter die Jahresgehälter von fünf promovierten und hochqualifizierten Nachwuchswissenschaftlern, vier jüngeren Wissenschaftlern und vier Mechanikern.[100] Bei den Forschungsthemen handelte es sich um Fragen der Schwingungsübertragung durch feste Bauteile bzw. Trennwände mit körniger Füllung, um die Messung der Schalldämpfung in Flüssigkeiten und technische Eichungsprobleme z. B. bei der Messung hoher Schalldrucke wie sie unter anderem in Detonationswellen auftreten.[101] Daß mit dieser Drittmitteleinwerbung (wie man es heute wohl nennen würde) auch ganz offensichtlich militärisch relevante Forschungsthemen berührt waren, störte scheinbar niemanden, denn die Forschung geschah ja im Auftrag der Alliierten

---

[95] Schreiben von Kopfermann an den Herrn Oberpräsidenten, Abt. Kunst, Wissenschaft und Volksbildung in Hannover, 22.5.1946, Durchschlag in UAG, Rek., PA Schuler.

[96] UAG, 5250/7A III. Physik. Inst. Am 21.3.1947 genehmigte der Niedersächsische Kultusminister diesen Antrag mit Wirkung vom 1.4.1947.

[97] Meyer hatte an der Univ. Breslau studiert und 1922 bei E. Waetzmann promoviert; nach einer Assistentur am dortigen physikalischen Institut trat er 1924 als wiss. Hilfsarbeiter in das Reichspostzentralamt in Berlin ein, wo er sich mit Rundfunk- und Fernmeldetechnik befaßte. 1929 wurde er Abteilungsvorsteher am neugegründeten Heinrich-Hertz-Institut für Schwingungsforschung an der TH Berlin, wo er 1928 auch habilitierte und im Febr. 1934 zum nb. ao. Prof. ernannt wurde. Im März 1938 erhielt er die Berufung zum o. Prof. f. techn. Physik an der gleichen Hochschule; alle Daten laut Lebenslauf in UAG, Rek., PA Meyer.

[98] Siehe das Schreiben von Bojunga an den Kultusminister, 28.3.1947, UAG, Kur., PA Meyer. Dem I. und dem II. Physikalischen Institut wurde aber (wie üblich, so auch) für das Rechnungsjahr 1947 eine Überschreitung des Etats genehmigt, so daß ihnen 10.500 und 8.500 RM zur Verfügung standen.

[99] Siehe das Schreiben vom Kurator an den Niedersächsischen Kultusminister, 10.6.1953, UAG, Kur., PA Meyer.

[100] Siehe C. A. Spencer an den Rektor der Georgia Augusta, 24.12.1947, UAG, Kur. XVI. V.C. hh 6.

[101] Ibid., Bl. 27: ‚Vorgeschlagenes Forschungsprogramm'.

und durfte auch nur nach deren vorheriger Billigung publiziert werden.[102] Nach mehrfachen Verlängerungen dieser Forschungsverträge klang die Zusammenarbeit im September 1950 aus, da der Britischen Behörde nach der Währungsreform aufgrund des ungünstiger werdenden Umrechnungskurses die finanziellen Aufwendungen zu hoch wurden.[103]

6 Ausblick

Sowohl personell als auch in Bezug auf die Lehr- und Forschungsinhalte gab es an der Universität Göttingen nach 1945 eine weitgehende Kontinuität. Selbst den wenigen durch die Entnazifizierungsverfahren 1946 zunächst ‚aussortierten' Wissenschaftlern gelang es aufgrund massiver Rückendeckung durch ihre im Amt verbliebenen Kollegen, wieder in die Forschung und Lehre zurückzukehren – wenn auch nicht immer in ihrer alten Stellung (wie oben am Fall Sauter gezeigt). Dieser Solidarisierungseffekt wirkte sich hingegen gegenüber denjenigen, die 1933 aus ihren Positionen vertrieben worden waren, ganz anders aus: Letztere wurden als Außenseiter, ja in Extremfällen wie z. B. dem des Privatdozenten Kurt Hohenemser geradezu als Eindringlinge betrachtet, deren Wiedereingliederung den Institutsfrieden stören würde, weil sie das auszusprechen wagten, was niemand hören und wahrhaben wollte. Gegenüber den drängenden Sorgen der Wiederherstellung normaler Verhältnisse trat die Reflexion über das 1933–1945 erlebte und geschehene fast vollständig in den Hintergrund.

Die kräftezehrenden Bemühungen um den raschen Wiederaufbau, die Bewältigung der steigenden Studentenzahlen, und die institutsinternen Querelen zwischen verschiedenen Lagern trugen das ihre dazu bei, diese Verdrängung zu erleichtern. Die wenigen Äußerungen, die zur Frage der (Mit)Verantwortung für die Ereignisse im Nationalsozialismus aus der Feder Göttinger Physiker zu finden waren, zeigen zwei typische Muster: Zum einen die Berufung auf die Wertfreiheit der Naturwissenschaft und verbunden damit die Möglichkeit eines Mißbrauchs durch Machthaber; zum andern die Ablenkung von den eigenen Taten durch Verweis auf die amerikanischen Kollegen und den Bau der Atombombe.[104]

---

[102] Siehe ibid., Bl. 26: „Die Ergebnisse sind jedoch Eigentum des D.[epartment] [of] S.[cientific] [and] I.[ndustrial] R.[esearch] und können nicht ohne Zustimmung von D.S.I.R. veröffentlicht werden; D.S.I.R. behält sich das Recht vor, nach Beratung mit der Universität zu bestimmen, ob die Ergebnisse kommerziell ausgewertet werden sollen, durch Patente (sofern tunlich) oder in anderer Weise und gegebenenfalls unter welchen Bedingungen."

[103] Siehe dazu das Schreiben von D.I.S.R. an den Kurator der Univ. Göttingen, 22.3.1950, UAG, Kur. XVI. V.C. hh.2.

[104] Vgl. z. B. D. Küchemann: Aerodynamische Forschung in Göttingen, in: Göttinger Universitäts-Zeitung, 1, Nr. 3, 10.1.1946, S. 10-11. R. Becker: Gefahren der Naturforschung, in: GOZ, Nr. 24, 21.11.1947, S. 1-2. W. Heisenberg: Die Sorge um die Naturwissenschaft, in: GUZ, Nr. 3, 16.1.1948, S. 7. M. von Laue: Replik auf Murray, in: GUZ 4, Nr. 18, 23.9.1949, S. 9-12. C. F. von Weizsäcker: Wohin führt uns die Wissenschaft?, in: Deutsche Universitätszeitung, VI/6, 30.3.1951, S. 8-10; zu den dort auftretenden Argumentationsmustern siehe z. B. auch M. Walker: Selbstreflexionen deutscher Atomphysiker, in: Vierteljahreshefte für Zeitgeschichte 41, 1993, S. 520-542.

Danksagungen

Für nützliche Hinweise auf Archivalien im Göttinger Universitätsarchiv danken wir den Herren Dr. Ulrich Hunger und Dr. Hans-Joachim Dahms. Das Bundesarchiv, früheres BDC, stellte uns dankenswerter Weise Aktenkopien mehrerer NSDAP-Mitglieder aus dem Göttinger Lehrkörper zur Verfügung. Herrn Dr. Leerhoff vom Niedersächsischen Hauptstaatsarchiv danken wir für die Bereitstellung und Kopiererlaubnis der Entnazifizierungsakten und Frau Fuchs vom Historischen Archiv der TU München für die Auskunft über Fritz Sauters Münchener Zeit. Herrn Prof. Dr. Bernd Weisbrod danken wir für Literaturhinweise, und Herrn Prof. Dr. Hohenemser für die schriftliche Beantwortung etlicher Fragen.

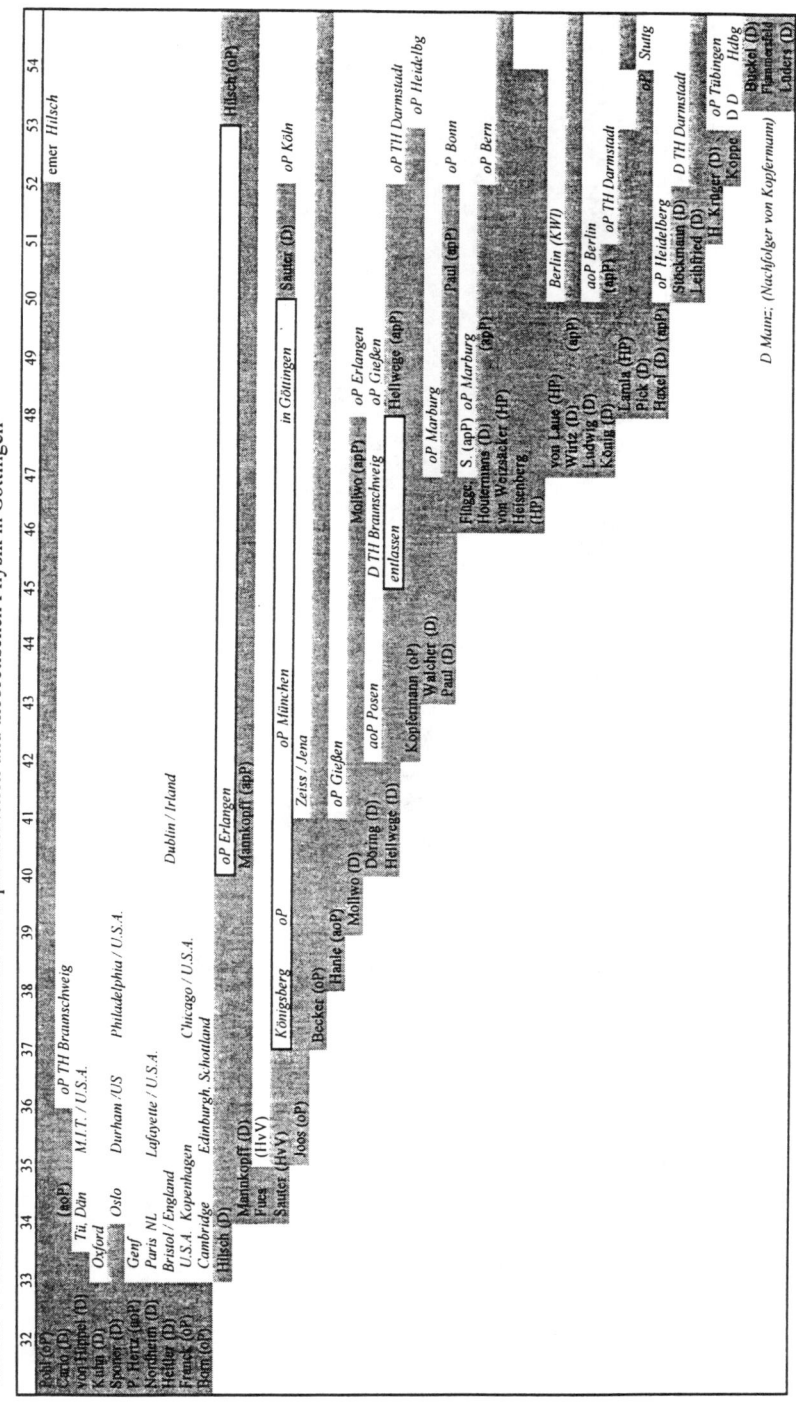

Tabelle 4 Tabellarische Übersicht zum Personal der experimentellen und theoretischen Physik in Göttingen

Tabelle 5 Tabellarische Übersicht zum Personal der angewandten Physik in Göttingen

	32	33	34	35	36	37	38	39	40	41	42	43	44	45	46	47	48	49	50	51	52	53	54
Reich (oP)																							
Prandtl (oP)											emer Zahn												
Stüler (aoP)																emer Tollmien			Schüler [aoP]				
Betz (oP)											emer												
Präge (D)								Providence / U.S.A:															
Kyropoulos (D)			Pasadena Calif / U.S.A.																				
Hohendäuser (D)		Fieseler Fletner Berlin										Antr. Ass-Stelle			Fletner U.S.A.								
W. Flügge (D)																							
Gerden (HvV)																							
Tollmien (D)							DVL Berlin																
							oP TH Dresden																
Glaser (HvV)																							
Schulz									-Grunow (D) oP TH Aachen														
Görtler (D)											aoP Freiburg												
Zahn (VeL) (aoP)															emer Meyer								
Oswatisch (D)															RAE LRBA D Freiburg D Stockholm								
38-49 am KWI für Strömungsforschung															Wieghardt (D) Teddington / England D Hamburg								
Meyer (oP)															oP Berlin								
Schoch																	(D) D Heidelberg						
																	(apP) Genf					
Schäfer (D)																							
Tamm (D)																							
Severin (D)																							

Abkürzungen:

oP	ordentlicher Professor	HvV	mit dem Halten von Vorlesungen beauftragt
aoP	außerordentlicher Professor	VeL	mit der Vertretung eines Lehrstuhls beauftragt
apP	außerplanmäßiger Professor	D	Dozent
HP	Honorarprofessor	emer	emeritiert

Tabelle 6 Tabellarische Übersicht zur Lehre in Göttingen, 1932-1955; basierend auf Vorlesungsverzeichnissen sowie Instituts- und Personalakten. Der Übersichtlichkeit halber wurden die Bereiche Experimentalphysik, theoretische und angewandte Physik genauso wie im damaligen Vorlesungsverzeichnis getrennt aufgeführt: oben experimentelle und theoretische Physik, unten angewandte Physik.

32	33	34	35	36	37	38	39	40	41	42	43	44	45	46	47	48	49	50	51	52	53	54	55
Pohl + Hilsch				**Einführungs-VO**				**Pohl + Mollwo**				**Kopfermann**				**Praktikum**		**Pohl + Pick**			**Hilsch + Buckel**		
Franck			**Joos**																			**Flammersfeld**	

Optik
Festkörperphysik
Optik
Festkörperphysik
Atomphysik   inkl. Spektroskopie
Kernphysik   Kernphysik
Würmelehre   und
Quantentheorie   Thermodynamik

Mechanik, E-Dynamik und   **Relativitätstheorie**
sonstige   theoretische Physik
versch. Mathematik, speziell   Mathematik für Physiker
sonstige Vorl.
Geschichte und   **Philosophie d. Phy.**
Didaktik d. Physik

32	33	34	35	36	37	38	39	40	41	42	43	44	45	46	47	48	49	50	51	52	53	54	55

Elektrophysik und Mechanik-Praktikum   und Elektronik
Elektrizität   nur Elektrophy. Praktikum
angew. Mechanik   u.a. Kreisel u. Schwingungslehre
Festigkeitslehre
Flugspezifische Vorl.
Strömungslehre
Math.   für   od.   von   angew. Physikern
Sonstige Vorl.

Tabelle 7 Studentenzahlen der Universität Göttingen 1930-1960

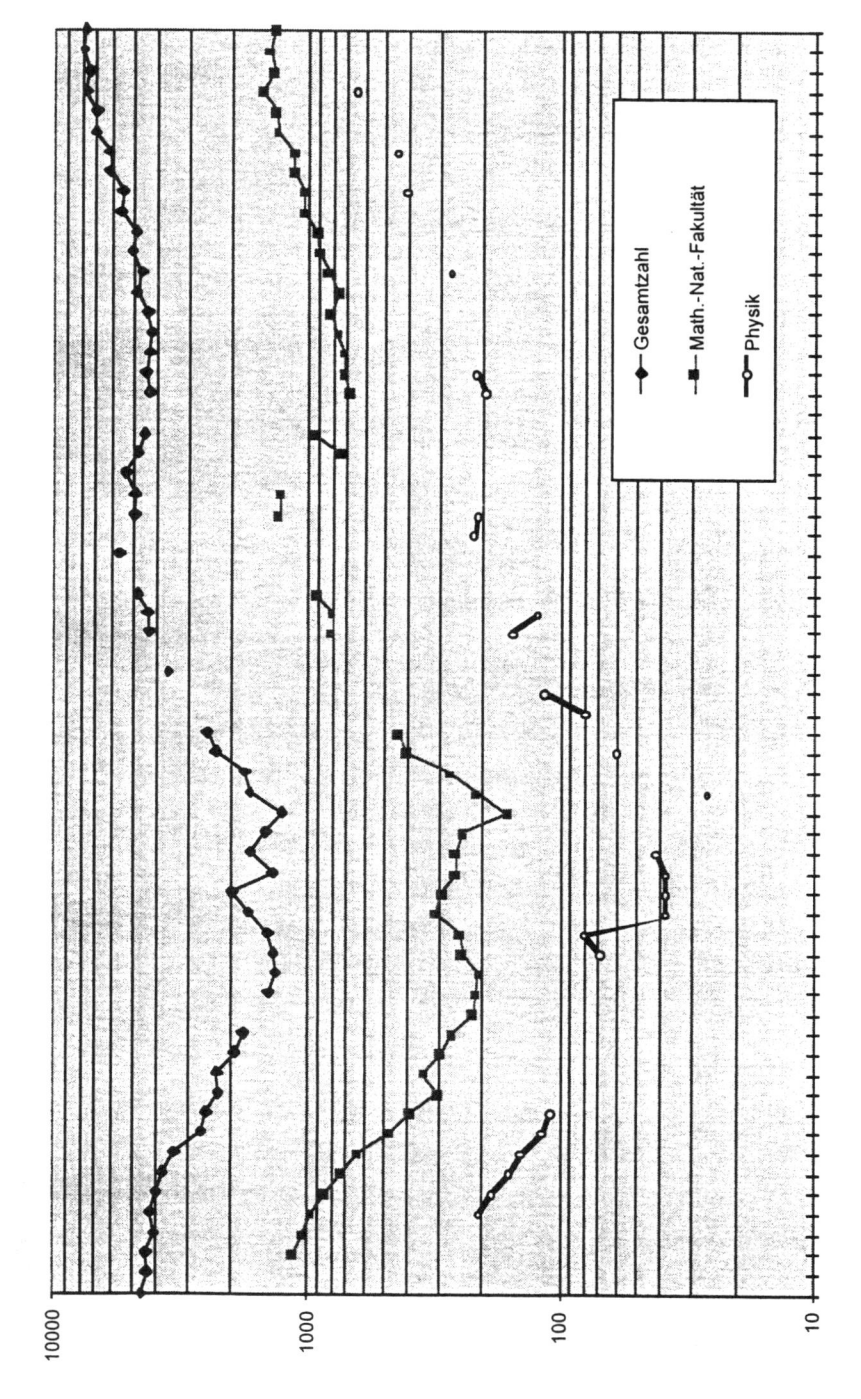

MARIA OSIETZKI

Die Physik im Kontext der Disziplinen
Wissenschaftliche Politikberatung und "Sozialkompetenz" im Deutschen Forschungsrat 1949–1951

Der Physiker und Romancier Charles P. Snow beklagte 1956 die Spaltung der gesamten westlichen Welt in "Zwei Kulturen".[1] Er kritisierte, daß die literarische Intelligenz von den naturwissenschaftlichen Experten durch eine tiefe Kluft getrennt sei, die sich im Fortgang der Zivilisation weiter vertiefe. Als Schriftsteller mit naturwissenschaftlicher Ausbildung empfand er eine solche Spaltung als Gefahr für den Zusammenhalt der gesamten Gesellschaft.[2] Denn literarische Intellektuelle hielt er für potentielle "Maschinenstürmer"[3], während er den "reinen Naturwissenschaftlern", unter denen seiner Meinung nach die Physiker die repräsentativste Gruppe waren, ein Unverständnis für die Belange der sozialen Wirklichkeit vorhielt.[4]

In den 1960er Jahren erfuhren Snows Überlegungen viel Zuspruch.[5] Noch heute scheint seine Kritik an den vorrangig an Sach- und nicht an Sozialbezügen interessierten Natur- und Ingenieurwissenschaftlern durch die Forderungen nach einer Vermittlung von "soft skills" auch in den Ausbildungsgängen der "harten Disziplinen" nichts an Aktualität eingebüßt zu haben.[6] Wenn derzeit von den Repräsentanten der exakten Wissenschaften mehr "Sozialkompetenz" gefordert wird, um sich besser auf die Interessen- und Problemlagen in der Gesellschaft einstellen und eine sozial- und umweltverträgliche Produktion von Wissen und Technik gewährleisten zu können, dann werden solche Forderungen in der Regel mit der Empfehlung vorgebracht, die Interdisziplinarität zu stärken, die auch Snow bereits wünschbar schien.

Die Plädoyers für eine erhöhte "Sozialkompetenz" der natur- und ingenieurwissenschaftlichen Experten auf dem Wege einer interdisziplinären Zusammenarbeit mit den "weichen Disziplinen" zu fördern, werfen die Frage auf, in welcher Weise das hiervon erhoffte Qualifikationsprofil mit den "sozialen Kompetenzen" kontrastiert, die Natur- und Ingenieurwissenschaftler auch in der Vergangenheit zugesprochen werden muß, wenn sie als erfolgreiche Akteure im

---

1 Abgedruckt findet sich C. P. Snows "Rede Lecture" in H. Kreuzer (Hg.): Die zwei Kulturen. Literarische und naturwissenschaftliche Intelligenz. C.P. Snows These in der Diskussion. München 1987, S. 19-58. Ursprünglich veröffentlicht unter dem Titel "The Two Cultures" in: New Statesman, 6. Oktober 1956.
2 C. P. Snow: Die zwei Kulturen. In: H. Kreuzer, S. 21
3 Ebd., S. 35 f.
4 Ebd., S. 43
5 Dies illustrieren die ersten Auflagen von H. Kreuzer (Hg.): Die zwei Kulturen ... a.a.o., Stuttgart 1967 und 1969. Die Beiträge darin illustrieren die breite Debatte über Snows Thesen.
6 Jüngst dazu die Beiträge in F. Mayer-Krahmer, S. Lange (Hg.): Geisteswissenschaften und Innovationen. Heidelberg 1999. Darin findet sich eine aus den gegenwärtigen Bedingungen der Wissensentwicklung abgeleitete Begründung zur Erweiterung der Anforderungsprofile von Natur- und Ingenieurwissenschaftlern um "soziale Kompetenzen".

gesellschaftlichen Kräftefeld agierten. Über "Sozialkompetenz" verfügten Experten nicht nur, wenn sie mit Politikern, Industriellen und Verwaltungsfachleuten verhandelten, sondern auch, wenn sie die Bedarfslage der Forschung wie auch deren Ergebnisse ihrem sozialen Umfeld vermittelten. In der Ausübung ihrer Profession blieben Natur- und Ingenieurwissenschaftler in der Regel sozialen Werten und gesellschaftlichen Prioritäten verbunden, selbst wenn in ihrer akademischen Sozialisation die Vorstellung von der "reinen", allein an den Entwicklungsbedingungen des exakten Wissens orientierten Forschung maßgeblich war. Die Ideologie von der "autonomen" Wissenschaft oder von einer "wertneutralen Technik" führte zwar vielfach dazu, daß die sozialen Implikationen des Wissens nicht bewußt registriert, geschweige denn umfassend reflektiert wurden.[7] Gleichwohl wirkten die sozio-kulturellen Kontexte auf die Produktion und die Distribution des Wissens ein. Dies legte seit den 1970er Jahren nicht zuletzt die "externalistische Wissenschaftsforschung" facettenreich dar, deren Ausdifferenzierung in den letzten zwanzig Jahren zum sozialkonstruktivistischen Bild der Forschungsdynamik avancierte.

Angesichts der wissenschaftshistorischen Einsichten in die enge Verzahnung zwischen gesellschaftlichen und wissenschaftlichen Entwicklungen bleibt zu fragen, was am früher üblichen sozialen Agieren der Experten in Kontrast zur Vorstellung von "Sozialkompetenz" geriet, die gegenwärtig bei der Reformierung der natur- und ingenieurwissenschaftlichen Studiengänge gefordert wird. Wenn Natur- und Ingenieurwissenschaftler in der Vergangenheit mit der Überzeugung auftraten, ihre Forschungstätigkeit sei der Entwicklung der Gesellschaft förderlich und ihren Zielen dienlich, dann dürfte sich diese bloße Annahme vor dem Hintergrund der aktuellen Forderungen nach einer stärkeren Rückbindung der Forschungen an gesellschaftliche Bedarfslagen als kurzschlüssig erwiesen haben. Worin aber diese Kurzschlüssigkeit bestand, scheint der historischen Analyse zu bedürfen, wenn transparent werden soll, worin sich die sozio-politische Anpassung der Natur- und Ingenieurwissenschaftler an soziale und politische Konstellationen der Vergangenheit von der heute zum Zwecke einer sozial- und umweltverträglichen Entwicklung der Forschung wünschbaren "Sozialkompetenz" unterscheiden mag.

Zur Illustration eines solchen Kontrastes eignet sich die Geschichte des Deutschen Forschungsrates. Denn dieses Gremium von Spitzenforschern strebte während seiner zweijährigen Existenz zwischen 1949 und 1951 eine Annäherung zwischen Wissenschaft, Politik und Gesellschaft an. Zu seinen vorrangigen Zielsetzungen gehörte es nicht nur, die großen Richtlinien der Forschungsförderung vorzugeben und die Interdisziplinarität im Rahmen einer umfangreichen Projektforschung zu intensivieren. Er plante auch eine wissenschaftliche Politikberatung zu etablieren und eine ethisch begründete Mitverantwortung der Wissenschaft an der politischen und gesellschaftlichen Entwicklung in Deutschland zu übernehmen.[8] Mit diesem Programm intendierte der Deutsche Forschungsrat eine wissenschaftsorganisatorische Innovation, die durchaus als Versuch der Etablierung einer neuartigen "Sozialkompetenz" von Forschern interpretiert werden kann. Zu fragen, wodurch sich diese gesellschaftliche Selbstverortung des Spitzengremiums auszeichnete, wird Gegenstand dieses Beitrags sein. Auch gilt es zu klären, weshalb diese Initiative im Wiederaufbau der westdeutschen Wissenschaftsorganisation scheiterte und welche Konstellationen dazu beitrugen, daß der Deutsche Forschungsrat 1951 einer Fusion mit der Notgemeinschaft der deutschen Wissenschaft zur Deutschen Forschungsgemeinschaft zustimmen mußte, in die er nur formal einen Teil seiner Ziele hinüber retten konnte. Faktisch bedeutete die Gründung der Deutschen Forschungsgemeinschaft das Ende des

---

[7] Ausgeführt in B. Latour: Wir sind nie modern gewesen. Versuch einer symmetrischen Anthropologie. Berlin 1995.

[8] Diese Zielsetzung wird ausgeführt in H. Eickemeyer: Abschlußbericht des Deutschen Forschungsrates (DFR) über seine Tätigkeit von seiner Gründung am 9. März 1949 bis zum 15. August 1951 mit einem kurzen Abriß der Gründungsgeschichte und der Überleitungsarbeiten in die "Deutsche Forschungsgemeinschaft" bis Ende 1952. München 1953.

ganz entscheidend von dem Physiker Werner Heisenberg ausgehenden Versuches, die westdeutsche Forschungsorganisation durch die Etablierung eines sich explizit auf Politik und Gesellschaft beziehenden, "sozial kompetenten" Beratungsgremiums zu erneuern.

Motive und Ambitionen des Deutschen Forschungsrates

Die Geschichte des Deutschen Forschungsrates[9] läßt sich nur umfassend begreifen, wenn die vielfältigen Restriktionen, aber auch die nach 1945 bestehenden Optionen der Forschung und ihrer Organisation unter den Bedingungen der Besatzung wie der demokratischen, förderativen Staatswerdung der Bundesrepublik berücksichtigt werden. Zu den Einschränkungen gehörten in den ersten Jahren nach dem Zusammenbruch des "Dritten Reiches" neben den kriegsbedingten Zerstörungen und organisatorischen Unsicherheiten vor allem die engen finanziellen Spielräume sowie die von den Alliierten verhängten Forschungskontrollen. Diese Bedingungen erschienen als schwere Bürde im Wiederaufbau der deutschen Wissenschaftsorganisation. Besonders Kernphysikern waren damit enge Grenzen gesetzt, da ihr Forschungsbereich militärisch relevant war und daher teilweise strikten Verboten oder zumindest alliierten Einschränkungen unterstand. Zudem handelte es sich dabei um einen Forschungsbereich, der, sollte er nach einer Lockerung der alliierten Forschungsverbote auf internationalem Niveau betrieben werden, erheblicher Mittel bedurfte. Ganz generell schien nach dem Zweiten Weltkrieg die Relevanz der Forschung für die gesellschaftliche, politische und ökonomische Wettbewerbsfähigkeit eines Landes zu wachsen, was die Hoffnung einiger Wissenschaftler beflügelte, selbst in einem zerstörten Land trotz konkurrierender ökonomischer und sozialer Bedürfnisse Ansprüche auf eine dem westlichen Ausland vergleichbare Förderung erheben zu können.[10] Jedenfalls setzte der hohe Finanzbedarf der Forschung nach dem Zusammenbruch des "Dritten Reiches" im allgemeinen und der kostenintensiven Kernforschung im besonderen eine entscheidende Rahmenbedingung für die innovativen Schritte zur Repräsentanz der Forschung, wie sie im Deutschen Forschungsrat initiiert wurde. Dessen Gründung lag die Annahme zugrunde, daß die staatliche Bewilligung des gestiegenen Bedarfs an Forschungsmitteln mehr als je zuvor eine stabile Kooperation der interessierten Wissenschaftler mit den zuständigen Politikern und staatlichen Administratoren voraussetze. Diese Einsicht veranlaßte den Kernphysiker Werner Heisenberg

---

[9] Archivalisch dokumentiert ist die Geschichte des Deutschen Forschungsrates durch Korrespondenzen im Nachlaß von W. Heisenberg (MPI für Physik, München), im Nachlaß von W. Gerlach (Archiv Deutsches Museum München) sowie in den Akten der Deutschen Forschungsgemeinschaft (DFG-Archiv). Diese Archivalien liegen der vorliegenden Studie hauptsächlich zugrunde. Zur Geschichte des Deutschen Forschungsrates liegt jüngst vor C. Carson, M Grubser: Science Policy in West Germany after World War II: The Lessons of the Deutscher Forschungsrat. Den Autoren danke ich für die Einsicht in dieses Manuskript, das zur Veröffentlichung in ISIS bestimmt ist. An älteren Arbeiten zur Geschichte des Deutschen Forschungsrates vgl. M. Osietzki: Reform oder Modernisierung – Impulse zu neuartigen Organisationsstrukturen der Wissenschaft nach 1945. In: W. Fischer, K. Hierholtzer, M. Hubensdorf u.a. (Hg.): Exodus von Wissenschaften aus Berlin: Fragestellungen - Ergebnisse –Desiderate: Entwicklungen vor und nach 1933. Berlin 1994, S. 284-295. Instruktiv im Hinblick auf die Geschichte des Deutschen Forschungsrates sowie die Geschichte des Wiederaufbaus der westdeutschen Wissenschaftsorganisation Th. Stamm: Zwischen Staat und Selbstverwaltung: Die deutsche Forschung im Wiederaufbau 1945-1965. Köln 1981 und M. Osietzki: Wissenschaftsorganisation und Restauration: Der Aufbau außeruniversitärer Forschungseinrichtungen und die Gründung des westdeutschen Staates 1945-1952. Köln 1984.

[10] So jedenfalls argumentierte Werner Heisenberg in der Denkschrift, die bei der Gründung des Deutschen Forschungsrates veröffentlicht wurde. Nachlaß Heisenberg: Denkschrift des Deutschen Forschungsrates über die Betreuung der wissenschaftlichen Forschung im Rahmen der Deutschen Bundesregierung vom 1. September 1949.

dazu, das Spektrum der wissenschaftsorganisatorischen Initiativen in Westdeutschland durch die von ihm entscheidend vorangetriebene Gründung eines Gremium zur wissenschaftlichen Politikberatung zu ergänzen.

Eine zum Zwecke der Forschungsorganisation und -förderung sich etablierende Kooperation zwischen Wissenschaftlern und Behörden war in den Westzonen bereits in Fortsetzung der zur alliierten Forschungskontrolle eingesetzten Forschungsräte auf Länderebene etabliert worden, für die teilweise die wissenschaftlichen Beratungsorgane in den USA und Großbritannien als Vorbild gedient hatten. Auch der "Scientific Advisory Council" in der britischen Zone stellte ein solches Gremium dar, das sich im Wiederaufbau der Forschung bewährt hatte.[11] Es wurde schließlich zur Keimzelle der Gründung des Deutschen Forschungsrates.

An der Geschichte dieses Gremiums ist es sinnvoll, die konkreten ereignisgeschichtlichen Umstände seiner Initiierung von seinen programmatischen Intentionen zu unterscheiden. Denn konkrete Optionen bildeten zwar Anlässe für seine Gründung; die programmatischen Absichten seiner Institutionalisierung aber wiesen weit über ein kurzfristiges wissenschaftspolitisches Kalkül hinaus. So gehörte zur Vorgeschichte des Deutschen Forschungsrats, daß seit Anfang 1948 die Fortsetzung des "Scientific Advisory Council" im Kontext einer von deutscher Seite verwalteten Wissenschaftsorganisation zu Diskussion stand. Die Debatte darüber wurde um die Mitte des Jahres intensiviert, nachdem bekannt geworden war, daß im European-Recovery-Programm auch die Vergabe von Forschungsmittel vorgesehen war. Zwar sollten sie nach Maßgabe eines Industrieforschungsplans verteilt und mithin nur der angewandten Forschung zur Verfügung gestellt werden. Doch mit dem Argument, auch die Grundlagenforschung sei ökonomisch relevant, erhofften deren Repräsentanten, einen Zugang zu den in Aussicht stehenden Mitteln zu gewinnen. Der Präsident der Max-Planck-Gesellschaft, Otto Hahn, sprach dieses Thema bei der Verwaltung für Wirtschaft des Vereinigten Wirtschaftsgebietes an und empfahl dessen Direktor, Hermann Pünder, den in Gründung befindlichen "Wissenschaftlichen Rat" in diesen Fragen als Beratungsorgan.[12]

Etwa zur gleichen Zeit richteten Heisenberg und der Göttinger Physiologe Hermann Rein als Mitglieder des "Scientific Advisory Council" der Britischen Zone ein Rundschreiben an 52 renommierte Kollegen der drei Westzonen mit der Bitte, für die Konstituierung eines zonenübergreifenden "Wissenschaftlichen Rates" geeignete Persönlichkeiten vorzuschlagen. Diese Initiative wies in ihrer Zielsetzung weit über kurzfristige finanzielle Interessen hinaus. Denn die in dem Rundbrief angesprochene Zielsetzung bestand darin, für den zu erwartenden deutschen Staat eine kleine arbeitsfähige Körperschaft zu etablieren, die das Vertrauen der deutschen Wissenschaft besitze und deren Ziele gegenüber den Besatzungsmächten und den deutschen Behörden kraft wissenschaftlicher Autorität vertreten könne. Das Gremium sollte in sämtlichen Fragen der Forschung und Forschungsförderung beratend tätig werden und zur Sicherung der wissenschaftlichen Autonomie Einfluß auf die staatliche Wissenschaftspolitik und

---

[11] Das "Scientific Advisory Council", das die britische Militärregierung berief, entfaltete bereits seit Anfang 1946 eine fruchtbare Tätigkeit im Hinblick auf die Organisation der in Göttingen konzentrierten Wissenschafter und wissenschaftlichen Einrichtungen. Es kam dort zu einem konstruktiven Klima der wissenschaftsorganisatorischen Kommunikation. Aus den Beratungen des Gremiums ging teilweise die Errichtung der Physikalisch-Technischen Bundesanstalt in Braunschweig hervor; es trug ebenfalls dazu bei, die Fortexistenz der Kaiser-Wilhelm-Gesellschaft als Max-Planck-Gesellschaft zu sichern.

[12] Über die Besprechung einer Delegation mit Pünder am 25. August 1948, Bundesarchiv Koblenz (im folgenden BArch Kob) Z 1 425. Vgl. auch BArch Kob Z 13 343, Heisenberg an den Vorsitzenden des Verwaltungsrates des Vereinigten Wirtschaftsgebietes, Hermann Pünder am 29. April 1949. Darin führte Heisenberg aus, daß die "Hauptaufgabe des Forschungsrates die Herstellung einer engen Verbindung zwischen Wirtschaft und Forschung ist".

die diesbezügliche Gesetzgebung nehmen.[13] Als Aufgabenbereiche des Deutschen Forschungsrates wurden explizit genannt:

"1. Alleiniger Berater zu sein der kommenden westdeutschen Verwaltung in sämtlichen Fragen der Forschung und Forschungsfinanzierung. Für das gesamte Gebiet des wirtschaftlichen und kulturellen Wiederaufbaus, des Gesundheitswesens und der Ernährung den verantwortlichen Behördenstellen jederzeit beratend zur Verfügung zu stehen.

2. Mit aller Entschiedenheit Einfluß zu nehmen auf staatliche Organisation und Gesetzgebung, welche die wissenschaftliche Forschung betrifft; insbesondere auch die Autonomie der Forschung zu sichern, die für die Erfüllung ihrer Aufgaben notwendig ist."[14]

Zur Übernahme einer solchen Aufgabe erklärten sich die 13 Wissenschaftler bereit, die neben Hahn, Heisenberg und Rein im März 1949 den Deutschen Forschungsrat gründeten. Gründungskörperschaften waren die Bayerische Akademie der Wissenschaften, die Akademien der Wissenschaften zu Göttingen und zu Heidelberg sowie die Max-Planck-Gesellschaft. Die Präsidentschaft in dem neuen Gremium übernahm Heisenberg, der in den nächsten zwei Jahren entscheidend den Kurs der politischen und gesellschaftlichen Aktivitäten der neuartigen Organisation lenkte.

Für die in Göttingen konzentrierten Grundlagenforscher vor allem der Max-Planck-Gesellschaft trug die Hoffnung, an die für den wirtschaftlichen Wiederaufbau bestimmten Forschungsmittel zu kommen, in der zweiten Hälfte des Jahres 1948 zur Reflexion ihrer Selbstverortung im staatlichen Kontext bei. Die Debatten darüber waren von grundsätzlicher Relevanz für den Wiederaufbau der westdeutschen Wissenschaftsorganisation. Denn es ging dabei um die Frage der Gestaltung des künftig in Deutschland zu etablierenden Verhältnisses der Wissenschaft zur Politik. Hierzu nahmen die Initiatoren des "Wissenschaftliche Rates" dezidiert Stellung, indem sie vorschlugen, die Forschung auf dem Wege der wissenschaftlichen Politikberatung umfassend zu repräsentieren und gleichzeitig gesellschaftliche Interessen- und Bedarfslagen gegenüber politischen Instanzen zu vertreten. Zu diesem Zweck wurde dem neu installierten Beratungsgremium eine hohe "Sozialkompetenz" zugedacht. Seine Aufgabe sollte sein, als Vermittlungsinstanz nicht nur zwischen Wissenschaft und Politik, sondern auch zwischen Politik und Gesellschaft wirksam zu werden.

Um eine solche ambitiöse Position einnehmen zu können, suchten die Initiatoren des "Wissenschaftlichen Rates" von Anfang an die Nähe zum staatlichen Machtzentrum, das im Jahre 1948 auf seiten der deutschen Behörden noch die Verwaltung des Vereinigten Wirtschaftsgebietes war. Hier entstand der Nukleus einer zentralstaatlichen Verwaltung, die allerdings in ihrer Forschungsförderungskompetenz von den Kultusministern der Länder mit Mißtrauen betrachtet wurde. Denn sie erklärten die Finanzierung der Grundlagenforschung zum festen Bestandteil ihrer Kulturhoheit. Eine föderative Organisation der Forschung mißfiel aber vor allem den überregional tätigen Forschungseinrichtungen wie etwa der Max-Planck-Gesellschaft, die sich um eine Globalfinanzierung durch die Verwaltung des Vereinigten Wirtschaftsgebiets bemühte. Charakteristisch für diese Situation war, daß der Physiker Walther Gerlach von einem Krieg "Bizonien contra Kultusminister" sprach[15], in den vor allem die Forscher verwickelt zu werden drohten, die außeruniversitären, länderübergreifenden und ökonomisch relevanten Forschungseinrichtungen angehörten. Denn in deren Interesse lag eine zentralstaatlich geregelte Forschungsförderung.

---

13 Nachlaß Gerlach: Heisenberg und Rein an Gerlach am 20. September 1948.
14 Ebd., Bl.2
15 Nachlaß Gerlach: Gerlach an Geiler am 25.4.1949.

Um diese zu forcieren, wurde Heisenberg im September 1948 zusammen mit drei Kollegen aktiv. Sie sandten eine Eingabe an den Parlamentarischen Rat, in der die Dringlichkeit einer verfassungsmäßig zu sichernden Bundeskompetenz im Bereich der Forschungsförderung hervorgehoben wurde.[16] Tatsächlich fand ins Grundgesetz die konkurrierende Gesetzgebungskompetenz des Bundes Eingang, auf die sich später die Hoffnungen des Deutschen Forschungsrates stützten, finanziell von der Bundesregierung getragen zu werden. Eine solche Erwartung an den Bund aber führte zum Widerstand der Kultusminister der Länder, die an ihrer Förderungskompetenz festhielten. Insofern waren die Ambitionen zur Gründung eines "Deutschen Forschungsrates" und zur Institutionalisierung einer zentralen Beratungsinstanz auf Bundesebene tief in den Bund-Länder Konflikt verwickelt, der auf die Wissenschaftsorganisation in der entstehenden Bundesrepublik einen folgenreichen Einfluß hatte.

Als Leiter des Max-Planck-Instituts für Physik hatte Heisenberg ganz eigene Vorstellungen von der Zukunft der bundesdeutschen Forschungsorganisation. Er war nicht nur Interessenvertreter einer überregional tätigen Forschungsinstitution, sondern darüber hinaus auch Kernforscher, der auf seinem Arbeitsgebiet eine Konkurrenzfähigkeit gegenüber dem Ausland nur dann gesichert sah, wenn der Bund die Förderung dieses kostenintensiven Bereichs übernähme.[17] Die Bundeskompetenz erschien ihm ganz generell als unverzichtbare Voraussetzung einer innovativen Wissenschaftsorganisation, die seiner Meinung nach dem Motto folgen sollte, die Forschung als unverzichtbare Bedingung für den Wiederaufbau von Staat, Wirtschaft und Gesellschaft gegenüber der Öffentlichkeit zu deklarieren.

Widerstände gegen die "autoritativen" Ansprüche des Deutschen Forschungsrates

In der westdeutschen Wissenschaftlergemeinschaft erregte die Gründung des Deutschen Forschungsrates zunächst kaum Aufsehen. Nur für die zwei Monate vor seiner Konstituierung installierte Notgemeinschaft der deutschen Wissenschaft war der Auftritt des neuen Gremiums eine "unangenehme Überraschung", wie ihr Präsident Karl Geiler im April 1949 auf ihrer Mitgliederversammlung ausführte.[18] Einen Tag zuvor hatten die Kultusminister getagt und ebenfalls gegenüber dem Deutschen Forschungsrat ihre Bedenken artikuliert. Diese gipfelten in dem Beschluß, er solle eine Vereinigung wenigstens aber eine Verbindung mit der Notgemeinschaft herstellen, die unter wesentlicher Mitwirkung der Kultusminister zur Förderung der westdeutschen Grundlagenforschung gegründet worden war.[19]

---

16 Nachlaß Heisenberg: Regener, Rein und Zenneck an C. Schmid. 15. Dezember 1948. Brief und stenographischer Bericht von der Debatte in: Parlamentarischer Rat: Verhandlungen des Hauptausschusses. Bericht über die 30. Sitzung am 6. Januar 1949.
17 An Adenauer schrieb Heisenberg am 24. Oktober 1949 kurz nach der Gründung der Bundesrepublik Deutschland: Man kann nur grundsätzlich betonen, daß für den Fall einer großen industriellen Entwicklung auf der Basis der Atomenergie in der übrigen Welt Deutschland nicht alleine zurückbleiben kann, wenn es seinen Platz in der Mitte Europas richtig ausfüllen soll". Nachlaß Heisenberg.
18 Nachlaß Gerlach: Protokoll der Mitgliederversammlung der Notgemeinschaft am 22.4.1949, S. 2
19 Ebd., Beschluß der Kultusminister vom 21.4.1949 in Kempfenhausen, wonach Deutscher Forschungsrat und Notgemeinschaft eine Verbindung eingehen sollten. Zur Vorgeschichte der Deutschen Forschungsgemeinschaft; siehe Th. Stamm: Zwischen Staat und Selbstverwaltung ... a.a.o. sowie M. Osietzki: Wissenschaftsorganisation ... a.a.o.; und K. Zierold: Forschungsförderung in drei Epochen. Deutsche Forschungsgemeinschaft: Geschichte, Arbeitsweise, Kommentar. Wiesbaden 1968.

Vom Präsidium der Notgemeinschaft war die Gründung des Deutschen Forschungsrates sogleich als ein Konkurrenzunternehmen sowie als eine in ihrer Funktion fragwürdige Neuerung interpretiert worden. Vor allem ihr Generalsekretär, Kurt Zierold, trat mit einer Argumentationslinie hervor, die zu einer Polarisierung der beiden Organisationen beitrug. Angriffslustig setzte er der "wissenschaftlichen Autorität" des Deutschen Forschungsrates die demokratische Zusammensetzung der Notgemeinschaft entgegen. Er argumentierte, daß sich diese auf die aus direkten und geheimen Wahlen hervorgegangenen Fachausschüsse stütze, während er dem Deutschen Forschungsrat vorwarf, sich als kleine exklusive Prominentenvereinigung zu verstehen, die einer demokratischen Legitimierung entbehre. Dem Deutschen Forschungsrat hielt er vor, neben dem "Unterhaus der Wissenschaft", als welches die Notgemeinschaft erscheine, ein "House of Lords der Wissenschaft" zu setzen.[20]

Auch gegen die Aufgabenstellung des neuen Gremiums brachte Zierold Bedenken vor. Er befürchtete, daß es auf dem Gebiet der Koordination von Forschungsaufgaben Überschneidungen mit der Arbeit der Notgemeinschaft geben werde. Er verwies auf die vor 1933 etablierten Arbeitsgemeinschaften, die über die Begutachtung von Einzelanträgen hinaus aus eigener Initiative Forschungsschwerpunkte angeregt und diverse Forschungsvorhaben koordiniert hätten. Da er die Aufgabe der Förderung interdisziplinärer Gemeinschaftsforschung zu den traditionellen Aufgaben der Notgemeinschaft zählte, bestritt er, daß dem Deutschen Forschungsrat auf diesem Gebiet noch etwas zu tun bleibe. Da die Notgemeinschaft darüber hinaus früher auch zur Beratung der Regierung hinzugezogen worden sei, sah Zierold auch in diesem Bereich kein Betätigungsfeld für den Deutschen Forschungsrat.[21] Rhetorisch erklärte er ihn schlicht für überflüssig. Explizit forderte er, der Deutsche Forschungsrat solle seinen Totalitätsanspruch aufgeben und sich auf Gutachterfunktionen ohne eine Zuständigkeit für die Vergabe von Forschungsgeldern beschränken.[22] Zierold zielte nicht nur auf die Schwächung des Beratungsorgans, indem er es von Finanzquellen abzuschneiden hoffte. Er stellte auch das Selbstverständnis des Gremiums grundsätzlich in Frage, aufgrund wissenschaftlicher Autorität zur Wahrnehmung von Standesinteressen und zur Errichtung einer umfassenden Politikberatung mit gesellschaftspolitischem Gewicht legitimiert zu sein.

Tatsächlich gehörte zu den vorrangigen Merkmalen des Deutschen Forschungsrates von vornherein sein Anspruch auf eine Vorherrschaft innerhalb der Wissenschaftlergemeinschaft. Die Exklusivität des Gremiums sollte programmgemäß durch eine 25 Wissenschaftler nicht übersteigende Anzahl seiner Mitglieder sichergestellt werden, die erklärtermaßen nicht als Repräsentanten von Fachrichtungen kooptiert werden sollten, sondern aufgrund ihres wissenschaftlichen Ansehens. Diese Orientierung am Renommee kam nicht zuletzt in der Präsidentschaft Heisenbergs zum Ausdruck, der als Nobelpreisträger und als Repräsentant der deutschen Kernphysik gemäß der herausragenden Bedeutung dieser Disziplin symbolisch die Spitze der deutschen Forschung repräsentierte. Da es zum programmatischen Selbstverständnis des Deutschen Forschungsrates gehörte, nur erstklassige Wissenschaftler aufzunehmen, nahm er erklärtermaßen eine elitäre Position ein, die ihre Begründung nicht zuletzt in der nach 1945 häufig anzutreffenden Wissenschaftsgläubigkeit fand. Heisenberg beispielsweise betonte, daß nach dem Zusammenbruch die Wissenschaft zu den wenigen Deutschland noch verbliebenen Aktivposten zähle. Die "wissenschaftliche Autorität" deklarierte er als einen noch verfügbaren "Gemeinschaftswert" und leitete aus ihr eine gesellschaftliche Vorherrschaft ab. Besonders Spitzenforscher hielt er für besonders prädestiniert, aufgrund ihrer ausgewiesenen und anerkannten wissenschaftlichen Qualifikation nicht nur in autoritativer Weise über die Belange der For-

---

20 DFG-Archiv Az: 60. Abschrift: Entwurf von Zierold vom 21.3.1949.
21 Ebenda.
22 Ebenda.

schungsorganisation und –finanzierung zu befinden, sondern auch im politischen und gesellschaftlichen Interessenfeld beratend tätig zu werden. Gegen ein solches Selbstverständnis zog vor allem Kurt Zierold zu Felde, der als Verwaltungsfachmann dem Postulat des Deutschen Forschungsrates, allein erstklassige Forscher seien zur Vertretung ihrer Interessen wie auch zur Gestaltung des Verhältnisses zwischen Wissenschaft und Gesellschaft berufen, als eine arrogante Selbstüberschätzung empfand.[23] Seine wichtigsten Verbündeten im Kampf gegen das Beratungsgremium wurden mithin auch die Administratoren in den staatlichen Verwaltungen, was ihm gelegentlich den Vorwurf von Wissenschaftlern eintrug, einen allzu "administrativen Standpunkt" einzunehmen.[24] Gleichwohl erwiesen sich schließlich auch aus der Perspektive vieler Wissenschaftler die Vorwürfe, die Zierold gegen den Deutschen Forschungsrat erhoben hatte, als zutreffend. Denn mit seinem Programm, die Wissenschaft nicht nur gegenüber den staatlichen Instanzen repräsentieren, sondern sich auch innerhalb der Community als Spitzengremium mit einer globalen Richtlinienkompetenz in der Forschungsförderung profilieren zu wollen, schürte es den Verdacht, in der Wissenschaftlergemeinschaft einer sozialen Stratifikation Vorschub zu leisten.[25] Um eine solche Entwicklung abzuwenden, bemühten sich beispielsweise Gerlach ebenso wie der physiologische Chemiker Emil Lehnartz, der Mitglied des Deutschen Forschungsrates und Vorsitzender des Hauptausschusses der Notgemeinschaft war, auf eine Kooperation zwischen den beiden Einrichtungen hinzuwirken. Heisenberg aber wollte den Deutschen Forschungsrat nicht zu eng an die Notgemeinschaft gebunden wissen, in deren Interesse es aber lag, gegen die selbständige Existenz des in manchen Zielen mit ihr konkurrierenden Gremiums vor allem aufgrund seiner Annäherungen an die Bundesregierung vorzugehen.

Noch vor der Gründung der Bundesrepublik traf Heisenberg im Juli 1949 mit Adenauer zusammen, dem er die Aufgaben einer künftigen Forschungspolitik und ihrer wünschbaren Organisation vortrug. Bei dieser Gelegenheit wurde die Idee einer Forschungsstelle im Bundeskanzleramt entwickelt, dem der Deutsche Forschungsrat als Beratungsorgan zugeordnet werden sollte.[26] Eine solche Option, auf die Heisenberg in den nächsten Monaten seine Hoffnungen gründete, sollte die wissenschaftspolitische Unabhängigkeit des Gremiums und seine Selbständigkeit neben der Notgemeinschaft sicherstellen. Solange die Kooperation zwischen Deutschem Forschungsrat und der Bundesregierung noch ungeklärt war, behielt Heisenberg seinen Kurs bei, den er pünktlich zur Gründung der Bundesrepublik am 1. September 1949 in einer

---

[23] Zierold beklagte sich privat bei den Angehörigen der britischen Behörden und klagte den Deutschen Forschungsrat als überflüssige Organisation an, die aus "Snobs" bestehe, die nicht die Absicht hätten, die deutschen Naturwissenschaften dort wieder aufzubauen, wo sie hingehörten – in den Universitäten und technischen Hochschulen. Zit. nach D. C. Cassidy: Werner Heisenberg. Leben und Werk. Heidelberg, Berlin, Oxford 1995, S. 650.

[24] Nachlaß Gerlach: Gerlach an Lehnartz am 18. Juli 1949....

[25] Im Kontakt zwischen Geiler und Heisenberg gab es viele Mißverständnisse aber auch manifeste Meinungsverschiedenheiten, die sich auf grundsätzliche Fragen der Wissenschaftsorganisation bezogen. Ein Beispiel hierfür ist etwa Heisenbergs Einwand gegen einen Versuch, den Deutschen Forschungsrat mit der Notgemeinschaft zu assoziieren. Er schrieb Geiler nach einer zu diesem Thema durchgeführten Sitzung: "Ganz allgemein finde ich nämlich unsere deutsche Gewohnheit, alles in Paragraphen festlegen zu wollen, ziemlich schlecht, und es wäre mir lieber, wenn es uns gelänge, hier von dem englischen Stil zu lernen, bei dem man sehr wenig festlegt, und der praktischen Entwicklung überläßt, welche Regelungen sich als zweckmäßig erweist". Heisenberg an Geiler am 2. Juni 1949. Vgl. hierzu die Korrespondenz im Nachlaß Gerlach. Geiler an Heisenberg am 24. Mai 1949. Heisenberg an Geiler am 2. Juni 1949. In einem Resummee der Meinungsverschiedenheit schrieb Geiler an Heisenberg am 11.1.1951: "Was immer wieder aufs neue geeignet ist, Spannungen zwischen unseren beiden Organisationen auszulösen, ist die beim Forschungsrat immer wieder hervorgetretene Tendenz, zwischen Forschungsrat und Notgemeinschaft nicht das Gleichheitsprinzip anzuwenden, sondern eine Art Überlegenheit des Forschungsrats über die Notgemeinschaft zu konstituieren, was natürlich unsererseits in gar keiner Weise anerkannt werden kann." Nachlaß Gerlach.

[26] Heisenberg informierte Gerlach über dieses Treffen in einem Brief vom 20. Juni 1949. Nachlaß Gerlach

Denkschrift expliziert hatte.[27] Darin wies er nachdrücklich auf die finanzielle Bedürftigkeit der Forschung hin und deklarierte sie als eine der zentralen Ressourcen des "wirtschaftlichen Gedeihens jedes Landes". "Ein moderner Seedampfer ohne Funkeinrichtung ist unvorstellbar. Gleiches gilt für eine moderne Wirtschaft ohne wissenschaftliche Forschung."[28] Diese gehöre, so führte Heisenberg aus, zu den zentralen Steuerungseinrichtungen des Staates. Wegen ihrer Bedeutung gehöre sie nach seiner Auffassung verwaltungsmäßig in den Kompetenzbereich des Bundeskanzleramtes. Zwar werde Forschungspolitik in diversen Ministerien gemacht, doch die generelle Richtlinienkompetenz sei bei der Bundesregierung zu verankern, die hierzu durch ihre konkurrierende Gesetzgebungskompetenz im Forschungsbereich berechtigt sei. Da die Einrichtung einer Forschungsstelle beim Bundeskanzleramt einer wissenschaftlichen Beratungsinstanz bedürfe, plädierte Heisenberg dafür, den Deutschen Forschungsrat für diese Aufgabe heranzuziehen. Er empfahl, daß die Bundesregierung kraft ihrer Organisationsgewalt nach Art. 86 des Grundgesetzes den Forschungsrat als Fachgremium der wissenschaftlichen Forschung Deutschlands bestätigen solle.

Heisenbergs Versuche, die Existenz des Deutschen Forschungsrates durch einen Rückhalt bei Adenauer im Kontext der Bundesregierung abzusichern, stießen in der Wissenschaftlergemeinschaft auf eine tiefe Ambivalenz. Denn es stand zu befürchten, daß in Zukunft eine finanziell mit Bundesmitteln ausgestattete außeruniversitäre Forschung privilegiert würde und die von der Notgemeinschaft aus den schmalen Mitteln der Kultusministerien geförderte Universitätsforschung dahinter zurückfalle. Nicht nur im Hinblick auf das Renommee, sondern auch gemessen an der finanziellen Ausstattung und damit an den Entwicklungspotentialen schien das Programm des Deutschen Forschungsrates auf eine "Zweiklassengesellschaft" innerhalb der Community hinzudeuten. Hierauf spielten die Kultusminister an, als sie an die Wissenschaft die Aufforderung herantrugen, sie müsse "dem Staat gegenüber in geschlossener Phalanx auftreten".[29]

Das Postulat der Einheit zielte freilich auf eine Einbindung des Deutschen Forschungsrates in eine, wie der Jurist Ludwig Raiser es Zierold gegenüber ausdrückte, "traditonelle" Konzeption, wie sie die Notgemeinschaft repräsentierte.[30] Der Deutsche Forschungsrat hingegen begriff sich als Repräsentant eines "modernen Wissenschaftsbegriffs"[31], der eine größere Nähe zwischen Wissenschaft, Politik, Wirtschaft und Gesellschaft suchte. Ein solches Ziel schien nicht nur dem in der Notgemeinschaft gepflegten Prinzip der wissenschaftlichen Selbstverwaltung und ihrem Schutz der Autonomie der Forschung zu widersprechen; von ihrer Mitgliederstruktur unterschied sich der Deutsche Forschungsrat auch durch seine besondere Akzentuierung der Naturwissenschaften und des von diesen erhofften nutzbaren Wissens.

Im Gründungsaufruf des Forschungsrates hatte es explizit geheißen, daß es bei einem Gremium der wissenschaftlichen Politikberatung "in der Natur der Sache (liege), daß zunächst in erster Linie die Naturwissenschaften diese Vertretung bestreiten müssen und im gegebenen Zeitpunkt eine Erweiterung durch die Geisteswissenschaften anzustreben sein wird".[32] Doch nicht nur die Vertreter der "weichen Disziplinen" waren im Deutschen Forschungsrat völlig

---

27 Nachlaß Gerlach: Denkschrift des Deutschen Forschungsrates über die Betreuung der wissenschaftlichen Forschung im Rahmen der Deutschen Bundesregierung vom 1. September 1949.
28 Ebenda.
29 So der hessische Kultusminister Stein auf einer gemeinsamen Sitzung der Notgemeinschaft der deutschen Wissenschaft und des Deutschen Forschungsrates am 31. März 1950, Niederschrift S. 9. Nachlaß Gerlach
30 DFG-Archiv Ng 60, Raiser an Zierold am 7. Juli 1949.
31 So umschrieb Raiser die Differenz zwischen den beiden konkurrierenden Einrichtungen auf einer Sitzung des Präsidiums und des Hauptausschusses der Notgemeinschaft der Deutschen Wissenschaft vom 6. bis 8. März 1951 in Köln. Niederschrift im Nachlaß Gerlach.
32 Nachlaß Gerlach: Gründungsaufruf; Heisenberg und Rein an Gerlach am 20. September 1948.

unterrepräsentiert.[33] Obwohl er sich auf Bereichen betätigen wollte, die mit der technischen Entwicklung zu tun hatten, gehörten ihm anfangs auch kaum Vertreter der angewandten Wissenschaften an. Seine besondere Aufmerksamkeit galt der Grundlagenforschung.

Während Raiser Mitte 1949 noch moderat formuliert hatte, er könne dem Deutschen Forschungsrat auf seinem "stark naturwissenschaftlich bestimmten Weg nicht ganz folgen"[34], kam es im Laufe des Jahres zu immer heftigeren Attacken gegen die ohne jede Rücksicht auf Paritäten getroffene Auswahl seiner Mitglieder. Vor allem Zierold nahm die spezifische Mitgliederstruktur des Deutschen Forschungsrates zum Anlaß, seinen Anspruch zu negieren, die deutsche Wissenschaft im In- und Ausland vertreten zu können. In Reaktion auf diese Kritik korrigierte der Deutsche Forschungsrat im Juni 1950 seine Zusammensetzung – allerdings allein nach Maßgabe der wissenschaftlichen Reputation und nicht entlang der Vertretung unterschiedlicher wissenschaftlicher Fachrichtungen. So blieb es bei einer gravierenden Marginalisierung der Geisteswissenschaften, während sukzessive Vertreter der angewandten Wissenschaften aufgenommen wurden. Diese Öffnung erfolgte teilweise als Reaktion auf Pläne der Technisch-Wissenschaftlichen Vereine, einen "Technischen Forschungsrat" zu gründen. Hierauf antwortete der Deutsche Forschungsrat mit der Berufung eines fachwissenschaftlichen Beirats, in dem zum Beispiel die diversen regionalen Physikalischen Gesellschaften, die Gesellschaft der Chemiker, zahlreiche Medizinische Gesellschaften sowie der Verein deutscher Ingenieure und der Verein deutscher Eisenhüttenleute vertreten waren.

Die Basis seiner Akzeptanz aber versuchte der Deutsche Forschungsrat nicht nur im Bereich der angewandten Wissenschaften zu verbreitern. Er bemühte sich auch, die Hochschulrektoren für sich zu gewinnen. Ihnen schickte Heisenberg im Januar 1950 den Tätigkeitsbericht des Deutschen Forschungsrates zusammen mit einem persönlichen Brief, in dem er ausführte, daß die inzwischen erfolgte Bewilligung von Mitteln aus dem Europäischen Wiederaufbauprogramm für die Grundlagenforschung allein sein Verdienst sei. Erst auf seine Veranlassung hin habe der Apparateausschuß der Notgemeinschaft Gelder aus diesem Programm angefordert.[35] Drei Wochen nach diesem Rundschreiben an die Universitäten startete der Deutsche Forschungsrat eine Rundfrage bei den Rektoren, um den Finanzbedarf der Hochschulen im Hinblick auf den Wiederaufbau von Gebäuden in Erfahrung zu bringen. Zehn Tage später stellt der Generalsekretär des Deutschen Forschungsrates, Helmut Eickemeyer, auf der Grundlage der eingegangenen Antworten einen Bericht zusammen, der einer Beantragung von Bundesmitteln aus dem Arbeitsbeschaffungsprogramm der Bundesregierung zugrunde gelegt werden sollte.[36] Vereitelt wurde diese Aktion durch den scharfen Protest der Kultusminister. Bayerns Kultusminister Alois Hundhammer etwa drohte Gerlach, der zu dieser Zeit Rektor war, daß im Falle

---

[33] Nach seiner Ergänzung um den Wissenschaftlichen Beirat, in den die Arbeitsgemeinschaft Deutscher wirtschaftswissenschaftlicher Forschungsinstitute, die Deutsche Gesellschaft für Soziologie und die Deutsche Statistische Gesellschaft aufgenommen wurde, hieß es auf einer Sitzung des Deutschen Forschungsrates am 5. August 1950, daß die Maßnahmen im Hinblick auf die Einbeziehung der Sozialwissenschaften unzureichend seien und "der ganze Aufbau des DFR die Sozialwissenschaft in ihrer eminenten Bedeutung für das politische Leben ungenügend berücksichtigt hat". Vgl. zu diesem Problemkomplex auch im Nachlaß Heisenberg: Von den Ressentiments der Geisteswissenschaftler berichtete Paul Martini, der in einem Gespräch mit Vertretern aus dem Innenministerium mit diesem Argument konfrontiert worden war. Martini an Heisenberg am 11. Januar 1951. Bezeichnend für die besondere Beachtung der Naturwissenschaften war etwa auch, daß in einer Sitzung des Deutschen Forschungsrates am 28. Oktober 1950 (Protokoll S. 28) Theodor Litt als Pädagoge mit der Begründung vorgeschlagen wurde, daß er "auch für die Naturwissenschaften sehr aufgeschlossen ist".

[34] DFG-Archiv Ng 60, Raiser an Zierold am 7. Juli 1949.

[35] Nachlaß Heisenberg: Heisenberg an die Rektoren am 23. Januar 1950.

[36] Nachlaß Gerlach: Wiederaufbauvolumen der deutschen Universitäten und Hochschulen im Bundesgebiet zusammengestellt nach den von den Herrn Rektoren auf Rundfrage vom 14. Februar 1950 zur Verfügung gestellten Angaben, datiert vom 24. Februar 1950.

der Bewilligung von Bundesmitteln die Länderzuschüsse um den gleichen Betrag gekürzt würden.[37]

Der Deutsche Forschungsrat verlor im Laufe des Jahres 1950 zunehmend an Terrain, da Heisenberg die Machtverhältnisse weder im staatlichen noch im wissenschaftlichen Bereich richtig eingeschätzt hatte. Überzeugt von seiner Idee der Dringlichkeit einer Institutionalisierung der wissenschaftlichen Politikberatung und eines hierzu nötigen wissenschaftlichen Spitzengremiums mit direkter Anbindung an die Bundesregierung, unterschätzte er die damit verbundenen staatsrechtlichen und wissenschaftsorganisatorischen Schwierigkeiten. Obwohl Bundeskanzler Adenauer in seiner Regierungserklärung die Forschung zu fördern versprach und im Haushaltsausschuß des Bundestages eine Dienststelle für Forschung im Bundeskanzleramt beantragte, konnte er eine Verankerung der Forschungsorganisation in seinem Amt nicht durchzusetzen. Heisenberg schien zwar durch Adenauers positive Haltung in der westdeutschen Forschungsorganisation "alles im Umbruch".[38] Doch seine Hoffnung auf die Autorität des Bundeskanzlers wurde enttäuscht. Denn in diesen Fragen konnte der Regierungschef nicht selbstherrlich operieren. Mit seinen Plänen weckte er nicht nur den vehementen Widerstand der Kultusminister. Auch der Innenminister, bei dem die Förderung der Grundlagenforschung auf Bundesebene ressortierte, ließ sich nicht ohne weiteres die "schönste Perle aus der Krone"[39] nehmen.

Die Autorität Heisenbergs wie auch die Adenauers hatte ihre Grenze, was für die Forschungsorganisation bedeutete, daß die Initiative zur Institutionalisierung der wissenschaftlichen Politikberatung im Deutschen Forschungsrat letztlich scheiterte. Untergraben wurde seine Fortdauer vor allem durch finanzielle Engpässe, die dazu führten, daß er "im luftleeren Raum"[40] operierte. Nachdem er die Finanzierung seines Büros aus dem Etat der von den Kultusministerien gemeinsam geförderten Notgemeinschaft abgelehnt hatte[41] und auch die Bundesmittel nicht erwartungsgemäß flossen[42], schien er eine institutionelle Hülse ohne konkrete Arbeitsfelder. Diese begann er im Laufe des Jahres 1950 selbst zu umreißen, um durch gezielte Tätigkeiten das Faktum seiner Existenz zu untermauern.

---

[37] Nachlaß Gerlach: Gerlach an Eickemeyer am 28. März 1950. In einer Aktennotiz vom 22. März 1951 notierte Gerlach: "Die KM (Kultusminister) wollen nicht, daß von außen her "Majorisierung ihrer Hochschulen" erfolgen kann und lehnen deshalb alles ab. Jede Forderung auf allgemeine Bundesmittel wird daher von der KM mit der Drohung begegnet, dann gäben sie nichts mehr".

[38] Nachlaß Heisenberg: Heisenberg an v. Weizsäcker am 17. Oktober 1949.

[39] Nachlaß Heisenberg: Martini an Heisenberg am 24. Januar 1950

[40] Nachlaß Gerlach: Gerlach an Heisenberg am 18. Oktober 1949

[41] Nachlaß Gerlach: Heisenberg an Gerlach am 29. April 1949. Auf die Verstimmung der Kultusminister antwortete Heisenberg: "Immerhin bin ich jetzt froh, daß ich hinsichtlich der Finanzierung jetzt freie Hand habe". Ablehnung einer Finanzierung des Deutschen Forschungsrates durch die Notgemeinschaft ebd. Heisenberg an Geiler am 2. Juli 1949.

[42] Nachlaß Heisenberg: Von den Schwierigkeiten der Verankerung einer Forschungsstelle im Bundeskanzleramt wurde Heisenberg von Paul Martini im Frühjahr 1951 laufend unterrichtet.

Die forschungsorganisatorischen Initiativen des Deutschen Forschungsrates

Seinem Programm nach plante der Deutsche Forschungsrat Kommissionen zu bilden, die auf unterschiedlichen Gebieten den Forschungsbedarf erfassen und entsprechende Projekte koordinieren sollten. Thematisch griff das Gremium zunächst das Problem cancerogener Wirkungen von chemischen Farbstoffen in Lebensmittel sowie die gesundheitsschädigende Wirkung chemischer Konservierung und Bleichung von Lebensmitteln auf. Es wurde außerdem eine Kommission zum Thema "Wasserwirtschaft und Landeskultur" und zur Überprüfung der Trinkwasseraufbereitung in bezug auf etwaige gesundheitsschädigende Wirkungen gegründet. Daneben gab es eine "Kernphysikalische Kommission" sowie eine zur Untersuchung des Schutzes der Zivilbevölkerung vor kernphysikalischen, chemischen und biologischen Angriffen. Darüber hinaus wurde eine Zeitschriftenkommission eingerichtet, sowie eine Kommission, die sich der "Mitverantwortung der Wissenschaft" annehmen sollte, um ethische Fragen der Forschungsorganisation zu behandeln.[43] Darüber hinaus wurden auf seinen Sitzungen weitere Vorschläge zur Gründung von Arbeitsschwerpunkte debattiert.

Nachdem Gerlach Ende 1950 das Protokoll der Schwerpunktbildung des Deutschen Forschungsrates studiert hatte, wandte er sich erbost an Lehnartz. "Ich meine, dass es so ja nicht geht, dass man einfach sagt, es sollen Schwerpunkte "Bekleidung", "Ernährung", "Hausbau" usw. herausgestellt werden. Das kommt mir genau so vor wie ein Plan eines physikalischen Kollegen, der erklärt hat, es gäbe nur noch ein Problem, das sei die Energiegewinnung aus der Erdwärme. Offen gesagt sind das doch mehr Redensarten als wie Pläne".[44] Beliebig schien aus der Perspektive der Repräsentanten der Notgemeinschaft die Einrichtungen von Kommissionen, von denen zu erwarten stand, daß sie sich mit den Arbeiten ihrer Fachausschüsse überschnitten. Dieses Problem stand Gerlach und Lehnartz vor Augen, als sie im Dezember 1950 über die Zukunft der Zusammenarbeit zwischen Notgemeinschaft und Deutschem Forschungsrat korrespondierten. Lehnartz schlug eine gemeinsame Geschäftsstelle der beiden Organisationen vor, da aufgrund vorauf gegangener Streitigkeiten eine Kompetenzabgrenzung seiner Meinung nach nicht sinnvoll durchzuführen war.[45] Die Aufgaben, die der Deutsche Forschungsrat sich vornahm, sollten an die administrativen Gepflogenheiten der Notgemeinschaft gebunden werden. Selbst die wissenschaftliche Politikberatung galt nicht uneingeschränkt als ein ihm vorbehaltenes Betätigungsfeld. Denn aus den Reihen der Mitglieder der Notgemeinschaft kam der Einwand, daß eine Beratung der Regierungen nur für zweckmäßig zu halten sei, wenn das Beratungsorgan auch die Summe jener Kleinarbeit der Begutachtung von Anträgen erledige, wie sie in den Fachausschüssen der Notgemeinschaft üblich sei.[46]

Während in Wissenschaftlerkreisen der Druck in die Richtung einer Fusion der beiden Einrichtungen zunahm, versuchte Heisenberg, die selbständige Position des Deutschen For-

---

[43] Hierzu im Überblick H. Eickemeyer: Abschlußbericht.
[44] Nachlaß Gerlach: Gerlach an Lehnartz am 30. November 1950.
[45] Nachlaß Gerlach: Lehnartz an Gerlach 5. Dezember 1950.
[46] Dies führte der Historiker Gert Tellenbach auf einer gemeinsamen Sitzung des Deutschen Forschungsrates mit dem Präsidium und dem Hauptausschuß der Notgemeinschaft in Stuttgart am 17. Januar 1951 aus. Protokoll der Sitzung, S 6.; Nachlaß Gerlach.

schungsrates durch neue Absprachen mit Adenauer zu retten. Bei einer Besprechung beim Bundeskanzler wurde vereinbart, daß der Forschungsrat ein Memorandum ausarbeiten solle, das einer Beantragung von Forschungsgeldern im Nachtragshaushalt des Jahres 1951 zugrunde liegen sollte. Das 100-Millionen Programm[47], das Adenauer übersandt wurde ebenso wie die Aussicht auf weitere Gelder aus dem Europäischen Wiederaufbauprogramm schienen zunächst die unabhängige Existenz des Deutschen Forschungsrates in greifbare Nähe zu rücken. Hiergegen aber opponierten die Repräsentanten der Notgemeinschaft, die vor allem aufgrund aktueller Streitigkeiten über Kompetenzprobleme zwischen der Zeitschriftenkommission des Deutschen Forschungsrats und dem Verlagsausschuß der Notgemeinschaft Anfang 1951 immer nachdrücklicher eine Verbindung der beiden Organisationen verlangten. Auch unter einigen Mitgliedern des Deutschen Forschungsrates gewann diese Haltung an Boden, was Heisenberg nochmals dazu veranlaßte, Adenauers Autorität zu mobilisieren. Dieser schrieb dem Deutschen Forschungsrat vor dessen Tagung, auf dem über eine Fusion beraten werden sollte, daß er für seine Selbständigkeit eintrete und bekundete seine Bereitschaft, sich bei anfallenden Aufgaben der Forschungsorganisation seiner Hilfe zu bedienen.[48] Dieses Schreiben nahm Heisenberg zum Anlaß, die geplante Sitzung des Deutschen Forschungsrates hinauszuzögern. Im Gegenzug mobilisierte Gerlach den Präsidenten der Bayerischen Akademie der Wissenschaften, der gemeinsam mit dem Präsidenten der Heidelberger Akademie – zwei Gründungskörperschaften des Deutschen Forschungsrates – auf der Durchführung der Sitzung bestanden. Heisenberg aber wollte sich immer noch nicht den Kräfteverhältnissen innerhalb der Wissenschaftlergemeinschaft fügen. Er schrieb an seinen Bonner Verbündeten, den Mediziner und Hausarzt von Adenauer, Paul Martini, daß es sich bei den Auseinandersetzungen mit der Notgemeinschaft nicht um ein wissenschaftliches, sondern um ein "politisches Problem" handle, weshalb es nicht von den Professoren gelöst werden könne.[49] Nochmals sollten durch eine Intervention Adenauers die mit der Notgemeinschaft geplanten Fusionsverhandlungen torpediert werden. An deren Präsidium richtete Adenauer mit dem Hinweis auf ein bevorstehendes Bundesgesetz zum Thema Forschungsförderung die Empfehlung, die anstehenden Entscheidungen über die Fusion mit dem Deutschen Forschungsrat aufzuschieben.

In den Reihen der Notgemeinschaft löste diese Intervention, für die Heisenberg verantwortlich gemacht wurde, einen massiven Protest aus.[50] Denn es wurde als ein unverzeihliches Vergehen angesehen, den Staat als Schiedsrichter in Streitigkeiten zwischen Wissenschaftlern einzuschalten. Um diese endgültig auszuräumen, schien eine Allianz zwischen den beiden konkurrierenden Einrichtungen unverzichtbar.[51] So jedenfalls argumentierten Fürsprecher der Notgemeinschaft, die nicht nur einen Rückhalt bei den Kultusministern und den Rektoren der Universitäten hatten, sondern auch bei den Mitgliedern. Aus deren Reihen kam auch schließ-

---

47 Nachlaß Heisenberg: Heisenberg an Adenauer am 2. April 1951.
48 Nachlaß Heisenberg: Adenauer an den Deutschen Forschungsrat am 11. Mai 1951.
49 Nachlaß Heisenberg: Heisenberg an Martini am 14.3.1951
50 Um Adenauer von seiner Unterstützung eines autonomen Deutschen Forschungsrates abzubringen, wandte sich der Vorsitzende der Westdeutschen Rektorenkonferenz, Gerhard Hess, am 11. Juli 1951 an den Bundeskanzler. Er brachte darin zum Ausdruck, daß an den Universitäten 75-80% der Forschung betrieben werde, die deutsche Wissenschaft aber durch den Dualismus zwischen den beiden konkurrierenden Institutionen leide. Aus der Sicht der Rektorenkonferenz sei eine Fusion ohne Aufschub zu vollziehen. Auch der Vorsitzende des Stifterverbandes trat für dieses Ziel ein, indem er den Versuch unternahm, daß Herr Pferdmenges, der einen intensiven Kontakt zu Adenauer pflegte, ihm die Dringlichkeit der Fusion nahelegte. Nachlaß Gerlach: Merton an Gerlach am 12. Juli 1951.
51 Nachlaß Heisenberg: Lehnartz an Heisenberg am 6. Juli 1951. Lehnartz opponierte gegen die Verzögerung durch die Intervention des Bundeskanzlers. "Ich glaube, wir sollten alle von den Unerquicklichkeiten der Vergangenheit mehr als genug haben und nichts unversucht lassen, sie endlich und endgültig dadurch zu beendigen, daß wir das was bisher nebeneinander und zum Teil gegeneinander marschierte, zu einem Ganzen vereinen".

lich der entscheidende Druck, den Spaltungstendenzen in der Gemeinschaft der Wissenschaftler ein Ende zu bereiten. Die Fusion wurde auf einer Mitgliederversammlung der Notgemeinschaft verabschiedet. Im August 1951 wurde die Deutsche Forschungsgemeinschaft gegründet, in der die Verwaltungsstruktur der Notgemeinschaft letztlich die Überhand gewann und in der die Programmatik des Deutschen Forschungsrates zwar im Senat fortgeführt werden sollte. Seine vordem beanspruchte Exklusivität aber mußte er ebenso aufgeben wie sein Ziel, eine durch wissenschaftliche Autorität legitimierte wissenschaftliche Politikberatung und Wissenschaftsorganisation zu institutionalisieren.

Die mangelnde "Sozialkompetenz" des Deutschen Forschungsrates

In gewisser Hinsicht stellt die Geschichte des Deutschen Forschungsrates ein Paradox dar. Denn einerseits zielte sein Programm auf die Etablierung einer spezifischen "Sozialkompetenz" in Form einer wissenschaftlichen Politikberatung, mit deren Hilfe seinem Programm nach die Forschung dem Gemeinwohl nutzbar gemacht werden sollte. Andererseits scheiterte das Elitegremium ganz entscheidend an seinem eigenen "autoritativen" Anspruch, der als mangelnde "soziale Kompetenz" interpretiert werden kann. Denn Heisenberg und seine Mitstreiter im Deutschen Forschungsrat verfolgten Ziele, die nicht auf die Kräfteverhältnisse in der westdeutschen Wissenschaftsorganisation abgestimmt waren. Besonders Heisenberg glaubte an die Durchsetzbarkeit eines naturwissenschaftlichen Elitegremiums mit institutioneller Anbindung an den Bund, ohne die von einer solchen Zielsetzung provozierten Widerstände in Staat und Wissenschaft hinreichend kalkuliert zu haben. Der Deutsche Forschungsrat meinte, sich über Interessen hinwegsetzen zu können, die seine Ziele mißbilligten oder ihnen ambivalent entgegenstanden. Hierin lag der entscheidende Grund für sein Scheitern. Zurückführen läßt sich seine Niederlage in erster Linie auf sein soziales Agieren, das die eigene Position und Perspektive verabsolutierte, ohne die der anderen in angemessener Weise berücksichtigt zu haben.

Diese autoritäre Selbstverortung legitimierte Heisenberg in einer viel zitierten Passage seiner Schrift "Der Teil und das Ganze" im Jahr der Gründung des Deutschen Forschungsrates: "In dem Maß, in dem der wissenschaftliche und technische Fortschritt für die Allgemeinheit wichtig wird, könnte sich auch der Einfluß der Träger dieses Fortschritts auf das öffentliche Leben vergrößern. Natürlich wird man nicht annehmen können, daß die Physiker und Techniker wichtige politische Entscheidungen besser fällen können als die Politiker. Aber sie haben in ihrer wissenschaftlichen Arbeit besser gelernt, objektiv, sachlich und, was das Wichtigste ist, in großen Zusammenhängen zu denken. Sie mögen also in die Arbeit der Politiker ein konstruktives Element von logischer Präzision, von Weitblick und von sachlicher Unbestechlichkeit bringen, das dieser Arbeit förderlich sein könnte".[52] Politik war dieser Aussage nach in ihren subjektiven Implikationen mit dem Mittel der wissenschaftlichen Objektivität zu optimieren. Ingenieure und Naturwissenschaftler waren Heisenbergs Auffassung nach zwar nicht als Individuen, aber qua Wissenschaftlichkeit mit einem besonderen Urteilsvermögen ausgestattet. Folgerichtig zeichneten sich die Forscher, die wissenschaftlich besondere Leistungen hervorgebracht hatten, wegen des Ausweises ihrer Qualifikation auch durch eine höhere Ent-

---

[52] Werner Heisenberg: Der Teil und das Ganze. Gespräche im Umkreis der Atomphysik. München 1996, S. 235.

scheidungskompetenz aus. Während es im Streit um den Deutschen Forschungsrat aus der Perspektive der Fürsprecher der Notgemeinschaft hieß, Gelehrte bräuchten "einen Mann, der ihnen gelegentlich sagte, was sie nicht tun sollten[53], war Heisenberg der festen Überzeugung, daß die qualifiziertesten Wissenschaftler am besten wüßten, was die Forschung organisatorisch und finanziell brauche.

Ganz grundsätzlich ging Heisenberg von einer Hegemonie der Wissenschaft gegenüber Politik und Gesellschaft aus. Diese Überzeugung fand Eingang in die Presseerklärung, die bei der Gründung des Deutschen Forschungsrates veröffentlicht wurde. Darin hieß es: "Beim gegenwärtigen Stand der Entwicklung der Wissenschaft würde es einer Behörde kaum möglich sein, zu überblicken, für welche Zwecke die Forschungsarbeit eingesetzt werden muß und welche Möglichkeiten sie zur Behebung der materiellen, menschlichen und politischen Nöte in jedem Zeitpunkt zu bieten vermag".[54] Die Wissenschaft wurde mithin als probates Mittel der politischen, ökonomischen und sozialen Krisenlösung empfohlen, wobei allerdings vorausgesetzt wurde, daß über ihren gezielten Einsatz allein aus ihren eigenen Reihen zu entscheiden war. Daraus folgte ein Verständnis von wissenschaftlicher Politikberatung, das implizierte, Wissenschaftler seien dazu berufen, Vertretern aus Politik und Verwaltung stets sagen zu müssen, wie sie nicht nur in Fragen der Forschungsförderung, sondern auch allgemein bei der Lösung sozialer und wirtschaftlicher Probleme zu handeln hätten.

Einer Verwissenschaftlichung der Gesellschaft die Richtung zu weisen, sollte Heisenbergs Intention nach ein zentrales Anliegen des Deutschen Forschungsrates sein. Hieraus leitete er nicht nur die Richtlinienkompetenz im gesamten Forschungsbereich, sondern auch seine erklärte Absicht zur Übernahme einer "Mitverantwortung der Wissenschaft" her. Soziale und ethische Ziele aber plante der Deutsche Forschungsrat nicht in Rücksprache mit Vertretern aus der Gesellschaft zu formulieren. Er konstituierte zwar Kommissionen, die sich mit schädlichen Wirkungen von Stoffen und Verfahren auf die Gesundheit beschäftigten. Doch die Wahl der Probleme schien, wie Gerlach hervorhob, äußerst willkürlich. Er kritisierte, daß sich im Programm und in den Aktivitäten des Deutschen Forschungsrates eine spezielle Interessenlage artikulierte. Er monierte, daß so getan wurde, "als ob der von den Physikern fast restlos geteilte Standpunkt die Ansicht der ´Vertretung der Forschung´ sei." [55]

Gescheitert ist der Deutschen Forschungsrat vor allem wegen seines Anspruchs, aufgrund der eigenen wissenschaftlichen Autorität *für* die Anderen sprechen und deren Interessen vertreten zu können. Hierin lag im Kern seine spezifische Vorstellung von "Sozialkompetenz", die aufgrund seiner Aneigung einer hegemonialen Position durch einen autoritären Gestus charakterisiert war. Dieser bestand in der kurzschlüssigen Annahme, die eigene Auffassung sei allgemein gültig. Eine solche Universalisierung der eigenen Perspektive war es, die sowohl die programmatische wie auch die strukturelle Erscheinungsform des Deutschen Forschungsrates charakterisierte. Es waren insofern nicht nur die Bund-Länder Konflikte im Bereich der Forschungsförderung oder die Fragen einer traditionellen oder modernen Wissenschaftsorganisation, die über die Existenz oder das Scheitern des Deutschen Forschungsrates entschieden. Seine Niederlage erlebte er vor allem wegen seines Anspruchs, innerhalb der Wissenschaftlergemeinschaft eine führende Rolle einzunehmen. Daß er selbst in den eigenen Reihen seine eigene eingeschränkte Interessenlage universalisierte und sie für allgemein gültig erklärte, führte

---

53 So Tellenbach in einer Aussprache über die Kompetenzen von Verwaltungsfachkräften in der wissenschaftlichen Selbstverwaltung. DFG-Archiv: Niederschrift über die Sitzung des Präsidiums und des Hauptausschusses der Notgemeinschaft der deutschen Wissenschaft am 7. und 8. April 1951 in Bonn, S. 5.
54 Nachlaß Heisenberg: Presseerklärung des Deutschen Forschungsrates vom 9. März 1949.
55 Nachlaß Gerlach: Gerlach an Piloty am 5.2.1951

letztlich zu dem auf ihn ausgeübten Druck, einer Fusion mit der Notgemeinschaft zuzustimmen.

Vor dem Hintergrund der am Deutschen Forschungsrat skizzierten Merkmale der autoritären Aneignung einer "Kompetenz" in gesellschaftlichen Fragen läßt sich die heute von der Natur- und Ingenieurwissenschaftlern geforderte "Sozialkompetenz" klar profilieren. Denn diese wird mit Erwartungen vorgebracht, die Vorherrschaft der Wissenschaft über die Gesellschaft gleichsam umzukehren. Die Formulierung von Wissen und die Konstruktion von Technik soll von einer gesellschaftlichen Bedarfslage ausgehen, die von den Experten nicht immer schon durch die Brille ihrer eigenen Problemsicht gesehen werden soll. Eine sozial- und umweltverträgliche Produktion von Wissen und von Technik wird von einer Anpassung der Wissenschaft an die Gesellschaft erwartet, die auf dem Wege sozialwissenschaftlicher Lehrangebote an Natur- und Ingenieurwissenschaftler erreicht werden soll. Ob hierin allerdings das geeignete Mittel zur sozialverträglichen Entwicklung des Naturwissens und der Technik gefunden worden ist, dürfte erst in ferner Zukunft zu entscheiden sein.

CATHRYN CARSON

Bildung als Konsumgut
Physik in der westdeutschen Nachkriegskultur[1]

Mein Titel bezieht sich auf einen berühmten Aufsatz von Hans Magnus Enzensberger aus den späten fünfziger Jahren. Unter der Rubrik „Bildung als Konsumgut. Analyse der Taschenbuch-Produktion" versuchte der Autor, einen Teil der Lebenswirklichkeit der frühen Bundesrepublik zu beschreiben. Mit dem Eindringen des Markts in den bislang relativ geschützten Bereich des Buchwesens bahnten sich, so Enzensberger, tiefgreifende Änderungen in der deutschen Kulturlandschaft an. Die Taschenbücher, die in der Bundesrepublik ab 1950 erschienen, waren für ihn eine höchst ambivalente Erscheinung. Auf der einen Seite stellten sie innerhalb ihrer bunten Reihen Weltliteratur, Klassiker, wissenschaftliche Information zur Verfügung – das in größeren Auflagen, die eine starke Verbreitung förderten und zu einem Preis, der jede soziale Exklusivität ausschloß. Andererseits machten diese Reihen das Buch ultimativ zur Ware, was für Enzensberger höchst bedenklich war: als Markenartikel durchnummeriert und zur Schau gestellt, in der Verpackung absichtsvoll auf Werbung orientiert, als Selbstbedienungsware vom Kunden selbst auszusuchen, jeder Kategorisierung trotzend, Goethe neben dem Kochbuch, schnell gekauft, aber nicht immer gelesen. Als alte gesellschaftliche Ansprüche in der Nachkriegszeit an Verbindlichkeit einbüßten, als die traditionell tragenden Schichten aus ihrer kulturellen Hegemonie gedrängt wurden, ging auch ein Teil des alten bildungsbürgerlichen Verständnisses vom Buch als einer intellektuellen Herausforderung verloren. Daran hätte auch ein kritischer Geist wie Enzensberger gern festgehalten. Die Umorientierung auf „den leichten, den raschen, den unreflektierten Zugriff"[2] entsprach somit einer Verschiebung der Gewichte im kulturellen Leben. Auch wenn die Taschenbuch-Produktion wohl mehr kritische Möglichkeiten darbot, als Enzensberger zu erkennen vermochte, und zudem die Brüche im Verhältnis zu den Kontinuitäten überbewertete sowie die frühere Marktsituation ein wenig zu sonnig darstellte, so kann man ihm doch darin zustimmen, daß es angesichts des westdeutschen Wirtschaftswunders in dieser Beziehung zu einer Klimaveränderung gekommen war.

Was hat ein Aufsatz von Enzensberger mit der Physikgeschichte dieser Zeit zu tun? Mit dem Hinweis auf das Stichwort „Bildung als Konsumgut" möchte ich diese Frage im folgenden nachgehen. Es mag zwar zunächst merkwürdig erscheinen, Enzensberger und (zum Beispiel) Heisenberg im gleichen Atemzug zu nennen, doch waren beide Zeitgenossen. Dies ist, so möchte ich behaupten, mehr als ein bloßes zur-gleichen-Zeit-Dasein. Wenn man die Stel-

---

[1] Bei der Überarbeitung dieses Beitrages für den Druck wurde der Stil des gesprochenen Vortrags weitgehend beibehalten. Mein Dank gilt Matthias Dörries und Dieter Hoffmann für sprachliche Verbesserungen sowie den Zuhörern der DPG-Sektion in Heidelberg und des Münchener Zentrums für Wissenschafts- und Technikgeschichte für anregende Hinweise.
[2] H. M. Enzensberger: Bildung als Konsumgut. Analyse der Taschenbuch-Produktion, in: Einzelheiten, Frankfurt am Main 1962, S. 110-136, hier S. 111.

lung der Physik in der westdeutschen Nachkriegskultur verstehen will, muß man diese Disziplin, für die ihre selbsternannten Vertreter oft hohe kulturelle Ansprüche erhoben hatten, auch in die sich entwickelnde Konsumgesellschaft einbetten, in der die alten kulturellen Ansprüche allmählich unverbindlicher wurden. Gleichzeitig muß man das Augenmerk auf den Umstand richten, daß gerade die Physik, als die damalige Leitwissenschaft der Naturwissenschaften, oft selbst gegen das ererbte Verständnis von Kultur ausgespielt wurde. In der Zeit eines sich formierenden Diskurses um die verwissenschaftlichte Gesellschaft[3] wurden die Anforderungen eines wissenschaftlich-technischen Zeitalters immer lauter zur Sprache gebracht, die Möglichkeiten einer Lebensorientierung durch die Naturwissenschaften aber von den verschiedensten Kommentatoren desavouiert. Wie am Ende des 19. Jahrhunderts waren die Naturwissenschaften nach wie vor unsicher in ihrem Anspruch auf die menschlichen Bildungswerte: auf eine gesellschaftliche Rolle also, die über das bloß Nützliche hinauslief, das auch gerade das Wesensmerkmal der Konsumgesellschaft ausmachte.

Denn in den Nachkriegsjahren begegnet man einem weit verbreiteten Interesse an der Physik, das allerdings nicht allein unter einem kulturellen Gesichtspunkt zu fassen ist. Ein Beispiel ist der Bericht des Schriftstellers Paul Fechter über eine populäre Vortragsreihe des bekannten (West-)Berliner Physikers Carl Ramsauer:[4]

„Der Andrang zu diesen Vorträgen war derart, daß der Saal nicht nur bis auf den letzten Platz besetzt und bestanden war, sondern daß draußen auf dem großen Vorplatz vor den Zugängen Hunderte und aber Hunderte junger Menschen standen und warteten, ob nicht vielleicht doch durch irgendeinen Zufall sich ihnen irgendein Eingang eröffnete."

Offenbar bestand ein wirkliches Informationsbedürfnis an dem, was durch Ramsauer vermittelt wurde. Fechter aber fuhr dann fort:

„Das Bild der heutigen geistigen Situation [...] wird erst vollständig, wenn man neben dieses Ergebnis die Tatsache hält, daß der Saal des Studentenhauses der T.U., der wesentlich kleiner ist als der benachbarte physikalische Hörsaal, als ein so reizender Mann wie der Münchener Verleger und Autor Ernst Heimeran dort las, kaum zur Hälfte besetzt war [...] auch sonst gehen bei dem Rennen zwischen Physik und Literatur die Atome heute immer als die ersten durchs Ziel [...]"

Bei den Vorträgen Ramsauers ging es um die Kernphysik, deren Ergebnisse wegen ihrer technischen Umsetzung von Interesse waren; doch ging mit diesem technischen Interesse, so die meisten Kommentatoren, der eigentliche kulturelle Anspruch verloren. Es gab aber andere Physiker – das war auch Fechter klar –, die nicht in erster Linie die Flagge der praktischen Anwendung hoch hielten. Denn die Idee, daß die moderne Physik eine grundlegende Umwandlung des Weltbildes herbeigeführt hatte, war auch ein vielbeschworener Topos der öffentlichen Diskussion. Mit der Weltbild-Thematik hing der Anspruch auf Orientierung zusammen, mit Konsequenzen für (echte) Bildung und Kultur. Sie bildete also eine Art Vermittlungspunkt in den Auseinandersetzungen um die Physik in der Zeit nach dem Zweiten Weltkrieg.

In diesem Aufsatz versuche ich, die zeitgenössischen Meinungen zur Frage nach der kulturellen Bedeutung der Physik herauszuarbeiten. Insbesondere möchte ich in Anlehnung an Enzensberger nach den Formen des öffentlichen Auftretens fragen. Wenn Physiker eine Wirkung

---

[3] Z.B. M. Heidegger: Die Frage nach der Technik, in: Die Künste im Technischen Zeitalter, Bayerische Akademie der Schönen Künste (Hg.), Gestalt und Gedanke, Bd. 3, München 1954; Arnold Gehlen: Die Seele im technischen Zeitalter, Hamburg 1957; J. Habermas: Das chronische Leiden der Hochschulreform, in: Merkur, 1957, Bd. 11, S. 265-284; H. Schelsky: Der Mensch in der wissenschaftlichen Zivilisation, Arbeitsgemeinschaft für Forschung des Landes Nordrhein-Westfalen, Geisteswissenschaften, Bd. 96, Köln 1961.

[4] P. Fechter: Menschen auf meinen Wegen. Begegnungen gestern und heute, Gütersloh 1955, S. 242-243.

auf „die Kultur" im allgemeinen hatten, hing das natürlich mit der Tatsache zusammen, daß sie öffentlich darüber sprachen. Die Formen dieses Sprechens haben die Wirkung sehr wohl beeinflußt. In welchen Rollen traten die Physiker auf die Bühne, auf welchen Foren erhoben sie Ansprüche, welche Medien und Vermittler machten sie sich zunutze, wie wurden sie von Nichtphysikern rezipiert? Ich werde also einen kurzen *tour d'horizon* des Buchhandels, der Medien und der öffentlichen Vortragskultur machen. Der Zeitraum reicht dabei von 1945 bis in die Mitte der 50er Jahre, gelegentlich auch etwas darüber hinaus. Einen Überblick versuche ich dadurch zu erreichen, indem ich die Wirkung der philosophischen und historischen Vorträge von öffentlichkeitswirksamen Physikern wie Max Planck, Walther Gerlach, Pascual Jordan, Carl Friedrich von Weizsäcker, Max von Laue, später auch Max Born analysiere. Darüber hinaus werden auch Quellen u. a. von Albert Einstein und J. Robert Oppenheimer (aus dem amerikanischen übersetzt) berücksichtigt: Aufsatzsammlungen, die meist aus den eben genannten Vorträgen entstanden sind, und hin und wieder auch eigenständig entstandene Bücher.[5] Die betrachteten Fälle sind dann in ihren kulturellen Zusammenhang einzuordnen; es ist also nach dem Publikum dieser Vorträge und Bücher zu fragen, und soweit das möglich ist, eine Art Rezeptionsgeschichte zu konstruieren. Exemplarisch werde ich mich auf Werner Heisenberg beziehen, obwohl er gerade wegen seiner Berühmtheit nicht als repräsentativ gelten kann. Allerdings lassen sich die an diesem Beispiel gemachten Beobachtungen vorsichtig generalisieren, da sie einen allgemeineren Rahmen sichtbar machen, in dem sich auch die anderen Akteure bewegten. Der Beitrag versteht sich als eine erste Bestandaufnahme, die keinen Anspruch auf Vollständigkeit erhebt. Trotzdem glaube ich behaupten zu können, daß das so gezeichnete Bild der bundesrepublikanischen Nachkriegszeit oft von einer bemerkenswerten Mischung aus Ehrfurcht und Unsicherheit gekennzeichnet war – eine Mischung, die sich teilweise mit den Kategorien Enzensbergers erfassen läßt.

Als Ausgangspunkt kann man die Frage stellen: Was war der Rahmen, in dem die Physiker der Nachkriegszeit in der Öffentlichkeit agierten? Diese Rolle hat selbst eine längere Geschichte und reicht bis zu H.v. Helmholtz oder E. Du Bois–Reymond zurück.[6] Kurz gesagt, das neuhumanistische Bildungsideal war seit dem 19. Jahrhundert ein fester Begriff, und es wies dem Physiker wie jedem anderen Gelehrten, die Rolle des sogenannten Kulturträgers zu. Dieser Status war nicht unumstritten und der Platz des Naturwissenschaftlers war in diesem Universum keineswegs endgültig gesichert.[7] Die potentielle Abwertung der naturwissenschaftlichen Tätigkeit im Sinne reiner Nützlichkeit erzeugte eine tiefe Kluft zwischen diesen Disziplinen und den kulturell gesicherten geisteswissenschaftlichen Fächern. Die Kluft konnte auf verschiedene Weise überbrückt werden und das Spektrum der Möglichkeiten reichte von schlichter Ablehnung des kulturell geforderten Modells, über Versuche, die Naturwissenschaften in den

---

5 Populärwissenschaftliche Beiträge von weniger berühmten Wissenschaftlern wurden nicht berücksichtigt. Vorbildlich ist diese Fragestellung bearbeitet in: A. Daum: Wissenschaftspopularisierung im 19. Jahrhundert. Bürgerliche Kultur, naturwissenschaftliche Bildung und die deutsche Öffentlichkeit 1848-1914, München 1998.

6 Z.B. D. Cahan: Helmholtz and the civilizing power of science, in: derselbe (Hg.): Hermann von Helmholtz and the foundations of nineteenth-century science, Berkeley 1993, S. 559-601; Horst Kant: Helmholtz' Vortragskunst und sein Verhältnis zur populären Wissensvermittlung, in: L. Krüger (Hg.): Universalgenie Helmholtz. Rückblick nach 100 Jahren, Berlin 1994, S. 315-329; J. Zwick: Akademische Erinnerungskultur, Wissenschaftsgeschichte und Rhetorik im 19. Jahrhundert. Über Emil Du Bois-Reymond als Festredner, in: Scientia Poetica. Jahrbuch für Geschichte der Literatur und der Wissenschaften, 1997, Bd. 1, S. 120-139.

7 D. v. Engelhardt: Der Bildungsbegriff in der Naturwissenschaft des 19. Jahrhunderts, in: Reinhard Koselleck (Hg.): Bildungsbürgertum im 19. Jahrhundert, T. II, Bildungsgüter und Bildungswissen, Stuttgart 1990, S. 106-116; A. Daum: Wissenschaftspopularisierung ... a.a.o., Kap. II.2; vgl. G. Bollenbeck: Bildung und Kultur. Glanz und Elend eines deutschen Deutungsmusters, Frankfurt am Main 1994. Jüngst auch W. Kutschmann: Naturwissenschaft und Bildung. Der Streit der "Zwei Kulturen", Stuttgart 1999, wenngleich reichlich idiosynkratisch.

neuhumanistischen Bildungskanon zu integrieren, bis hin zu Formulierungen der eigenen disziplinären Ziele, die bewußt Tribut an solchen Idealen zollten. Über das Selbstverständnis der Naturwissenschaftler im späten 19. und frühen 20. Jahrhundert wissen wir leider immer noch zu wenig, um ein fundiertes Urteil über die Mannigfaltigkeit ihrer Antworten fällen zu können.[8]

Für einen großen Teil der Physiker, das läßt sich allerdings sagen, blieb die Rolle des Kulturträgers normativ.[9] Wo sie akzeptiert wurde, lenkte sie die Aufmerksamkeit weg von der technischen Beherrschung zum theoretischen Verständnis und förderte das Streben, hochspezialisierte Arbeiten in den großen Rahmen der Einheit der Wissenschaft zu integrieren, d.h. ein Weltbild zu formieren. Dies ging Hand in Hand mit dem Interesse an epistemologischen Fragestellungen der Physik der Jahrhundertwende, wobei dann deren Erfolg (vor allem der Relativitätstheorie) ihre Rolle für nachkommende Physikergenerationen verbindlich machen konnte. Das entsprechende Selbstverständnis war also zum Teil von der Jugendlektüre naturwissenschaftlicher Vorbilder geprägt; ebenfalls von der Atmosphäre des bürgerlichen Elternhauses und Bildungswesens, vor allem des humanistischen Gymnasiums, aus dem sich bis ins 20. Jahrhundert hinein der größte Teil der deutschen Physikerschaft rekrutierte. Damit wurde diese Rolle - im soziologischen Sinne verstanden - auch internalisiert; sie wurde zu etwas, was man lebte, zu einer Art tief verwurzelten Lebensstil.

Nicht zuletzt wurde diese Rolle auch dadurch gefestigt, daß sie zum bequemen Habitus für das öffentliche Auftreten des Physikers wurde. Dazu gehörten z.B. Ansprachen, die er, wie jeder andere Wissenschaftler auch, zu halten hatte: Antrittsreden, Festansprachen u.ä.m.[10] Wenn der Physiker in dieser Rolle vor einem nichtspezialisierten Publikum auftrat, begegnete er einer Zuhörerschaft, die in der gleichen Tradition geschult war. Durch das Bekenntnis zur Weltbild-Funktion und zur Einheit der Wissenschaft (wie auch durch den Beweis von Bildung, etwa durch die Verwendung von Goethe-Zitaten oder lateinische Floskeln) ließ sich die Distanz aufheben, die in solchen Kreisen zuweilen gegenüber den Naturwissenschaften spürbar war. Bei den Sympathisanten konnte man hoffen, zumindest einen Teil der physikalischen Erkenntnisse, die vielfach kaum allgemeinverständlich darzustellen waren, vermitteln zu können. Überdies wurden solche Reden im Gewand des Kulturträgers manchmal niedergeschrieben und veröffentlicht, entweder als Einzelvorträge (oft im Rahmen von Serien angesehener Verlagen) oder in Aufsatzsammlungen zusammengefaßt. Ursprünglich nur für ein spezielles Publikum bzw. für einen definierten Zweck gedacht, wurden sie nun einer breiteren Leserschaft zugänglich.

Max Planck ist ein Beispiel dafür, denn seine philosophischen Vorträge passen ausgezeichnet in dieses Schema.[11] Aber auch andere Formen des Auftretens lassen sich als Variationen

---

[8] Eine allumfassende Anwendung des Mandarin-Modells von F. K. Ringer: The decline of the German mandarins. The German academic community, 1890-1933, Cambridge, MA 1969, scheint ihre Grenzen zu haben: Vgl. J. Harwood: Styles of scientific thought. The German genetics community 1900-1933, Chicago 1993.

[9] Beispielsweise M. v. Laue: Mein physikalischer Werdegang. Eine Selbstdarstellung, in: Gesammelte Schriften und Vorträge, Bd. 3, Braunschweig 1961, S. v-xxxiv; W. Heisenberg: Der Teil und das Ganze. Gespräche im Umkreis der Atomphysik, München 1969; W. M. Elsasser: Memoirs of a physicist in the atomic age, New York 1978.

[10] K. M. Olesko: Civic culture and calling in the Königsberg period, in: L. Krüger (Hg.): Universalgenie, S. 22-42; Rüdiger vom Bruch: Die Stadt als Stätte der Begegnung. Gelehrte Gesellligkeit in Berlin des 19. und 20. Jahrhunderts, in: H. Kant (Hg.): Fixpunkte. Wissenschaft in der Stadt und der Region. Festschrift für Hubert Laitko anläßlich seines 60. Geburtstages, Berlin 1996, S. 1-29. Zu Vorträgen siehe auch P. Forman: Weimar culture, causality, and quantum theory, 1918-1927. Adaptation by German physicists and mathematicians to a hostile intellectual environment, in: Historical studies in the physical sciences, 1971, Bd. 3, S. 1-115.

[11] J.L. Heilbron: The dilemmas of an upright man. Max Planck as spokesman for German science, Berkeley 1986; Henry Lowood: Max Planck. A bibliography of his nontechnical writings, Berkeley papers in history of science, Nr. 1, Berkeley 1977.

dieses Modells verstehen. Man frage vor allem nach den Anlässen, bei denen die Physiker öffentlich tätig werden sollten. Bei den immer wiederkehrenden Geburtstagen, Jubiläen und Gedenkfeiern mußten beispielsweise Aufsätze verfaßt werden, die manchmal den Beginn für eine umfangreiche historischen Beschäftigung markierten. Walther Gerlachs Interesse an der Wissenschaftsgeschichte begann beispielsweise – sieht man von einem früheren Aufsatz in der FAZ ab – mit einer kurzen Abhandlung zum Gedenken an Kopernikus im Jahre 1930. Sie fand in unzähligen Studien zu solchen und ähnlichen Anlässen ihre Fortsetzung.[12] Das heißt natürlich nicht, daß Gerlach keine echte Freude an die Geschichte gehabt hätte oder Planck nicht philosophisch interessiert gewesen wäre. Aber der Anlaß war doch wichtig, manchmal sogar entscheidend. Ohne das Jubiläum der Entdeckung des Energieprinzips im Jahre 1942 hätten sich sicherlich nicht so viele Physiker zum Mayerschen Energieerhaltungssatz geäußert – zumal viele dies oft auf sehr ähnliche Weise taten.[13]

Damit trugen die Physiker, wenn auch auf relativ gehobenem Niveau, zur Wissenschaftspopularisierung im klassischen Sinne bei.[14] Ein Publikum für naturwissenschaftliche Popularisierung gab es vor allem dann, wenn Physiker sich bemühten, an allgemeine Weltbild-Fragestellungen anzuknüpfen. Dabei zeigte sich auch der Anspruch der Physik, ein besonders fundamentales Wissen zu liefern.[15] Seit der Jahrhundertwende stieß das Selbstverständnis der modernen Physik als Stätte geistiger Erneuerung bei diesem Publikum auf viel Interesse. Das auffallendste Beispiel ist Albert Einstein, dessen allgemeine Relativitätstheorie nach 1919 zu einer Weltsensation wurde.[16] Damit war naturgemäß ein Aufschwung an populärwissenschaftlichen Darstellungen verbunden, wobei Einstein dazu selber ganz erheblich beitrug.[17] Für die Relativitätstheorie läßt sich weiterhin feststellen, daß die vermeintliche Unverständlichkeit der Theorie fast genau soviel Faszination ausübte, wie die Umwälzung des naturwissenschaftlichen Weltbildes. Aber auch in weniger stürmischen Zeiten kam ein solches Rollenverständnis der Popularisierung zugute - z.B. bei Vorträgen in Volkshochschulen oder zu anderen pädagogischen Anlässen.[18]

Diese Art der Darstellung, die zugleich Selbstdarstellung war, war bei den Gallionsfiguren des Faches besonders ausgeprägt. Sie wurde in erster Linie (aber nicht exklusiv) von den Theoretikern gepflegt. Sie war auch nicht ausschließlich Sache der Honoratioren des Faches oder gar derjenigen, die den Zenit ihrer wissenschaftlichen Produktivität bereits überschritten hat-

---

[12] M. Nida-Rümelin: Bibliographie Walther Gerlach. Veröffentlichungen von 1912-1979, München 1982.

[13] Beispielsweise W. Gerlach: Julius Robert Mayer, in: Humanität und naturwissenschaftliche Forschung. Braunschweig 1962, 104-122; C. F. v. Weizsäcker: Die Auswirkung des Satzes von der Erhaltung der Energie in der Physik, in: Zum Weltbild der Physik, Stuttgart 1949, S. 51-79.

[14] A. Daum: Wissenschaftspopularisierung ... a.a.o.; Zu diesem Genre vgl. M. Eger: Hermeneutics and the new epic of science, in: M. W. McRae (Hg.): The literature of science. Perspectives on popular scientific writing, Athens, GA 1993, S. 186-209.

[15] Jedenfalls trifft dies für die Zuhörer und Leser zu, deren Interesse nicht dem Organischen oder noch höheren Bereichen galt.

[16] K. Hentschel: Interpretationen und Fehlinterpretationen der speziellen und der allgemeinen Relativitätstheorie durch Zeitgenossen Albert Einsteins, Basel 1990; T. Glick: Einstein in Spain. Relativity and the recovery of science, Princeton 1988; M. Biezunski: Einstein à Paris. Le temps n'est plus ..., Saint-Denis 1991; A. J. Friedman, C. C. Donley: Einstein as myth and muse, Cambridge 1985; G. Holton: Einstein and the shaping of our imagination, in: The advancement of science, and its burdens. The Jefferson Lecture and other essays, Cambridge 1986, S. 105-122.

[17] F. Holl: Produktion und Distribution wissenschaftlicher Literatur. Der Physiker Max Born und sein Verleger Ferdinand Springer 1913-1970, Frankfurt am Main 1996, S. 85-88, mit Bezugnahme auf eine statistische Zusammenstellung von H. Goenner.

[18] Beispielsweise D. C. Cassidy: Uncertainty. The life and science of Werner Heisenberg, New York 1992, S. 71-72. Mit anderem Tenor vgl. N. Hopwood: Biology between university and proletariat. The making of a red professor, in: History of science, 1997, Bd. 35, S. 367-424.

ten. Jüngere wie Heisenberg oder Jordan engagierten sich in diesem Bereich früh, bereits vor ihren dreißigsten Geburtstag, was ganz wesentlich mit der Entwicklung der Quantenmechanik zusammenhing.[19] Mit der Quantenmechanik wurde dem kulturellen Selbstverständnis der Physiker ein kräftiger Schub gegeben, da ihre Deutung in den späten 20er Jahren rasch zum Gegenstand philosophischer Erörterungen wurde. Dies lag nicht notwendigerweise in der Natur der Sache. So war es z.b. in den USA nicht selbstverständlich, der Quantenmechanik, wie der Physik überhaupt eine kulturelle Bedeutung zuzuschreiben.[20] Die Rolle des Physikers als Kulturträger war sowohl Voraussetzung wie auch Folge, daß man die Physik im allgemeinen in dieser Weise auslegte.[21]

Für viele deutsche Physiker der ersten Jahrzehnte des 20. Jahrhunderts war diese Rolle selbstverständlich geworden. Sieht man einmal von der ungewöhnlichen Popularität eines Einsteins ab, erfuhr sie meiner Meinung nach bis 1945 keine erheblichen Veränderungen. Insbesondere blieb sie im „Dritten Reich" erhalten, war sie doch politisch unbestimmt. Die kulturelle Tätigkeit des Physikers ließ sich für höchst unterschiedliche Dinge in Anspruch nehmen – so wenn sich Jordan für eine nationalsozialistische Neuorientierung und gegen die „deutsche Physik" aussprach, oder wenn Heisenberg sowohl in okkupierten Gebieten, als auch vor der Mittwochsgesellschaft vortrug.[22] Bei der schon erwähnten Hundertjahrfeier der Entdeckung Robert Mayers, deren politische Ausrichtung kaum verborgen blieb, kam diese Rolle ebenfalls zum Tragen. Gleichzeitig wurde sie von jenen Physikern reflektiert, die aus Deutschland emigriert waren.[23] Eindrucksvoll ist deshalb gerade die Stabilität – selbst wenn mancher deutscher Physiker im Nationalsozialismus lernte, sich der Sprache der Nützlichkeit physikalischer Forschung zu bedienen.[24]

Diese lange Vorgeschichte ist für unser Thema notwendig. Wenn wir uns nun der bundesdeutschen Nachkriegsgeschichte zuwenden, verwundert es kaum, daß die Physiker in den Wirren der deutschen Nachkriegszeit genau an diese Rollenbilder wieder anzuknüpfen versuchten. Es ist ein Gemeinplatz der Zeitgeschichtsschreibung, daß nach dem Untergang des „Dritten Reichs" die Suche nach geistiger Orientierung sehr groß war.[25] Dieses allgemeine Verlangen

---

[19] Zu Heisenberg: D. Cassidy: Uncertainty ... a.a.o.; zu Jordan: R. H. Beyler: From positivism to organicism. Pascual Jordan's interpretations of modern physics in cultural context, Diss., Harvard 1994.

[20] S.S. Schweber: The empiricist temper regnant. Theoretical physics in the United States 1920-1950, in: Historical studies in the physical sciences, 1986, Bd. 17, H. 1, S. 55-98; Nancy Cartwright: Philosophical problems of quantum theory: The response of American physicists, in: L. Krüger, G. Gigerenzer, M. S. Morgan (Hg.): The probabilistic revolution, Bd.. 2, Ideas in the sciences, Cambridge, MA 1988, S. 417-435.

[21] Das heißt natürlich nicht, daß die Kopenhagener Deutung der Quantenmechanik nur ein "social construct" sei und deshalb abgeschrieben werden könne. Die kulturelle Inszenierung gehört zum historischen Verständnis der Quantenmechanik, sie sollte aber mehr sein als ein Werkzeug zur Untergrabung bestimmter Positionen, als könnten solche ohne Rhetorik und soziale Strategien in kulturleerem Raum überhaupt ausgebaut werden. Zur Debatte siehe J. T. Cushing: Quantum mechanics. Historical contingency and the Copenhagen interpretation, Chicago 1994; M. Beller: Quantum Dialog. The Making of a Revolution, Chicago 1999; C. Chevalley: Introduction, in: Werner Heisenberg: La nature dans la physique contemporaine, Paris 1999.

[22] R. Beyler: From positivism ... a.a.o.; M. N. Wise: Pascual Jordan. Quantum mechanics, psychology, National socialism, in: M. Renneberg, M. Walker (Hg.): Science, technology and National Socialism, Cambridge 1994, S. 224-254; M. Walker: Physics and propaganda. Werner Heisenberg's foreign lectures under National Socialism, in: Historical studies in the physical and biological sciences, 1992, Bd. 22, H. 1, S. 339-389; D. Cassidy: Uncertainty, S. 459-460; K. Scholder (Hg.): Die Mittwochsgesellschaft. Protokolle aus dem geistigen Deutschland 1932 bis 1944, Berlin 1982.

[23] S. Sigurdsson: Physics, life and contingency. Born, Schrödinger, and Weyl in exile, in: M. G. Ash, A. Söllner (Hg.): Forced migration and scientific change, Washington, D.C. 1996, S. 49-70.

[24] Beispielsweise bei Heisenberg, vgl. seine Vorträge aus der NS-Zeit in: W. Blum, H.-P. Dürr, H. Rechenberg (Hg.): Gesammelte Werke / Collected Works, Abt. C, Bd. 1, München 1984.

[25] Zu dieser Zeit war z.B. eine Aufschwung in religiösen Erscheinungen zu beobachten: D. Blackbourn: Marpingen. Apparitions of the Virgin Mary in Bismarckian Germany, Oxford 1993, S. 378-379.

kam auch den Physikern zugute. In den ersten Nachkriegsjahren waren die Göttinger Vorlesungen von Carl Friedrich von Weizsäcker zur „Geschichte der Natur" so gefragt, daß er sie zweimal lesen mußte. Im Vorwort der publizierten Fassung, von der bis 1958 mehr als 75.000 Exemplare gedruckt wurden, versuchte er dafür eine Erklärung zu geben:

„Vorlesungen für Hörer aller Fakultäten mit sehr allgemeinem Inhalt finden heute viel Anklang. Offenbar besteht ein Bedürfnis nach ihnen. Worauf beruht dieses Bedürfnis? Man fühlt mehr und mehr die Gefahr, die in der Spezialisierung der Wissenschaften liegt. Man leidet unter den Schranken, die zwischen den Fächern aufgerichtet sind. Eine spezialisierte Wissenschaft ist nicht imstande, uns ein Weltbild zu geben, das uns in der Verworrenheit unseres Daseins einen Halt böte. Daher sucht man nach der Synthese, man wünscht den großen Überblick."[26]

Etwas später gab Weizsäcker einen zweiten Grund für das starke Interesse an der Physik: außer dem allgemeinen Nachkriegswunsch nach Weltbildern, die natürlich auch im nichtphysikalischen Bereich zu finden waren, trat die Physik mit dem 6. August 1945 unwiderruflich ins Licht der Öffentlichkeit. Mit dem Verständnis der Physik war man auf dem Wege, auch die mächtigsten Kräfte der heutigen Welt zu verstehen. Die Atombombe symbolisierte so den allgemeinen Anspruch der Naturwissenschaften.[27]

Damit war erneut die Auseinandersetzung um den kulturellen Wert der Physik angeregt. War das bei den Physikern zu stillende Bedürfnis nur eine Frage der Information oder verbarg sich mehr dahinter? Der größte Teil der populären physikalischen Literatur, so muß man konstatieren, beschäftigte sich überhaupt nicht mit Weltbildfragen.[28] Aber wie konnte die Physik zur Persönlichkeitsbildung beitragen? Die Diskussion entfaltete sich vor allem im Zusammenhang mit der damals weit verbreiteten Thematik der „wissenschaftlich-technischen Welt" - ein Begriff, der positiv und negativ besetzt sein konnte. Die Lücken in unserer Kenntnis der kulturellen Aspekte des sogenannten Atomzeitalters sind immer noch erstaunlich. Um die Breite des Spektrums anzudeuten, will ich einige Beispiele anführen.[29] Der Kritiker Max Bense, ein Verfechter der abstrakten Kunst (der übrigens 1938 mit einer philosophischen Dissertation über „Quantenmechanik und Daseinsrelativität" promoviert hatte), setzte seine Bemühungen fort, den naturwissenschaftlichen Wurzeln der modernen Künste nachzuspüren.[30] Auch als Martin Heidegger 1953 seinen berühmten Vortrag „Die Frage nach der Technik" in der Bayerischen Akademie der Schönen Künste hielt, wunderte sich niemand, daß er Bezug auf Heisenberg nahm, hatte doch Heisenberg selber kurz zuvor im gleichen Symposium („Die Künste im technischen Zeitalter") über „Das Naturbild der modernen Physik" vorgetragen. Hinter den Kulissen hatte sich Heidegger sehr darum bemüht, Heisenberg zur Teilnahme zu bewegen.[31] Dies zeigt einmal mehr, daß die Physiker nicht immer und hundertprozentig zu

---

[26] C.F. v. Weizsäcker: Die Geschichte der Natur. Zwölf Vorlesungen, Göttingen 1958 (4. Auflage), S. 5. Zu den Vorlesungen siehe den Beitrag in diesem Band von K: Hentschel und G. Rammer sowie W. Krönig, Klaus-Dieter Müller: Nachkriegssemester. Studium in Kriegs- und Nachkriegszeit, Stuttgart 1990, S. 78, 202.

[27] Vgl. I. Stölken-Fitschen: Atombombe und Geistesgeschichte. Eine Studie der fünfziger Jahre aus deutscher Sicht, Baden-Baden 1995.

[28] Vgl. W. Gruhn: Wissenschaft und Technik in deutschen Massenmedien. Ein Vergleich zwischen der Bundesrepublik Deutschland und der DDR, Erlangen 1979, S. 215-216.

[29] Siehe auch R. Beyler: The concept of specialization in debates on the role of science in post-war Germany. A preliminary analysis, in: D. Hoffmann, F. Bevilacqua, R. H. Stuewer (Hg.): The emergence of modern physics, Pavia 1996, S. 389-401.

[30] M. Bense: Technische Existenz, Stuttgart 1949; Aesthetica. Metaphysische Beobachtungen am Schönen, Stuttgart 1954.

[31] M. Heidegger: Frage, Wiederabdruck in: Vorträge und Aufsätze, Pfullingen 1954, S. 9-40; vgl. W. Heisenberg: Das Naturbild der modernen Physik, in: Das Naturbild der modernen Physik, Hamburg 1955, S. 7-23.

den Kulturträgern gezählt wurden. Die Naturwissenschaften blieben für einen beträchtlichen Teil der kulturellen Intelligenz umstritten; man meinte, sie stünden der Technik näher als den klassischen Kulturbereichen, was auch in gewissem Sinne bei Heidegger zu hören war. Oder wie Eduard Spranger einem Bekannten damals schrieb: „Aber bitte, auch keine religiösen Ritzenpflänzchen in der Physik à la Pascual Jordan! Die Physik stellt quantitative Fragen. Sie *kann* keine Antworten geben, die darüber hinausgehn [sic]. *Auf* physikalischer Basis allein kann kein Lebensglaube errichtet werden".[32] Diese Ansicht wurde von den Erben der Frankfurter Schule geteilt, deren Überlegungen zur wissenschaftlichen Rationalität sie wieder ganz in die Nähe Heideggers rückten.[33]

Die Situation war aber nicht nur in dieser Hinsicht gespalten. Auch auf andere Weise war das so. Um dies darzustellen, möchte ich zunächst die Frage stellen: An welches Publikum richteten die Physiker der Nachkriegszeit ihre kulturelle Betrachtungen? Der (praktisch unbewußte) Adressat war das alte Bildungsbürgertum – mit dem sie schon in persönlicher Verbindung standen und dem sie selbst zum größten Teil entstammten. Die entsprechenden Erwartungen bemerkt man schon bei der Formulierung der Texte: z.B. in den griechischen Ausdrücken, mit denen Heisenbergs Vorträgen oft gespickt waren und mit denen einer, der nicht das klassische Gymnasium besucht hatte, wenig anfangen konnte. Selbst Gerlach, dessen Aufsätze am wenigsten diesem Muster folgten, fand es natürlich, Zitate und Anspielungen auf die deutschen Klassiker einzustreuen: Goethe, Herder, Schiller, Heine.[34] Verbreitet waren auch geflügelte Worte aus dem deutschen literarischen Erbe: so sprach man davon, herauszufinden „was die Welt im innersten zusammenhält" u.ä.m.; in biographischen Darstellungen findet man klassische Metapher wie z.B. die vom „Schöpfer des neuen Weltbildes".[35]

In diesem Sinne standen die Auftritte der Physiker in der Nachkriegszeit, sofern sie kulturelle Ansprüche erhoben, oft im Zeichen der Ideale des alten Bildungsbürgertums. Damit fügten sie sich in eine breitere gesellschaftliche Entwicklung ein: einem Rückgriff auf kulturelle Werte, die schon vor dem Nationalsozialismus gegolten hatten. Die Wiederherstellung bildungsbürgerlicher Wertmaßstäbe wurde zum Schlagwort derjenigen, die die moralischen Verwüstungen des „Dritten Reiches" auf eine Schwächung der humanistischen Ideale zurückführten. Solche Aufrufe gehörten zum Gemeingut höchst unterschiedlicher politischer Lager, denn die Rückkehr in eine vermeintlich unversehrte bürgerliche Tradition war natürlich die einfachste Alternative.[36] Allerdings war das alte Bildungsbürgertum schon seit Jahrzehnten in Auflösung begriffen. Nach dem Zweiten Weltkrieg wurde diese Auflösung in zunehmendem Maße offenbar. Soweit, daß es den alten Kulturträgern immer schwerer fiel, ihre beschauliche Nische zu schützen. Wie konnte man die überlieferte Rolle retten, wenn die Gesellschaft rundherum im Wandel begriffen war?

Die Bedeutung dieses Sachverhalts wird klar, wenn wir erneut nach den Formen des Auftritts der Physikern fragen. Als das westdeutsche Kulturleben wieder auflebte, bildeten sich Foren der geistigen Diskussion, die sich eng an die gewohnten Muster anlehnten. Die Möglichkeiten

---

Zum Hintergrund des Symposiums siehe Heidegger an Heisenberg, 13.3.53 und 9.6.53, und Heisenberg an Heidegger, 16.9.53, Werner-Heisenberg-Archiv, München (im folgenden: WHM).

[32] E. Spranger: Briefe 1901-1963, H. W. Bähr (Hg.): Gesammelte Schriften, Bd. 7, Tübingen 1978, S. 268.

[33] J. Habermas: Notizen zum Missverhältnis von Kultur und Konsum, in: Arbeit, Erkenntnis, Fortschritt. Aufsätze 1954-1970, Amsterdam 1970, S. 31-46, insbes. S. 40-44.

[34] Uns sicherlich auch andere. W. Gerlach: Humanität.

[35] Beispielsweise der Sammelband von H Hartmann: Schöpfer des neuen Weltbildes. Grosse Physiker unserer Zeit, Bonn 1952, oder verschiedene Einzelbiographien zu allen berühmten Physikern.

[36] L. Fischer: Literarische Kultur im sozialen Gefüge, in: L. Fischer (Hg.): Literatur in der Bundesrepublik Deutschland bis 1967, München 1986, S 142-163; I. Laurien: Politisch-kulturelle Zeitschriften in den Westzonen 1945-1949. Ein Beitrag zur politischen Kultur der Nachkriegszeit, Frankfurt am Main 1991.

dieser Foren waren allerdings ambivalent, und es schlichen sich Zugeständnisse an die neuen Werte ein. In den ersten Nachkriegsjahren waren kleine Gesprächskreise außerordentlich populär. Die Wiederbelebung der Tradition gelehrter Salongeselligkeit paarte sich mit einem oft pathetisch ausgedrückten Bedürfnis nach intellektuellem Austausch im engen Kreis.[37] Wenn sich die Veranstaltungen an ein breiteres Publikum wandten, z.B. im Rahmen der in den 50er Jahren beliebten Podiumsdiskussionen, wurden sie oft zu einer wichtigen Arena der öffentlichen Auseinandersetzungen, die vom Geist der Erwachsenenbildung beseelt waren. Gleichzeitig konnten sie aber auch zu einem Kulturbetrieb degenerieren, bei dem das Interesse hauptsächlich den Vortragenden, nicht aber dem Thema, galt und man immer wieder die gleichen Stars traf.[38] Auch wenn die Physiker wohl nicht zum engeren Kreis dieser Größen gehörten, traten sie doch durch ihre Auftritte auf diesen Bühnen ins Rampenlicht. Das publikumswirksame Symposium mit Heisenberg und Heidegger in der Bayerischen Akademie der Schönen Künste gehörte unzweifelhaft dazu; auch Jordan und von Weizsäcker trifft man immer wieder auf solchen Podien an.[39]

Selbst wenn sich die alten Modalitäten nicht schnell änderten, lassen sich die Anfangsstadien der sogenannten Mediengesellschaft auch in anderen Bereichen beobachten. In dieser goldenen Zeit des Radios, als das Fernsehen noch nicht allmächtig war, konnte man die Physiker - wie früher auch - im Funk hören. Neben Sendungen zu Themen der Atompolitik konnte man sie hauptsächlich in den Sendereihen der Redaktion „Kulturelles Wort" (oder den analogen Sendungen anderer Rundfunkanstalten) hören, in dem die alten bildungsbürgerlichen Ansprüche am längsten bewahrt blieben.[40] Auch in den kulturellen Medien kam eine personenzentrierte Darstellungsweise zur Geltung, die die alte bildungsideologische Orientierung auf herausragende Persönlichkeit mit Tendenzen des zeitgenössischen Journalismus verband. In diesem Zusammenhang war die Faszination des gesprochenen Wortes stark. Man konnte auch Schallplatten kaufen, auf denen solche Vorträge dokumentiert wurden - so z.B. die Kollektion *Stimme der Wissenschaft* der Akademischen Verlagsgesellschaft. Darüber hinaus druckten auch die wichtigen überregionalen Zeitungen im Feuilleton immer wieder die Vorträge der Physiker ab. Dieser (alte) Brauch wurde auch von Lokalzeitungen mit kulturellem Anspruch imitiert.[41] Gelegentlich fanden Physiker auch in Zeitschriften wie den *Frankfurter Heften* oder dem *Merkur* ein öffentliches Podium.

In dieser Zeit läßt sich aber auch eine allmähliche Wandlung des Bücherwesens beobachten. Schon um 1950 erkennt man die Anfänge einer interessanten Anpassung an den Markt. Natür-

---

[37] D. van Laak: Gespräche in der Sicherheit des Schweigens. Carl Schmitt in der politischen Geistesgeschichte der frühen Bundesrepublik, Berlin 1993, S. 42-69; Hubert Treiber: Salon-Gesellschaft und Vortragskultur im Nachkriegs-Heidelberg–oder: Über die Rückkehr der "letzten Bildungsbürger", in: J. C. Heß, Hartmut Lehmann, V. Sellin (Hg.): Heidelberg 1945, Stuttgart 1996, S. 255-269; vgl. Th. W. Adorno: Jargon der Eigentlichkeit. Zur deutschen Ideologie, Frankfurt am Main 1964.

[38] H. Glaser: Kulturgeschichte der Bundesrepublik Deutschland, Bd. 2, Zwischen Grundgesetz und Großer Koalition 1949-1967, Frankfurt am Main 1990, S. 162-170; A. Schildt: Zwischen Abendland und Amerika. Studien zur westdeutschen Ideenlandschaft der 50er Jahre, München 1999, S. 11; vgl. J. Habermas: Strukturwandel der Öffentlichkeit. Untersuchungen zu einer Kategorie der bürgerlichen Gesellschaft, Neuwied 1962, Kap. 18.

[39] Zum Heidegger-Phänomen: P. Fechter: Menschen, S. 110-119; H. W. Petzet: Auf einen Stern zugehen. Begegnungen und Gespräche mit Martin Heidegger 1929-1976, Frankfurt am Main 1983, S. 54-83. Jordans umfangreiche Vortragstätigkeit wird bei R. Beyler: From positivism ... a. a.o., S. 486-489 analysiert.

[40] A. Schildt: Hegemon der häuslichen Freizeit. Rundfunk in den 50er Jahren, in: A. Schildt, A. Sywottek: Modernisierung im Wiederaufbau. Die westdeutsche Gesellschaft der 50er Jahre, Bonn 1993, S. 458-476; A. Schildt, Zwischen Abendland.

[41] Zum Feuilleton vgl. H. Schwenger: Buchmarkt und literarische Öffentlichkeit, in: L. Fischer (Hg.): Literatur, S. 99-124, hier S. 121-123. Hier generalisiere ich auf der Grundlage von Berichten über Heisenbergvorträge in WHM.

lich hatte auch ein renommierter Verlag wie Hirzel schon früher darauf geachtet, sich dem Markt anzupassen Beispielsweise als er 1949 die vierte Auflage der Weizsäckerschen Aufsatzsammlung *Zum Weltbild der Physik* publizierte. Auf dem (kartonierten) Rückdeckel fand man, wie auch schon früher üblich, Anzeigen, die auf den erwarteten Leserkreis hindeuten: Heisenberg, *Wandlungen in den Grundlagen der Naturwissenschaften*; Planck, *Vorträge und Erinnerungen*; Bernhard Bavink, *Ergebnisse und Probleme der Naturwissenschaften* („in friedensmäßiger Ausstattung"); Hans Falkenhagen, *Die Naturwissenschaft in Lebensbildern großer Forscher* und natürlich auch von Weizsäcker selbst: *Die Geschichte der Natur* (eine publizierte Fassung seiner Vorlesungen).[42] Allerdings verlor Hirzel schon bald die Rechte an *Die Geschichte der Natur*, wurde sie doch der Titelband der berühmten „kleinen Vandenhoeck-Reihe". Diese war eine Hardcover–Serie in einfachem Format (Geschenkausstattung 2,40 DM), aber mit wesentlich höherer Auflage.[43] Auf den neuen Rückdeckel fand man auch Anzeigen, allerdings weniger gezielt zusammengestellt. Der Käufer der *Geschichte der Natur* sollte sich ebensogut für Adorno wie für andere Physikbücher interessieren, was schon für sich eine interessante Tatsache darstellt.

Die Umstellung auf einen größeren Markt bedeutete auch eine Orientierung auf die neuen Taschenbuchserien. Bei Heisenberg beispielsweise umfaßte jede Auflage seiner Hirzelschen Vortragssammlung lediglich 5.000 Exemplare. Als er 1955 *Das Naturbild der modernen Physik* in Rowohlts Deutscher Enzyklopädie, der sogenannten *rde* (Band 8), veröffentlichte, wurden innerhalb von anderthalb Jahren mehr als 40.000 Exemplare verkauft. Im nächsten Jahrzehnt verdreifachte sich diese Zahl.[44] Heisenbergs Büchlein galt als Beispiel für die Marktwirksamkeit des Mediums, und die *rde* erschien auch Enzensberger als der Inbegriff der wissenschaftlichen Taschenbuchproduktion – nicht nur wegen ihres großen Erfolgs, sondern auch des enzyklopädischen Anspruches wegen, der allerdings bald zu einem kunterbunten Durcheinander geriet.[45] Obwohl Heisenbergs Fall keineswegs repräsentativ war, dokumentiert er doch einen allgemeinen Trend. In den ersten Bänden der *rde* finden sich ebenfalls Schriften von Oppenheimer und Einstein. Auch Laues *Geschichte der Physik* und Gerlachs populäre Schriften fanden Aufnahme; die Taschenbuchausgabe von Borns Monographie zur Relativitätstheorie, einer fachlichen Darstellung ohne großen weltbildlichen Anspruch, war für den Autor im Vergleich zu seinen anderen Publikationen ein großer finanzieller Erfolg.[46]

Allerdings war auch klar, daß Änderungen in Kauf genommen werden mußten. Der größere Absatz wog teilweise das niedrigere Autorenhonorar auf. Das Publikum für solche Taschenbücher war außerdem ein anderes als das der klassischen Leinenausgaben. Wie Heisenberg dem Ullstein-Verlag schrieb, der die Lizenz für die deutsche Ausgabe seiner Vortragsserie *Physik und Philosophie* erworben hatte, sollte eine parallele Leinenausgabe bei Hirzel kaum stören, denn „[d]er Käuferkreis für eine solche wesentlich teurere Ausgabe ist ja wohl grundsätzlich

---

[42] C.F. von Weizsäcker: Zum Weltbild ... a.a.o.; Zur Geschichte der Werbung vgl. F. Holl: Produktion ... a.a.o., S. 135-139.
[43] C.F. von Weizsäcker: Geschichte ... a.a.o..
[44] W. Heisenberg: Naturbild ... a.a.o.; vgl. auch seinen Briefwechsel mit Hirzel und Rowohlt in WHM.
[45] H. G. Göpfert: Bemerkungen zum Taschenbuch, in: Der Deutsche Buchhandel in unserer Zeit, Göttingen 1961, S. 102-109, hier S. 108; H.M. Enzensberger: Bildung, S. 125-127.
[46] J. R. Oppenheimer: Wissenschaft und allgemeines Denken, Hamburg 1955 (rde Bd. 6); A. Einstein, L. Infeld: Die Evolution der Physik. Von Newton bis zur Quantentheorie, Hamburg 1956 (rde Bd. 12); Max von Laue: Geschichte der Physik, Bonn 1946 (1. Auflage), 1947 (2. Auflage), 1950 (3. Auflage) und als Taschenbuchausgabe Frankfurt am Main 1959; W. Gerlach: Die Sprache der Physik, Bonn 1962; M. Born: Die Relativitätstheorie Einsteins, Berlin 1964 (4. Auflage); F. Holl, Produktion ... a.a.o..

verschieden von dem Ihrer Taschenbuchausgabe".[47] Der Physiker hatte Recht; von der Hirzel-Ausgabe wurden innerhalb von 12 Jahren nur 5.000 Exemplare verkauft, wogegen die verkaufte Auflage des Ullstein-Buches viel höher lag. Bekanntlich wurde versucht, den Absatz der Taschenbücher dadurch zu erhöhen, daß man den Ladenpreis senkte und man auf eine gediegene Ausstattung (Umschlag, Druckpapier, Einband), die den traditionellen kulturellen Anspruch eines Buches zum Ausdruck brachte, verzichtete. Damit erfaßte man auch (selbst wenn das nicht unbedingt erwünscht war) jüngere Leserkreise - z.B. Studenten und solche Leser, die die einfache Aufmachung nicht als störend empfanden.[48] Den meisten Physikern blieb dies alles etwas fremd. Auch wenn sie sich auf das Format einstellten, änderten sie an dem Inhalt ihrer Bücher fast nichts. Heisenberg fand den Rowohlt-Einband einfach häßlich. Auch wenn er das junge Publikum zu akzeptieren bereit war, fiel ihm offenbar die Vorstellung schwer, daß der größere Teil seiner Leserschaft eher aus Studenten und anderen Taschenbuch-Käufern bestand als aus seinen eigenen Altersgenossen.[49]

Die Taschenbücher waren nicht unumstritten. Der Bildungsaufgabe, die in den Taschenbuch-Reihen zum Ausdruck kam, stand ihr unverblümter Warencharakter gegenüber. Letzterer, der schon im Umschlag zum Ausdruck kam, zog nicht nur den Unmut der alten Bildungsbürger auf sich, sondern hatte auch seine zeitgenössischen Kritiker. Die Angst vor einer neuen Konsumgesellschaft war wohl übertrieben, da es ja taschenbuchähnliche Vertriebsformen seit langem gab.[50] Auch durfte man hoffen, daß die spektakulären oder oberflächlichen Aspekte der Medienlandschaft eine nachdenkliche Betrachtungsweise nicht zwangsläufig ausschlossen. Ein Taschenbuch kann natürlich ebenfalls Wertvolles liefern, und das Format allein kann die Aufnahme des zu Rezipierenden nicht bestimmen.[51] Der springende Punkt ist aber die Form des Auftretens, die doch eine zunehmende Anpassung an zeitgenössische Strömungen darstellte und deren Folgen für den traditionellen Kulturbegriff kaum förderlich waren. Auch die Vorträge und Bücher der Physiker wurden immer mehr zum Produkt eines kulturellen Markts, von dessen Dynamik sie bislang relativ abgekoppelt waren.

Das zeigt sich schließlich an den Reaktionen der Adressaten – die kulturellen Vermittler bzw. die Konsumenten. Die Popularität war nicht immer mit tiefer Einsicht gepaart. Manchmal wurden Physiker-Veranstaltungen zu echten „media events", wie z.B. die große Planck-Feier 1958 in Berlin (wiederum eine Gedenkveranstaltung!).[52] Nimmt man den Sonderfall Einstein aus, so wäre eine solche Feier vor 1945 kaum zu einem solchen Spektakel geraten. Für das breite Publikum war der genaue Inhalt der Vorträge der Physiker nicht immer so wichtig: natürlich ging es um das Weltbild, aber nicht immer in einer differenzierten Art und Weise. Unter Umständen waren die verschiedenen berühmten Physiker fast austauschbar. Wenn einer eine Vortragsvereinbarung in letzter Minute absagen mußte, konnte er durch einen ande-

---

[47] Heisenberg an W. E. Stichnote, 6.3.59, WHM, unter Ullstein.
[48] Für Erhebungen siehe R. Fröhner: Das Buch in der Gegenwart. Eine empirisch-sozialwissenschaftliche Untersuchung, Gütersloh 1961; H. K. Platte: Soziologie der Massenkommunikationsmittel. Analysen und Berichte, München 1965, Kap. 3; vgl. Cl. Leonhardt: Das Taschenbuch–seine Stellung und sein Einfluß im deutschen Buchmarkt, Redaktionelle Beilage zum Börsenblatt für den Deutschen Buchhandel, Frankfurter Ausgabe, Nr. 77 vom 27.9.85.
[49] Heisenberg an H. Scholz, 20.3.56, WHM, Altablage, Mappe 8.
[50] Siehe K.-H. Fallbacher: Taschenbücher im 19. Jahrhundert, Marbach am Neckar 1992; H. Friedrich: Zwischen Geist und Kasse. Die Taschenbuch-(Markt-)Story. Mit einem Blick auf den Deutschen Taschenbuch Verlag, in: J. Drews et al. (Hg.): "Macht unsere Bücher billiger!" Die Anfänge des deutschen Taschenbuches 1946 bis 1963, Bremen 1995, S. 22-31.
[51] Z.B. A. Göschel: Die Ungleichzeitigkeit in der Kultur. Wandel des Kulturbegriffs in vier Generationen, Essen 1995, S. 49-51.
[52] D. Hoffmann: Wider die geistige Trennung. Die Max-Planck-Feier(n) in Berlin 1958, in: Deutschland Archiv, 1996, Bd. 29, S. 525-534.

ren ersetzt werden, ohne daß dies besonders auffiel. Und wenn der Organisator einer Vortragsserie fand, daß einer etwas Interessantes gesagt hatte, dann ging manchmal die nächste Einladung an einen Kollegen mit der Bitte, von ihm etwas ähnliches hören zu wollen.[53] Vielen Zuhörern fiel es auch schwer, zwischen Physik (vor allem theoretischer Physik) und anderen Wissensgebieten zu unterscheiden: z.B. Numerologie, Astrologie, fliegende Untertassen, Wünschelrute (eine Spezialität von Gerlach), Parapsychologie (deren Problematik Jordan wiederholt thematisierte). Ich vermute auch, daß die Vielzahl der Vorträge von 1942 über das Energieprinzip und deren Publikation in einschlägigen Aufsatzsammlungen der Physiker dafür mitverantwortlich ist, daß in der Nachkriegszeit so viel Vorschläge für ein perpetuum mobile eingereicht wurden.[54]

Nicht zuletzt gab es Vorträge, die von allen Zuhörern hochgepriesen, allerdings von niemand eigentlich verstanden wurden. Die Lage läßt sich an zwei Heisenberg-Beispielen erläutern. 1950 leiteten die *Frankfurter Hefte* den Abdruck einer relativ schwierigen Heisenberg-Rede mit folgenden Worten ein:

„Wir veröffentlichen den Vortrag obgleich wir überzeugt sind, daß nicht fünf Prozent der Leser ihn verstehen werden. Auch wir haben ihn nicht verstanden und verstehen ihn nicht, denn wir sind keine Fachleute der Physik. Aber wir halten das Manuscript für ein klassisches Dokument, das zeigt, was in unserer Welt heute vorgeht und wovon unser Schicksal abhängen kann."[55]

Offenbar schlossen sich Unverständlichkeit und kultureller Wert nicht gegenseitig aus, denn Standardwerke der Kulturgeschichte legten Wert darauf, die als wichtig erkannten Naturwissenschaften zu integrieren. So findet man auf der letzten Seite der „Illustrierten deutschen Kulturgeschichte der letzten hundert Jahre", gewissermaßen als deren Höhepunkt, Heisenbergs Weltformel abgebildet. Sieht man sich dieses Bild einmal genauer an, so bemerkt man, daß die Formel verdreht abgedruckt ist. Offensichtlich ist das niemanden aufgefallen, denn dreizehn Jahre später - bei der amerikanischen Ausgabe - ist das Bild unverändert publiziert.[56]

Damit will ich nicht behaupten, daß die Physik auch nicht schon vorher für viele Menschen ein Mysterium war. Das Interessante ist jedoch das Ausmaß und die Offenheit, mit der nun die Physik – auch ohne physikalisches Verständnis – gefeiert wurde. Einerseits geradezu pathetisch, denn die physikalische Erkenntnis sollte nicht nur die tiefgehendste Innovation der modernen Geistesgeschichte sein, sondern sie sollte auch für die Praxis unvergleichliche Konsequenzen besitzen. Andererseits war die Physik gerade Bestandteil der modernen Konsumgesellschaft geworden. Was Enzensberger als „den leichten, den raschen, den unreflektierten Zugriff" charakterisierte, war eben eine Abwendung vom bildungsbürgerlichen Begriff der Kultur als Herausforderung: als etwas, woran man arbeiten muß, um es sich eigen zu machen. Die Physik gehörte nun zu den Fertigprodukten. Dies war nicht zuletzt für die Verteidiger des alten Begriffes, zu denen viele Physiker gehörten, schrecklich - obwohl sie letztlich selbst dazu beigetragen hatten. Diese Eigenschaft teilte im übrigen die Physik mit anderen Bereichen

---

[53] Heisenberg-Beispiele: Gerhard Hennemann an Heisenberg, 25.11.49, WHM, 49; [unlesbar], Stadtbücherei- und Archivdirektor, an Heisenberg, 2.11.48, WHM, 49 unter Solingen; Dr. Schürenberg an Heisenberg, 21.6.47, WHM, 46-47 unter Suhrkamp Verlag; Arno Hennig an Heisenberg, 14.7.48, WHM, 48 unter Sozialdemokratische Partei Deutschlands; Heisenberg an Direktor Pflügel, 9.12.47, WHM, 47.

[54] Vgl. die Sammlung "Erfinder" im WHM.

[55] W. Heisenberg: Die Quantentheorie. Eine Formel, die die Welt veränderte, in: Frankfurter Hefte, 1951, Bd. 6, S. 395-406, hier S. 395. In W. Heisenberg: Gesammelte Werke, Abt. C, Bd. 1 wird der Vortrag nach der Version 50 Jahre Quantentheorie, in: Die Naturwissenschaften, 1951, H. 38, S. 49-55 wiederdruckt.

[56] E. Johann, J. Junker: Illustrierte deutsche Kulturgeschichte der letzten hundert Jahre, München 1970, S. 227; German cultural history from 1860 to the present day, München 1983, S. 205.

des klassischen Kulturlebens. Nach Meinung der Konsumkritiker gehörte sie – hier folge ich der Bemerkung eines damals noch jungen Philosophen namens Jürgen Habermas – zu den „Dinge[n] [...] die sich nicht eigentlich konsumieren lassen, sei's die Appassionata, sei's Guernica, sei's die allgemeine Relativitätstheorie".[57] Gerade auf diese paradoxe Weise reihte sich die Physik in der Nachkriegszeit in die westdeutsche Kulturlandschaft ein.

---

[57] J. Habermas: Konsumkritik – speziell zum Konsumieren, in: Arbeit, S. 47-55, hier S. 47.

Institutionen

NORMAN FUCHSLOCH

Autonomie der Hochschule oder staatlicher Zwang?
Die Auflösung des Radium-Instituts der Bergakademie Freiberg und das Gesetz Nr. 25 der Alliierten Kontrollbehörde

Mit einem Schreiben vom 3. August 1948 übermittelte die Abteilung Forschung und Entwicklung des Sächsischen Ministeriums für Volksbildung dem Rektor der Bergakademie Freiberg die Entscheidung der Sowjetischen Militäradministration Deutschlands (SMAD) weitere wissenschaftliche Arbeiten im Radium-Institut der Bergakademie zu untersagen. An den siebzigjährigen und schon seit beinahe fünf Jahren emeritierten Direktor des Instituts Prof. Dr. Gustav Aeckerlein erging seitens der SMAD zugleich das ihn als Person betreffende Verbot, zukünftig „selbständige Forschungsarbeiten mit Benutzung der radioaktiven Stoffe auszuführen."[1] Zur Begründung verwies das Ministerium auf das Kontrollratsgesetz Nr. 25, das „Gesetz zur Regelung und Ueberwachung der wissenschaftlichen Forschung".

Der Kontrollrat erließ das Gesetz mit dem Ziel, „(Um) wissenschaftliche Forschung für militärische Zwecke und ihre praktische Anwendung für solche Zwecke zu verhindern, und um sie auf anderen Gebieten, wo sie ein Kriegspotential Deutschlands schaffen könnte, zu überwachen und sie in friedliche Bahnen zu lenken (...)." Für die Tätigkeit des Radium-Instituts einschlägig wäre Ziffer 1 der Verbotsliste gewesen, „Angewandte Atomphysik", im Verzeichnis „Angewandte wissenschaftliche Forschung, die vorherige Genehmigung erfordert", fand sich „7. Radioaktivität für andere als medizinische Zwecke".[2] Durch Abdruck im Sächsischen Tageblatt vom Sonnabend, den 11. Mai 1946, S. 2, war Aeckerlein dieses Gesetz bekannt.

Im folgenden ist zu diskutieren, ob diese Regelungen für das faktische Ende der Existenz des Radium-Instituts einschlägig waren. Um diese Frage zu beantworten, sind Forschungsgegenstände wie auch institutionelle Rahmenbedingungen für das Radium-Institut zu skizzieren.

Die Gründung des Radium-Instituts stand in engem Zusammenhang mit der Frage, welche Ursachen dem Therapieerfolg in der Behandlung verschiedener Krankheiten nach dem Konsum von Wasser aus heilkräftigen Quellen zugrundelagen. Mit der Entdeckung des Phänomens der Radioaktivität 1896 schien man der Lösung nähergekommen. Gustav Aeckerlein faßte die Entwicklung und die Auswirkung auf die Bergakademie Freiberg wie folgt zusammen:

„Das Radium-Institut ist 1908 aus dem Hüttenmännischen Institut hervorgegangen.[3] Wie Pallas Athene dem Haupte des Zeus entsprang, so löste sich aus dem altehrwürdigen, erzgerüsteten Haupte des Hüttenfaches ein jugendliches Glied los, das dem jüng-

---

[1] Archiv der TU Bergakademie Freiberg (im nachfolgenden: TU BAF), Ph 36, Manuskript G. Aeckerlein an Landesregierung Sachsen, Ministerium für Volksbildung, Abt. Forschung und Entwicklung, 2.9.1948.
[2] Alliierte Kontrollbehörde - Kontrollrat: Gesetz Nr. 25. Gesetz zur Regelung und Ueberwachung der wissenschaftlichen Forschung, in: Sächsisches Tageblatt vom 11.5.1946, S. 2.
[3] Anm. N. Fuchsloch: Hier irrt Aeckerlein. 1908 datiert lediglich der Beginn jener Arbeiten, die 1912 zur Gründung des Radium-Instituts führten.

sten, nur atomhaft materiellen und phantasievollsten Zweige der Naturwissenschaften dienen sollte. Der Anlaß zu diesem Vorgang war freilich recht nüchtern und materiell: in St. Joachimsthal in Böhmen hatte man im Uranbergwerk ein beträchtlich radioaktives Stollnwasser entdeckt, aus dem man im Geiste ein lukratives Weltbad erstehen sah. Im Sachsenlande regte sich das Verlangen, ähnliche Zusammenhänge zwischen Uranlagern und Bodenwässern aufzudecken und auszubeuten."[4]

Ein Auftrag zur wissenschaftlichen Analyse dieser Möglichkeiten erging vom Sächsischen Finanzministerium an den Leiter des Hüttenmännischen Instituts der Bergakademie, Carl Wilhelm Anton Schiffner. Aeckerlein schrieb weiter:

„Schiffner und seine Mitarbeiter Weidig und Friedrich waren in der glücklichen Lage, 4 Jahre lang inmitten eines alten Kultur- und Industrielandes auf Entdeckungsreisen ausgehen und völlig Neues und Wunderbares erschließen zu können, wie Forscher in einem unbekannten, wilden Erdteil. Über 1000 Quell-, Brunnen- und Stollnwässer wurden untersucht."[5]

Ihre Ergebnisse legten die Forscher in einem vierteiligen Werk, erschienen in den Jahren von 1908 bis 1912, vor.[6] Sachsen, das „Land der radioaktiven Quellen", gelangte kurz darauf durch Brambacher Sprudel und das 1913 entstandene Radiumbad in Oberschlema[7] zu Ruhm. Um eine kontinuierliche Untersuchung, Überwachung und Erforschung der Quellwässer zu ermöglichen, wurde schließlich 1912 das Radium-Institut an der Bergakademie Freiberg aus dem seinerzeitigen Institut für Physik[8] ausgegliedert. Der erste Leiter, Prof. Dr. Weidig, starb jedoch im gleichen Jahr,[9] sein Nachfolger, Prof. Dr. Heinrich Willy Schmidt im Folgejahr und der a.o. Prof. Dr. phil. Friedrich Kohlrausch, seit 1. Oktober 1913 Leiter des Instituts,[10] fiel 1914 im Krieg.[11] Prof. Dr. P. Ludewig, seit 1916 Instituts-Direktor, starb am 10. Juli 1927 im Alter von nur 44 Jahren.[12] Sein Nachfolger wurde Gustav Aeckerlein.

Am 18. März 1878 in Leipzig geboren studierte Aeckerlein in Leipzig, Straßburg und Würzburg Naturwissenschaften und Mathematik. 1902 promovierte er in Straßburg zum Dr. phil. nat. über „Die Zerstäubung galvanisch glühender Metalle" und bestand 1904 die Staatsprüfung für das Lehramt an höheren Schulen. Seit 1900 war er mit Unterbrechung eines Probejahrs für den Schuldienst Assistent des Nobelpreisträgers für Physik 1909 Prof. Ferdinand Braun. Im Jahr 1916 erhielt er eine Einberufung zum Heeresdienst. Nach dem Verlust seiner Straßburger Stelle nahm er 1919 eine Assistentenstelle am Physikalischen Institut der Universität Frankfurt am Main an und ging 1924 nach wechselvoller beruflicher Entwicklung an die Bergakademie Freiberg. 1927 habilitierte sich Aeckerlein mit einer Arbeit „Über eine neue Methode der optischen Temperaturmessung in Öfen" für das Fach „Physik im Bergbau und Hüttenwesen". An der Bergakademie übernahm er 1928 im Alter von 50 Jahren als planmäßiger a.o. Professor die Leitung des Radium-Instituts und in Personalunion 1930 verbunden

---

[4] G. Aeckerlein: Das Radium-Institut, in: Blätter der Bergakademie Freiberg Nr. 9, Sommer 1933, S. 2-6 (2).
[5] G. Aeckerlein: Radium-Institut, S. 2 (s. o. Fußn. 4).
[6] C. Schiffner, M. Weidig: Radioaktive Wässer in Sachsen. 4 Teile. Freiberg 1908-1912.
[7] M. Kaden et al.: Geschichte der Urangewinnung in sächsischen Lagerstätten vor 1945, in: Sächsische Heimatblätter, 41, 1995, S. 254-255, geben den 23. Juni 1913 als Start der ersten Trinkkuren an.
[8] Auf die jenes Institut betreffenden hochschulinternen Umorganisationen ist hier nicht einzugehen.
[9] Am 5. November 1912. P. Ludewig, Das Radium-Institut der Bergakademie zu Freiberg in Sachsen, in: Glückauf, 23, 1919, S. 1-3 (1).
[10] Zuvor technischer Direktor der allgemeinen Radiumaktiengesellschaft in Amsterdam. P. Ludewig, Radium-Institut, S. 1 (s. o. Fußn. 9).
[11] G. Aeckerlein, Radium-Institut, S. 3 (s. o. Fußn. 4).
[12] Fritzsche: Die Entwicklung der Bergakademie seit Kriegsende, in: Blätter der Bergakademie Nr. 1, Sommer 1929, S. 5 ff. (10).

mit einem Ordinariat die Leitung des Instituts für Physik, das aus der Elektrotechnik herausgelöst wurde.

Kurze Zeit später stand die Existenz der Bergakademie insgesamt in Frage. Der Verlauf der parlamentarischen Auseinandersetzung im Sächsischen Landtag ist in einem Bericht von Oberregierungsrat Studentkowski vom Sächsischen Ministerium für Volksbildung vom 11. November 1937 zusammengefaßt:

„Bei der Beratung des sächs. Staatshaushaltsplans für das Jahr 1931 durch den Landtag wurde in der Sitzung des Haushaltsausschusses A am 19. Juni 1931 von dem <u>demokratischen</u> Abgeordneten Claus-Leipzig zwischen der Zahl der Professoren und sonstigen wissenschaftlichen Hilfskräfte der Bergakademie und der Zahl der Studenten der Bergakademie (damals 214) ein Missverhältnis festgestellt, aus dem Claus die Frage ableitete, ob die Bergakademie überhaupt noch aufrecht erhalten werden könne. Dem trat der <u>SPD-</u>Abgeordnete Harsch bei. Berichterstatter zum Kap.56 des Haushaltsplans Bergakademie Freiberg war der <u>kommunistische</u> Abgeordnete Siegel. Dieser hatte zu Bebinn {sic!} der Beratung gebeten, das Etatkapitel anzunehmen, wenn er auch erklärte, dass die Kommunisten „selbstverständlich" gegen das Kapitel stimmen würden. Als die Aussprache ergab, dass Demokraten und Sozialdemokraten gegen die Existenz der Bergakademie Vorstöße zu unternehmen bereit waren, änderte am Schluss der Beratung Siegel sein Votum um und stellte den Antrag, das ganze Kap.56 Bergakademie abzulehnen. Dem wurde allerdings nicht stattgegeben, vielmehr der sozialdemokratische Antrag auf Aussetzung der Abstimmung angenommen mit dem gleichzeitigen Ersuchen an die Regierung, eine Zusammenstellung an den [23 RS] Haushaltsausschuss A zu geben, aus der Einzelheiten über Frequenz und Besetzung der Bergakademie mit Lehrkräften zu erkennen sein sollte (...)."[13]

Und weiter:

„Die Beratung des Haushaltsausschusses A und Abstimmung über Kap.56 Bergakademie (...) fand am 3.7.1931 ihre Fortsetzung. (...) Nach dem Ergebnis der Abstimmung hat (...) der Haushaltsausschuss A des Landtags den Antrag angenommen, dem Landtag die Herabsetzung der Zahl der Professoren der Bergakademie von 23 um mindestens 4 [vor]zuschlagen. Da dieser Antrag voraussichtlich auch im Landtag selbst angenommen würde, wurde der Rektor der Bergakademie mit der VO. vom 4.7.31 aufgefordert Vorschläge einzureichen, welche Professuren künftig wegfallen könnten.

Der Rektor hat darauf unter dem 18.7.31 (..) berichtet und für den Wegfall vorgeschlagen:
1.) die Professur für angewandte Chemie (Döring) [24]
2.) die Professur für Volks- und Staatswirtschaftslehre (Hofmann)
3.) die Professur für Wärmewirtschaft (Seidenschnur).

Eine vierte Professur für den Wegfall erklärten Rektor und Senat nicht vorschlagen zu können (...)."[14]

Obwohl es nicht mehr zu einer formalen Annahme dieser Vorschläge in dritter Lesung kam, wurde seitens des Finanzministeriums angenommen, daß der Landtag damit seinen Willen auf Streichung von 4 Professuren geäußert hatte.[15] Die Bergakademie kam dieser Interpretation entgegen und schlug vor, die zwar in den Haushaltsplan eingestellten, jedoch noch

---

13 Sächsisches Landeshauptarchiv Dresden: Landesregierung Sachsen, Ministerium für Volksbildung (im nachfolgenden: LHA DD), Nr. 16077, fol. 23, Aktennotiz Studentkowski, 11.11.1937.
14 LHA DD, Nr. 16077, fol. 23 RS/24, Aktennotiz Studentkowski, 11.11.1937.
15 So die ausdrückliche Formulierung Studentkowskis.

nicht besetzten Professuren für Geophysik und für Hüttenkeramik noch im Rechnungsjahr 1931 zu streichen. Im Haushaltsplanentwurf für 1932 erschienen für die Bergakademie nur noch 21 Professuren, darunter zwei mit k.w.-Vermerk bedachte: die Lehrstühle für angewandte Chemie (Theodor Döring) und für Wärmewirtschaft (Fritz Seidenschnur). Nachdem Seidenschnur als "Halbjude" 1934 pensioniert wurde,[16] verblieb einzig bei der Professur Döring der k.w.-Vermerk.

Der Wegfall des Lehrstuhls für angewandte Chemie war noch beschlossene Sache, als die Bergakademie sich 1937 in Verhandlungen befand, die Nachfolgefrage für die Lehrstühle Physik und Radiumkunde, Elektrotechnik, Metallkunde des Eisens und der Nichteisenmetalle und Physikalische Chemie sowie für Eisenprobierkunde und chemische Technologie zu regeln. Um die vom Reichswirtschaftsministerium wie auch vom Sächsischen Volksbildungsministerium geforderte Berufung von Prof. Schiebold aus Leipzig auf eine ordentliche Professur an der Bergakademie durchzuführen, zugleich aber den Lehrstuhl für Metallkunde mit einem Kandidaten der eigenen Wahl zu besetzen, betrieb die Bergakademie die Einrichtung einer ordentlichen Professur für technische Röntgenkunde und physikalische Chemie. Um für die Nachfolge Metallkunde freie Hand zu haben, war jedoch innerhalb des Haushaltsplans der k.W.-Vermerk bei der Professur für angewandte Chemie an einer anderen Stelle anzubringen, zugleich war der Zuschnitt der Lehrstühle und Institute zu verändern. Im Protokoll einer Besprechung zwischen Vertretern der Bergakademie, dem Sächsischen Volksbildungsministerium und dem zuständigen Referenten im Reichserziehungsministerium vom 26. August 1937 in Berlin hieß es hierzu:

> „Die Professoren Maurer und Brenthel meinten, dass ein hierzu führender Weg evtl. dadurch gegeben wäre, dass bei der ebenfalls im nächsten Jahr vorzunehmenden Neubesetzung der Professur Brion (Elektrotechnik) darauf Bedacht genommen werde, dass der künftige Inhaber dieses Lehrstuhls ausser der Elektrotechnik auch, wie es schon früher der Fall gewesen sei, die Vertretung der Physik (jetzt Prof.Aeckerlein) mit übernehme. Prof.Aeckerlein habe bis zum Kriegsende in Strassburg gelehrt. Er sei seinerzeit, als es sich darum gehandelt habe, die Professoren der Univ. Strassburg nach deren Auflösung an anderen Universitäten unterzubringen, für das Gebiet der Physik nach Freiberg berufen worden. Da der Vertreter der Elektrotechnik (Prof. Brion) nur 2 Stunden Vorlesungen und 2 Stunden Übungen pro Semester zu halten habe, so werde man davon ausgehen können, dass ihm nach der Emeritierung von Prof.Aeckerlein, die in etwa 6 Jahren erfolge, die Übernahme der Vertretung der Physik ohne weiteres möglich sein würde, sodass damit die bisher von Prof.Aeckerlein bekleidete Professur entbehrlich werde."[17]

Und weiter:

> „Setzt man aber die noch herbeizuführende Zustimmung der Bergakademie und der einzelnen betroffenen Fachvertreter zu einer solchen Lösung voraus, so ergibt sich im ganzen folgendes Bild:
>
> Prof. Heike vertrat: Metallkunde des Eisens und der Nichteisenmetalle und die Physikalische Chemie
> Prof. Döring vertritt: Eisenprobierkunde (4/5) und chemische Technologie (1/5)
> Prof. Brion vertritt: Elektrotechnik (2 Std. Vorlesungen, 2 Std. Übungen pro Semester)
> Prof.Aeckerlein vertritt: Physik und Radiumkunde.
> Da im Fall einer zusätzlich möglichen Berufung von Prof.Schiebold die Bergakademie in ihrem Vorschlag C die Berufung von Dr.Ing.habil. Bischof auf den Lehrstuhl Heike

---

[16] LHA DD, Nr. 16077, fol. 25 RS, Aktennotiz Studentkowski, 11.11.1937.
[17] LHA DD, Nr. 16077, fol. 5, Aktennotiz Studentkowski.

in Vorschlag gebracht hat, so würde die Aufteilung der bisher von den oben genannten 4 Professoren vertretenen Gebiete künftig in folgender Form geregelt werden können:
[7] Nachfolge Heike: Dr. Bischof: Metallkunde des Eisens, Physikalische Chemie und Elektrochemie
Nachfolge Döring: Schiebold: Metallkunde der Nichteisenmetalle und technische Röntgenkunde. (....)
Nachfolge Brion: (N.N.) Elektrotechnik und Physik
Professur Aeckerlein: künftig wegfallend."[18]

Damit brachten die Professoren Maurer und Brenthel als Vertreter der Bergakademie eine autonom getroffene Entscheidung der Hochschule in die Diskussion ein, die schließlich erst die sowjetisch kontrollierte Verwaltung umsetzte.

Die Planungen wurden durch die Absage des in Aussicht genommenen Kandidaten Bischof vorübergehend obsolet.[19] Zwischenzeitlich wechselte zudem die Leitung der Bergakademie, der überzeugte Nationalsozialist Robert Höltje, Professor für Chemie, amtierte nunmehr als Rektor. Höltje brachte in einem Vortrag bei ORR Studentkowski am 8. Oktober 1937 in Dresden neue Gesichtspunkte ins Spiel:

„Möglichkeit der späteren Zusammenlegung von Ordinariaten.

Bei den Besprechungen in Berlin wurde von der Möglichkeit gesprochen, gegebenenfalls Physik und Elektrotechnik bei der Emeritierung von Professor Aeckerlein zu vereinigen, um vordringliche Neuforderungen leichter durchsetzen zu können. Der Senat erhebt gegen eine derartige Vereinigung starke Bedenken, denen ich mich anschliesse. Die Physik ist ein so wichtiges Grundfach, dass sie nicht hinter anderen Fächern zurückstehen darf, was bei der Übertragung an einen [gestr.: Elektriker] Elektrotechniker immer zu befürchten ist. Dem Lehrstuhl für Physik sind ausserdem die Abteilungen für Radiumkunde und Geophysik angegliedert. Aus diesem Grunde würde auch eine Übernahme der Elektrotechnik durch einen Physiker nicht in Frage kommen. Ferner wird die Elektrotechnik künftig stärker belastet sein als zur Zeit, da geplant ist, die Vorlesung über Fördermaschinen, die jetzt vom Professor für Maschinenkunde gelesen wird, an den Elektrotechniker abzugeben. Durch diese Regelung tritt nicht nur eine Entlastung des Professors für Maschinenkunde ein, sondern es kann auch das Gebiet ´Fördermaschinen´ die von den Fachprofessoren gewünschte Ausgestaltung erhalten.

Aus diesen Gründen ist eine Zusammenlegung von Physik und Elektrotechnik nicht vertretbar.

Dagegen erscheint es unter Umständen möglich, die Ordinariate für Mathematik und Technische Mechanik zu vereinen."[20]

Am 12. Februar 1938 verhandelte das Sächsische Ministerium für Volksbildung mit Professor von Schwarz über die Annahme des ergangenen Rufs auf die Professur für Metallkunde. In einem Gespräch mit dem Referenten von Seydewitz am gleichen Tage nahm Höltje eine neue Position ein.

Er

„erklärte, er habe seinerzeit die Errichtung einer Professur der genannten Art, auf die Prof. Schiebold - Leipzig berufen werden solle, vor allem um deswillen betrieben, weil

---

18 LHA DD, Nr. 16077, fol. 6 - 7, Aktennotiz Studentkowski.
19 LHA DD, Nr. 16077, fol. 11, Rektor der Bergakademie Freiberg an ORR Studentkowski, 15.9.1937.
20 LHA DD, Nr. 16077, fol. 18, Denkschrift R. Höltje zum Vortrag vom 8.10.1937.

sonst die Gefahr bestanden habe, daß das Wirtsch.-Min., welches auf eine Mitarbeit Schiebolds in Freiberg großen Wert lege, alle Hebel in Bewegung setzen werde, diesen auf den Lehrstuhl für Metallkunde zu bringen. Die Begründung eines ordentlichen Lehrstuhls für technische Röntgenkunde und physikalische Chemie halte er aus sachlichen Gründen nicht für unbedingt notwendig. Der einzige, der einen Lehrstuhl für technische Röntgenkunde (Makrountersuchungen) an der Bergakademie befürworte, sei Prof. Brenthel, der aber offenbar die Auswirkungen eines solchen Lehrstuhls überschätze. Für physikalische Chemie würde an sich ein Lehrauftrag nach seiner Meinung genügen, wie er ja auch seinerzeit beantragt worden sei."[21]

Und weiter:

„Der Rektor wies auch noch darauf hin, daß ja durch die heute stattfindenden Berufungsverhandlungen mit Prof.v.Schwarz eine neue Lage geschaffen sei, denn abgesehen davon, daß damit nun die Metallkunde in geeignete Hände komme, habe auch Prof.v.Schwarz röntgenologisch bereits gearbeitet, so daß er also auch dieses Gebiet übernehmen könne."[22]

Das Volksbildungsministerium durfte sich zurecht brüskiert fühlen, zumal es Höltje in der Folgezeit gelang, sich die Ausstattung der Professur Döring und des von Döring geleiteten Instituts für sich selbst zu sichern.[23]

In der wenig später aufkommenden Diskussion, ob es nicht möglich wäre, gemeinsam an der TH Dresden und der Bergakademie vorhandene Fächer zu einer gemeinsamen Ausbildung zu nutzen, vertrat Höltje die Ansicht, daß der Charakter schon der Grundfächer sehr verschieden sei, da sie inhaltlich an späteren montanistischen Hauptfächern orientiert wären. So sei der Professor für Physik, also Aeckerlein, zugleich „Direktor des Instituts für Geophysik und Radiumkunde".[24] Dies war schlicht erfunden, führte jedoch mit der restlichen Argumentation dazu, der Bergakademie ihre Eigenständigkeit zu erhalten und vor einer Kooperation mit der TH Dresden zu bewahren, aus der sie sich wenige Jahre zuvor erst gelöst hatte.

Dessenungeachtet blieb der k.W.-Vermerk nun vorerst mit der Stelle Aeckerlein verbunden. Im Frühjahr 1939 beschloß der Senat der Bergakademie, nach Aeckerleins Emeritierung das Institut für Physik der Elektrotechnik, das Institut für Radiumkunde der Geophysik einzugliedern. Aeckerlein bemühte sich mit einer ausführlichen Denkschrift, die „für die Bergakademie sehr nachteilige Entscheidung zu verhüten",[25] was ihm für das Institut für Physik glückte, nicht aber für das Radium-Institut. Er strebte schließlich die Eingliederung des Radium-Instituts in die Physik an.

Aeckerlein wurde „mit Ablauf des Monats September 1943 von den amtlichen Verpflichtungen entbunden", jedoch sogleich, wie ihm das Volksbildungsministerium per Schreiben vom 29.2.1944 mitteilte, „(...) mit Wirkung vom 1.10.1943 ab auf Widerruf wieder in den Dienst gestellt und nachträglich mit der vertretungsweisen Wahrnehmung Ihres bisherigen Lehrstuhls an der Bergakademie Freiberg und der Leitung des Instituts für Physik und Radiumkunde daselbst beauftragt."[26] Mit Schreiben vom gleichen Tag forderte das Volksbil-

---

[21] LHA DD, Nr. 16077, fol. 52, Aktennotiz Ministerialrat von Seydewitz, 12.2.1938.
[22] LHA DD, Nr. 16077, fol. 53, Aktennotiz Ministerialrat von Seydewitz, 12.2.1938.
[23] LHA DD, Nr. 16075.
[24] LHA DD, Nr. 16077, fol. 56, Rektor der Bergakademie Freiberg an Leiter des Ministeriums für Volksbildung, 3.3.1938.
[25] TU BAF, Ph 36, G. Aeckerlein an Rektor, 23.3.1939.
[26] LHA DD, Nr. 16087, Nachfolge: Aeckerlein, Lehrstuhl für Physik und Radiumkunde, Der Reichsstatthalter in Sachsen, Landesregierung, Ministerium für Volksbildung an Herrn Prof. Dr. Gustav Aeckerlein, Parkstraße 8, Freiberg, Dresden, 29.2.1944, Az.: IV. Berg: 4 P 3/43 und 1 a P 3/44. In diesem Schreiben sind die von

dungsministerium den Rektor der Bergakademie auf, einen Vorschlag mit der üblichen Zahl von drei Bewerbern für die Wiederbesetzung der Professur baldmöglichst einzureichen.[27] Nach drei Monaten hatte die Bergakademie jedoch noch nicht reagiert, sodaß das Volksbildungsministerium um eine Stellungnahme nachsuchte. Mit Datum vom 6. Juni 1944 schrieb der Rektor zurück: „Die Vorarbeiten zur Wiederbesetzung des durch die Emeritierung von Professor Dr. Aeckerlein freigewordenen Lehrstuhls sind noch nicht abgeschlossen, da die angeforderten Auskünfte über das fachliche Können der in Aussicht genommenen Wissenschaftler aus kriegsbedingten Gründen sehr verspätet und zum Teil bis heute noch nicht eingegangen sind. Ich hoffe aber, in nächster Zeit über diese Angelegenheit weiter berichten zu können."[28] Entsprechend berichtete das Sächsische Ministerium für Volksbildung dem Reichsminister für Wissenschaft, Erziehung und Volksbildung in Berlin.[29] Ebensowenig reagierte die Bergakademie auf die nächste Aufforderung, Bericht zu erstatten. Sie ließ das Schreiben vom 2. September 1944 zunächst unbeantwortet.[30]

Aeckerlein schlug im September 1944 vor, mit der anstehenden Besetzung des Lehrstuhls für Physik auch den Fortbestand der Radiumkunde an der Bergakademie zu sichern.[31] Auf eine deutliche Mahnung vom 5. Oktober[32] hin berichtete die Bergakademie schließlich lapidar nach Dresden: „Die Erörterungen werden weiter betrieben, machen aber unter den heutigen Verhältnissen Schwierigkeiten." Mehr hatte man aus Dresden nach Berlin vor Ende des Krieges auch nicht mehr zu berichten.[33]

Am 7. Mai 1945 wurde die unzerstörte Bergstadt Freiberg kampflos an die einrückende Rote Armee übergeben. Schwierig gestaltete sich für die Bergakademie der Übergang in die neue Zeit unter sowjetischer Aufsicht. Zwar hatte der Senat auf seiner ersten Sitzung nach Ende des Krieges am 28. Mai 1945 versucht, auf Betreiben des früheren Rektors Friedrich Schumacher, Inhaber des Lehrstuhls für Geologie und Lagerstättenkunde, die Entnazifizierung unter eigener Kontrolle energisch voranzutreiben. Dazu hatte man den früheren Rektor Höltje noch posthum nach seinem Selbstmord, zuvor brachte er noch Frau und Kinder um, mit Schimpf und Schande aus der Gemeinschaft der Bergakademie ausgeschlossen.[34] Die Suche nach einem geeigneten Kandidaten für das Rektorenamt gestaltete sich jedoch schwierig. Zwar war Schumacher kein Parteigenosse gewesen, kam aufgrund eines Treuebekenntnisses zu Hitler aber nicht in Betracht. Die Wahl fiel schließlich auf Friedrich Regler. Der vormalige Lei-

---

Aeckerlein in Personalunion geführten, aber als selbständige Einrichtungen bislang betrachteten Institute verbal schon zusammengefaßt, ebenso wie im Titel der zu diesem Vorgang angelegten Akte.

27 LHA DD, Nr. 16087, Der Reichsstatthalter in Sachsen, Landesregierung, Min. für Volksbildung an Rektor der Bergakademie Freiberg, Dresden, 29.2.1944, Az.: IV. Berg: 4 P 3/43 und 1 a P 3/44 zu P: A 1.3.

28 LHA DD, Nr. 16087, Der Reichsstatthalter in Sachsen, Landesregierung, Min. für Volksbildung an Rektor der Bergakademie Freiberg, Dresden, 29.2.1944, Az.: IV. Berg: 4 P 3/43 und 1 a P 3/44 zu P: A 1.3.

29 LHA DD, Nr. 16087, Der Reichsstatthalter in Sachsen, Landesregierung, Min. für Volksbildung, Ref.: Schwender, Ausf.: Göring, an Reichsminister für Wissenschaft, Erziehung und Volksbildung, Berlin, Dresden, am 10. Juni 1944 Az.: IV. Berg: 1 c P 3.

30 LHA DD, Nr.16087, Der Reichsstatthalter in Sachsen, Landesregierung, Ministerium für Volksbildung, Ref.: Schwender, Ausf.: Göring, an Rektor der Bergakademie Freiberg, Dresden, am 2. September 1944 Az.: IV. Berg: 1 d P 3 / zu Ber. 13.

31 TU BAF, Ph 36, G. Aeckerlein an Rektor, 1.9.1944.

32 LHA DD, Nr. 16087, Der Reichsstatthalter in Sachsen, Landesregierung, Min. für Volksbildung, Ref.: Schwender, Ausf.: Göring, an Rektor der Bergakademie Freiberg, Dresden, am 5. Oktober 1944 Az.: IV. Berg: 1 e P 3 / zu Ber. 13.

33 LHA DD, Nr. 16087, Der Reichsstatthalter in Sachsen, Landesregierung, Min. für Volksbildung, Ref.: Schwender, Ausf.: Göring, an Reichsminister für Wissenschaft, Erziehung und Volksbildung, Berlin, Dresden, am 24.11.44 Az.: IV.Berg: 1 f P 3.

34 H. Albrecht: Wiedereröffnung oder Neubeginn? Die Bergakademie Freiberg nach dem Ende des Dritten Reiches, in: Zeitschrift für Freunde und Förderer der Bergakademie Freiberg, 3, 1994/1996, H. 1/2, S. 25-33; N. Fuchsloch: Prof. Dr. Friedrich Schumacher und die Entnazifizierung der Bergakademie. Ein Zufallsfund aus dem Archiv der Bergakademie, in: Zeitschrift für Freunde und Förderer der Bergakademie Freiberg, 5, 1998, S. 50-52.

ter der Abteilung Röntgen des Instituts für Materialprüfung[35] war einer der wenigen Wissenschaftler der Bergakademie, die neben Schumacher und Aeckerlein nicht auf eine parteipolitische Karriere in Nazideutschland zurückblicken konnten. Die weiterhin gültigen Bestimmungen der Rektoratsverfassung erforderten es jedoch, daß der Rektor einen Lehrstuhl innehaben mußte. Für Regler wurde daher eigens ein Ordinariat für Physik geschaffen. Damit endete die Personalunion in der Leitung der Institute für Physik und Radiumkunde zum 1. Dezember 1945.[36] Erneut dienten die von Aeckerlein vertretenen Fächer als Steinbruch, um verwaltungstechnische Probleme der Bergakademie zu lösen.

Schon zu diesem Zeitpunkt wäre die Professur für Radiumkunde vermutlich in Fortfall gekommen, hätte Aeckerlein nicht für das inzwischen gegründete Technische Büro Buntmetalle wichtige Forschungsaufträge zu erfüllen gehabt. In einem Antrag, den er zusammen mit Friedrich Schumacher unterzeichnete, der inzwischen zum Leiter des Büros avancierte, unterbreitete er als Vorschlag für Forschungsarbeiten den Bau unterschiedlicher tragbarer Apparaturen zur Uranerzprospektion. Aeckerleins Vorschlag fand Zustimmung seitens der SMAD, und von mannigfaltigen Schwierigkeiten begleitet, sollten sich die Arbeiten daran bis zum Frühjahr 1948 hinziehen. Um die Aufträge erfüllen zu können, bestellte Aeckerlein sogar eine der Apparaturen in Göttingen und ließ sie durch den Hessischen Fernverkehr nach Freiberg transportieren - die größte Schwierigkeit bestand in der Überweisung der vereinbarten Vertragssumme aus der amerikanischen in die britische Besatzungszone, wobei der Schuldner mit Aeckerlein ja in der sowjetischen Besatzungszone residierte. So ermöglichten es die Arbeiten Aeckerleins unter wohlwollender Aufsicht der West-Alliierten, die Uranprospektion im Erzgebirge voranzutreiben und somit die fühlbare Uran-Lücke im sowjetischen Atombombenprogramm zu überwinden.[37] Die einzigen Gründe für eine Auflösung des Radium-Instituts aufgrund des Kontrollratsgesetzes Nr. 25 entstanden somit durch Aufträge einer Besatzungsmacht selbst, wobei Aeckerlein diese Aufträge unter der Kontrolle eben der SMAD zum Nutzen der UdSSR ausführte.

Nach Abschluß der Forschungsaufträge durch Aeckerlein stellte sich die Frage nach der Zukunft des Radium-Instituts. Am 29. April 1948 änderte die Abteilung Hochschulen und Wissenschaft des Ministeriums für Volksbildung den Namen des Radium-Instituts in „Institut für radiologische Quellenforschung" um.[38] Über das Motiv dieser Maßnahme bestand für Aeckerlein im nachhinein kein Zweifel: „Diese Namensänderung soll den Verdacht beseitigen, daß im Institut Radiumforschung, d.h. Erforschung des Atomkerns und seiner Energie, betrieben wird. Das ist niemals der Fall gewesen, wie beigefügter Tätigkeitsbericht zeigt, und wird es auch in Zukunft nicht sein."[39] War dieser von Aeckerlein selbst formulierte Verdacht über-

---

[35] Regler war im November 1944 zwar bereits als Nachfolger Aeckerleins im Gespräch; er war aber nicht Mitglied der NSDAP, weshalb "(...) er trotz der ihm gegebenen Versprechungen kaum als Nachfolger in Frage" kam. Der vom Leiter des Physikalischen Instituts der Universität Breslau, Prof. C. Schaefer, ins Spiel gebrachte Kandidat erschien zwar dem Vorsitzenden des Berufungsausschusses für Physik "nach reiflicher Ueberlegung (...) als der Geeignetste", doch: "Unumgängliche Voraussetzung ist freilich, daß er Parteigenosse ist; sonst nützt alle Tüchtigkeit nichts." TU BAF, Ph 36, G. Aeckerlein an Prof. C. Schaefer, Breslau, 14.11.1944.

[36] C. Schiffner: Aus dem Leben alter Freiberger Bergstudenten und der Lehrkörper der Bergakademie, Bd. 3, Freiberg 1940, S. 174-176; TU BAF, Ph 11, Lebenslauf Aeckerlein; ebd., Ph 53, Protokoll vom 15.11.1945 der Professorensitzung vom 10.11.1945; ebd., Ph 34, G. Aeckerlein an Brauer, 21.8.1946.

[37] Siehe dazu N. Fuchsloch: Im Auftrag der Sowjetunion. Forschungen zur Uranprospektion durch Freiberger Wissenschaftler zwischen 1945 und 1947, in: Der Anschnitt. Zeitschrift für Kunst und Kultur im Bergbau, 50, 1998, H. 2/3, S. 59-69.

[38] TU BAF, Ph 63, Rektor an Institutsvorstände, 5.5.1948.

[39] TU BAF, Ph 36, Manuskript G. Aeckerlein an Landesregierung Sachsen, Min. für Volksbildung, Abt. Forschung und Entwicklung, 2.9.1948. Dieser Absatz war im Manuskript gestrichen, stimmt aber inhaltlich mit einer Denkschrift zur Rettung des Radium-Instituts von 1946 überein. Archiv TU BAF, Ra 61 b, Aeckerlein, Denkschrift zur Erhaltung des Radium-Instituts der Bergakademie. Vgl. dazu unten und ausführlich N. Fuchsloch, Auftrag (s. o. Fußn. 37).

haupt in irgendeiner Hinsicht berechtigt? Ein Blick auf die Intentionen und Aufgaben Aeckerleins in seiner Freiberger Zeit kann helfen, diese Frage zu klären.

Aeckerlein wollte in erster Linie der Wirtschaft in Sachsen nützen. So führte er 1933 aus, durch seine Forschungsarbeiten hoffe er „die noch im Sachsenlande schlummernden Uranschätze aufspüren zu können, wodurch der sächsische Erzbergbau wenigstens in bescheidenem Maße wieder zum Leben erweckt werden würde."[40] Dieses letzte Ziel genoß in den radiologischen Arbeiten Aeckerleins jedoch keine Priorität, wie die auf Anforderung des Rektorats in den Folgejahren erstellten Forschungsberichte[41] und die im Dezember 1948 erstellte Liste der Veröffentlichungen des „Instituts für radiologische Quellenforschung" belegen.[42] Eindeutig dominieren die Untersuchungen von Quellwässern sowie das Bestreben, neue radioaktive Quellen aufzuspüren, beispielsweise im „Quellenpark" von Bad Brambach. Aus den Forschungsberichten ist ferner zu entnehmen, daß Aeckerlein und seine Mitarbeiter auch die Prospektion im Gelände erproben. So glückte im Wintersemester 1934/35 der „erstmalig unternommene Versuch, Erzgänge durch radioaktive Bodenluftmessungen aufzufinden, (...) indem der so festgestellte Verlauf des Katharina-Flachen bei Schneeberg seine Bestätigung gefunden hat durch die Angaben, die die Staatliche Lagerstätten-Forschungsstelle in Leipzig auf Grund der bergmännischen Aufschlüsse uns (im Mai d.J.) gemacht hat."[43] Und ein Jahr später war das Team um Aeckerlein bemüht, im Gebiet der Bergfreiheitsgrube Schmiedeberg im Riesengebirge Steine, Wässer und Grubenwetter auf ihren Radioaktivitätsgehalt zu untersuchen, „um Aufschlüsse über das Vorkommen von Uranpecherz zu erhalten."[44] Diesen Arbeiten kam während der NS-Zeit keine Bedeutung zu für eine im Sinne des Kontrollratsgesetzes Nr. 25 „Angewandte wissenschaftliche Forschung (...) auf Gebieten, welche a) rein oder wesentlich militärischer Natur sind, b) in dem beigefügten Verzeichnis ´A´ besonders aufgeführt sind."[45]

In Beantwortung einer Anfrage des Planungsamtes des Reichsforschungsrates nach den Gebieten der Grundlagenforschung faßte Aeckerlein die Arbeiten der von ihm geleiteten Institute für Physik und Radiumkunde für den Stand September 1944 prägnant zusammen: „Die Grundlagenforschung des Physikal. u. Rad.-Institutes dient der Klärung der Zusammenhänge zwischen der Radioaktivität von Gestein u. Wasser und dem Vorkommen techn. wichtiger Mineralien (geochemische Indikatorenmethode) und dementsprechend der Entwicklung von Methoden zur raschen u. hinreichend genauen Messung auch schwächster Radioaktivitäten gewöhnlichen, als ´nicht radioaktiv´ bezeichneten Gesteins u. Wassers."[46] Obwohl also grundlegende geologische, geophysikalisch und radiologische Zusammenhänge des Auftretens von Uranmineralien sowohl Aeckerlein wie auch Schumacher bekannt waren,[47] zielten zu-

---

[40] G. Aeckerlein, Radium-Institut, S. 5 (s. o. Fußn. 4).

[41] TU BAF, VII 741/2, Band 1 (weitere Bände nicht vorhanden), Bl. 173-174 (1934), Bl. 134 (1935), Bl. 102 (1936), Bl. 62 (1937), Bl. 41 (1938).

[42] TU BAF, 742/5, Bl. 43 (dt.), 44/45 (russ.), 6.12.1948.

[43] TU BAF, VII 741/2, Bl. 134, G. Aeckerlein an Rektor, 1.7.1935, Arbeiten im Sommersemester 1935.

[44] TU BAF, VII 741/2, Bl. 102, G. Aeckerlein an Rektor, 30.6.1936, Arbeiten im Sommersemester 1936.

[45] So die einschlägige Bestimmung in Artikel II, Ziffer 1, lit a) und b), in Verbindung mit Anhang A des Gesetzes Nr. 25. Gesetz zur Regelung und Ueberwachung der wissenschaftlichen Forschung der Alliierten Kontrollbehörde, in: Sächsisches Tageblatt vom 11.5.1946, S. 2.

[46] TU BAF, PhV 20-30, Aktennotiz G. Aeckerlein, Formulierung der Grundlagenforschung der Institute für Physik u. Radiumkunde auf dem Fragebogen für das Planungsamt des Reichsforschungsrates vom 15. September 1944.

[47] Mit Sicherheit aber war den sowjetischen Experten das Ausmaß der späteren Vorkommen unbekannt, und sie wußten 1940 kaum über die Vorkommen im eigenen Land Bescheid. A. Heinemann-Grüder: Die Anfänge des sowjetischen Atomprojektes 1942-45 und die Uran-Lücke, in: R. Karlsch, H. Schröter (Hg.): "Strahlende Vergangenheit". Studien zur Geschichte des Uranbergbaus der Wismut, St. Katharinen 1996, S. 15-47 (18).

mindest die Arbeiten des Radium-Institutes nicht erkennbar in die Richtung der Nutzbarmachung der Uranvorkommen.[48]

Stattdessen wollte sich Aeckerlein auf die Suche nach neuen Quellen mit radioaktiven Wässern konzentrieren, um durch einen zu erweiternden Kurbetrieb dem Land Sachsen neue Möglichkeiten für einen wirtschaftlichen Aufschwung zu verschaffen. Auch ältere Vorhaben brachte Aeckerlein erneut ins Gespräch. So war schon in den 1930er Jahren angedacht, die Stadt Plauen mit Trinkwasser zu versorgen, das mit (vermeintlich) heilkräftigen radioaktiven Substanzen angereichert war,[49] und eine mutmaßliche Förderung des Pflanzenwachstums durch radioaktive Substanzen sollte gerade in der kargen Nachkriegszeit in der Landwirtschaft genutzt werden, indem in weiten Teilen Sachsens nach den Vorstellungen Aeckerleins die radioaktive Düngung Anwendung finden sollte.[50] Die SMAD zeigte daran jedoch kein Interesse, sie benötigte die kostbaren radioaktiven Gesteine, vor allem das darin enthaltene Uran, um im atomaren Rüstungswettlauf aufzuholen.

Schon seit Anfang 1946 stand die Auflösung des Radium-Instituts wieder zur Debatte. Aeckerlein erreichte mit seiner „Denkschrift zur Erhaltung des Radium-Instituts der Bergakademie Freiberg" vom Frühjahr 1946 sowie durch die Bearbeitung von Forschungsaufträgen des von der SMAD im September 1945 etablierten Technischen Büros für Buntmetalle, Filiale Freiberg, einen kurzen Aufschub.[51]

Die eingangs erwähnte Entscheidung vom 3. August 1948 führte schließlich alle erwähnten Gesichtspunkte zusammen. Nach der Trennung von der Physik bestand für eine eigenständig existierende Radiumkunde an der Bergakademie kein Bedarf mehr. Die schon lange diskutierten haushaltstechnischen Veränderungen fanden in dieser Entscheidung ebenso ihren Niederschlag wie das mangelnde Interesse der Sowjets, neben der Gewinnung von atombombenfähigem Material eine weitere Nutzung der radioaktiven Gesteine zu fördern, zumal man zu diesem Zeitpunkt noch von einer nicht dauerhaften Präsenz in Deutschland ausging.[52] Bis zu seinem endgültigen Abschied am 1. Oktober 1949 widmete sich Gustav Aeckerlein der Reorganisation des Physikpraktikums. Von seinen Kollegen früh als akademischer Versorgungsfall eingestuft war es ihm nicht gelungen, die Notwendigkeit einer eigenständigen Fortexistenz des Radium-Instituts und damit seines akademischen Lebenswerks zu verdeutlichen. Die Entscheidung, das Radium-Institut aufzulösen, resultierte somit aus den Schlußfolgerungen aus jenen Argumenten, welche die Leitung der Bergakademie Freiberg selbst entwickelt und dem zuständigen Sächsischen Ministerium vorgetragen hatte. Des argumentativen Rückgriffs auf das Kontrollratsgesetz Nr. 25 hätte es nicht bedurft.

Die Verbitterung Aeckerleins über diese ihm ungerecht erscheinenden Entscheidungen kam in seiner Antwort auf eine Anfrage des Dekans der Fakultät für Naturwissenschaften der Bergakademie drei Tage nach der Mitteilung des Ministeriums für Volksbildung deutlich zum Ausdruck: „Vom <u>Institut für radiologische Quellenforschung</u> können Aufgaben, die aus dem Wirtschaftsplan resultieren, <u>nicht</u> übernommen werden, da durch Verordnung der SMA Sachsen dem Institut wissenschaftliche Forschungsarbeiten <u>verboten</u> sind."[53]

---

[48] Für die Arbeiten des Geologischen Instituts bedarf dies noch einer sorgfältigen Prüfung.
[49] TU BAF, Ra 61 b, Denkschrift G. Aeckerlein 1946, S. 7.
[50] Z.B. TU BAF, Ph 64, G. Aeckerlein an Major Nowikow, 31.1.1947.
[51] Zur Einrichtung des Technischen Büros für Buntmetalle, Filiale Freiberg unter Leitung von Friedrich Schumacher durch die SMAD und zu Forschungsarbeiten Aeckerleins vgl. N. Fuchsloch: Im Auftrag ... a.a.o..
[52] Vgl. W. Loth, Stalins ungeliebtes Kind. Ausg. München 1996.
[53] TU BAF, Ph 67, G. Aeckerlein an Dekan, 6.8.1948.

BURGHARD CIESLA / DIETER HOFFMANN

Wie die Physik auf den Weißen Hirsch kam
Zur Gründung des Forschungsinstituts Manfred von Ardenne

Nach zehnjährigem Aufenthalt kehrte Manfred von Ardenne (1907-1997) am 23. März 1955 aus der Sowjetunion in die DDR zurück. Schon Ende 1950 hatte er von dort aus begonnen, durch „Fernsteuerung" ein privates Forschungsinstitut im wohl schönsten Stadtteil Dresdens auf dem Weißen Hirsch zu errichten. Als Ardenne mit seinen Mitarbeitern und den Familien in der Elbestadt ankam, gab es dort bereits ein betriebsfertig installiertes Forschungsinstitut. Die Wissenschaftsheimkehrer betraten das Institut erstmalig am 25. März und nur einen Tag später erschien auf dem Weißen Hirsch hoher Besuch – der SED-Chef Walter Ulbricht. Bei dieser ersten Begegnung von 4 Stunden Dauer traf Ulbricht weitreichende Entscheidungen, die für die Entwicklung des Institutes von ausschlaggebender Bedeutung sein sollten. Nicht nur, daß man von Ardenne wenige Tage später eine russische Luxuslimosine als persönliches Geschenk Ulbrichts übergab, vor allem wurden dem Ardenneschen Institut zahlreiche Privilegien und Vergünstigungen eingeräumt - von steuerlichen Begünstigungen über lukrative Staatsaufträge bis hin zur generellen Akzeptierung seiner weitgehenden wissenschaftlichen Autonomie. Insbesondere bei der Wahl der Forschungsaufgaben besaß Ardenne von Anfang an große Entscheidungsfreiheiten. Er selbst erklärte diesen Freiraum Mitte der sechziger Jahre und auch später damit, daß in seinem Institut Forschungen vorangetrieben wurden, die zum einen das Merkmal bedeutender wirtschaftlicher und wissenschaftlicher Perspektiven in sich trugen, zum anderen keinen „in Mode" befindlichen Wissenschaftstrends folgten und in erster Linie der DDR dienten. Innerhalb dieser selbst gezogenen Grenzen, so Ardenne, „hatten wir völlige Freiheit bei der Wahl unserer Aufgaben."[1]

Genau zehn Jahre nach seinem ersten Besuch, am 26. März 1965, erschien Ulbricht mit seiner Gattin erneut auf dem Weißen Hirsch. Es galt das zehnjährige Bestehen des Privatinstitutes zu feiern. Aus diesem Anlaß wurde die Errichtung der „Forschungsinstitut Manfred von Ardenne–Stiftung" bekanntgegeben. Die Stiftungsidee sprach wieder einmal für das sichere politische Gespür Ardennes, in den unterschiedlichsten Lagen das jeweils Machbare für sich, die Familie und seine Mitarbeiter zu erreichen. Durch die Stiftung sollte dem 1965 auf 300 Personen angewachsenem Privatinstitut auch nach seinem Tod das Fortbestehen garantiert bleiben. Mit anderen Worten, Ardenne wollte möglichen staatlichen Vereinnahmungsversuchen rechtzeitig vorbeugen.[2] In der Rückschau hat der akademische Seiteneinsteiger[3],

---

[1] 10 Jahre Forschungsinstitut Manfred von Ardenne Dresden–Weißer Hirsch. März 1955 bis März 1965, Dresden 1965, S. 7.

[2] Ebenda, S. 89; M. v. Ardenne: Die Erinnerungen, fortschreiben. Ein Forscherleben im Jahrhundert des Wandels der Wissenschaften und politischen Systeme. Düsseldorf 1997, S. 390.

[3] Zur Biographie Ardennes vgl. seine Erinnerungen (Düsseldorf 1997) sowie F. Herneck: Manfred von Ardenne. Berlin 1972.

dessen wissenschaftliche Leistungen gerade auch deshalb immer recht unterschiedlich beurteilt wurden, dieses Ziel auch erreicht. Die verschiedensten wirtschaftlichen Krisen, gesellschaftlichen Katastrophen und politischen Systeme konnte Ardenne bis zu seinem Tod 1997 erfolgreich meistern. Mit seinem 1928 in Berlin Lichterfelde-Ost gegründeten ersten privaten Forschungslaboratorium überstand er eine Weltwirtschaftskrise, die erste deutsche Republik, das „Dritte Reich", einen Weltkrieg und eine „Verlagerung" an den Rand Europas unter der Herrschaft Stalins. Nach seiner Rückkehr aus der Sowjetunion behauptete sich der "Baron" und „Nicht–SED–Mitglied" mit seinem zweiten Privatinstitut sowohl in der DDR Ulbrichts als auch unter Honecker. Mit dem Wohlwollen der SED-Führung wuchs das Institut schließlich bis 1990 auf 500 Mitarbeiter an und wurde zu einer Art besonderem Wissenschaftsterritorium in der DDR. Maßgeblich wohl auch deshalb, weil im Institut auf dem Weißen Hirsch das praktiziert wurde, was „von Oben" immer wieder eingefordert wurde, „nämlich die Nähe zur Industrie und die Entwicklung praktisch verwertbarer, patentwürdiger, devisenbringender Forschungsergebnisse".[4] Zwar geriet das Ardenne-Institut aufgrund des Ausbleibens staatlicher Förderungen und der Währungsunion nach dem Ende der DDR in schwieriges Fahrwasser, aber auch diesmal gelang – bis heute zumindest – der Systemsprung.[5]

Diese in einer wechselvollen Jahrhundertgeschichte eingebettete Entwicklung, die trotzdem im Rahmen der Verhältnisse immer erfolgreich blieb, ist erstaunlich und beeindruckend zugleich. Die Frage stellt sich, wie es Ardenne als „sicherer Wanderer zwischen den Systemen" immer wieder schaffte, wissenschaftlich zu überleben? Zur Beantwortung dieser Frage fokussiert der vorliegende Beitrag eine wichtige Entwicklungsphase im Forscherleben Manfred von Ardennes, die Zeit der Entstehung seines zweiten Forschungsinstitutes in Dresden und seine Rückkehr aus der Sowjetunion. Wir fragen deshalb: Wie kam die Physik auf den Weißen Hirsch?[6]

„Fernsteuerung"

Zu Beginn des Jahres 1950 wurde Ardenne und seinen Mitarbeitern in der Sowjetunion offiziell mitgeteilt, daß sie nach Abschluß der Arbeiten und einer anschließenden zweijährigen Quarantänezeit wieder in ihre Heimat zurückkehren dürften. Bei Ardenne wuchsen nun die Befürchtungen, daß sie durch die „Abkühlungsphase" an der kaukasischen Riviera dazu verurteilt wären, die Zeit unproduktiv zu vertun. Zudem wollte Ardenne wissenschaftlichen Leerlauf in der Heimat aufgrund einer schlecht vorbereitete Rückkehr vermeiden. Damit seine Arbeitsgruppe nicht den wissenschaftlichen Anschluß verlor, wählte Ardenne für die noch verbleibende Zeit in der Sowjetunion solche Forschungsthemen aus, „von denen vorauszusehen war, daß sie für die sowjetische Forschung von größerer Bedeutung sein [...] würden."[7] Zugleich hatte

---

[4] M. Ochel,: Ein glückliches Leben durch Forschung. Ein begnadeter Erfinder und sicherer Wanderer zwischen den Systemen: Zum Tode von Manfred von Ardenne. In: Berliner Zeitung Nr. 121, 28. Mai 1997, S. 29.

[5] Vgl. M.v. Ardenne: Die Erinnerungen ... a.a.o., derselbe, Ein glückliches Leben für Technik und Forschung. Autobiographie, Berlin 1972; 10 Jahre Forschungsinstitut ... a.a.o., S. 5-7; M. v. Ardenne: Die Faszination des neuen Anfangs, I&M, Heft 5/1990, S.9-13.

[6] Als Grundlage für den Beitrag dienen Aktenfunde aus dem Nachlaß von Walter Ulbricht, dem Bestand des Ministeriums des Innern der DDR (MdI), dem Bestand Wissenschaft und Technik sowie die veröffentlichten Erinnerungen Manfred von Ardennes.

[7] M.v. Ardenne: Die Erinnerungen ... a.a.o., S. 292.

die sowjetische Seite Ardenne erklärt, daß er mit dem aus dem Institut und der Wohnung in Berlin Lichterfelde-Ost – nun Westberlin – stammenden Inventar, das 1945 in die Sowjetunion abtransportiert wurde und ihm dort zur Verfügung stand, problemlos zurückkehren könne, wenn er sein künftiges Institut in der DDR aufbauen würde.[8] Für diesen Fall wurde ihm großzügige Unterstützung und Freiräume sowohl von sowjetischer als auch von ostdeutscher Seite zugesichert. Was geschehen wäre, wenn er es nicht getan hätte, ließ Ardenne in seinen veröffentlichten und mehrfach überarbeiteten Erinnerungen jedoch stets offen. Lediglich zwischen den Zeilen deutete er einen gewissen Entscheidungszwang bei der Standortwahl an, als er einerseits auf die Vorteile des Standortes in Westberlin einging und andererseits den umfangreichen Aufgabenkatalog für den Neuaufbau in Dresden näher beschreibt: „Wären wir an den alten Platz des Instituts in Berlin-Lichterfelde [...] zurückgekehrt, hätten uns die beiden fast zehntausend Quadratmeter großen Grundstücke mit ihren vier völlig wiederhergestellten Gebäuden und den unseren Arbeitsthemen angepaßten Installationen ohne Kosten zur Verfügung gestanden. Sie waren ja mein unbelastetes Eigentum geblieben. So aber war ich **gezwungen**, für den Aufbau unserer Existenz in der DDR neues Gelände mit geeigneten Bauten zu kaufen und große Beträge für den Umbau der Häuser sowie für die Installierung der Laboratorien aufzuwenden."[9]

Als künftigen Standort wählte Ardenne Dresden und bat Ende 1950 auf dem Postweg seinen Schwager Otto Hartmann, „ein Gelände mit passenden Gebäuden zu suchen und möglichst schnell mit den ihm überwiesenen Beträgen (Ersparnisse, Staatspreise) zu kaufen."[10] Im Frühjahr 1951 erhielt Ardenne schließlich aus der Heimat Nachricht, daß ein Gründstückskomplex (Plattleite 27/29, oberer Hang Weißer Hirsch) gefunden sei und im Februar 1952 wurde der Kauf perfekt gemacht.[11] Nun begann Ardenne in der Sowjetunion mit der Projektierung und dem Aufbau seines Institutes durch – wie er es nannte – „Fernsteuerung".[12] Nach dem Erwerb des Grundstückes übergab der Schwager Ardennes die weitere Interessenvertretung vor Ort dem Ingenieur Johannes Richter. Für zunächst zwei Jahre bekam dieser eine Generalvollmacht, die ihn dazu berechtigte, das Eigentum Ardennes in der DDR zu verwalten und zu vertreten.[13] Richter, später Verwaltungsleiter des Ardenne–Institutes, agierte zunächst nebenberuflich von Zwickau aus und wurde am 1. Januar 1953 offizieller Mitarbeiter des Manfred von Ardenne Forschungsinstituts für Übermikroskopie und Physik der Ladungsträger in Dresden Weißer-Hirsch.[14] In den Kopfbögen des Forschungsinstituts aus der Zeit vor der Rückkehr Ardennes wurde die Funktion Richters als „Beauftragt für den Wiederaufbau" bezeichnet.[15]

Während Ardenne in der Sowjetunion Haus- und Grundstückszeichnungen bis ins einzelne ausarbeitete, d.h. Pläne für die künftigen Laboratorien, Werkstätten und Wohnräume erstellte und in einer mehr als hundert Seiten umfassenden Baubeschreibung unter anderem jede Steckdose, den Standort einzelner Laborgeräte und selbst die Aufhängung der Gemälde festlegte, sorgte Richter in der DDR für die Umsetzung der Planungen Ardennes. Der umfangreiche

---

[8] Ebenda, S. 298.
[9] Ebenda, S. 297-298 (Hervorhebung durch die Verfasser).
[10] Ebenda, S. 304.
[11] In einer Jubiläumsschrift aus dem Jahre 1965 wird in diesem Zusammenhang auch erwähnt, daß der Grundstückskomplex durch Tausch mit den in Westberlin gelegenen Grundstücken des alten Lichterfelder Instituts erworben wurde. Zehn Jahre, ... a.a.o., S. 9-10; M.v. Ardenne, Erinnerungen ... a.a.o., S. 304.
[12] Zehn Jahre ... a.a.o., S. 7.
[13] Generalvollmacht für Ingenieur Johannes Richter in Zwickau, Reichenbachstr. 50. Bundesarchiv Berlin Lichterfelde (im folgenden: BArch), DF4, Nr. 40588.
[14] M.v. Ardenne: Die Erinnerungen ... a.a.o., S. 306.
[15] Vgl. BArch, DF4, Nr. 40588.

Schriftwechsel Richters reichte von Walter Ulbricht über die Deutschen Akademie der Wissenschaften (DAW), der Staatlichen Plankommission (SPK) bis hin zum Innenministerium.[16] Allein der Schriftverkehr zwischen Richter und Ardenne umfaßte mehr als tausend Briefe, mit denen der Aufbau aus der Ferne gesteuert wurde.[17] In diesen erklärte Ardenne natürlich nicht nur seine baulichen Vorstellungen, sondern er ließ Richter auch seine grundsätzlichen Ansichten über die künftige Arbeit bzw. Forschungsausrichtung des Institutes in der DDR wissen. Die im Bundesarchiv überlieferten Briefe zeigen, daß es bei den Rückkehrvorbereitungen zwischen 1952 und 1954 im wesentlichen um zwei Problemkreise ging. So wurde einerseits über den privaten Status des Institutes und dessen strukturelle Eingliederung in die Wissenschaftslandschaft der DDR diskutiert, andererseits tauchten 1953 Finanzierungsschwierigkeiten durch die Veränderung des Rubel-Kurses auf.

Hinsichtlich des Status des Institutes gab es innerhalb der DDR-Verwaltung einige Irritationen, obwohl von Walter Ulbricht höchstpersönlich die Zustimmung für den Aufbau eines privaten Institutes gegeben worden war.[18] Ulbricht hatte das Zentralamt für Forschung und Technik die Staatlichen Plankommission damit beauftragt, die Angelegenheit zu regeln und darüber informiert, daß Ardenne die Errichtung des Forschungsinstitutes aus eigenen finanziellen Mitteln plante. Das Zentralamt setzte sich wiederum mit der Abteilung Bevölkerungspolitik des Ministeriums des Innern (MdI) in Verbindung und diskutierte nun die grundsätzliche Frage, „ob es sich bei der Errichtung dieses Institutes um ein privates oder um ein staatliches Institut handeln soll".[19] Der Leiter des Forschungsamtes, Professor F. Lange, ging bei der Diskussion dabei von der festen Annahme aus, „dass Herr von Ardenne auch bei der Zurverfügungstellung erheblicher Mittel den Wunsch äussern wird, ein eigenes Institut zu besitzen."[20] Für den Fall, daß Ardenne dazu bereit sei, sein Institut in staatliches Eigentum zu überführen, ergaben sich für das Forschungsamt aber zwei Probleme, da einerseits die bisher durch Ardenne umfangreich verauslagten Gelder rückvergütet werden müßten und andererseits stellte sich die Frage, in welche Forschungsstruktur das Institut integriert werden sollte. Hierfür erschien nur die Technische Hochschule Dresden geeignet zu sein, da das Präsidium der Akademie zwar „dringend befürwortete, dass die Regierung der Deutschen Demokratischen Republik Herrn von Ardenne beim Aufbau seines Dresdener Instituts unterstützt"[21], an einer Integration des Instituts aber kaum Interesse zeigte.[22] Etwas euphemistisch wurde vom Forschungsamt als Grund für das Desinteresse angegeben, daß „Herr von Ardenne sowohl in bezug auf seine wissenschaftlichen Leistungen als auch persönlich unterschiedlich beurteilt (wird)."[23] Ardenne stieß aber nicht nur in der Akademie auf Bedenken, da auch die über seinen Vertrauten J. Richter an Ulbricht herangetragene Bereitschaft, „neben seinen eigenen privaten physikalischen Forschungen auf dem oben genannten Gebiet der Physik der Ladungsträger und der Übermikroskopie die Leitung eines staatlichen oder Universitätsinstituts zu übernehmen"[24], keinerlei

---

[16] Vgl. hierzu Ebenda.
[17] M.v. Ardenne: Die Erinnerungen ... a.a.o., S. 307.
[18] Vgl. hierzu das Schreiben des Zentralamtes für Forschung und Technik der SPK an die Abteilung Bevölkerungspolitik des MdI vom 26.10.1953. BArch, MdI, Hauptabteilung Innere Angelegenheiten 34.0, Nr. 25191
[19] Ebenda.
[20] Ebenda.
[21] Schreiben des Präsidenten der DAW, W. Friedrich an J. Richter, Berlin 26.2.1954. BArch DF 4, Nr. 40588.
[22] Schreiben des Zentralamtes für Forschung und Technik der SPK an die Abteilung Bevölkerungspolitik des MdI vom 26.10.1953. BArch, MdI, Hauptabteilung Innere Angelegenheiten 34.0, Nr. 25191.
[23] Ebenda.
[24] Schreiben des Beauftragten v. Ardennes, J. Richter an W. Ulbricht, 5.6.1952. BArch, DF 4, Nr. 40588.

Resonanz fand.[25] Ungeachtet solcher Animositäten wurde der zweifache Stalinpreisträger (1947 und 1953) wenige Monate nach seiner Rückkehr, im Juli 1955, in die Sektion Physik der Akademie der Wissenschaften aufgenommen; die Wahl zum ordentlichen Akademiemitglied wussten jedoch einflußreiche Akademiemitglieder bis zu seinem Tode zu verhindern. Zudem erhielt v. Ardenne eine Reihe von Ehrungen – neben hohen staatliche Auszeichnungen wie dem Nationalpreis (1958) wäre u.a. die Honorarprofessur an der Elektrotechnischen Fakultät der TH Dresden (1956) sowie die Ehrenpromotion an der Mathematisch-Naturwissenschaftlichen Fakultät der Greifswalder Ernst-Moritz-Arndt Universität (1958) zu nennen.[26]

Das Forschungsamt selbst diskutierte bzgl. Ardenne intern das Problem, wie man Ardenne mit seinem Privatinstitutes dazu verpflichten könnte, die dort bearbeiteten Forschungsthemen den staatlichen Stellen bzw. wissenschaftlichen Institutionen der DDR bekannt zu geben. Zwar gab es die Registrierungspflicht von Forschungsthemen, doch wurde diese Verordnung vom 15.2.1951 allem Anschein nach als nicht ausreichend angesehen. Bei der Entscheidung hinsichtlich des juristischen Rahmens wollte man berücksichtigt wissen, daß die für das Institut vorgesehenen Investitionen unbedingt ortsgebunden sein sollten, damit sie der DDR nicht verloren gehen könnten.[27]

Nach Unterredungen mit dem Forschungsamt über die Finanzierung und juristische Grundlage des Instituts, schickte Ardennes Beauftragter, J. Richter, am 10. Dezember 1953 noch einmal ein Schreiben an das Amt, das ausführliche Auszüge aus einem Brief Ardennes an Richter vom 26. November 1953 enthielt. Darin wurde durch Ardenne ausführlich klargestellt:

> „Bei dem Staatsaufbau der DDR war es mir von vornherein klar, dass die Organisation des privaten Institutes auf gewisse Schwierigkeiten stossen müsste. Es ist aber so, dass auch in der Sowjet–Union die wirklich führenden Wissenschaftler, wie sie mir selbst erzählten, private Laboratorien haben, in denen sie ungestört von dem Getriebe und dem Lehrbetrieb der Hochschulen ihren Forschungen nachgehen können. Ich glaube, dass der [...] Nutzen, den ich durch die Bereitstellung meiner privaten in langjähriger persönlicher Arbeit erworbenen Mittel der DDR bei meiner Rückkehr erschliesse, alle in dieser Richtung liegenden Bedenken zerstreuen sollte, besonders wenn ich erkläre, dass ich zusammen mit meinen Mitarbeitern nach meiner Rückkehr mich in erster Linie für die staatliche Forschung bereithalte; auch das, was wir im privaten Institut Plattleite machen werden, wird stets mit den Richtlinien und den Interessen der staatlichen Deutschen Akademie der Wissenschaften bzw. des Zentralamtes für Forschung und Technik wie überhaupt mit den Interessen der DDR an der Vervollkommnung der sozialistischen Produktion auf der Basis der höchsten Technik zusammenfallen.
>
> Wenn ich kapitalistisch denken würde, dann hätte ich mir das Leben und den Wiederaufbau meines Lichterfelder Laboratoriums nicht so kompliziert zu machen brauchen. Dann würde ich von hier nach Lichterfelde zurückkehren, wo drei Gebäude mit fertiger Installation und Raumaufteilung für die Errichtung von Laboratorien, noch dazu in völlig unbrennbarer Ausführung, auf mich gewartet hätten, bei einer Grösse der betreffenden Grundstücke von 10000 qm. Ich habe aber nicht so gehandelt, sondern habe, wie ich auch früher schon betont habe, unter grossen persönlichen Opfern, den Dresdner Komplex erworben und bis zum heutigen hohen Stand aus eigenen Mitteln aufgebaut, um

---

[25] Ebenda.
[26] M. v. Ardenne: Die Erinnerungen ... a.a.o., S. 588.
[27] Ebenda.

nach meiner Rückkehr nicht in der Westzone, sondern in der DDR und für die Interessen der DDR die Forschungstätigkeit aufnehmen zu können."[28]

Die Probleme hinsichtlich des rechtlichen Status des Institutes wurden indes erst in dem Augenblick akut, als ernsthafte Finanzierungsprobleme auftauchten. Bis zum Sommer 1953 hatte Ardenne für den Umbau, die Einrichtung, Installation und anderes mehr einen Betrag von etwa 500.000 DDR-Mark ausgegeben bzw. zur Verfügung gestellt. Die Herkunft des Geldes und die Bedeutung seines Institutes als künftige gewinnbringende Geldquelle für die DDR erklärte Ardenne dem MdI in einem Schreiben vom 28. Juli 1953: „Diese gewaltige Summe habe ich allein aus meiner persönlichen Arbeit bezahlt, das heisst aus Ersparnissen vom Gehalt, aus Preisen und Prämien. Diese konkrete Tatsache möge Ihnen eine Vorstellung von dem Nutzen geben, den allein ich, ganz zu schweigen von dem Kollektiv meiner Mitarbeiter, in künftigen Jahren der DDR nicht nur durch Forschungsergebnisse, sondern auch durch Erschliessung von Exportmöglichkeiten geben kann und werde."[29] Die geplanten Kosten überstiegen schließlich auch die finanziellen Möglichkeiten Ardennes und bei einem Ausbleiben der Finanzierung wäre der vorgesehene Zeitplan und das Ziel, in ein betriebsfertiges Institut einzuziehen, infrage gestellt gewesen. Deshalb wurde durch Ardenne eine Rückvergütung eines Teils der Investitionen beantragt. „Diese Rückerstattung", so Ardenne, „würde auch für die DDR wieder von Nutzen sein, denn ich verpflichte mich hiermit, die rückerstatteten Mittel ausschließlich in die Ausstattung der Werkstätten und Arbeitsräume zu investieren. Durch ein solches Entgegenkommen der DDR würden wir bei der Rückkehr erhebliche Zeit gewinnen, und die DDR würde etwa 1 Jahr früher in die Nutzung der Ergebnisse unseres Gesamtkreises kommen."[30] Doch im August 1953 setzte die Sowjetunion den Wechselkurs zwischen Rubel und DDR-Mark plötzlich herab. Bis dahin betrug der Kurs 1 Rubel zu 2 DDR-Mark, danach sank er auf ein Viertel des ursprünglichen Kurswertes, auf 0,55 DDR-Mark. Dadurch konnten die laufenden Kosten für den Auf- und Ausbau des Institutes erst recht nicht mehr beglichen bzw. zur Verfügung gestellt werden. Die weitere Finanzierung des Vorhabens aus eigener Finanzkraft schien damit unmöglich geworden und der Aufbau des Institutes ernsthaft gefährdet. Nun drängte v. Ardenne massiv auf eine Rückvergütung von Bau-, Installations- und Umbaukosten, die sich laut Antrag vom 8. September 1953 auf insgesamt 319.478,51 DDR-Mark beliefen.[31]

In einem Brief an Ulbricht bat Ardenne zudem um die Rücknahme der Kursänderung für sich und die noch in der Sowjetunion tätigen deutschen Spezialisten.[32] Es vergingen kritische Monate, ohne daß eine Entscheidung in dieser Angelegenheit getroffen wurde. Zumindest wird dies aus der Niederschrift einer Besprechung im Zentralamt für Forschung und Technik vom 2.12.1953 erkennbar, bei der es noch einmal um die Finanzierungsschwierigkeiten ging und darauf verwiesen wurde, daß aufgrund der Neufestlegung des Kurses noch 300.000 DDR-Mark

---

[28] Schreiben des Zentralamtes für Forschung und Technik der SPK an die Abteilung Bevölkerungspolitik des MdI vom 26.10.1953. BArch, MdI, Hauptabteilung Innere Angelegenheiten 34.0, Nr. 25191.
[28] Ebenda.
[28] Ebenda.
[28] Schreiben mit Anlage des Beauftragten M. v. Ardennes, Richter, an den Leiter des Forschungsamtes der SPK, Professor Lange, vom 10.12.1953. BArch, DF4, Nr. 40588.
[29] Schreiben M. v. Ardenne an das MdI vom 28.7.1953. BArch, MdI, Hauptabteilung Innere Angelegenheiten 34.0, Nr. 25186.
[30] Ebenda.
[31] Schreiben M. v. Ardenne an das MdI vom 13.10.1953. BArch, MdI, Hauptabteilung Innere Angelegenheiten 34.0, Nr. 25186.
[32] M.v. Ardenne: Die Erinnerungen ... a.a.o., S. 297.

benötigt werden. Im Ergebnis dieser Unterredung versprach man die Klärung der Möglichkeit einer Gewährung eines langfristigen, eventuell zinslosen Darlehns an Ardenne.[33] Schließlich wurde die Kursänderung für die noch in der Sowjetunion verbliebenen Spezialisten rückgängig gemacht, so daß sich die Lage wieder stabilisierte.[34]

Am 19. September 1954 konnte Ardennes Bevollmächtigter, J. Richter, endlich dem Leiter des Zentralamtes für Forschung und Technik, Professor Lange, mitteilen[35], „dass das neue Forschungsinstitut des Stalinpreisträgers Manfred von Ardenne fertiggestellt und einsatzbereit ist."[36] Des weiteren informierte er ihn, daß auch Ardenne und seine Mitarbeiter in der Sowjetunion ihre dortigen Arbeiten abgeschlossen hätten und das gesamte Kollektiv nunmehr auf den Rückreisetermin wartete. „Es wäre schön," so Richter, „wenn die nunmehr eingetretene tote Wartezeit in der UdSSR auch durch Ihre Einwirkung wesentlich abgekürzt werden könnte im Interesse des Fortschrittes auf diesen Gebieten in unserer Republik."[37] In der Tat wurde darauf hin - wie im nächsten Abschnitt noch zu zeigen ist - die SED-Führung in der Sowjetunion aktiv. In Dresden traf man zugleich die letzten Vorbereitungen für die Ankunft der rund 50 Köpfe umfassenden Rückkehrergruppe. Hierfür mußten rund 160 Bürger der Stadt Dresden umquartiert werden, damit die vom Ardenne-Kollektiv noch benötigten „Räume" zur Verfügung gestellt werden konnten.[38] Auch stellte man sich auf die „natürlich sehr hohen Ansprüche" ein: „Auto 6-8 Sitzer, Unterbringung von älteren Angehörigen in Feierabendheime, Rückführung des Mobiliars von Westdeutschland nach hier" und wohl noch anderes mehr ....[39]

Heimkehrer der besonderen Art – das „Kollektiv Manfred von Ardenne"

Ab 1950 kehrten in großen Schüben die zwischen 1945 und 1948 in die Sowjetunion gebrachten deutschen Spezialisten mit ihren Familien nach Deutschland zurück.[40] Im August 1952

---

[33] Niederschrift zur Besprechung mit Herrn Dr. Richter, Bevollmächtigter von Herrn von Ardenne, über die Errichtung des Institutes in Dresden am 2.12.1953 vom 12.12.1953. BArch, DF4, Nr. 40588.

[34] Ob es zur Aufnahme des Kredites kam oder die Rücknahme der Kursänderung für die deutschen Spezialisten in der Sowjetunion ein solches Darlehn wieder hinfällig werden ließ, lassen die den Autoren vorliegenden Akten jedoch offen. Vgl. M.v. Ardenne: Erinnerungen ... a.a.o., S. 297.

[35] Schreiben von J. Richter an W. Lange, Dresden 19.9.1954. BArch, DF4, Nr. 40588.

[36] Ebenda.

[37] Ebenda.

[38] Aktenvermerk vom 16.11.1954. BArch, MdI, Hauptabteilung Innere Angelegenheiten 34.0, Nr. 50339.

[39] Ebenda.

[40] Von den schätzungsweise 3000 deutschen und auch österreichischen Naturwissenschaftlern, Ingenieuren, Technikern und Facharbeitern und ihren 5000 Familienangehörigen, die zwischen 1945 und 1948 in die Sowjetunion dienstverpflichtet wurden, schaffte der sowjetische Geheimdienst im Rahmen der großen Zwangsverschickungsaktion vom 22. Oktober 1946 etwa 80 Prozent in die UdSSR. Davor, d.h. zwischen Kriegsende und Oktober 1946, kamen etwa 120 Fachleute vor allem auf dem Gebiet der Kernforschung in die Sowjetunion. Zu diesen gehörte auch Manfred von Ardenne. Nach der Aktion vom Oktober 1946 folgte nur noch eine kleine Gruppe von 30-40 Spezialisten. Zusätzlich wurden rund 500 Fachleute aus den Reihen der Kriegsgefangenen und Zivilinternierten in der Sowjetunion bzw. in der SBZ rekrutiert. Burghard Ciesla, Der Spezialistentransfer in die UdSSR und seine Auswirkungen in der SBZ und DDR, In: Aus Politik und Zeitgeschichte B49-50/93, 3. Dezember 1993, S. 24-26.

waren von den rund 3000 Spezialisten mit ihren etwa 5000 Familienangehörigen rund 60 Prozent wieder aus der Sowjetunion zurückgekehrt.[41] Die SED-Führung und die sowjetische Seite hatten ein großes Interesse daran, daß den heimkehrenden Spezialisten hinsichtlich der künftigen Arbeitsstelle und der sozialen Wiedereingliederung keine Schwierigkeiten entstanden. Dahinter steckte vor allem das Bemühen, einer Abwanderung in den Westen entgegenzuwirken.[42] Die SED-Führung versprach sich von den Spezialisten innovationsfördernde Impulse für die wissenschaftlich-technische Entwicklung in der DDR und nicht zuletzt einen maßgeblichen Reputationsgewinn. Die sowjetische Seite wünschte ihrerseits, ausdrücklich über die Wiedereingliederung der deutschen Fachleute informiert zu werden. Hintergrund hierfür dürfte das Interesse der Sowjets gewesen sein, daß die Deutschen schnell wieder ihren Platz in der scientific community des geteilten Deutschlands finden sollten, um dadurch wissenschaftlich-technische Informationen aus dem Westen leichter für die UdSSR zugänglich zu machen.[43] Damit die Entwicklung insgesamt besser eingeschätzt werden konnte, erhielt das MdI Anfang Oktober 1951 von der Sowjetischen Kontrollkommission (SKK) in der DDR eine Anweisung, daß die künftig vorzulegenden Berichte auf folgende drei Fragen auszurichten sind: „1. Wie sind die Spezialisten nach ihrer Rückkehr wohnungsmässig untergebracht? 2. Wie sind die Spezialisten arbeitsmässig untergebracht worden? 3. Wie ist ihre allgemeine Einstellung zu den Aufgaben der DDR und zur SU?"[44] Diese Fragen lassen zugleich die Problemschwerpunkte bei der Wiedereingliederung der Rückkehrer erkennen. In einem Zwischenbericht des MdI vom August 1952 über den Stand der Wiedereingliederung wurde beispielsweise hinsichtlich der ersten beiden Fragen kritisiert, daß die Berufsberatung nicht den individuellen Wünschen der Zurückgekehrten gerecht wurde. Erschwerend kam hinzu, daß die Rückkehrer vor 1945 in Berufen gearbeitet hatten, für die es wegen der Entmilitarisierung Deutschlands, der sowjetischen Demontagen und der wirtschaftlichen Strukturveränderungen nur noch wenige geeignete Betriebe bzw. Industriebereiche gab. Zudem wollten eine Reihe von Spezialisten nach ihrer Rückkehr einen längeren Erholungsurlaub antreten, doch konnten vielfach die ihnen angebotene Arbeitsstellen solange nicht freigehalten werden. Auch gab es hohe Gehaltsforderungen und es traten immer wieder Schwierigkeiten auf, wenn Spezialisten ihren alten Wohnsitz nicht nach der ihnen angebotenen Arbeitsstelle verlegen wollten. Das traf unter anderem für die zurückkehrenden Junkers-Leute aus Dessau zu, deren Flugzeugwerke demontiert worden

---

[41] Bei der Hauptabteilung Innere Angelegenheiten des MdI wurde die Zahl der Westabgänge bei den Spezialisten unter der Kategorie *Die DDR haben verlassen* registriert. Von den insgesamt ca. 3000 Spezialisten waren bis zum 25. August 1952 insgesamt 1.592 Spezialisten heimgekehrt, d.h. mehr als die Hälfte. Der Anteil der Westabgänge betrug zu diesem Zeitpunkt aber nur etwa 2 Prozent. Erst in der zweiten Hälfte der fünfziger Jahre stieg die Zahl der in den Westen gegangenen Spezialisten. Schätzungsweise dürften zwischen 20 bis 25 Prozent der heimgekehrten Spezialisten bis 1961 in den anderen Teil Deutschlands gewechselt sein. Bericht über die Arbeiten zur Wiedereingliederung, des Berufseinsatzes und der Betreuung deutscher Spezialisten aus der UdSSR vom 27.8.1952. BArch, MdI, Hauptabteilung Innere Angelegenheiten 34.0, Nr. 8709.

[42] B. Ciesla: Spezialistentransfer ... *a.a.o.*, S. 29.

[43] Vgl. hierzu Auszüge aus einer Unterredung des MfS mit dem Junkers-Spezialisten Professor Baade vom 16.10.1955. Baade war von 1946 bis 1954 Leiter eines Konstruktionsbüros für Flugzeuge in der Sowjetunion. Nach seiner Rückkehr leitete er die neu aufgebaute Flugzeugindustrie in der DDR. Nach einer Dienstreise in die Sowjetunion erklärte er unter anderem: „Der Minister [für Luftfahrtindustrie] war ausserordentlich daran interessiert, unsere Beziehungen zu Westdeutschland und zu den kapitalistischen Ländern zu benutzen, damit wir auf diese Art die neuesten Informationen empfangen könnten. Ich teilte ihm mit, daß dies nicht gern gesehen würde, worauf der Minister ... sagte, das wäre vollkommen falsch, wir hätten gerade die Aufgabe, daß, was für die Sowjetunion schwer zu beschaffen ist, zu besorgen." Auszüge aus einer Unterredung mit Prof. Baade (Tonbandaufnahme) vom 16.10.1955: Stiftung Archiv der Parteien und Massenorganisationen der DDR im Bundesarchiv (SAPMO-BArch), J IV 2/202, Nr. 56. Vgl. hierzu auch vertiefend bei Burghard Ciesla, Die Transferfalle: Zum DDR-Flugzeugbau in den fünfziger Jahren, in: Dieter Hoffmann/Kristie Macrakis (Hrsg.), Naturwissenschaft und Technik in der DDR, Berlin 1997, S. 193-211.

[44] Notiz über die Berichterstattung an die SKK über zurückgekehrte Spezialisten aus der UdSSR vom 5.10.1951. BArch, MdI, Hauptabteilung Innere Angelegenheiten 34.0, Nr. 8709.

waren und die in den Schiffbau oder später in die Flugzeugindustrie nach Dresden vermittelt werden sollten. Neben der Berufsberatung war die Absicherung der Bereitstellung von Wohnraum ein weiteres großes Problem. Lobend wurde in diesem Zusammenhang zwar erwähnt, daß es die Stadtverwaltungen in Jena, Halle, Dessau und Berlin trotz der starken Kriegszerstörungen geschafft hatten, die Spezialisten kurzfristig unterzubringen. Die große Aufmerksamkeit bzw. Privilegierung, die die Spezialisten erfuhren, erzeugte allerdings unter der Bevölkerung auch einigen Missmut; außerdem waren angesichts der damals schwierigen politischen und ökonomischen Verhältnisse die Wünsche der heimkehrenden Fachleute und ihrer Familien alles andere als leicht zu erfüllen.[45]

Mit solchen Schwierigkeiten wurde Ardenne und seine Gruppe, wie schon deutlich gemacht, kaum konfrontiert, zumal seine Rückkehr zielgerichtet in Dresden vorbereitet werden konnte und man über mehrere Jahren darauf hinarbeitete, daß bei seiner Rückkehr das Ardennesche Forschungsinstitut betriebsbereit war. Ardenne selbst gehörte darüber hinaus zu jenem Teil der hochqualifizierten deutschen Spezialisten, an dem die sowjetische Seite und die SED-Führung ein außerordentlich großes Interesse hatte. Nachdem die „Abkühlungsphase" dem Ende zuging, wurde die Rückreise im Vergleich zu den bisherigen Spezialistentransporten auch sehr umsichtig vorbereitet. Sicher kamen hierbei die auf seiten der DDR gewonnenen Erfahrungen mit den inzwischen zurückgekehrten Spezialisten zum Tragen. So nahmen Vertreter des SED-Parteiapparates mit den zuständigen sowjetischen Stellen und den deutschen Spezialisten direkt in der UdSSR Kontakt auf, um Schwierigkeiten und Probleme bei der Integration entgegenzuwirken und sich auf die Wünsche der Rückkehrer rechtzeitig einstellen zu können. Es wurden Unterlagen eingesehen und persönliche Rücksprachen geführt. Auf dieser Grundlage entstand am 31. Dezember 1954 ein ausführlicher Bericht mit einem umfangreichen Materialanhang, der unter anderem fachliche Einschätzungen der Spezialisten, die Bewertungen ihrer politischen Einstellung und Zuverlässigkeit sowie eine Darlegung der Möglichkeiten ihrer Bindung an die DDR beinhaltete.[46] Darin wurde auch das „Kollektiv von Ardenne" beurteilt. Die Einschätzungen der sowjetischen Seite über Ardenne gaben die SED-Emissäre in ihrem Bericht folgendermaßen wieder:

„[...] Die verantwortlichen Genossen der sowjetischen Verwaltung brachten zum Ausdruck, daß unter den übrigen Spezialisten [der Gruppe von Ardenne] Fachkräfte vorhanden sind, die teilweise eine grössere wissenschaftliche Bedeutung haben als von Ardenne.

[...]

Durch Informationen wurde bekannt, daß er nach Rückkehr Forschungsaufträge durchzuführen beabsichtigt, die für die UdSSR und die DDR von grosser Bedeutung sind.

Den Freunden ist hierüber noch nichts bekannt, sie bea[b]sichtigen mit von Ardenne hierüber noch zu sprechen.

[...]

---

[45] Bericht vom 27.8.1952. BArch, MdI, Hauptabteilung Innere Angelegenheiten 34.0, Nr. 8709. Vgl. vertiefend auch bei A: Steiner: The Return of German „Specialists" from the Soviet Union to the German Democratic republic: Integration and Impact, In: M. Judt/B. Ciesla (ed.): Technology Transfer out of Germany after 1945, Amsterdam 1996, S. 119-130; St. Fleschin: Spezialistentransfer. Die Deportation deutscher Wissenschaftler und Techniker in die Sowjetunion und ihre Rückkehr in die DDR (1945-1957/58), Wissenschaftliche Hausarbeit bei Professor Ralph Jessen, Berlin 1999; B. Ciesla: Spezialistentransfer ... a.a.o., S. 28; derselbe, Transferfalle ... a.a.o., S. 198.

[46] Bericht über die zurückkehrenden SU-Spezialisten vom 31.12.1954. SAPMO-BArch, ZPA JIV 2/202, Nr. 56. Vgl. auch A. Steiner: The Return ... a.a.o., S. 123 ff.

Er war Leiter eines Instituts in Berlin und hatte Verbindung zu Himmler, Göring und Göbbels.

Er unterstützte die NSDAP finanziell und führt während des Krieges militärische Forschungsaufträge durch.

Sein Verhalten zeigt bis in die jüngste Zeit eine antisowjetische Einstellung, er gibt sich nach aussen hin loyal.

Er hat in Westdeutschland ein Bankkonto und erhält von den Amerikanern für verkaufte Patente und für sein Haus laufend Geldbeträge überwiesen.

Er ist sehr geldgierig und nützt seine Mitarbeiter rücksichtslos aus.

Charakterisierend ist sein Geltungsbedürfnis.

Er hat Verbindung nach Westberlin, Westdeutschland und dem kapitalistischen Ausland.

Bei Kriegsende hatte er die Absicht, für die Amerikaner zu arbeiten, da die sowjetischen Truppen jedoch früher in Berlin waren, bot er der Sowjetregierung seine Dienste an.

Das Schreiben an die amerikanische Militärregierung ist vorhanden.

Nach unserer und nach Meinung der Freunde ist es notwendig, von Ardenne mit dem ersten Transport zurückzuführen, um hierdurch zum Ausdruck zu bringen, daß seine Bedeutung voll anerkannt wird.

Bei Berücksichtigung seiner Geldgier und seines Geltungsbedürfnisses ist es möglich, ihn in der DDR zu halten.

Aus dem Kollektiv von Ardenne müssen nach Rückkehr 7 Personen operativ bearbeitet werden. Es handelt sich hierbei um Spionageverdacht, antisowjetische Einstellung, Verbindung zur Gestapo und antidemokratische Einstellung [...]"[47]

Das ausführliche Zitat verdeutlicht, daß die SED-Führung Ardenne um jeden Preis halten wollte und deshalb alles versuchte, seinen Wunschvorstellungen so weit wie möglich zu entsprechen.

Ankunft in der DDR: „Alles ist wie im Traum."[48]

Dementsprechend war auch die Aufmerksamkeit, die man seitens der DDR-Regierung Ardenne bei seiner Ankunft in der DDR entgegenbrachte. Bereits auf dem Grenzbahnhof in Frankfurt/Oder wurde er vom persönlichen ZK-Beauftragten Ulbrichts, F. Zeiler, und dem Direktor der Akademie, H. Wittbrodt, begrüßt. Nach einem opulenten Mittagessen „mit hervorragender Bedienung in der Mitropa-Gaststätte"[49] ging es in einem eigens für Ardenne bereitgestellten Triebwagen direkt nach Dresden. Auf der Fahrt wurde Ardenne vom Wunsch Ulbrichts in Kenntnis gesetzt, am Wochenende für ein Gespräch nach Dresden kommen zu wollen. Nach

---

[47] Bericht vom 31.12.1954. SAPMO-BArch, ZPA JIV 2/202, Nr. 56.
[48] M.v. Ardenne: Die Erinnerungen ... a.a.o., S. 260.
[49] Bericht "Rückkehr der deutschen Spezialisten aus der Sowjetunion" v. 25.3.1955. SAPMO-BArch, ZPA J IV 2/202/56.

Aussage Zeilers zeigte sich Ardenne „von dieser Mitteilung (sehr begeistert)" und sah „in diesem Anerbieten die ausserordentliche Großzügigkeit und Interesse eines Regierungsmitglieds, was, wie er sagte, in früheren Zeiten (gemeint war vor 1945) überhaupt nicht möglich gewesen wäre."[50]

Ist letzteres angesichts der keineswegs nur marginalen Kontakte Ardennes zur NS-Führung und speziell zum Ministerium Speer sowie zum Postminister Ohnesorge durchaus infrage zustellen, so zeigt die Initiative Ulbrichts aber doch, welch hohen Stellenwert die Integration Ardennes in das wissenschaftliche und ökonomische System der DDR bei den politisch Verantwortlichen besaß und wie groß der Bedarf an innovativen Wissenschaftlern und Erfindern in der damaligen DDR war. Folglich wurde dem Ardenneschen Institut dann auch durch langfristige und vertraglich gesicherte Staatsaufträge eine stabile finanzielle Grundlage zugesichert, wodurch die Durchführung großzügiger Forschungsprogramme garantiert und eine solide Entwicklungsperspektive gegeben war.

Bei seinem Bemühen, dem Institut eine unikale Position in der Wissenschafts- und Technologielandschaft der DDR zu sichern, bediente sich Ardenne sehr geschickt den Visionen und Mängeln der DDR-Gesellschaft und ihrer Planer. So machte er bereits im Zug von Frankfurt/Oder nach Dresden „darauf aufmerksam, dass er mit seinem Kollektiv alle für den Betrieb eines A[tom].Meilers notwendigen Voraussetzungen zu schaffen" in der Lage wäre.[51] Darüber hinaus engagierte er sich durch Reden und andere Aktivitäten im Rahmen der offiziellen Anti-Atomkriegskampagnen der DDR. Die so gezeigte Einheit von wissenschaftlicher Kompetenz und gesellschaftlicher Konformität wurden u.a. mit der Mitgliedschaft im „Wissenschaftlichen Rat für die friedliche Anwendung der Atomenergie" sowie des „Friedensrates" der DDR gewürdigt; auch durfte er als Mitglied mehrerer Regierungsdelegationen die DDR, u.a. bei einer Reise des DDR-Ministerpräsidenten Otto Grotwohl in den Nahen und Fernen Osten (1958) auf außenpolitischem Parkett mitrepräsentieren.[52] So in der Gunst der Mächtigen stehend, versagte es sich Ardenne auch sonst nicht, seine positive, wenngleich nicht immer unkritische Einstellung zur DDR wie zum sozialistischen Gesellschaftsexperiment in öffentlichen Aufrufen und Akklamationen sowie nicht zuletzt ab 1963 als Abgeordneter der Volkskammer zu dokumentieren. All dies trug dazu bei, daß Ardennes privatkapitalistische Forschungs-Enklave bis zum Ende der DDR Bestand hatte und allen Neidern sowie den Angriffen engstirniger Parteidogmatiker trotzen konnte - mehr noch, die Entwicklung des Instituts war von einer bemerkenswerten Expansion in quantitativer wie qualitativer Hinsicht gekennzeichnet. Dies ließen das Institut zum größten Privatbetrieb der DDR werden. So vergrößerte sich in den sechziger Jahren durch Zukäufe und Grundstückstausch das Institutsgelände ganz wesentlich und ermöglichte den Neubau weiterer Laborgebäude; parallel dazu wuchs die Zahl der Institutsangehörigen im ersten Jahrzehnt auf etwa 300 Mitarbeiter, 1990 sollten es schließlich über 500 sein. Dies alles in einer Zeit als in der DDR das Gros der anderen Privatunternehmen in „Volkseigentum" überführt wurde.

Das Ardennesche Institut konnte sich so binnen kurzem zu einem - in heutiger Terminologie - soliden mittelständischen Unternehmen profilieren, das für die DDR-Wirtschaft und Innovationskultur einen unverzichtbaren Aktivposten darstellte. Verantwortlich dafür war in erster Linie, daß das Institut genau das erfolgreich und zudem noch effizient realisierte, was die Partei- und Staatsführung der DDR in ihren Programmen und Plänen immer wieder eindringlich von den staatlichen Forschungseinrichtungen einforderte, aber nur in unzureichendem Maße eingelöst bekam: innovative, anwendungsorientierte, patentwürdige Forschungser-

---

50 Ebenda.
51 Ebenda
52 Vgl. M.v. Ardenne: Die Erinnerungen ... a.a.o., S. 290ff.

gebnisse und Produkte von internationalem Standard vorzulegen, die nicht zuletzt Devisen einbrachten.

Vor diesem Hintergrund verbreitete sich die Produktpalette des Instituts und seine Forschungsaktivitäten kontinuierlich. Hatte Ardenne im Vorfeld der Gründung des Dresdener Instituts allein davon gesprochen, „hauptsächlich auf meinem früheren Arbeitsgebiet der Elektronen-Übermikroskopie" arbeiten zu wollen und „ein Konstruktionsbüro anzugliedern, dessen Aufgabe der Entwurf neuartiger Forschungsanlagen auf dem Gebiet der Ionen- und Elektronenphysik sein wird"[53], so führte das Institut später auch Forschungs- und Entwicklungsarbeiten in der angewandten Kernphysik und Isotopentechnik sowie nicht zuletzt in der Krebsforschung und Medizintechnik durch. Einen spektakulären Ruf erhielt die von ihm seit den sechziger Jahren entwickelte Sauerstoff-Mehrschritt-Therapie zur Erhöhung des menschlichen Energiestatus und insbesondere die sogenannte Krebs-Mehrschritt-Therapie, die Krebszellen in einer Kombination von Überwärmung, Sauerstoffanreicherung und Überzuckerung des Blutes zu bekämpfen sucht; allerdings gilt die Therapie bis heute in der Schulmedizin als umstritten.[54] Unstrittig hingegen sind die Verdienste Ardennes und seines Instituts bei der Entwicklung leistungsstarker Elektronen- und Ionenstrahlquellen. Mit der Erfindung der Duoplasmatron-Ionenquelle, des Elektronenstrahl-Mehrkammerofens und des Plasmafeinstrahl-Brenners zum Brennschneiden wurde u.a. das erzielt, womit die DDR so gerne renommierte und was sie so dringend ökonomisch wie forschungspolitisch brauchte: wissenschaftlich-technisches Weltniveau und devisenträchtige Produkte. Aber auch sonst hat das Ardennesche Institut mit einer Fülle weiterer wichtiger Forschungsleistungen, Erfindungen und Verfahren mit dazu beigetragen, daß in der DDR der Anschluß an die moderne Hochtechnologie nicht gänzlich verloren ging und eine effiziente Innovationskultur als Stachel im Fleisch planwirtschaftlichen Schlendrians und Überregulierung bewahrt blieb.

---

[53] Abschrift der Stellungnahme des Herrn Manfred von Ardenne v., 7.2.1952. BArch DF4, Nr. 40588.
[54] Vgl. St. Tannenberger, H. Gummel, K. Rieche, H. Berndt: Einige Bemerkungen zum Krebs-Mehrschritt-Therapie-Konzept Professor Manfred von Ardennes. Das Deutsche Gesundheitswesen 28(1973) 1441-1446.

PETER NÖTZOLDT

Ein tolles Gaunerstück der Physiker
Die Gründung der Forschungsgemeinschaft der naturwissenschaftlichen, technischen und medizinischen Institute der Deutschen Akademie der Wissenschaften zu Berlin im Jahre 1957

„... tolle Gaunerstücke Wittbrodt und Rompe".[1] Dies notierte der Vizepräsident für die Geisteswissenschaften an der Deutschen Akademie der Wissenschaften zu Berlin (DAW), als er Ende 1956 nach einer zweimonatigen Reise an der Spitze einer Akademiedelegation aus China zurückkehrte. Er lege sein Amt nieder, schrieb er wenige Tage später an den Akademiepräsidenten.[2] Obwohl Vizepräsident Wolfgang Steinitz[3] Mitglied des Zentralkomitees (ZK) der SED war, konsultierte er die SED-Führung nicht. Die Aufregung war gewaltig, weil nun der Konflikt zwischen den drei einflußreichsten SED-Genossen der Akademie nach außen getragen wurde. Was war geschehen?

Der Direktor der DAW, Hans Wittbrodt[4], hatte mit Rückendeckung des Sekretärs der Klasse für Physik, Mathematik und Technik, Robert Rompe[5], „vertraulich" den Genossen in der Wissenschaftsabteilung des ZK „Gedanken zur weiteren Entwicklung der naturwissenschaftlich-technischen Institute" der Akademie unterbreitet.[6] Das Ziel war das Herauslösen dieses Forschungspotentials, in dem zwei Drittel aller Wissenschaftler wirkten, aus der Verantwortung der Akademie.

Völlig überraschend dürfte der Vorstoß nicht gewesen sein, denn Rompe hatte nie einen Hehl daraus gemacht, daß er die Physik weit stärker gefördert sehen wollte. Den Aufbau des hierfür notwendigen Forschungspotentials an der Akademie hielt er für einen „Umweg", der nach 1945 zunächst unvermeidbar gewesen war.[7] Nach seiner Zuwahl in die Akademie 1953

---

[1] W. Steinitz: Archiv der Berlin-Brandenburgischen Akademie der Wissenschaften in Berlin (AAW), Nachlaß (NL) W. Steinitz, Nr. 77.
[2] W. Steinitz: Brief an Max Volmer vom 10.12.1956, AAW, NL W. Steinitz, Nr. 77.
[3] Wolfgang Steinitz (1905-1967), Philologe und Völkerkundler, OM der DAW 1951, Vizepräsident 1954-1963. Weitere Angaben in: Wer war wer in der DDR, Berlin 2000, S. 822.
[4] Hans Wittbrodt (1910-1991), Physiker, Direktor der DAW 1953-1957, danach in ähnlicher Funktion bei der Forschungsgemeinschaft der DAW. Weitere Angaben in: Wissenschaftshistorische Adlershofer Splitter, Bd. 3, Berlin 1997, S.184f.
[5] Robert Rompe (1905-1993), Physiker, OM der DAW 1953, Sekretär und/oder Präsidiumsmitglied 1954-1987. Weitere Angaben in: Wer war wer in der DDR, Berlin 2000, S. 711.
[6] H. Wittbrodt vertraulich an die Abteilung Wissenschaften des ZK der SED Anfang Dezember 1956: Gedanken zur weiteren Entwicklung der naturwissenschaftlich-technischen Institute der Deutschen Akademie der Wissenschaften, Stiftung Archiv der Parteien und Massenorganisationen der DDR im Bundesarchiv Berlin, Zentrales Parteiarchiv (SAPMO ZPA), IV 2/9.04/372, Bl. 118-120. Der vertrauliche Bericht befindet sich auch im Nachlaß von R. Rompe. Beraten wurden die Vorschläge auf der Klassensitzung vom 15.11.1956.
[7] R. Rompe in einer Mitteilung an den Verfasser vom September 1992.

kam Rompe rasch in Entscheidungspositionen. Ende 1955 beklagten Akademiemitglieder ganz offen, die Akademie würde nicht vom Präsidenten Walter Friedrich (Präsident von 1951-1955), sondern von Rompe geleitet. Es werde „hauptsächliches Augenmerk auf die Entwicklung der Physik gelegt, was eine Vernachlässigung der anderen Gebiete der Wissenschaft zur Folge hat". Von „Cliquenbildung" an der Akademie, in die man „ebenfalls Genossen der Abteilung Wissenschaft und Propaganda des ZK" der SED einschloß, wurde gesprochen.[8] Im Kampf um Ressourcen und um Machtpositionen formierte sich natürlich sehr bald Widerstand gegen eine solche Vormachtstellung der Physik. Das Geschehen eskalierte 1956. Die Zielscheibe des Protestes war allerdings nicht vordergründig Akademiemitglied Rompe, sondern der zweitwichtigste Repräsentant der „Clique", der Direktor der Akademie Wittbrodt, selbst Physiker und Rompe-Vertrauter seit 1947. „Unfähig, unkritisch, knieweich; er habe völlig versagt", so einige der Vorwürfe. Im September 1956 beschloß das Präsidium der Akademie die Ablösung des Akademiedirektors. Die Abteilung Wissenschaften des ZK hatte zugestimmt; Wittbrodt sollte zur Atomforschung weggelobt werden.[9]

Der Widerstand gegen die Dominanz der Physik schien damit zunächst erfolgreich. Nur ein radikaler Schritt versprach noch Erfolg; nämlich die Aufkündigung des 1946 begonnenen Versuches, die gesamte außeruniversitäre Forschung über eine Wissenschaftsinstitution, die ehemalige Preußische Akademie der Wissenschaften, zu fördern und zu steuern. Zumindest für die Physik sollte nun jener Umweg beim Neuaufbau des Forschungspotentials schnellstens beendet werden und zwar von den Vertretern der Wissenschaft.

Im Beitrag werden dazu vier Fragen erörtert:
- Was hatte zu diesem Umweg geführt?
- Wie verlief er?
- Warum konnte er 1956/57 beendet werden?
- War das Ergebnis das gewünschte?

I. Was hatte zu diesem Umweg geführt?

Nach der Niederlage des NS-Regimes 1945 gab es zwar keinen Stillstand in der Tätigkeit der Preußischen Akademie der Wissenschaften zu Berlin, aber sofort eine grundlegende Neuorientierung. Diese resultierte hauptsächlich aus einer veränderten Interessenkonstellation innerhalb der Gelehrtengesellschaft, in der nur noch ein Viertel der Mitglieder wieder aktiv wurde. Bereits die Teilnehmerliste der ersten Gesamtsitzung nach Kriegsende am 6. Juni 1945 in Berlin zeigt deutlich, welche Veränderungen in der Wissenschaftslandschaft der Berliner Region eingetreten waren. Nur ein Naturwissenschaftler und elf Geisteswissenschaftler von insgesamt 69 Ordentlichen Mitgliedern aus den beiden paritätisch zusammengesetzten Klassen der Akademie, der Mathematisch-naturwissenschaftlichen und der Philosophisch-historischen, fanden zusammen und überlegten, wie das Überleben der Institution gesichert werden konnte.[10] Das änderte sich

---

[8] Vgl. Diskussion aus dem Seminar der leitenden Genossen der Akademie der Wissenschaften zu Berlin am 13.01.1956, SAPMO ZPA, IV 2/9.04/380, Bl. 34f.
[9] Am 06.09.1956 wurde auf der Gesamtsitzung das Ausscheiden von Hans Wittbrodt bekanntgegeben. Vgl. zum Vorgang insgesamt P. Nötzoldt: Wolfgang Steinitz und die Deutsche Akademie der Wissenschaften zu Berlin. Zur politischen Geschichte der Institution 1945-1968, Dissertation, Humboldt-Universität zu Berlin 1998, S. 133ff.
[10] Vgl. Protokolle der Plenarsitzungen 1945, AAW, P 1/0. Die Naturwissenschaften vertrat der Botaniker Ludwig Diels.

bis zur offiziellen Wiedereröffnung der Akademie im Sommer 1946 nicht grundsätzlich, auch wenn sich nun knapp 20 Mitglieder um den Fortbestand der Akademie mühten und der Anteil der Naturwissenschaftler langsam auf ein Drittel anstieg. Besonders schlug die nahezu vollständige Verlagerung der Kaiser-Wilhelm-Gesellschaft (KWG) und ihrer Institute aus Berlin zu Buche, denn Spitzenwissenschaftler der KWG prägten bis 1945 wesentlich die Mathematisch-naturwissenschaftliche Klasse. Mit Max Planck, Max von Laue, Werner Heisenberg, Peter Debye, Adolf Butenandt und Otto Hahn hatten von diesen allein sechs Nobelpreisträger die Stadt verlassen.[11]

Bereits diese wenigen Angaben kennzeichnen einerseits die Größenordnung des wissenschaftlichen Stromes weg von Berlin vor Kriegsende, und sie verdeutlichen ein weiteres Problem: Die überproportionale Verlagerung naturwissenschaftlicher Forschungspotentiale führte zu einem Bruch im gewachsenen Disziplinen- und Institutionengefüge. So entstanden im Nachkriegsberlin Lücken und Verwerfungen, die zugleich neue Karriere- und Entwicklungschancen für einzelne Wissenschaftler und ihre jeweiligen Disziplinen, aber auch für wissenschaftliche Institutionen eröffneten. Neben der Notwendigkeit zur Übernahme von Verantwortung ergab sich plötzlich für die Akademiemitglieder die Möglichkeit, ungeliebte Entwicklungen in der deutschen Wissenschaftsorganisation der letzten Jahrzehnte in Frage zu stellen. Natürlich nur für die Anwesenden und das waren eben ganz überwiegend Geisteswissenschaftler und kein einziger Physiker.

Physiker findet man jedoch in den neuen Wissenschaftsverwaltungen. Auch hier eröffneten sich neue Karriere- und Gestaltungsmöglichkeiten, denn die Spitzenkräfte der Wissenschaftsbürokratie aus der Weimarer Zeit hatten ebenfalls Berlin verlassen und die aus der NS-Zeit kamen für den Neuanfang ohnehin nicht in Betracht. Selbstverständlich beriefen alle Besatzungsmächte die deutschen Behörden nach ihren Präferenzen.[12] In wichtigen Positionen begegnet man den Physikern Robert Rompe und Friedrich Möglich, den Physikochemikern Robert Havemann und Alfred Wende sowie dem Mathematiker Josef Naas – alle mit Verbindungen zur KPD.[13] Ihnen lagen naturgemäß die Naturwissenschaften und damit ihre eigene wissenschaft-

---

[11] Von den 14 direkt mit der KWG verbundenen Akademiemitgliedern gehörten 13 der Mathematisch-naturwissenschaftlichen Klasse an, darunter die sechs Nobelpreisträger. Wegen ihrer NS-Vergangenheit wurden von diesen Mitgliedern Eugen Fischer, Otmar Freiherr von Verschuer, Peter Adolf Thiessen (1945 in die UdSSR, ab 1956 wieder als Mitglied geführt) und Wilhelm Eitel (1946 in die USA) von der Mitgliederliste der Akademie gestrichen. An der Nachkriegsentwicklung der PAW war nur Hans Stille beteiligt. Deutlich werden auch die Verluste für die Stadt, wenn man die Institute der KWG und deren wissenschaftliches Personal betrachtet. 1939 hatte die KWG 34 Institute, davon 14 überwiegend große in Berlin. 1945 war nur ein Institut noch nahezu voll arbeitsfähig, und es existierten einige Restabteilungen. Beim wissenschaftlichen Personal wurden Anfang 1946 nur noch ganze 25 Mitarbeiter in Berlin gezählt, was 1,5 % der Vorkriegsbelegschaft der KWG bedeutete.
Vgl. dazu M. Heinemann, Der Wiederaufbau der Kaiser-Wilhelm-Gesellschaft und die Neugründung der Max-Planck-Gesellschaft (1945-1949), in: R. Vierhaus, B. vom Brocke (Hg.), Forschung im Spannungsfeld von Politik und Gesellschaft. Geschichte und Struktur der Kaiser-Wilhelm-/Max-Planck-Gesellschaft, Stuttgart 1990, S. 407-470.

[12] In Berlin war für die Wissenschaft zunächst die Volksbildungsabteilung des Magistrats zuständig. Der Magistrat wurde im Mai 1945 von der sowjetischen Besatzungsmacht eingesetzt; er unterstand aber ab August 1945 allen in Berlin anwesenden Besatzungsmächten. Die sowjetische Besatzungsmacht setzte allerdings bereits am 27.07.1945 „Deutsche Zentralverwaltungen" ein, die nur ihr unterstanden und systematisch auch Magistratsaufgaben an sich zogen. Das war wegen der prekären Finanzsituation der Stadt nicht schwierig. Zum Präsidenten der Deutschen Zentralverwaltung für Volksbildung berief die sowjetische Besatzungsmacht einen engen Mitarbeiter Wilhelm Piecks aus der Moskauer Zeit, den späteren ersten Volksbildungsminister der DDR Paul Wandel.

[13] Mitglieder der KPD waren: Rompe (seit 1932), Havemann (1932), Naas (1932) und Wende (1929). Möglich bekundete nach 1945 deutlich Sympathie für das neue System und hatte auch in den letzten Kriegsjahren engen Kontakt mit Rompe.
Friedrich Möglich (1902-1957), Physiker, Institutsdirektor an der DAW 1947-1957, weitere Angaben in: Wer war wer in der DDR, Frankfurt/M. 1995, S. 512; neuerdings auch: D. Hoffmann, M. Walker: Der Physiker

liche Zukunft am Herzen. Für alle war die Akademieproblematik zunächst marginal. Sie favorisierten den Wiederaufbau der bewährten Wissenschaftsinstitution KWG unter ihrer maßgeblichen Mitwirkung. Erst als im Frühjahr 1946 deutlich wurde, daß nicht mehr mit einer Nachfolgeeinrichtung der KWG im sowjetischen Einflußbereich unter der Leitung des in Berlin-Dahlem als (vorläufigen) Präsidenten der KWG eingesetzten Robert Havemann gerechnet werden konnte, und als Kompromißangebote an die neue KWG-Zentrale in Göttingen scheiterten, war klar, daß ein völliger Neuanfang unumgänglich sein würde.[14]

Da nur auf Vorhandenes zurückgegriffen werden konnte und als renommierte Einrichtung der Wissenschaftsförderung nur die Akademie in Berlin verblieben war, mußten sich auch die Naturwissenschaftler mit einer Funktionserweiterung der Akademie abfinden. Die hatte zudem auf Rat der sowjetischen Akademie die sowjetische Besatzungsmacht quasi zu einer Bestandsgarantie genötigt, indem sie im Dezember 1945 um Unterstellung bei der Sowjetischen Militäradministration in Deutschland (SMAD) bat, nachdem ihr Etat von den vier Alliierten im Oktober auf Null gesetzt worden war.[15] Im Juli 1946 wurde sie schließlich als „Deutsche Akademie der Wissenschaften zu Berlin" offiziell wiedereröffnet. Die ehemalige preußische Akademie sollte zur gesamtdeutschen Nationalakademie ausgebaut werden. Das war politisch gewollt und durch die Zerstreuung ihrer Mitglieder auf ganz Deutschland in den letzten Kriegsjahren ohnehin gegeben. Sie sollte Forschungsinstitute (insbesondere auch solche der KWG) übernehmen und selbst gründen können, sowie gleichzeitig die Funktion der ehemaligen Notgemeinschaft ausüben. Um diese Aufgaben hatte sich die Akademie selbst bemüht, ein Teil ihrer Mitglieder schon seit der Weimarer Zeit.[16] Dazu war sie in der Nachkriegszeit auch ge-

---

Friedrich Möglich (1902-1957) – Ein Antifaschist?, in: D. Hoffmann, K. Macrakis (Hg.), Naturwissenschaft und Technik in der DDR, Berlin 1997, S. 361-382.
Robert Havemann (1910-1982), Physikochemiker, 1943 verhaftet, am 16.12.1943 zum Tode verurteilt, mit „kriegswichtigen Arbeiten" im Zuchthaus Brandenburg bis Kriegsende überlebt, KM der DAW 1961, statutenwidrige Streichung 1966, postum Wiederaufnahme 1989. Weitere Angaben und Literaturhinweise in: D. Hoffmann et al (Hrsgb.): Robert Havemann. Dokumente eines Lebens. Berlin 1991.
Josef Naas (1906-1993), Mathematiker, 1942 verhaftet und ohne Prozeß ins KZ verschleppt, Direktor der DAW von 1946-1953 (Nachfolger wurde H. Wittbrodt), weitere Angaben in: Wer war wer in der DDR, Berlin 2000, S. 529.
Alfred Wende (1904-1992), Chemiker, Institutsdirektor/Bereichsleiter an der DAW/AdW von 1948-1967.

14 Vgl. dazu P. Nötzoldt: Wissenschaft in Berlin – Anmerkungen zum ersten Nachkriegsjahr 1945/46, in: Potsdamer Bulletin für Zeithistorische Studien Nr. 5, 1995, S. 15-36.
15 Die sowjetische Akademie der Wissenschaften hatte bereits im Sommer 1945 ihr Mitglied Viktor Sergeevic Kulebakin nach Deutschland geschickt und eine eigene Dienstelle eingerichtet. Vgl. dazu Natalja P. Timofeeva: Die Vertretung der Akademie der Wissenschaften der UdSSR in Deutschland 1945-1949, in: J. Kocka, P. Nötzoldt, P. Th. Walther (Hg.): Die Berliner Akademien der Wissenschaften im geteilten Deutschland 1945-1990, Berlin 2001. Kulebakin nahm im November die Verbindung zur Berliner Akademie auf. Diese war gerade in einer akuten Notlage, weil Berlins Nachkriegsregierung, die Alliierte Kommandantur, den Etat der PAW am 27.10.1945 aus dem Haushalt des Magistrats gestrichen hatte. Im Umgang mit der Sowjetmacht geübt, empfahl Kulebakin der Akademie, das „Preußische" vom Namen zu streichen und den Oberbefehlshaber der SMAD zu bitten, „daß die Akademie bis zur Bildung einer rechtmäßigen parlamentarischen zentralen Regierung für ganz Deutschland einer Militärbehörde, und zwar, da sie im Bereich der sowjetrussischen Zone liegt, der sowjetischen Militärverwaltung unterstellt wird, die auch dafür sorgen möchte, daß die Akademie die von ihr als erforderlich erachteten Etatmittel seitens des Magistrats oder einer anderen deutschen Finanzbehörde erhält, und daß sie ihre wissenschaftlichen [Aufgaben] mit den von ihr benötigten Kräften ungehindert nach eigenem Ermessen fortführen kann." Zwar stimmte die Akademie auf ihrer außerordentlichen Gesamtsitzung am 20.12.1945 für eine Vertagung der Entscheidung, aber Präsident Johannes Stroux bat bereits am Folgetag eigenmächtig die SMAD, so zu verfahren. Zu einer Entscheidung gedrängt, entschied die SMAD, die Unterstellung der Akademie unter die Deutsche Zentralverwaltung für Volksbildung (DZVV) vorzubereiten. Vgl. dazu Protokoll der Gesamtsitzung vom 20.12.1945, AAW, P 1/0, Bl. 51; J. Stroux: Brief an M. Dratwin (Chef des Stabes der SMAD) vom 21.12.1945. GSAPK, Rep. 182, II, 1. Vgl. auch: Pjotr I. Nikitin, Zwischen Dogma und gesundem Menschenverstand. Erinnerungen, Berlin 1997, S. 125ff.
16 Vgl. dazu P. Nötzoldt: Strategien der deutschen Wissenschaftsakademien gegen Bedeutungsverlust und Funktionsverarmung, in: W. Fischer, R. Hohlfeld, P. Nötzoldt (Hg.): Die Preußische Akademie der Wissenschaften zu Berlin 1914-1945, Berlin 2000, S. 237-277.

drängt worden; durch Anschlußbegehren mehrerer Forschungsinstitute[17] und durch den Wunsch der Notgemeinschaft auf „engere Anlehnung"[18].

Für die Physiker in der Administration galt dies als „Umweg" beim (Wieder-) Aufbau moderner naturwissenschaftlicher und auch technischer Forschung, da er an einer Institution erfolgen sollte, wo in der Nachkriegszeit fast keine Vertreter dieser Wissenschaftsgebiete mehr aktiv mitarbeiteten.

II. Wie verlief der Umweg beim Ausbau des physikalischen Forschungspotentials unter der Regie der Gelehrtengesellschaft der Akademie?

Auf die Genese einzelner Institute kann hier nicht eingegangen werden, dazu gibt es erfreulicherweise bereits einige neuere Studien.[19] Betrachtet werden soll die Frage: Wie war die Physik – im weitesten Sinne – in der Gelehrtengesellschaft präsent und wie konnte sie ihre institutionellen Ansprüche durchsetzen?

Zwar schmückten die Namen berühmter Physiker – Max Planck, Max von Laue, Erwin Schrödinger, Peter Debye, Ludwig Prandtl, Werner Heisenberg – die Mitgliederliste der DAW, jedoch waren sie allesamt nicht in Berlin. Sie wurden in der Akademie nicht aktiv, blockierten aber die Fachstellen. Das Problem ließ sich auch durch eine Verdopplung der Mitgliederstellen im Jahre 1949 auf 120 nicht lösen[20], denn die wissenschaftliche Exzellenz der Berühmtheiten sorgte zugleich für eine sehr hohe Meßlatte bei Neuwahlen. Aufgefordert Wahlvorschläge zu unterbreiten, stellte der Physiker Friedrich Hund zu dieser Zeit fest: „120 bedeutende Forscher gibt es in unserer Zone nicht".[21]

---

[17] Das waren vor allem die Potsdamer Institute (Astronomisches Institut, Astronomisches Observatorium, Astronomisches Recheninstitut, Geodätisches Institut), das Heinrich-Hertz-Institut für Schwingungsforschung in Berlin und das Archäologische Institut des Deutschen Reiches. Vgl. Protokoll der Plenumssitzung vom 13.12.1945, AAW, P 1/0, B. 48f. sowie Bestand Akademieleitung, Nr. 15 und Nr. 661, Bl. 153.

[18] Karl Griewank, der vom Magistrat am 01.7.1945 mit der vorläufigen Weiterführung der DFG (die sich nun wieder Notgemeinschaft nannte) betraut worden war, hatte „im ständigen Einvernehmen mit dem Begründer der Notgemeinschaft, dem Ehrenmitglied der Akademie Friedrich Schmidt-Ott", der DZVV Vorschläge für die weitere Arbeit unterbreitet, war aber bei den Behörden auf wenig Resonanz gestoßen. Vgl. BAAP, R-2 1427, Bl. 2ff. Am 17.10.1945 trafen sich Vertreter der Berliner Mitglieder und die Geschäftsführung der Notgemeinschaft, um „im Kreise der Berliner wissenschaftlichen Körperschaften die Voraussetzungen für eine Weiterexistenz und eine erneute Arbeit der bisherigen Deutschen Forschungsgemeinschaft zu prüfen und zu schaffen". Am 02.11.1945 wurde an der Akademie eine ständige Kommission für die Angelegenheiten der Notgemeinschaft gebildet. Auf der zweiten Sitzung der Vertreter der Berliner Mitgliedskörperschaften der Notgemeinschaft am 08.12.1945 kamen die Anwesenden überein, einen „Vorläufigen Präsidialausschuß" zu schaffen. Hans Stille übernahm den Vorsitz und Griewank wurde geschäftsführendes Mitglied. Vgl. Protokolle der Beratungen, AAW, Bestand Akademieleitung, Nr. 404.

[19] S. Böhm: Das Heinrich-Hertz-Institut in Berlin-Adlershof, in: WITEGA e. V. (Hg.): Wissenschaftshistorische Adlershofer Splitter, Bd. 2, Berlin 1997; Th. Stange: Das Institut X. Leipzig, Wiesbaden 2001; Verschiedene Berichte u. a. von R. Riekher und J. Teltow sowie Dokumente über die Akademieinstitute für Optik und Spektroskopie, für Kristallphysik, für Gerätebau und für spezielle Probleme der theoretischen Physik, in: WITEGA e. V. (Hg.): Wissenschaftshistorische Adlershofer Splitter, Bd. 4, Berlin 1998.

[20] Vgl. dazu: Verordnung über die Erhaltung und Entwicklung der deutschen Wissenschaft und Kultur, weitere Verbesserung der Lage der Intelligenz und Steigerung ihrer Rolle in der Produktion und im öffentlichen Leben. Vorlage zur Vollsitzung der Deutschen Wirtschaftskommission für die sowjetische Besatzungszone am 30./31.03.1949.

[21] F. Hund: Stellungnahme zu den Vorschlägen der Kulturverordnung am 01.06.1949, AAW, Bestand Akademieleitung, Nr. 662.

Die Physik wurde in den ersten Nachkriegsjahren vom Astrophysiker Hans Kienle (OM 1946) und vom Physikochemiker Karl-Friedrich Bonhoeffer (OM 1947) quasi mit vertreten. Bonhoeffer wechselte bereits 1948 nach Göttingen und Kienle ging 1950 nach Heidelberg. Erst 1949 kamen mit Friedrich Hund und Rudolf Seeliger zwei Physiker in die Akademie. Sie nahmen jedoch am Akademieleben kaum teil. Walter Friedrich (medizinische Physik) und Hans Ertel (Geophysik) – beide ebenfalls 1949 zu Mitgliedern gewählt – trieben ihre Fachgebiete voran.

Die große Gruppe der Direktoren physikalischer Institute der Akademie (Gustav Leithäuser, Friedrich Möglich, Robert Rompe, Erst Lau, Otto Hachenberg, Ostap Stasiw) galt offensichtlich als nicht akademiewürdig und wurde nahezu vollständig ausgegrenzt. Damit entstanden zwar im großen Stil bis Anfang der 1950er Jahre physikalische Forschungseinrichtungen an der DAW, aber in deren Entscheidungsgremien für die Institute, den Klassen der Gelehrtengesellschaft, fühlte sich die Physik wenig vertreten.

Physikalische Institute der DAW	Direktor
Heinrich-Hertz-Institut für Schwingungsforschung, Berlin (1946 übernommen)	Leithäuser/Hachenberg
Institut für Festkörperforschung, Berlin (1947 übernommen)	Möglich
Laboratorium für Gasentladungsphysik, Greifswald (1947 übernommen)	Seeliger (OM)
Optisches Laboratorium, Berlin (1948 übernommen)	Lau
Institut für Festkörperforschung, Zweigstelle Dresden (1950 übernommen)	Stasiw
Institut für Strahlungsquellen, Berlin (1951 Neugründung)	Rompe

Erst als sich Ende 1952/Anfang 1953 die Akademie ihre Position „als höchste wissenschaftliche Instanz der DDR" für weitere fünf Jahre erkaufte, indem sie einer Reorganisation zustimmte (Ziel: „Beteiligung der Akademie am Aufbau des Sozialismus durch Ausrichtung der Forschung auf für die DDR wichtige Gebiete."), kamen mit einem Zuwahlschub von 28 Personen zwei weitere Vertreter der Physik (auf Technikerstellen) in die Akademie: Robert Rompe und Hans Frühauf.[22]

Der Entscheidung, den Ausbau des Forschungspotentials bei der Akademie zu forcieren, waren heftigste Kämpfe zwischen der Akademie und dem Zentralamt für Forschung und Technik (ZFT) bei der Staatlichen Plankommission vorausgegangen. Das ZFT trat spätestens Anfang 1951 in Konkurrenz zur Akademie und stellte den Verbund von Gelehrtengesellschaft und For-

---

[22] Ausgelöst wurde die Kampagne anläßlich der II. Parteikonferenz der SED vom 09.-12.07.1952, die offiziell den „planmäßigen Aufbau des Sozialismus" in der DDR proklamierte. Die Akademie sollte verstärkt eingebunden werden und die dazu erforderlichen Veränderungen vorschlagen. Nur dann könne sie höchste wissenschaftliche Instanz der DDR bleiben. Am 09.10.1952 setzte das Politbüro des ZK der SED offiziell eine Kommission ein, die eine Reorganisation der Akademie und die Zuwahl neuer Mitglieder vorbereiten sollte. Am 13.11.1952 beschloß die Gesamtsitzung der Akademie – nach eingehender Diskussion – Vorschläge zu unterbreiten. Am 26.11.1952 handelte dann die Akademieführung mit der SED-Führung den Umfang der Reorganisation aus. Das Politbüro der SED sanktionierte die Vereinbarungen am 20.01.1953, die Akademie auf einer Sondersitzung am 22./23.01.1953 mit dem Thema „Fragen der Beteiligung der Wissenschaft am Aufbau des Sozialismus". Die Zuwahlen erfolgten am 19.01.1953. Vgl. Protokolle der entsprechenden Akademiesitzungen: AAW, P 1/2, S. 53, 78 sowie Protokoll der Sondersitzung; Protokolle der Politbürositzungen der SED: SAPMO ZPA J IV 2/3/330 und 2/2/258; Protokoll der gemeinsamen Beratung: SAPMO ZPA, IV 2/9.04/369.

schungseinrichtungen im naturwissenschaftlich-technischen Bereich prinzipiell in Frage. Zumindest aber drängte es auf die Einbeziehung der Akademie in die Planungsmechanismen.[23] Die Akademie tat was sie immer getan hatte, wenn sie sich bedrängt fühlte: Sie suchte die Nähe zur „Krone" und bat Anfang 1951 um ihre direkte Unterstellung beim Ministerpräsidenten der DDR. Dem wurde am 12. Juni 1951 entsprochen.[24] De facto stand damit der Akademiepräsident im Range eines Ministers, die Akademie bezeichnete sich als „Staatsorgan" und trachtete danach, das „führende" in Sachen Wissenschaft zu sein.[25] Die Akademie schien nun mächtiger, stand jedoch auch mehr im Blickfeld der politischen Macht.

Die Direktoren der Physikinstitute hatten sich im Machtkampf zwischen dem ZFT und der Akademie nicht eindeutig positionieren können und wollen, da sie finanziell von beiden Seiten abhängig waren. Der nun erreichte Kompromiß, unter bestimmten Bedingungen die Forschung an der Akademie weiter auszubauen, schien allerdings für die Physik nicht ungünstig. Mit Rompe und Frühauf kamen zwei kompetente Fachvertreter in die Akademie, beide mit großer Nähe zur politischen Macht und damit zu den finanziellen Ressourcen. Den einflußreichen Posten des Akademiedirektors übernahm im Frühjahr 1953 der Physiker Hans Wittbrodt, der vorher als stellvertretender Leiter des ZFT vehement für die Entmachtung der Akademie oder zumindest für ihre Reorganisation zugunsten der Naturwissenschaften gestritten hatte. Die weltweite Konjunktur der Physik sollte nun nicht länger vor den Toren der Akademie Halt machen. Im Zusammenhang mit den Reorganisationsbestrebungen initiierte Robert Rompe eine Denkschrift an den Akademiepräsidenten zur „Ausgestaltung der physikalischen Forschung bei der DAW".[26] Mitunterzeichner waren Otto Hachenberg, Friedrich Möglich und Rudolf Seeliger. Sie bezeichneten die Aufwendungen der Akademie für die Physik „als zu bescheiden und nicht der Wichtigkeit des Gebiets entsprechend. [...] Es ist uns bekannt, welche Schwierigkeiten, personelle und materielle, der Entwicklung der Physik im Rahmen der DAdW entgegenstanden. Allein, wir sind der Ansicht, daß eine effektive Planung der physikalischen Forschung im Rahmen der DAdW trotzdem möglich und sogar angetan ist, die bis jetzt vorhandenen Schwierigkeiten zu beseitigen und der Physik den ihr gebührenden Platz zu sichern." Die Festkörperphysik, Elektronik und Plasmaphysik – also sehr aktuelle aber auch zugleich die eigenen Forschungsgebiete – seien zunächst als „Schwerpunktgebiete" besonders zu fördern. Für die „Ausbaugebiete" Kernphysik, Molekularphysik und Spektroskopie sollten alle Voraussetzungen geschaffen werden, um 1955 vollwertig arbeiten zu können. Die kleine DDR – und auch Westdeutschland – müßten sich aber wohl mit einer „Teilauswahl" auf den jeweiligen Gebieten begnügen: „Der Gesichtspunkt, nach welchem diese Teilauswahl für uns in der DDR erfolgen muß, ist unserer Ansicht nach vollständig durch den Wirtschaftsplan gegeben: je besser wir die Erfüllung des Planes durch geeignete Bevorzugung der für den Plan erforderlichen Gebiete unterstützen, desto schneller werden wir instand gesetzt, in der Zukunft neue Gebiete in Angriff zu nehmen." Die angestrebte Hierarchie der Förderung sollte durch eine neu zu

---

[23] Vgl. dazu P. Nötzoldt: Dissertation 1998, S. 81ff.
[24] Der Ministerrat bestätigte am 12. 07. 1951 diesen Antrag. Vgl. J. Naas: Bericht über die Arbeit der Akademie in den Jahren 1950-1951, Jahrbuch der DAW 1951-1952, S. 72.
[25] Vgl. W. Friedrich: Stenografische Niederschrift der Besprechung anläßlich des Empfanges einer Delegation der Deutschen Akademie der Wissenschaften beim Präsidenten der DDR, Wilhelm Pieck, SAPMO ZPA, IV 2/9.04/369, Bl. 5.
[26] Das genaue Datum der Denkschrift ist nicht bekannt. Sehr wahrscheinlich wurde sie zwischen Frühjahr und Herbst 1952 beim Präsidenten der Akademie eingereicht und gleichzeitig an Staats- und Parteistellen weitergereicht. Sie ist in verschiedenen Aktenbeständen zu finden. Eine Abschrift von 1964 ist abgedruckt in: WITEGA e. V. (Hg.): Wissenschaftshistorische Adlershofer Splitter, Bd. 4, Berlin 1998, S. 12-21. Vgl. dazu auch den beitrag von D. Hoffmann und H. Laitko im vorliegenden Band.

gründende Sektion Physik bei der Klasse Mathematik und allgemeine Naturwissenschaften durchgesetzt werden.[27]

So wurde in der Folgezeit dann auch verfahren – offensichtlich mit einigem Erfolg für die Disziplin, wie die schon bald aufkommende und eingangs erwähnte Kritik an der nun von der Physik beherrschten Akademie verdeutlicht. Das läßt sich auch mit Zahlen untermauern: Von 1951 auf 1955 stiegen die von der Klasse Mathematik, Physik und Technik verbrauchten Haushaltsmittel auf das 3,6-fache, ihr Anteil am Gesamthaushalt von 21 % auf 28 %. Auch der ohnehin schon große Anteil an den Gesamtinvestitionsmitteln wuchs von 35 % auf 42 %.[28]

Trotzdem stellte sich der gewünschte Erfolg nicht im gewünschten Umfang und nicht schnell genug ein – und das, obwohl ständig neue Maßnahmen von der Akademie und den staatlichen Instanzen beschlossen wurden.[29] Die zentrale Ressourcensteuerung über die Gelehrtengesellschaft der Akademie erwies sich als zu schwierig. Das System wurde immer komplexer und die Wünsche der Politik stiegen beständig. Gleichzeitig blieb die Gelehrtengesellschaft ein auf Lebzeiten gewählter, und damit wenig flexibler Zusammenschluß von oftmals Primadonnen. In der Gelehrtengesellschaft und in den Steuerungsgremien der Forschung – den Klassen und den Sektionen – wirkten sie ehrenamtlich. Ein professionelles Forschungsmanagement fehlte bzw. wurde beargwöhnt und nicht akzeptiert. Für die kleine Gruppe der „führenden Wissenschaftler" unter den Mitgliedern und den Institutsdirektoren war es ohnehin entbehrlich, denn nicht wenige von ihnen beherrschten unabhängig von Parteizugehörigkeiten das Spiel mit der Macht beim Durchsetzen ihrer Vorstellungen ausgezeichnet. Hans Stubbe, Theodor Frings, Walter Friedrich u. a., aber natürlich auch Robert Rompe und Friedrich Möglich, trugen ihre Wünsche nicht nur der Akademieleitung vor, sondern sie wandten sich direkt an Pieck, Grotewohl und Ulbricht. Das wurde sogar als Methode genutzt: Blieben in der Akademie Sparmaßnahmen unumgänglich, setzte die Akademieleitung bei jenen Wissenschaftlern den Rotstift an, die sich die notwendigen Mittel über ihre guten Beziehungen doch wieder holen konnten.

Zu der sich aus dieser Gemengelage ergebenden Unregierbarkeit der Akademie kam noch der Konflikt zwischen den Disziplinen hinzu. Insbesondere die Geisteswissenschaftler konnten nur schwer einsehen, daß ein Ungleichgewicht bei der Ressourcenzuteilung zwischen ihnen und den Naturwissenschaften der internationalen Entwicklung entsprach. Zudem war ihre Situation an der DAW im internationalen Vergleich eher äußerst günstig, wenn man nur die Forscher sieht und die naturgemäßen Unterschiede in der Ausrüstung – da Bleistift, dort Großgerät, Techniker, Laboranten etc. – herausrechnet. Im Jahre 1955 forschten an der Akademie 263 Wissenschaftler im geisteswissenschaftlichen und 587 im naturwissenschaftlichen Bereich.[30]

10 Jahre nach der Wiedereröffnung der Akademie war allen Beteiligten klar, daß die der Akademie gestellte Aufgabe, „die Wissenschaft in der DDR so zu entwickeln, daß sie das interna-

---

[27] Sektionen bei den Klassen der Akademie zur Koordinierung von Wissenschaftsbereichen gab es ab 1951. Sie wurden von Akademiemitgliedern geleitet und konnten einen wesentlich breiteren Kreis von Wissenschaftlern aus den Instituten, den Universitäten und der Industrie in die Entscheidungsfindung einbeziehen. Die Klasse Mathematik, Physik und Technik hatte 1956 sieben Sektionen; die Sektion Physik war am 25.04.1953 gegründet worden.

[28] Vgl. dazu Deutsche Akademie der Wissenschaften zu Berlin 1946-1956, Berlin 1956, S. 62f.

[29] U. a. beschloß die Akademie 1954 im Rahmen einer neuen Satzung Strukturänderungen. 1955 folgten Beschlüsse des Politbüros der SED (12.03.) und des Ministerrates der DDR (18.05.) zur weiteren „Entwicklung und Verbesserung der Arbeit der Deutschen Akademie der Wissenschaften zu Berlin". Abgedruckt in W. Hartkopf, G. Wangermann: Dokumente zur Geschichte der Berliner Akademie der Wissenschaften, Berlin 1991, S. 497-510. Vgl. auch R. Landrock: Die Deutsche Akademie der Wissenschaften zu Berlin 1945-1971 – ihre Umwandlung zur sozialistischen Forschungsakademie. Eine Studie zur Wissenschaftspolitik der DDR, 3 Bände (Analysen und Berichte aus Gesellschaft und Wissenschaft), Erlangen/Nürnberg 1977, Bd. 1, S. 68.

[30] Den Trend verdeutlichen die folgenden Vergleichszahlen: 1952: 211/288, 1953: 222/377 und 1954: 248/456. Vgl. P. Nötzoldt: Dissertation 1998, S. 262.

tionale Niveau der Wissenschaft erreicht, dabei gleichzeitig den Stand der westdeutschen Wissenschaft überflügelt und damit in höchstmöglichem Maße zur raschen ökonomischen Entwicklung unserer Republik beiträgt"[31], mit den vorhandenen Strukturen nicht erreicht werden konnte.

Verschiedene Vorschläge zur Abhilfe wurden diskutiert.[32] Die „Physikerclique" um Robert Rompe bevorzugte offenbar den Blick auf die westdeutsche – und damit auf die restaurierte traditionelle deutsche – Wissenschaftsorganisation, die es an Effizienz zu überflügeln galt. Sie schlugen die Gründung einer eigenständigen, neuen Organisation vor, einer „Leibniz-Gesellschaft für Naturwissenschaft und Technik", die ausdrücklich „ähnlich wie die frühere Kaiser-Wilhelm-Gesellschaft oder Max-Planck-Gesellschaft in der Bundesrepublik aufgebaut werden soll". In ihr sollten ausgewählte Forschungsinstitute der Akademie und die „einiger Ministerien vereinigt werden".[33]

Der Vorschlag war bestechend einfach: kein sowjetisches Vorbild, welches die bürgerlichen Wissenschaftler verprellen konnte, sondern deutsche (doppelt bewährte[34]) Wissenschaftsorganisation wurde vorgeschlagen. Die Politiker ließen sich leicht damit ködern, daß der SED-Einfluß in neuen Strukturen einfacher zu sichern sei (was automatisch einen Effizienzschub bewirken würde) und nun endlich nicht mehr westdeutsche Wissenschaftler in den immer noch gesamtdeutschen Klassen über die Wissenschaftsentwicklung der DDR mitbestimmen könnten.[35] Nun mußten nur noch Verbündete gefunden werden, denn innerhalb der Akademie würde ein so radikaler Umbau auf wenig Gegenliebe stoßen.[36]

III. Warum konnte der Umweg beim Aufbau des physikalischen Forschungspotentials über die Akademie 1956/57 beendet werden?

Ein entscheidender Grund dürfte die Rückkehr der „Spezialisten" aus der Sowjetunion gewesen sein. Sie hatten nach Kriegsende mehr oder weniger freiwillig in der Sowjetunion gearbeitet und die ersten von ihnen konnten Anfang der 1950er Jahre zurückkehren.[37] Für die Physiker

---

[31] Bericht der Parteiorganisation der DAW vom 23.04.1956 über den Stand der Erfüllung des Beschlusses des Politbüros über die weitere Entwicklung der DAW (März 1955), SAPMO ZPA, IV 2/9.04/16, Bl. 2.
[32] So z. B. der Vorschlag, die Leitung der Forschungsinstitute den Klassen zu entziehen und sie drei Vizepräsidenten (Physik/Technik, Chemie/Medizin, Geisteswissenschaften) zu übertragen. Vgl. Akademiedirektor H. Wittbrodt am 17.11.1955 an K. Hager, AAW Berlin, AKL, 665.
[33] Gedanken zur weiteren Entwicklung der naturwissenschaftlich-technischen Institute der DAW, siehe Fußnote 6.
[34] Maria Osietzkis These, daß es sich beim Wiederaufbau der außeruniversitären Forschungseinrichtungen in der BRD im wesentlichen um eine Restauration handelte unterstreicht dies. Vgl. M. Osietzki: Wissenschaftsorganisation und Restauration. Der Aufbau außeruniversitärer Forschungseinrichtungen und die Gründung des westdeutschen Staates 1945-1952, Köln 1984.
[35] Letzteres schien theoretisch möglich, weil in allen Klassen der Anteil der im Westen lebenden Mitglieder noch hoch war – 1955 lag er in der Klasse für Mathematik, Physik und Technik bei einem Drittel. (Vgl. Jahrbuch der DAW 1955.) Praktisch hatte das allerdings für diese Klasse keine Bedeutung, da sich nur der Heidelberger Hans Kienle gelegentlich am Akademieleben beteiligte.
[36] Dies hatte R. Rompe bereits bei Vorschlägen zur schnelleren Entwicklung der DAW von Hermann Neels (Referent der Klasse Chemie, Geologie und Biologie) vom 23.07.1956 festgestellt. SAPMO ZPA, IV 2/9.04/372, B. 128.
[37] Die Aktion war durchaus mit der amerikanischen Operation „Paperclip" vergleichbar. Die größere Zahl der in die Sowjetunion verbrachten Personen erklärt sich dadurch, daß neben Wissenschaftlern auch Techniker

und die Physikochemiker, die überwiegend auf strategisch-militärisch wichtigen Gebieten gearbeitet hatten, gab es meist noch eine längere „Abkühlungsphase". Als erster sehr prominenter Physiker kam 1954 der Nobelpreisträger Gustav Hertz zurück. Die Akademie wählte ihn unmittelbar nach der Rückkehr zu ihrem Mitglied. Die meisten Heimkehrer folgten ein Jahr später, und es gelang, eine größere Gruppe für eine Tätigkeit in der DDR zu gewinnen, darunter bekannte Namen wie: Manfred von Ardenne, Peter Adolf Thiessen, Max Steenbeck, Max Volmer, Heinz Barwich, Ludwig Bewilogua, Werner Holzmüller, Justus Mühlenpfordt, Gustav Richter. Sie spielten bald eine wichtige Rolle in der künftigen Entwicklung der Akademie – als Mitglieder und/oder Direktoren von Akademieinstituten. Das traf nur für von Ardenne nicht zu, dessen Aufnahme in die Akademie Gustav Hertz mit seiner Austrittsdrohung verhinderte.[38]

Um möglichst viele Spezialisten für eine Tätigkeit in der DDR zu gewinnen, mußten ihnen hervorragende Arbeitsmöglichkeiten und den prominentesten gleichzeitig auch privilegierte Lebensbedingungen zugesichert werden. Dem wurde stattgegeben, da sich die DDR-Politiker von den „Spezialisten" mit „SU-Erfahrung" einen Leistungsschub bei der Nutzung wissenschaftlicher Ergebnisse erhofften und die Wissenschaftler dies auch versprachen. Zudem hatten die Politiker zumindest bei den ehemaligen Mitarbeitern an Atomprojekten – und das betraf die oben genannten – ohnehin keine andere Wahl, weil die sowjetischen Stellen ihre ostdeutschen Kollegen genau wissen ließen, wessen Verbleib in der DDR sie wünschten.[39] Auch der Community der ostdeutschen Physiker waren die Rückkehrer äußerst willkommen. Nahezu alle berühmten deutschen Physiker hatten sich ja bereits vor oder nach Kriegsende in den westlichen Teil Deutschlands begeben. Die Emigranten waren, falls sie zurückkehrten, auch dorthin gegangen. Hinzu kam noch der aktuelle ständige Aderlaß in Richtung Westen. Insbesondere für Rompe und Wittbrodt war jeder Heimkehrer willkommen, der den Stern der Physik im Osten etwas mehr strahlen lassen würde und den man für die eigenen Pläne gewinnen konnte. Mit Max Volmer, Gustav Hertz und Max Steenbeck würde die DDR bald über ein „Dreigestirn von internationaler Klasse" verfügen, warb folgerichtig Wittbrodt bei der Parteiführung, als Steenbecks Bedingungen für eine Tätigkeit in der DDR erfüllt werden mußten: „Wenn bei einer großen Physikertagung in Westdeutschland dieses Dreigestirn auftrete, könne ihnen kein westdeutscher Wissenschaftler den Ruf streitig machen." Bliebe Steenbeck in der DDR, würde dies Sogwirkung auf andere Wissenschaftler haben. „Es könne sogar damit gerechnet werden, daß die Rückkehr von Prof. Hund [war 1951 nach Frankfurt/Main gegangen] nicht mehr in weiter Ferne steht."[40]

---

und Facharbeiter verpflichtet wurden. Für viele von ihnen war dies eine Möglichkeit auf ihren Gebieten weiterzuarbeiten, da die Alliierten entsprechende (meist kriegswichtige) Forschung in Deutschland verboten hatten. Vgl. dazu B. Ciesla: Der Spezialistentransfer in die UdSSR und seine Auswirkungen in der SBZ und DDR, Aus Politik und Zeitgeschichte B 49-50, S. 24-31; U. Albrecht et al.: Die Spezialisten. Deutsche Naturwissenschaftler und Techniker in der Sowjetunion nach 1945, Berlin 1992. Ebenso T. Bower: Verschwörung Paperclip. NS-Wissenschaftler im Dienst der Siegermächte, München 1987.

[38] Vgl. u. a. die Autobiographien von M. von Ardenne: Mein Leben für Forschung und Fortschritt, München 1987 sowie Die Erinnerungen, München 1990; M. Steenbeck: Impulse und Wirkungen, Berlin 1977; W. Holzmüller: Ein Physiker erlebt das 20. Jahrhundert, Hildesheim 1993. Ebenso E. Barwich: Das rote Atom, München 1967; Ch. Eibl: Der Physikochemiker Peter Adolf Thiessen als Wissenschaftsorganisator (1899-1990), Dissertation Universität Stuttgart 1998. Die Austrittsdrohung bestätigte R. Rompe dem Verfasser im September 1992.

[39] Vgl. Zeiler (Abt. Technik): Bericht über die zurückkehrenden SU-Spezialisten vom 31.12.1954, SAPMO ZPA, J IV2/202/56; auch Albrecht et al.: Spezialisten, S. 54, 57. Die Wünsche der sowjetischen Seite konnten allerdings nicht immer befriedigt werden. So war z.B. der in der Sowjetunion hochdekorierte Physiker Nikolaus Riehl nicht für eine Tätigkeit in der DDR zu gewinnen. Vgl. N. Riehl: Zehn Jahre im goldenen Käfig. Erlebnisse beim Aufbau der sowjetischen Uran-Industrie, Stuttgart 1988.

[40] Abt. Wissenschaften des ZK oder Büro Hager über Mitteilung des Direktors der DAW H. Wittbrodt vom 20.09.1956, Betr. Dr. Steenbeck, SAPMO ZPA, IV 2/2024/45, Bl. 7f. Zit. nach A. Tandler: Geplante Zukunft. Wissenschaftler und Wissenschaftspolitik in der DDR 1955-1971, Dissertation Europäisches Hochschulinstitut

Freilich barg dieses Werben für die Spezialisten auch Gefahren für die Etablierten in sich, denn die Neuen würden bei der Ressourcenverteilung zu berücksichtigen sein und ihre Prominentesten mußten in die Entscheidungsprozesse eingebunden werden. Sie konnten also schnell heller strahlen als man selbst. Diese Gefahren mußten aber wohl in Kauf genommen werden und sie schienen zudem beherrschbar. Zu einem konnten mehr exzellente Physiker auch mit einer wesentlich größeren Ressourcenzuteilung für ihr Fach rechnen, zumal die Physik und insbesondere die Kernphysik zu dieser Zeit weltweit das Hätschelkind der Politik waren. Zum anderen verfügten Rompe, Wittbrodt u. a. Parteigenossen über eingespielte Verbindungen zur politischen Macht, was für die parteilosen Heimkehrer (noch) nicht zutraf.

Es gelang in der Tat alle Neuankömmlinge, die bereits der Akademie angehört hatten oder unmittelbar nach ihrer Rückkehr aus der Sowjetunion aufgenommen worden waren, für die Gründung der von Rompe und Wittbrodt vorgeschlagenen neuen Institutsgemeinschaft zu gewinnen. Immerhin handelte es sich dabei um den neuen Akademiepräsidenten Max Volmer sowie die ebenfalls sehr anerkannten und erfahrenen Wissenschaftler Gustav Hertz, Max Steenbeck und Peter Adolf Thiessen.[41] Volmer und Hertz waren bereits beim Eintreffen in der DDR wieder in Amt und Würden und haben wohl mit der Weisheit von alten Gelehrten entschieden. Für die beiden anderen sollte das Votum zugleich der Start in eine neue Karriere sein. Welchen Preis ein solches Engagement kostete, verdeutlicht das Beispiel Steenbeck. Wie gefährlich dies für die etablierten Wissenschaftler sein konnte, zeigt der kometenhafte Aufstieg von Thiessen.

Max Steenbeck kehrte 27. Juli 1956 zurück und wurde sofort umworben: „wird angestellt beim Amt f. Kernforschung – 15.000 [Monatsgehalt] muß Prof. werden – Berufung Jena schon erfolgt."[42] Bevor er sich entschied, wollte Steenbeck allerdings noch einige Angebote von westlicher Seite ausloten. Die Akademie stellte ein Auto mit Chauffeur und 2.500 DM (West) für die Reise zur Verfügung. Noch vor der Abreise bot ihm der zu dieser Zeit für die Akademie zuständige Stellvertreter des Ministerpräsidenten Fritz Selbmann die Mitgliedschaft in der DAW an. Das geschah ohne vorherige Absprache mit der Akademie, und deren Präsident Max Volmer reagierte verärgert. Steenbeck hingegen zeigte sich „beeindruckt" und ließ noch vor seiner Abreise wissen, „er ist überzeugt, daß er ähnlich glänzende Angebote in Westdeutschland nicht erhalten wird".[43] Das konnte er bei seiner Rückkehr nur bestätigen. Bei seinem früheren Arbeitgeber Siemens wären zwei Wissenschaftler seine Chefs gewesen, die vor 1945 unter seiner Leitung gearbeitet hatten. Das Projekt Kernforschungsreaktor Karlsruhe

---

Florenz 1977, S. 57 (= Freiberger Forschungshefte, D 209 Geschichte, Technische Universität Bergakademie Freiberg 2000).

[41] Max Volmer (1885-1965), Physikochemiker, Präsident der DAW 13.01.1956-23.10.1958. Volmer war bereits 1934 zum Ordentlichen Mitglied der damaligen Preußischen Akademie gewählt worden, jedoch hatte die NS-Regierung seine Wahl nicht bestätigt. Am 14. Februar 1946 beschloß die Akademie, die Mitgliedschaft seit dem Tag der Wahl anzuerkennen. 1955 Professor an der HUB, Weitere Angaben in: Wer war wer in der DDR, Frankfurt/M. 1995, S. 760f. sowie O. Blumtritt: Max Volmer 1885-1965 (Biographie), Berlin 1985.
Gustav Hertz (1887-1975), Physiker, 1925 Nobelpreis für Physik gemeinsam mit James Franck, 1954: OM der DAW und Professor in Leipzig, weitere Angaben in: Wer war wer, S. 300.
Max Steenbeck (1904-1981), Physiker, 1956: OM der DAW, Professor an der Universität Jena, Direktor des Akademieinstituts für magnetische Werkstoffe, weitere Angaben in: Wer war wer, S. 706. Vgl. auch M. Steenbeck: Impulse und Wirkungen – Schritte auf meinem Lebensweg (Autobiographie), Berlin 1977.
Peter Adolf Thiessen (1899-1990): Physikochemiker, 1939 OM der PAW, 1945 Ausschluß aus der PAW, ab 1955 wieder in der Mitgliederliste der DAW geführt, 1956 Professor an der HUB, 1957 Direktor der Akademieinstituts für physikalische Chemie, weitere Angaben in: Wer war wer, S. 735 sowie Ch. Eibl: Dissertation 1998.

[42] So lautete das in der Abteilung Wissenschaften des ZK handschriftlich vermerkte und über die Akademie vorgetragene Angebot. SAPMO ZPA, IV 2/11/v.2830, zit. nach. A. Tandler: Dissertation 1997, S. 58.

[43] Mitteilung des Verwaltungsdirektors der DAW Walter Freund an die Abt. Wissenschaften des ZK vom 13.8.1956. Steenbeck reiste vom 25.08.-12.09.1956 nach Westdeutschland. SAPMO ZPA, IV 2/11/v.2830, zit. nach A. Tandler: Dissertation 1997, S. 59f.

hielt er für zu unsicher, da „ein Konzern [...] nicht in der Lage [wäre], selbständig ein Atomprojekt finanziell durchzuhalten". Steenbeck setzte nun auf eine Karriere in der DDR, denn: „Im Kapitalismus sei [...] für große Dinge kein Geld vorhanden".[44] Er nahm den Ruf an die Universität Jena an und wurde am 13. Dezember 1956 Mitglied der DAW. Die übertrug ihm noch im selben Jahr die Leitung ihres Instituts für Magnetische Werkstoffe in Jena mit der Maßgabe: „Es bliebe vollkommen mir überlassen, wie viele Räume und Mittel ich dort für mein eigenes Thema in Anspruch nehmen wolle, auch wenn das zu den bisherigen Arbeiten nicht passe."[45]

Wie Steenbeck hatte auch Peter Adolf Thiessen die durch den Sonderstatus ihrer Projekte in der Sowjetunion bedingte große Nähe von Wissenschaft und Politik als wichtige Triebkraft für den Erfolg wissenschaftlicher Vorhaben empfunden. Für den glänzenden Wissenschaftsorganisator Thiessen dürfte dies allerdings weniger neu gewesen sein, konnte er doch auf große Erfahrungen während der NS-Zeit zurückblicken. Thiessen war nicht nur zehn Jahre Direktor des Kaiser-Wilhelm-Instituts für Physikalische Chemie und Elektrochemie gewesen, sondern er hatte seit 1934 gemeinsam mit seinem Freund Rudolf Mentzel auch ganz wesentlich die Wissenschaftsstrategie des Reichsministeriums für Wissenschaft, Erziehung und Volksbildung mitbestimmt. Er galt als einer der geistigen Väter des 1937 gegründeten Reichsforschungsrates, dessen Fachsparte Chemie er bis 1945 leitete.[46] 1939 wählte ihn die Akademie zu ihrem Mitglied, und 1943 war er einer der Kandidaten des Reichsministers für die Neubesetzung des Amtes des Akademiepräsidenten.[47] Wegen seiner Nähe zum NS-Regime strich ihn die Akademie im August 1945 von der Mitgliederliste auf der er dann 1956 – ohne eine erneute Befragung der Gelehrtengesellschaft – wieder erschien.[48] Nun begann seine neue Karriere in der DDR.

Mit Peter Adolf Thiessen holten sich allerdings Robert Rompe und seine Mitstreiter einen Mann ins Boot, der mehr wollte, als nur mitmischen. Er verstand es mindestens genauso perfekt wie Steenbeck, durch konsequentes Suchen der Nähe zu den politisch Mächtigen – hauptsächlich zu Walter Ulbricht – Ressourcen für sich und für die Wissenschaft zu erschließen. Dabei spielten beide immer wieder geschickt die Karte der SU-Heimkehrer aus, also „ihre großen Erfahrungen mit der Wissenschaftsförderung in der Sowjetunion". Ebenso galant benutzten sie die gesamtdeutsche Karte, die „weitreichenden Beziehungen nach Westdeutschland".

Vor allem Rompes neuer Verbündeter Thiessen wurde schnell zum Konkurrenten. Er übernahm nach seiner Ankunft in Berlin am 5. Dezember 1956 sofort die Initiative und entwickelte weitergehende Vorschläge: Thiessen forderte den Zusammenschluß von „in Frage kommenden Instituten aus dem Akademiebereich und den Bereichen der Fachministerien" unter der Hoheit eines „Kuratoriums (Senat) für Wissenschaft und Forschung". Eine Wahl der Entscheidungsträger war nicht vorgesehen, sondern die „Berufungen" durch die Regierung für die „Mitglieder" und den „Obmann". Jede Bürokratie sollte vermieden werden. „Die erforderlichen Mittel zur Durchführung der erteilten Aufträge [vom Kuratorium an die Institute] stehen dem

---

[44] Vgl. „Betr. Steenbeck vom 29.09." und „Betr. Dr. Steenbeck vom 24.9.1956", SAPMO ZPA, IV 2/11/v.2830, zit. nach A.Tandler: Dissertation 1997, S. 59f. Steenbeck schildert diese Zeit in seiner Autobiographie wesentlich geradliniger, teils auch abweichend von der auf den Parteiebene erstellten und von Agnes Tandler benutzten Quellen. Vgl. M. Steenbeck: Impulse und Wirkungen, 3. Auflage, Berlin 1980, S. 322ff.
[45] M. Steenbeck: Impulse und Wirkungen, 3. Auflage, Berlin 1980, S. 342f.
[46] Hierzu insgesamt: Ch. Eibl: Der Physikochemiker Peter Adolf Thiessen als Wissenschaftsorganisator, Dissertation, Stuttgart 1998; N. Hammerstein: Die Deutsche Forschungsgemeinschaft in der Weimarer Republik und im Dritten Reich. Wissenschaftspolitik in Republik und Diktatur, München 1999; K. Zierold: Forschungsförderung in drei Epochen, Wiesbaden 1968.
[47] W. Fischer, R. Hohlfeld, P. Nötzoldt: Die Berliner Akademie in Republik und Diktatur, in: dieselben (Hg.): Die Preußische Akademie der Wissenschaften zu Berlin 1914-1945, Berlin 2000, S. 562f.
[48] Vgl. P. Nötzoldt, P. Th. Walther: (Auto-) Biographische Korrekturen nach 1945, in: Gegenworte, Zeitschrift für den Disput über Wissen, Heft 2, Berlin 1998, S. 54-57.

Obmann oder aber dem Ministerpräsidenten ... in ausreichendem Umfange als Sondermittel zur Verfügung." Peter Adolf Thiessen dachte pragmatisch. Zweck des Unternehmens: „a) Die Industrie muß endlich und rasch von der Forschung das bekommen, was sie gebraucht. b) Die Forschung muß endlich und rasch von der Industrie das bekommen, was sie braucht."[49]

Mit diesen an den Reichsforschungsrat von 1937 angelehnten Vorstellungen stieß er bei den Politikern auf offene Ohren. Der Ministerrat der DDR hatte bereits im Sommer einen Beschluß über eine „Neuordnung auf dem gesamten Gebiet der Forschung und Entwicklung" getroffen und dabei an eine Verschiebung der Kompetenzen weg von der Akademie hin zu einem „Rat für Forschung und Technik" gedacht.[50] Im Februar 1957 bildete die Regierung nun eine „Kommission künftige Forschungsorganisation der naturwissenschaftlich-technischen Institute". Vorsitzender wurde Peter Adolf Thiessen, der wenige Tage vorher auch sein eigenes Akademieinstitut für physikalische Chemie erhalten hatte.[51] Zwei Monate später legte die Kommission ihre die Akademie betreffenden Vorschläge dem Plenum der Akademiemitglieder vor. Sie waren bereits von den SED-Gremien abgesegnet worden und sahen vor: „Um eine bessere Planung und Kontrolle der Verwendung der vom Staat aufgewendeten Mittel für die naturwissenschaftlich-technische Forschung der Deutschen Akademie der Wissenschaften zu gewährleisten und das Präsidium der DAW von der mit der Leitung dieser Institute verbundenen zeitraubenden Arbeit zu entlasten und diese Leitung gleichzeitig zu verbessern, werden die naturwissenschaftlichen und technischen Forschungsinstitute der DAW zu einer Forschungsgemeinschaft der naturwissenschaftlich-technischen Institute der Deutschen Akademie der Wissenschaften zusammengefaßt." [52]

An der Akademie war die Aufregung groß:
1. Bei den ursprünglichen Initiatoren, die sich beschwerten, daß das Dokument zur Bildung einer Forschungsgemeinschaft weder mit ihnen „vorbereitet worden sei, noch, daß es überhaupt gründlich durchdacht sei."[53]
2. Im Präsidium: Für Walter Friedrich, Theodor Frings und Karl Lohmann war die „Bildung der Forschungsgemeinschaft ein erster Schritt zur Auflösung der DAW hinsichtlich ihres traditionellen Charakters", wobei als traditionell nun schon die nach 1945 entstandene Form galt!
3. In den nicht beteiligten Klassen: In der Klasse Chemie, Geologie und Biologie sprach man von „Schock". Die Geisteswissenschaftler befürchteten völlig marginalisiert zu werden.[54]

---

[49] Vgl. W. Freund: Bericht über ein Gespräch mit P. A. Thiessen am 17.01.1957, adressiert an: Wissenschaftsabteilung ZK, Parteiorganisator DAW und H. Wittbrodt, SAPMO ZPA, IV 2/9.04/412, Bl. 51f.
[50] Vgl. Bericht von H. Wittbrodt vom 25.09.1956, AAW, Bestand Akademieleitung, Nr. 452.
[51] Beschluß des Plenums der DAW vom 24.01.1957 über die Neugründung eines Instituts für physikalische Chemie und die Berufung von P. A. Thiessen zum Direktor. (Bestätigt am 07.02.1957), JB 1957, S. 27. Bereits 1955 hatte das Präsidium der Akademie Thiessen die Projektierung und Leitung eines solchen Instituts bei einer Rückkehr in die DDR vorgeschlagen. Und schon damals war bezüglich des künftigen Institutschefs über den Kopf der eigentlich zuständigen Klasse hinweg entschieden worden. Vgl. hierzu Beschwerdebrief von Kurt Schwabe vom 23.03.1955, SAPMO ZPA, IV 2/9.04/296.
[52] Vgl. Protokoll der Sekretariatssitzung des ZK der SED vom 29.03.1957, Punkt 20, SAPMO ZPA, J IV 2/3A/559 und Protokoll der Politbürositzung des ZK der SED vom 02.04.1956, Punkt 16, SAPMO ZPA, J IV 2/2A/558.
[53] Vgl. Gespräch der Abteilung Wissenschaften des ZK der SED mit führenden SED-Mitgliedern der Akademie am 12.04.1957. Von der Akademie waren anwesend: Morgenstern, Rompe, Bertsch, Wittbrodt, Dewey und Freund. SAPMO ZPA, IV 2/9.04/412, Bl. 62, 65f.
[54] Vgl. Präsidiumssitzung vom 02.05.1957, SAPMO ZPA, IV 2/9.04/380, Bl. 113, 140-144.

IV. War das Ergebnis das gewünschte?

Die Bildung der Forschungsgemeinschaft wurde am 16. Mai 1957 von den Akademiemitgliedern nach einer sehr kontroversen und hitzigen Diskussion beschlossen. Die Zustimmung konnte nur bei einem Verbleib der künftigen Forschungsgemeinschaft in der Akademie erreicht werden.[55] Das erwies sich als ein Scheinsieg, und es war ein typischer Akademiekompromiß, der das äußere Bild wahren sollte. Schon 1958 stellte der bis 1957 amtierende Sekretär der Klasse für Chemie, Geologie und Biologie Kurt Noack fest: „Der Schrei nach mehr Lebensnähe der Wissenschaft und die industriellen Nöte Ostdeutschlands drücken allmählich auch die Akademie [...]. Auch wurde in diesem Sinn eine ‚Forschungsgemeinschaft' in der Akademie gebildet, die praktisch die Akademieführung an sich riß."[56] Und 1960 mußten sich die Herren des Präsidiums der Akademie eingestehen, sie „hätten sich doch bekanntlich die Hände selber gründlich gebunden; nun hätten sie nichts mehr zu sagen und sollten sich nicht wundern [...] jede Rederei über Maßnahmen der Forschungsgemeinschaft sei doch völlig überflüssig, da hier [im Präsidium] nicht einmal eine Meinung dazu zu äußern sei, sondern lediglich eine Kenntnisnahme stattzufinden habe."[57] Die direkte Verknüpfung von Gelehrtengesellschaft und Forschungsinstituten war bei den Natur- und Technikwissenschaften also bereits nach einem Jahrzehnt gescheitert.

Die Forschungsgemeinschaft konstituierte sich offiziell am 24. Juni 1957 als „Forschungsgemeinschaft der naturwissenschaftlichen, technischen und medizinischen Institute der DAW" aus zunächst 39 Instituten. Das größte beschäftigte 530 und das kleinste 3 Mitarbeiter. Man hatte die medizinischen Institute ausdrücklich mit aufnehmen müssen, „um den Widerstand der hemmenden Kräfte in der Klasse Medizin [...] auszuschalten".[58] In der Folgezeit übernahm die Forschungsgemeinschaft weitere Forschungsinstitute verschiedener Ministerien, und sie gründete selbst neue Einrichtungen. Bereits ein Jahr nach der Gründung zählte man 54 Institute. Das Kuratorium der Forschungsgemeinschaft umfaßte „16 namhafte Mitglieder der Akademie und fünf leitende Mitarbeiter aus den Instituten der Forschungsgemeinschaft, 9 Vertreter der Regierung und der staatlichen Organe". Es bestimmte einen siebenköpfigen Vorstand, der völlig unabhängig von der Gelehrtengesellschaft agieren konnte. Vorsitzender wurde der renommierte Schwachstrom- und Hochfrequenztechniker Hans Frühauf[59]. Die physikalischen Institute unterstanden Robert Rompe. Zum Direktor der Forschungsgemeinschaft wurde der frühere Direktor der Akademie Hans Wittbrodt berufen. Der ursprüngliche Plan war also weitgehend

---

[55] Beschluß des Plenums der Deutschen Akademie der Wissenschaften zu Berlin über die Bildung und Tätigkeit der Forschungsgemeinschaft der naturwissenschaftlichen, technischen und medizinischen Institute der Deutschen Akademie der Wissenschaften zu Berlin vom 16.05.1957, in: W. Hartkopf, G. Wangermann: Dokumente, S. 515-517. Vgl. auch Protokoll der Plenarsitzung, AAW, P1/2, Bl. 398f.

[56] K. Noack: Brief an Johannes Fitting in Bonn vom 09.02.1958, zit. nach E. Höxtermann, „Wir brauchen z. Zt. keine Galileis, sondern Metterniche!" – Auf den Spuren des Botanikers Kurt Noack (1888-1963), in: Nova Acta Leopoldina Supplementum Nr. 15, 11-33 (1998), S. 24.

[57] Vgl. G. Dunken: Vermerk über die Präsidiumssitzung am 07.04.1960 vom 13.04.1960, AAW, NL R. Rompe, Nr. 27.

[58] Vgl. Maßnahmen zur strafferen Leitung und Kontrolle der naturwissenschaftlich-technischen Forschungseinrichtungen an der Deutschen Akademie der Wissenschaften. SAPMO ZPA IV 2/9.04/412, Bl. 41.

[59] Hans Frühauf (1904-1991), Elektrotechniker, OM der DAW 1953, 1957-1961 Vizepräsident der DAW und Vorsitzender der Forschungsgemeinschaft, weitere Angaben in: Wer war Wer in der DDR, Berlin 2000, S. 231. Ausführlicher auch in: WITEGA e.V. (Hg.): Wissenschaftshistorische Splitter, Bd. 3, Berlin 1997, S. 136-148.

durchgesetzt worden. Nun konnte der gezielte Ausbau für wichtig befundener Gebiete leichter durchgesetzt werden. Innerhalb von fünf Jahren stiegen die Haushaltsmittel der Forschungsgemeinschaft auf mehr als das Doppelte und die Investitionsmittel auf etwa das Dreifache. Im gleichen Zeitraum wuchsen die Ressourcen für die Geisteswissenschaften nur gering. Die Physik beanspruchte 26% aller Mittel der Forschungsgemeinschaft, die Chemie sogar 30% und die Technik 11%.[60]

Auch Peter Adolf Thiessen konnte sich mit seinen weitergehenden Vorschlägen durchsetzen, denn drei Wochen später beschloß der Ministerrat DDR, einen eigenen „Beirat für naturwissenschaftlich-technische Forschung und Entwicklung (Forschungsrat der DDR)" zu bilden. Dieses Beratungsgremium war der Akademie übergeordnet, was ihre bisherige Sonderstellung als wichtigste und höchste wissenschaftliche Institution stark einschränkte. Thiessen übernahm für 10 Jahre den Vorsitz.[61]

Zwei abschließende Bemerkungen:
1. Die Gründung der Forschungsgemeinschaft zeigt, wie stark sich die Vorstellungen über die Organisation von außeruniversitärer Forschung in der frühen DDR auf traditionellen deutschen Pfaden bewegten. Ende der 1950er Jahre war die Akademie, genauer die „Restakademie", durch die entsprechenden Klassen der Gelehrtengesellschaft nur noch nahezu ausschließlich für geisteswissenschaftliche Vorhaben zuständig. Unabhängig von der Gelehrtengesellschaft existierte eine Forschungsgemeinschaft, die sich selbst als die „Max-Planck-Gesellschaft der DDR" verstand und mangels eigener Tradition die der Akademie nutzte.

Über eine ganz ähnliche Rollenverteilung wurde zu dieser Zeit auch im anderen Teil Deutschlands nachgedacht. Dort fragte am 6. Juli 1960 der Vorsitzende des Wissenschaftsrates der Bundesrepublik beim Vorsitzenden der Arbeitsgemeinschaft der westdeutschen Akademien an, „ob es nicht richtig wäre, daß die Akademien für den gesamten Bereich der Geisteswissenschaften die Rolle übernehmen, welche für die Naturwissenschaften die MPG einnimmt. Das würde bedeuten, daß auch Forschungsinstitute, die im Bereich der Geisteswissenschaften zu begründen wären, in Zukunft von den Akademien zu betreuen wären, während im naturwissenschaftlichem Bereich die Max-Planck-Gesellschaft die Führung behielte."[62]

2. Die Gründungsgeschichte der Forschungsgemeinschaft zeigt gleichzeitig, wie in der DDR Wissenschaftspolitik durch Wissenschaftler zu dieser Zeit beeinflußt werden konnte und die Staats- bzw. die SED-Führung zur Durchsetzung eigener Vorstellungen benutzt wurden. Bündnisse von Wissenschaftlern wurden dabei nach Zweckmäßigkeit und weitgehend unabhängig von Parteizugehörigkeit geschmiedet.

Bemerkenswert ist in diesem Zusammenhang der Sinneswandel der „leitenden Genossen" an der Akademie nachdem die neue Organisationsform existierte. Was sie mit Hilfe des Parteiapparates durchgesetzt hatten, versuchten sie nach der vollbrachten Tat nun vor diesem abzuschirmen. Wie soll man sonst erklären, daß gerade Robert Rompe, Hans Frühauf und Hans Wittbrodt wenige Monate nach der Gründung ihrer Forschungsgemeinschaft nun keine Einmischung des SED-Apparates mehr dulden wollten. Jetzt hielten sie die „parteimäßige Vorberatung der Probleme" für „überflüssig" – man war selbst „Genosse-Wissenschaftler" genug um durchzusetzen, was man auch selbst für richtig hielt. Über die „führende Rolle der Partei in der Wissenschaft" mit ihren Kollegen bürgerlichen Wissenschaftlern zu sprechen, lehnten diese

---

[60] Genauere Angaben in: P. Nötzoldt, Dissertation 1998, S. 188f., 262f.
[61] Vgl. hierzu A. Tandler: Dissertation 1997 und Ch. Eibl: Dissertation 1998.
[62] H. Coing: Brief an H. Bornkamm vom 06.07.1960, AAW Heidelberg, Nr. 681/1.

SED-Mitglieder rundweg ab, wie die ZK-Abteilung Wissenschaften im Dezember 1957 beklagte.[63]

---

[63] R. Model: Über die Lage und über offene Fragen im Bereich der DAW einschließlich der Forschungsgemeinschaft vom 27.12.1957, SAPMO ZPA, IV 2/9.04/372, B. 144f.

FLORIAN HARS

Geschichte des DESY
Der Weg nach Innen als Weg nach Oben. Hochenergiephysik in den Verliererstaaten des Zweiten Weltkriegs

Die Hochenergiephysik in ihrer heutigen Form ist nach dem Zweiten Weltkrieg durch das Zusammengehen von verschiedene Strömungen aus dem Umfeld dessen, was Peter Galison als „Mikrophysik" bezeichnet,[1] entstanden, zunächst getragen von dem Aufstieg der Kernphysik nach dem Krieg. Alle führenden Industriestaaten begannen mit dem Aufbau von Einrichtungen für Kernforschung. Neben dem wirtschaftlichen Interesse an der Kernenergie und militärischen Interessen hatte diese Einrichtungen auch eine wichtige Funktion als Prestigeträger. Jedes Land, dass sich als fortschrittlich betrachtete, musste Kernforschung betreiben. Als „fundamentalster" Teil der Kernforschung hatte die Hochenergiephysik einen besonderen Prestigewert, als anwendungsfernster war sie aber gleichzeitig auch am stärksten auf eine derartige Rechtfertigung angewiesen.

Die Entwicklung der Hochenergiephysik in der zweiten Hälfte des zwanzigsten Jahrhunderts war von einer Konzentration der Forschung auf immer weniger, immer größere Laboratorien gekennzeichnet. Unterhielten in der Zeit nach dem Krieg viele Universitäten noch eigene Beschleuniger, so waren in den 80er und 90er Jahren nur noch eine Handvoll Laboratorien übrig, die über Geräte verfügten, mit denen die höchsten interessierenden Energien erreicht werden konnten. Die 1998er Ausgabe des Review of Particle Properties verzeichnete nur noch 12 im Betrieb befindliche oder kurz vor der Fertigstellung stehende Beschleuniger. Davon konnten vier zur Spitzengruppe der Beschleuniger der höchsten Energie gezählt werden, unterhalb derer die drei für B-Physik ausgelegten Geräte eine klar gegenüber den kleinen Geräten abgegrenzte zweite Gruppe bildeten.

Beschleuniger	Laboratorium	Typ	max. Strahlenenergie [GeV]
Tevatron	Fermilab	pp	1000
HERA	DESY	ep	e: 30, p: 820
LEP	CERN	e^+e^-	100
SLC	SLAC	e^+e^-	50
PEP-II	SLAC	e^+e^-	e^+: 4,0, e^-: 12,0
KEKB	KEK	e^+e^-	e^+: 3,5, e^-: 8,6
CESR	Cornell	e^+e^-	6,0

---

[1] P. Galison: Image and Logic. A Material Culture of Microphysics, Chicago 1997.

Diese nach der Beschleunigerenergie sortierte Anordnung (zusammengestellt nach den Daten der Particle Data Group 1998, S.141ff) kann man mit einer anderen, älteren Aufstellung vergleichen, die die Laboratorien für Hochenergiephysik nach Großregionen gliedert (Stand: frühe 70er Jahre):

Region	USA	CERN (Westeuropa)	Dubna (Osteuropa)	Andere (Japan)
Zentrum	Fermilab	CERN	Dubna	KEK
Mittelbau (Auswahl)	Brookhaven Cornell CEA, SLAC	DESY Frascati Rutherford	Serpukhov Novosibirsk Eriwan	Universitäten

Der praktische Wert dieses Schemas war von je her zweifelhaft, zum Beispiel konnte das danach als Zentrum der osteuropäischen Hochenergiephysik anzusehende Gemeinsame Institut für Kernforschung in Dubna sich in seiner Bedeutung nie auch nur annähernd mit dem sowjetischen Laboratorium in Serpukhov messen.[2] Für die politische Diskussion über die Entwicklung der Beschleunigerlaboratorien war die Idee, dass die Welt in einzelne Regionen gegliedert war, in denen es jeweils ein kooperativ betriebenes Zentrallaboratorium gab, aber wenigstens von der Gründung des CERN Anfang der 50er bis zur Entstehung des *International Committee an Future Accelerators* Ende der 70er ein wichtiges Konzept.[3]

Beim Vergleich der beiden durch etwa ein viertel Jahrhundert getrennten Anordnungen fällt auf, dass nur die beiden großen Laboratorien der westlichen Regionen in beiden Fällen unbezweifelbar zur Spitzengruppe gehörten. Osteuropa war in der Spitzengruppe am Ende überhaupt nicht mehr vertreten, einzig bei den kleinen Geräten mit Strahlenergien um 1 GeV gab es 1998 noch „a few VEPP-something"[4] in Novosibirsk. Die übrigen Plätze in der Spitzengruppe gingen an ein weiteres amerikanisches Nationallaboratorium, *das Stanford Linear Accelerator Center* SLAC und das *Deutsche Elektronensynchrotron* DESY in Hamburg. Dieses hatte ebenfalls den Status eines Nationallaboratoriums, gehörte in dem Schema aus den frühen 70er Jahren aber zu dem Mittelbau unterhalb des CERN. Dagegen hat es das japanische Nationallaboratorium KEK (*Ko Enerugii Butsurigaku Kenkyusho*) nicht ganz bis in die Spitzengruppe geschafft.

Über einzelne Laboratorien, vor allem über CERN und Fermilab, aber auch über Brookhaven, das vor Fermilab das führende nordamerikanische Laboratorium war, und das DESY, gibt es bereits eine umfangreiche historische Literatur.[5] Teilweise kommt dabei auch eine vergleichende Perspektive zum Tragen. Dominique Pestre und John Krige sprechen explizit die Frage an, wie sich die Entwicklung bei CERN und den amerikanischen Laboratorien Brookhaven

---

[2] J.F. Irvine, B.R. Martin: Basic Research in East and West: A Comparision of the „Scientific Performance of High Energy Physics Accelerators". Soc. Stud. Science, 15 (1985) 293-341.

[3] D. Pestre, J. Krige: Some Thoughts on the Eaarly History of CERN, in: P. Galison, B. Hevly (Edts): Big Science. The Growth of Large-Scale Research, Stanford 1992, S. 86; E.L. Goldwasser: Report on the Status and Plans of the International Committee on Future Accelerators", in: S. Homma u. a. (Hg.): Proceedings of the 19th International Conference an High Energy Physics, Tokyo 1978, S. 961-968.

[4] F. Amman: The Eraly Years of Electron Colliders, in: M. De Maria u.a. (Hrsgb.): The Restructuring of the Physical Sciences in Europe and the United States, 1945-1960, Singapore 1989, S. 451.

[5] C.L. Westfall, L. Hoddeson: Thinking Small in Big Science: The Founding of Fermilab 1960-1972. Technology and Culture 37(1996) 457-492; C.L. Westfall: Fermilab: Founding the First US ‚Truly National Laboratory', in: F.A. James, (Hrsgb.): The Development of the Laboratory, London 1989, S. 184-217; A. Hermann u. a. (Hrsgb.): History of Cern. Vol I, II, Amsterdam1987, 1990); J. Krige u.a (Hrsgb.): History of CERN, Bd. III, Amsterdam 1996; R.P. Crease: Makling Physics: A Biography of Brookhaven National Laboratory, 1946-1972, Chicago 1999; C. Habfast: Großforschung mit kleinen Teilchen. DESY 1956-1970, Berlin 1989.

und Fermilab als den jeweils führenden Laboratorien ihrer Region unterscheidet.[6] Lillian Hoddeson vergleicht die Entstehung von Fermilab und KEK als den jeweils ersten wirklich nationalen, nicht von einzelnen Universitäten oder internen Gruppen dominierten Laboratorien in den USA und Japan.[7] In diesem Text möchte ich als drittes KEK und DESY als die Laboratorien vergleichen, mit denen die nach dem zweiten Weltkrieg zunächst von der Kernphysik und ihren Nachbargebieten ausgeschlossenen Verliererstaaten den Anschluss an die aktuelle Forschung wiederzugewinnen versuchten.

Dass beiden Ländern in den ersten Jahren nach dem Krieg experimentellen Forschung auf den als strategisch wichtig eingestuften Gebieten der Kernphysik und ihrer angrenzenden Disziplinen untersagt worden war, war für die betroffenen Wissenschaftler vor allem deshalb schmerzhaft, weil sie vor und zum Teil auch noch während des Kriegs wichtige Beiträge dazu geleistet hatten. In beiden Ländern waren auch nennenswerte Beschleunigerprojekte verfolgt worden. In Deutschland konkurrierten bis zum Ende des Kriegs mehrere Gruppen bei der Errichtung von Zyklotrons, und in Japan lag der Beschleunigerbau Ende der 30er Jahre nur um wenige Schritte hinter den USA zurück. Spätestens mit dem Ende des Kriegs mussten alle diese Aktivitäten eingestellt werden. Das einzige fertig gestellte deutsche Zyklotron in Heidelberg wurde unter alliierte Kontrolle gestellt und zur Erzeugung von Radioisotopen für die Medizin benutzt, alle japanischen Apparate wurden demontiert und im Meer versenkt.[8] Erst in den fünfziger Jahren wurden diese Einschränkungen gelockert, und in beiden Ländern begann man, Forschungsprogramme in Gang zu bringen, die auch Aktivitäten in der beschleunigerbasierten Elementarteilchenphysik umfassten.

Wissenschaftler und Politiker

Die jetzt begonnenen Projekte waren so groß, dass sie nicht im Rahmen der bis dahin üblichen Form der Forschungsförderung realisiert werden konnten. Sie benötigten in sehr viel größerem Umfang eine direkte Unterstützung durch die jeweiligen Regierungen.

In Deutschland gab es traditionell, enge Verbindungen zwischen den Wissenschaftlern und den Regierungen. Ringer bezeichnet diese staatstragende Schicht der universitär gebildeten Beamten und, vor allem die Professorenschaft mit einer fernöstlichen Analogie als die deutschen Mandarine. Sie hatten ein obrigkeitshöriges Staatsverständnis und identifizierten sich weitgehend mit Preußen und später dem deutschen Kaiserreich. Entsprechend standen viele von ihnen in deutlicher Opposition zur Weimarer Republik.[9]

Nach dem Krieg gab es mit der konservativen Regierung Adenauer ein politisches Gegenüber, das den obrigkeitsstaatlichen Ansichten vieler führender Wissenschaftler sehr viel eher entgegenkam als die frühen sozialdemokratisch geprägten Regierungen der Weimarer Republik. Auch wenn die von vielen führenden Wissenschaftlern angestrebte Etablierung eines

---

[6] D. Pestre, J. Krige: Some Thpoughts on the Early History of CERN, in: P. Galison, B. Hevly (Hrsgb.): Big Science ... a.a.o., S. 87-98; J. Krige, D. Pestre: A Critique of Irvine and Martin's Methodology of Evaluating Big Science. Soc. Stud. Science 15(1985) 530f.

[7] L. Hoddeson: Establishing KEK in Japan and Fermilab in the US: Internationalism, Nationalism and High Energy Accelerators. Soc. Stud. Science 13(1985) 1-48.

[8] M. Eckert, M. Osietzki: Wissenschaft für Macht und Markt: Kernforschung und Mikroelektronik in der Budnesrepublik Deutschland. München 1989, S. 39-58; L. Hoddeson: Establishing ... a.a.o., S.4-7.

[9] F. Ringer: Die Gelehrten. Der Niedergang der deutschen Mandarine 1890-1933, Stuttgart 1983.

zentralen für die Forschung zuständigen Gremiums auf Bundesebene scheiterte und die Zusammensetzung des schließlich eingerichteten Wissenschaftsrats den Ländern einen großen Einfluss zugestehen sollte,[10] kam es zu engen Verflechtungen zwischen den wissenschaftlichen Spitzenorganisation und der staatlichen Wissenschaftsverwaltung. Diese Konstellation ist als ein System beschrieben worden, in dem die Wissenschaft ein elitärer Staat im Staate war, dessen führende Vertreter bei aller fachlichen Unabhängigkeit enge Beziehungen zu den Vertretern der politischen Zentralmacht hatten.[11] Das enge Verhältnis wurde auch dadurch gefördert; dass im Ministerialapparat ein Verständnis von Forschungsförderung vorherrschte, dass am Ideal des Mäzenatentums orientiert war. Entscheidungsprozesse waren für die Öffentlichkeit kaum durchschaubar, die meisten Entscheidungen wurden nur zwischen dem jeweils ‚zuständigen Ministerium und ausgewählten Spitzenwissenschaftlern diskutiert.[12]

In Japan bestand dagegen ein größerer Abstand zwischen den Wissenschaftlern und der politischen Führung. Die Universitäten waren zwar nach preußischem Vorbild organisiert, aber die für Preußen typische Schicht der Mandarine gab es in Japan nicht. Viele Wissenschaftler standen der etablierten politischen Macht, zu der sie keinen Zugang besaßen, kritisch gegenüber. Dieser Gegensatz verschärfte sich in den Jahren nach dem zweiten Weltkrieg noch erheblich, so dass ein scharfer Gegensatz zwischen Regierung und der Spitzenorganisation der Forschung entstand. Auf Seiten der Regierung blieben aber die alten Eliten weitgehend unverändert in den entscheidenden Positionen. Dagegen radikalisierte sich die Position eines großen Teils der japanischen Wissenschaftler, es kam zu einem Triumph des schon in den zwanziger Jahren unter den japanischen Intellektuellen populären Marxismus.[13] Viele von ihnen traten jetzt für eine umfassende Demokratisierung der Gesellschaft ein, was zu der Gründung eines demokratisch verfassten Japanischen Wissenschaftsrates führte.[14] Auch in der Hochenergiephysik kam es vor allem an den Universitäten im Südwesten des Landes zur Entstehung einer starken, der Kommunistischen Partei nahestehenden Strömung, während die Physiker an den Universitäten Tokyo und Tohoku eher konservativ waren und teilweise gute Kontakte zur Regierung unterhielten.[15]

---

10 H.-W. Hohn, U. Schimank: Konflikte und Gleichgewichte im Forschungssystem: Akteurskonstellation und Entwicklungspfade in der staatlich finanzierten außeruniversitären Forschung. Frankfurt 1990, S.361-363.

11 M. Walker: Cold War, Denazification, and the Myth of the German Atomic Bomb: The Recovery of German Physics Community from the Legacies of Auschwitz, Greater Germany, and Hiroshima, in: M. De Maria u.a. (Hrsgb.): The Restructuring ... a.a.o.

12 A. Stucke: Institutionalisierung der Forschungspolitik: Entstehung, Entwicklung und Steuerungsprobleme des Bundesforschungsministeriums. Frankfurt a.M. 1993, S.265, 90.

13 S. Nakayama: History of Science: A Subject for the Frustrated Recent Japanese Experience. in: R.S. Cohen u.a. (Hrsgb.): For Dirk Struik: Scientific; Historical, and Political Essays in Honor of Dirk J. Struik Dordrecht 1974, S. 213-224.

14 S. Hayakawa, M. Low: Science Policy and Politics in PostWar Japan: The Establishment of the KEK High Energy Physics Laborstory. Annals of. Science 48 (1991) 208f.

15 Sh. Traweek: Beamtimes and Lifetiemes. The World of High Energy Physicists. Cambridge 1988, S.140.

Anfänge der Hochenergiephysik in Japan und Deutschland

Die klare Position eines großen Teils der japanischen Wissenschaftler bei der Frage der Demokratisierung erleichterte die Wiederherstellung von wissenschaftlichen Kontakten vor allem mit den Vereinigten Staaten.[16] Führende japanische Elementarteilchenphysiker waren auch der Überzeugung, dass die methodologische Orientierung am dialektischen; Materialismus leine wesentliche Voraussetzung für die unbestreitbaren Erfolge vor allem der theoretischen Elementarteilchenphysik in Japan war.[17] Für den Aufbau eines eigenen Forschungsprogramms war die Opposition zur Regierung aber alles andere als optimal. Um sich gegenüber dem zuständigen Ministerium behaupten zu können, war der Japanische Wissenschaftsrat auf Einstimmigkeit angewiesen. Dies erforderte bei großen Projekten langwierige Diskussionen, um einen für die Vertreter aller Disziplinen akzeptablen Konsens zu finden.[18] Die Entscheidung für einen großen Beschleuniger wurde dabei durch mehrere Faktoren zusätzlich erschwert. Zum einen war die Hochenergiephysik im Spezialkomitee für Kernphysik des Japanische Wissenschaftsrat gegenüber der eigentlichen Kernphysik traditionell in einer Minderheitenposition.[19] Zum anderen kam es 1953 im Spezialkomitee. zu einer Abstimmung zwischen der Option für einen Forschungsreaktor und für einen Beschleuniger, bei der sich die Mehrheit gegen den Reaktor aussprach. In der Folge verließen die Befürworter des Reaktors das Spezialkomitee für Kernphysik und wandten sich der Kernenergieforschung zu, woraus eine lang anhaltende Spaltung zwischen diesen beiden auf Großgeräte angewiesenen Forschungsrichtungen entstand. Die resultierende Kritik vieler Kernphysiker am japanischen Kernenergieprogramm tat ein Übriges, im Umkreis der Regierung Unwillen gegenüber den Projektvorschlägen des Spezialkomitees zu erzeugen?[20]

Nach verschiedenen kleineren Beschleunigern entstand um 1958 bei führenden japanischen Hochenergiephysikern der Wunsch, mit einem Protonensynchrotron mit einer Energie um 10 GeV einen international konkurrenzfähigen Beschleuniger zu bauen. Die weitere Diskussion wurde stark von den Diskussionen in den USA geprägt, wo 1959 die Idee für einen Beschleuniger von 300 GeV aufkam. Der Vorschlag, einen ähnlichen Beschleuniger in Japan zu errichten, wurde allgemein als unrealistisch angesehen und man einigte sich schließlich auf ein innovatives *rapid cycling* 12 GeV-Protonensynchrotron, das später als Vorbeschleuniger für eine 300 GeV-Maschine benutzt werden könnte. Nach den ersten 1960 im Spezialkomitee aufgestellten Planungen sollte mit dem Bau dieses Beschleunigers 1962 begonnen werden. Personelle und organisatorische Probleme, Konflikte im Japanischen Wissenschaftsrat und der Sektionalismus im Spezialkomitee für Kernphysik führten dazu, dass sich die Vorbereitungsdiskussionen bis weit nach dem geplanten Baubeginn hinzogen. Erst 1962 wurde dem Minis-

---

16 M. Konuma u.a. (Resumption of International Relationship of Japanese Particle Physicists after World War II. Hist. Scieniiarum, 36, S.27) argumentieren gegen die These, dass dieser Austausch eine Form der Besatzungspolitik gewesen sei, die von ihnen zitierten Quellen sprechen aber eine deutlich andere Sprache.
17 M. Low, M. Fraser: Accounting for Science: The Impact of Social and Political Factors an Japanese Blementary Particle Physics. Hist. Sci,entiarum, 36 (1989) 43-65.
18 S. Hayakawa, M. Low:Scinece Policy ... a.a.o., S.228.
19 Sh. Traweek: Big Science and Colonialist Discourse: Building High Energy Physics in Japan, in: P. Galison, B. Hevly (Hrsgb.): Big Science ... a.a.o., S.131f.
20 L. Hoddeson: Establishing KEK ... a.a.o., S.10, 31.

terium ein langfristiger Plan vorgelegt, der neben dem Ausbau existierender Institute wie dem für Höhenstrahlung auch die Errichtung eines neuen Instituts für Elementarteilchenphysik enthielt, und die Genehmigung erfolgte noch zwei Jahre später.[21]

Angesichts des AGS in Brookhaven und des PS beim CERN, zwei Protonensynchrotrons im Energiebereich um 30 GeV, erschien das 1960 geplante 12 GeV Synchrotron jetzt aber wenig attraktiv. Daher verwarf man Mitte der 60er die alten Planungen und strebte ein *alternating gradient* Synchrotron mit einer Energie von 40 GeV an, das bis zur Fertigstellung der 76 GeV-Maschine in Serpukhov für einige Zeit das größte der Welt gewesen wäre und anders als das ursprüngliche Design vollständig auf konventioneller, im Ausland erprobter Technologie beruhte. Die Hochenergiephysiker strebten jetzt eine schnelle Entscheidung für ein Laboratorium an, dessen Organisation dem inzwischen in den USA von Leon Ledermann formulierten Konzept eines *truly national laboratory* entsprechen sollte. Dieses Konzept sah eine starke Position der Nutzer gegenüber dem Laboratorium vor, keine einzelne Universität und auch nicht die Mitarbeiter des Laboratoriums selbst sollten eine privilegierte Stellung bei der Nutzung des Geräts haben: Dagegen bevorzugten die vom Ministerium parallel zu den Beratungsgremien des Wissenschaftsrats eingesetzten Komitees ein Laboratorium, das einem starken Direktor unterstellt war. Auch im Wissenschaftsrat gab es gewisse Widerstände, teilweise wurde eine deutliche Verlangsamung der Entwicklung gefordert, damit auch die Höhenstrahlungs- und die Niederenergiephysik gleichberechtigt gefördert werden könnten. Ungeachtete dieser Schwierigkeiten lief die Planung aber weiter, und 1967 wurde mit Tsukuba ein geeigneter Standort für das neue Laboratorium ausgewählt.[22]

Inzwischen hatten sich aber erhebliche politische Widerstände gegen das Projekt formiert, die dem Forschungsministerium Gelegenheit gaben, den Einfluss der Wissenschaftsrats zurückzudrängen. Die Planungsänderungen und die anhaltenden Diskussionen, um die Organisationsform erweckten zudem bei einigen politischen Beobachtern den Eindruck, dass die Physiker selbst nicht wüssten, was sie denn nun eigentlich wollten. Das Finanzministerium machte Anfang 1967 sogar den Vorschlag, das Projekt ganz einzustellen und stattdessen dem CERN beizutreten. Dagegen protestierten die Physiker aber auf höchster Ebene mit dem Argument, dass dann die „Tyrannei der Entfernung" den größten Teil der interessierten Physiker von der aktiven Forschung ausschließen würde.[23] Der entscheidende Schlag war aber die Ende 1968 überraschend verkündete Entscheidung, das Budget auf ein Viertel des ursprünglichen Ansatzes zu kürzen. Über die Reaktion darauf konnte im Spezialkomitee keine Einigkeit mehr hergestellt werden. Die jüngeren Hochenergiephysiker fürchteten, durch eine Annahme an eine obsolete Maschine gebunden zu sein und die Theoretiker waren an den Daten bei niedriger Energie wenig interessiert. Von den Höhenstrahlungsphysikern wurde das Budget teils deshalb abgelehnt, weil sie ein eigenes Institut wollten, teils weil sie als Maoisten alle Großprojekte ablehnten. Die Mehrheit hielt es aber für einen Fehler, zu warten und dann am Ende eventuell gar nichts zu bekommen. Eine Antwort, die das gekürzte Budget akzeptierte, allerdings von der Regierung eine Nachbesserung forderte, wurde bei einer schriftlichen Abstimmung Anfang 1969 von den Vertretern der theoretischen Kernphysik, der Hochenergiephysik und der Niederenergiephysik angenommen, bei den Höhenstrahlungsphysikern fehlte aber eine Stimme zur Mehrheit, womit der erstrebte Konsens verfehlt wurde.[24] Zu dieser Abstimmungsniederlage kamen Auseinandersetzungen im Rahmen der Studentenunruhen, was zusammen dazuführte, dass alle Mitglieder des Spezialkomitees für Kernforschung zurücktraten. Damit hatte das

---

21   L. Hoddeson: Establishing KEK ... a.a.o., S.21-23; S. Hayakawa, M. Low: Science Püolicy ... a.a.o., S.213-15.
22   L. Hoddeson: Establishing ... a.a.o., S. 24-31.
23   S. Hayakawa, M. Low: Science Policy ... a.a.o., S. 222-224.
24   L. Hoddeson: Establishing ... a.a.o., S.31-32.

Forschungsministerium ein wichtiges Ziel erreicht. Die weitere konkrete Planung erfolgte hauptsächlich in Gremien, die dem Ministerium und nicht dem Wissenschaftsrat gegenüber verantwortlich waren, und gerade zwei Jahre später, 1971, wurde ein Nationallaboratorium für Hochenergiephysik gegründet, das KEK.[25] Aber auch die Hochenergiephysik profitierte von dieser Entwicklung. Mit dem neuen Labor gab es erstmals explizit für die Hochenergiephysik ausgewiesene Haushaltsansätze,[26] sie konnte also eine gewisse Unabhängigkeit von der weiterhin dominierenden Kernphysik erreichen.

Die Etablierung des entsprechenden westdeutschen Laboratoriums verlief sehr viel schneller und unkomplizierter. Die Entstehung dieses Labors kann auf die Bestrebungen der Bundesregierung zurückgeführt werden, schon vor der Aufhebung der alliierten Forschungsverbote eine deutsche kernphysikalische Forschung aufzubauen. Die einzige Möglichkeit dafür war die Beteiligung an CERN, die der Bundesrepublik nach der Aufnahme in die UNESCO offen stand. Den politischen Erwartungen entsprechend, rechtfertigte Werner Heisenberg die deutsche Beteiligung an CERN daher unter anderem damit, dass sich so eine Möglichkeit ergeben würde, junge Physiker auszubilden, die später für die Kernenergie eingesetzt werden könnten. Am CERN entstand aber auch eine Keimzelle einer westdeutschen Hochenergiephysik-Community, die in den folgenden Jahren den Bau eines eigenen Labors für Hochenergiephysik durchsetzen konnte.[27]

Anders als in Japan kam es in Deutschland nicht zu einer Gegnerschaft zwischen Kernphysik und Kernenergieforschung, so dass die Kernphysik und die aus ihr hervorgegangene Hochenergiephysik von der großzügigen Förderung der Kerntechnik profitieren können. Dies wurde dadurch unterstützt, dass die wichtigen Auseinandersetzungen um die Forschungsförderung nicht zwischen der Regierung und den Vertretern der Wissenschaft stattfanden, sondern innerhalb des politischen Systems zwischen der Bundesregierung und den Ländern, die die alleinige Kompetenz für die Grundlagenforschung hatten. Die als zentralstaatliche Aufgabe betrachtete Kernforschung als überwiegend anwendungsorientierte "Zweckforschung" bot dem Bund die Gelegenheit, sich forschungspolitische Kompetenzen anzueignen. Indem sie diese Bestrebungen unterstützten, konnten die Wissenschaftler von den sehr großen finanziellen Möglichkeiten des Bundes profitieren, mit denen die Bundesregierung sich praktisch in die Forschungsförderung einkaufte. In diesem Rahmen wurden zwischen 1956 und 1960 sechs große Forschungszentren gegründet, die gemeinsam vom Bund und den Ländern finanziert wurden.[28]

Eines dieser sechs Institute war das 1959 gegründete Deutsche Elektronen-Synchrotron DESY mit Sitz in Hamburg. Anlass für die Gründung war die Berufung von Willibald Jentschke, der zu der kleinen Gruppe der am CERN aktiven deutschen Hochenergiephysiker gehörte, an die Universität Hamburg. Im Rahmen der Berufungsverhandlungen waren ihm Mittel für einen kleinen Teilchenbeschleuniger zugesagt worden. Durch geschicktes Taktieren bei der Deutschen Physikalischen Gesellschaft und dem neu gegründeten Arbeitskreis Kernphysik der Deutschen Atomkommission gelang es, diese Mittel zum Grundstock eines sehr viel größeren Projekts zu machen, das weit über das ursprünglich avisierte Universitätslabor hinausging.[29] Die Investitionskosten des neuen Labors wurden zu 85 % vom Bundesministerium für Atomfragen getragen, das auch 50 % der Betriebskosten übernahm. Den Rest trugen

---

[25] S. Hayakawa, M. Low: Science Policy ... a.a.o., S.228.
[26] Physics Survey Comittee, Physics Through the 1990s. An Overview. Washington 1986, S.81.
[27] M. Eckart, M. Osietski: Wissenschaft für ... a.a.o., S.61-69.
[28] H.-W. Hohn., U. Schimank: Konflikte und Gleichgewichte ... a.a.o., S.111-115, 236-242.
[29] M. Eckert, M. Osietzki: Wissenschaft ... a.a.o. S.68f.

die Ländern, wobei Hamburg als Sitzland vorweg zusätzlich zu seinem Anteil nach dem Königsteiner Staatsabkommen 25 % der Betriebskosten übernahm.[30]
Nach der grundsätzlichen Einigung über die Finanzierung konnte die Realisierung zügig voranschreiten. Als technisches Vorbild wählte man den *Cambridge Electron Accelerator* CEA, ein 6 GeV-Elektronensynchrotron, das gemeinsam von der Harvard University und dem MIT in Cambridge betrieben wurde. Dieses war das einzige große Elektronensynchrotron, das auf der ganzen Welt geplant wurde, während große Protonenbeschleuniger an mehreren Orten geplant wurden. Indem man den Hamburger Beschleuniger ebenfalls als ein großes Elektronensynchrotron auslegte, besetzte man ein Forschungsgebiet, in dem es wenig Konkurrenz geben würde. Das Hamburger Synchrotron wurde bewusst gut ein Drittel größer, mit etwas höherer Energie und größeren Sicherheitsreserven als das Vorbild in Cambridge ausgelegt. Mit dem regelmäßigen Experimentierbetrieb konnte bereits 1964 begonnen werden.[31]

Folgeprojekte

In den 70er Jahren veränderten sich die Rahmenbedingungen für die großen Forschungszentren in Deutschland deutlich. Forschungspolitik wurde nicht mehr als eine Form von Mäzenatentum begriffen, sondern als ein Aspekt von Strukturpolitik. Daraus resultierten neue Anforderungen an die bestehenden Großforschungseinrichtungen. Von den in den 50er Jahren gegründeten ursprünglichen Kernforschungszentren blieb nur das DESY davon zunächst unberührt.[32] Die Hochenergiephysik hatte sich in ihrem Selbstverständnis und in der Außenwahrnehmung von der eigentlichen Kernforschung inzwischen weit entfernt. Schon bei der Gründung des DESY waren die Beziehungen zu den Universitäten und die Orientierung auf Grundlagenfragen sehr viel stärker ausgeprägt als bei den Zentren, die der Reaktorentwicklung dienten. Als "reine" Forschung wurde die Hochenergiephysik von der Legitimitätskrise der Kerntechnik seit den 70ern kaum getroffen.
Die Trennung erforderte aber auch neue Legitimationsstrategien. Die Hochenergiephysiker betonten gegenüber Forderungen nach direkter Nützlichkeit, dass die Beantwortung der Fragen nach der grundlegenden Natur der Materie auch deshalb wichtig sei, um eine auch für den technischen Fortschritt wichtige „atmosphere of daring inquiry" zu erhalten.[33] Dieses Argument wurde auf. Seiten der Politik weitgehend akzeptiert. Jedoch musste von Seiten der Hochenergiephysik vermittelt werden, dass dieser Anspruch tatsächlich eingelöst wurde, dass diese Atmosphäre tatsächlich erzeugt wurde. Die verschiedenen- Erwartungen spiegelten sich klar in der Selbstdarstellung des DESY gegenüber der Öffentlichkeit wieder. Um 1980 präsentierte es sich in einer PR-Broschüre als ein erfolgreichen Laboratorium mit einer lebhaften, blockübergreifenden internationalen Zusammenarbeit. Man betonte die Nützlichkeit der Hochenergiephysik, deren Anforderungen ein Motor für den technischen Fortschritt seien und versuchte, die "Wunderwelt der Elementarteilchen" in einer verständlichen Weise darzustellen. Das Leitmotiv war aber der auf der Titelseite ins Positive gewendete faustische Blick ins Innerste der

---

30 C. Habfast: Großforschung ... a.a.o., S.66, 74.
31 Ebenda, S.28-31, 46,111-140.
32 H.-W. Hohn, U.Schimank: Konflikte und Gleichgewichte ... a.a.o., S 264-267.
33 S. Schweber: Some reflections on Big Science and High Energy Physics in the United States. Riv. Stor. Sci 2/1(1994) 154-162.

Welt, der Vergangenheit und Zukunft verbindet und Dank moderner Computertechnik den schönen Augenblick, indem ein interessantes Ereignis im Detektor stattfindet, verweilen lassen kann.[34]

Den eigentlichen Durchbruch zu einem Laboratorium von internationaler Bedeutung, der in der zitierten Broschüre seinen Ausdruck fand, schaffte das DESY mit den beiden in den 70er Jahren gebauten Speicherringen. Die erste große Erweiterung des Laboratoriums war der Bau des e^+e^--Speicherrings DORIS. Bei der Diskussion über dieses Projekt sah sich das DESY erstmals einer starken Opposition aus dem Kreis der deutschen Hochenergiephysiker, gegenüber. Ein derartiger Speicherring war ein neuartiges Gerät und es war nicht klar, ob es physikalisch interessante Experimente ermöglichen würde. Viele Physiker wünschten statt dessen die Errichtung eines weiteren Labors für Hochenergiephysik in Karlsruhe, das den deutschen Hochenergiephysikern ein eigenes großes Protonensynchrotron mit einer Energie von etwa 40 GeV zur Verfügung stellen sollte. Schließlich setzte sich aber der Plan des DESY durch, nicht zuletzt Dank einer Intervention des immer noch einflußreichen W. Heisenberg.[35]

Letztlich erwies sich die Entscheidung für DORIS als richtig. Während der Speicherring und die für die Experimente vorgesehenen Detektoren Ende 1974 allmählich in Betrieb genommen wurden, berichteten zwei Gruppen, die in Brookhaven und am Speicherring SPEAR am SLAC arbeiteten, über die unabhängige Entdeckung einer schmalen Resonanz bei einer Energie von 3,1 GeV, die die Gruppen als J beziehungsweise ψ bezeichneten.[36] Nach dieser Bekanntmachung wurde der Zeitplan für DORIS sofort umgestellt. Alle eigentlich für Test des Speicherrings vorgesehenen Betriebszeiten wurden zugunsten der Suche nach dieser neue, völlig unerwarteten Resonanz gestrichen,[37] und obwohl die Detektoren noch nicht vollständig aufgebaut waren, konnten die ersten an DORIS arbeitenden Gruppen schon Anfang 1975 über neue Ergebnisse zum J/ψ berichten.[38]

In den folgenden Jahren konnten mit DORIS wichtige Beiträge zur Aufklärung der Eigenschaften des J/ψ-Systems geleistet werden. Das mit DORIS gewonnene Ansehen konnte das DESY erfolgreich dazu nutzen, auch für das Folgeprojekt PETRA Unterstützung zu gewinnen. Mit der Realisierung von PETRA konnte sich das DESY für einige Jahre auch von einem allgemeinen Trend in der Hochenergiephysik abkoppeln. In fast allen westlichen Industriestaaten stagnierten die Forschungshaushalte und vor allem die Aufwendungen für die Hochenergiephysik Anfang der 70er: Die einzige Ausnahme war die Bundesrepublik Deutschland, wo die öffentlichen Ausgaben für Forschung und Entwicklung während der 70er langsam, aber kontinuierlich anstiegen.[39] Davon profitierte auch das DESY, zumal es durch äußerste Sparsamkeit PETRA fast vollständig innerhalb der noch aus den 60er Jahren mit ihren höheren Steigerungsraten der Forschungshaushalte stammenden mittelfristigen Finanzplanung realisieren konnte. Zusätzlich profitierte es von regionalplanerischen Erwägungen zur Förderung „der

---

[34] DESY –PR: Erforschen, was die Welt im Innersten zusammenhält. Hamburg 1981.

[35] C. Habfast: Großforschung ... a.a.o., S.227-253.

[36] J. J. Aubert u. a.: Experimental Observations of a Heavy Particle J. Phys. Review Letters 33(1974) 1404-1406; J.E. Augustin u. a.:Discovery of a Narrow Resonance in e^+e^- Annihilation. Phys. Review Letters 33(1974) 1406-1408.

[37] Protokolle FK 237/1974-11-22; 238/1974-12-13; 239/1975-01-24; DESY-V1:: Protokolle FK 1966/1979.

[38] G. Wolf: A Pirat Look at the 3.1 and 3.7 States with DORIS, in: J. Dias Bejanaro, M. G. Doncel (Hrsg.): Proceedings of the 8rd International Winter Meeting on Fundamental Physics; Sierra Nevada 1975, Madrid 1975, S. 3-42.

[39] C.L. Westfall: Panel Session: Science Policy and the Social Structure of Big Laboratories, in: L. Hoddesoon u.a. (Hrsgb.): The Rise of the Standard Model. Particle Physics in the 1960s and 1970s, Cambridge1997, S.368-370.

bisher mit Anlagen für Wissenschaft und Forschung unterversorgten norddeutschen Region."[40]

Mit diesem 1978 in Betrieb genommenen Speicherring etablierte sich das DESY endgültig als das zweite große, international genutzte Laboratorium in Europa.[41] Als Sharon Traweek in den siebziger Jahren amerikanische Hochenergiephysiker nach ihrer Bewertung der verschiedenen Laboratorien fragte, wurde das DESY als eines der vier führenden Laboratorien (neben SLAC, Fermilab und CERN) genannt. In der Wahrnehmung der amerikanischen Physiker nahm Deutschland in der Rangfolge der Hochenergiephysik-Nationen den zweiten Platz nach den. Vereinigten Staaten ein, während Japan sich mit Italien den sechsten und letzten Platz teilte. Die gleichzeitig befragten japanischen Physiker machten aber keinen Hehl aus ihrem Ziel, mit KEK auf den ersten Platz zu gelangen.[42]

Dazu benötigten sie aber nicht nur einen Beschleuniger, sondern auch erfahrene Experimentatoren, die ihn benutzen können. Parallel zu den Vorbereitungen für das jetzt wieder auf 12GeV zurückgeschraubte Protonensynchrotron begann man daher, an ausländischen Beschleunigern experimentelle Erfahrungen zu sammeln. Für diese Aktivitäten wurden durchaus nennenswerte Beträge ausgegeben. Für die Beteiligung einer Gruppe .der Universität Tokyo an dem Detektor DASP am Speicherring DORIS standen jährlich etwa eine Million Mark für die Beschaffung von nicht bei DESY vorhandenen Geräten zur Verfügung. Diese Ausgaben wurden explizit damit gerechtfertigt, dass Auslandsaufenthalte von Wissenschaftlern sehr wichtig sein könnten, um eine leistungsfähige Hochenergiephysik in einem Land ohne einen laufenden Beschleuniger aufzubauen.[43] Die Gruppe aus Tokyo gehörte auch zu den ersten internationalen Gruppen, die schon 1975 ein deutliches Interesse an der Nutzung des Speicherrings PETRA geäußert hatten,[44] und später regte sie an, die Zusammenarbeit auch auf das Gebiet des Beschleunigerbaus auszudehnen.[45]

Dies stand im Zusammenhang mit den Planungen für einen Beschleuniger, der Japan mit einem Schlag in die Spitzengruppe der Hochenergiephysik bringen sollte. Sie gingen auf den 1974 in internationalem Rahmen präsentierte Vorschlag für die *Tri-Ring Intersecting Storage Architecture in Nippon* (TRISTAN) zurück. Dieser Beschleuniger sollte nicht nur mit dem Stand der westlichen Beschleunigerphysik gleichziehen, sondern mit allen anderen in der konkreten Planung befindlichen Speicherringen gleichzeitig konkurrieren: Als pp-Ring sollte er eine nur 10 % kleinere Energie als ISABELLE in Brookhaven haben, als $e^+ e^-$-Ring mit PETRA bei DESY und PEP bei SLAC gleichwertig sein und auch den ep-Optionen von PETRA, PEP und dem britischen Projekt EPIC das Wasser reichen können. Außerdem war an einen Betrieb als $p\bar{p}$-Speicherring gedacht.[46]

Auch die Diskussionen über TRISTAN dauerten wie die über das ursprüngliche Protonensynchrotron sehr lange: Bis Anfang der 80er Jahre verlor er einen Protonenring vollständig und

---

[40] Bürgerschaft der Freien und Hansestadt Hamburg, B. Wahlperiode, Drucksache 8/1013, DESY-V1: Internationale Nutzung von PETRA 2.

[41] Dazu ausführlicher bei F. Hars: Wenn Forschung zu groß wird. Internationalisierung als Strategie nationaler Forschungspolitik am Beispiel der Hochenergiephysik, in: G.A. Ritter, Gerhard A. u. a. (Hrsgb.): Antworten auf die amerikanische Herausforderung. Forschung in der Bundesrepublik und der DDR in den "langen" siebziger Jahren. Frankfurt/Main 299, S. 286-311.

[42] Sh. Traweek: Beamtimes ... a.a.o., S.110.

[43] M. Koahiba an E. Lohrmann, 1971-08-27 (Kopie], DESY-V1: Beschlussfassungen D, Band 3.

[44] G. Berghaus an G. Lehr, 1975-09-10 [Durchschlag], DESY-V1: Internationale Nutzung von PETRA 2.

[45] Niederschrift WR 50/1978-10-10, DESY-Vl: WR 1978-10-10/1979-10-23.

[46] T. Nishikawa: A Preliminary Design of Tri-Ring Intersecting Storage Accelerators in Nippon, TRISTAN, in: Proceedings of the IXE' International Conference an High Energy Accelerators, Stanford 1974, S. 584-587.

den anderen bis auf absehbare Zeit, so dass ein reiner e^+e^--Speicherring übrig blieb.[47] Dieser Verlust der Protonenringe war in den 70ern ein weit verbreitetes Phänomen, von dem auch PETRA und PEP betroffen waren. Nachdem klar geworden war, dass man mit e^+e^--Speicherringen sehr viel mehr und interessantere Physik machen konnte, als irgendwer um 1970 für möglich gehalten hatte, wurde diese Möglichkeit für erhebliche Kasteneinsparungen gern genutzt. Physikalisch waren e^+e^--Speicherringe in der zweiten Hälfte der 70er die interessantesten Geräte, was auch in der seit Anfang 1976 vorherrschenden Ansicht zum Ausdruck kam; dass der nächste Beschleuniger des CERN nicht wieder ein Protonenbeschleuniger oder ein epSpeicherring sein sollte, sondern der große e^+e^--Speicherring LEP.[48] Vor diesem Hintergrund war die. Entscheidung, TRISTAN als e^+e^--Maschine zu bauen, verständlich und richtig, und zum Zeitpunkt der Fertigstellung war TRISTAN tatsächlich der größte derartige Beschleuniger der Welt.

Mit TRISTAN konnten die japanische Hochenergiephysiker zeigen, dass sie endgültig Anschluss an die internationale Entwicklung gefunden hatten. Dass der Speicherring trotzdem nicht ganz den erhofften Durchbruch brachte, hat verschiedene Gründe. Als TRISTAN in Betrieb ging, hatte das SPS bei CERN als $p\bar{p}$-Collider angefangen, den Glanz der e^+e^--Speicherringe zu überstrahlen, und mit LEP und dem *Stanford Linear Collider* SLC standen zwei e^+e^--Maschinen mit Energie oberhalb der Z°-Schwelle kurz vor der Fertigstellung. Anders als bei diesen Geräten war bei TRISTAN nicht klar, ob es gegenüber PETRA und PEP wesentlich neue Ergebnisse geben würde.

Daher war auch die internationale Beteiligung an TRISTAN nicht sehr stark: Nur wenige ausländische Wissenschaftler nahmen das Risiko auf sich, in der Hoffnung auf unerwartete Entdeckungen so weit an die Peripherie des Fachs zu gehen.[49] Diese Entdeckungen blieben jedoch aus. In dem TRISTAN zugänglichen Energiebereich gab es keine auffälligen Strukturen. Auch das eigentlich schon bei PETRA erhoffte top-Quark zeigte sich nicht. Die interessante e^+e^--Physik passierte deutlich unterhalb der TRISTAN-Energien an DORIS und CESR in Cornell, und deutlich darüber bei SLC und LEP.

Diskussion

In den 80er Jahren hatten sowohl Deutschland wie; Japan Anschluss an die internationale Entwicklung in der Hochenergiephysik gewonnen. Eine Spitzenstellung in der als am fundamentalsten betrachteten Disziplin zu erreichen war ein Ziel, mit dem erhebliche Forschungsmittel eingeworben werden konnten. Der Vergleich der Entwicklung von Laboratorien in verschiedenen Ländern zeigt dabei, dass es keine einfachen, monokausalen Erklärungen für die Unterschiede gibt. Eine schwierige wirtschaftliche Situation war sicher ein Faktor, der zu der

---

[47] Y. Kimura: TRISTAN - The Japanese Blectron-Proton Colliding Beam Project, in: W.S. Newman (Hrsgb.): 11th International Conference on High-Energy Accelerators, Geneva 1980, Basel 1980, S. 144-155.; S. Ozaki: Japanese Future e+e- Collider Program „TRISTAN", in: W. Pfeil (Hrsgb.): Proceedings International Symposium an Lepton and Photon Interactions at High Energies, Bonn 1981, S. 935-943.

[48] J. Krige: The ppbar Project. I. The Collider, in J. Krige: History of Cern, Bd. III, Amsterdam 1996, S.210-212.

[49] Sh. Traweek: Border Crossings: Narrative Strategies in Science Studies and among Physicists in Taukuba Science City, Japan, in: A. Pickering (Hrsgb.): Science as Practice and Culture. Chicago1992, S. 429-465. Chicago..

Verzögerung des japanischen Beschleunigerprojekts Ende der 60er Jahre beigetragen hat,[50] in Deutschland hat eine einsetzende Wirtschaftskrise in einem anderen politischen Umfeld Mitte der 70er aber gerade den Ausbau des DESY vorangebracht, indem ein Teil der Baukosten für PETRA über ein Konjunkturförderungsprogramm abgewickelt werden konnte.

Ein anderer Faktor, mit dem die relativ langsame Entwicklung in Japan gern erklärt wird, ist das der japanischen Kultur eigene Beharren auf einen Konsens, während im Westen auch kontroverse Entscheidungen gefällt und umgesetzt wurden.[51] Der Rücktritt des Spezialkomitees für Kernphysik 1969 lässt sich wohl auch am besten in diesem Kontext verstehen. Dennoch bestehen beteiligte Wissenschaftler darauf, dass dieses Festhalten an einem demokratischen Konsens politisch motiviert gewesen sei, um den verbleibenden Einfluss des eher oppositionellen Wissenschaftsrats durch eine kollektive Vertretung der Wissenschaftler aller Disziplinen auf Grundlage einer demokratischen Entscheidungsstruktur zu sichern.[52] Im Vergleich mit den westlichen Ländern fällt an Japan dann auch gerade der Mangel an Konsens auf, der über grundlegende Fragen der Forschungsorganisation zwischen Teilen der Wissenschaftler und der Regierung bestand. Anders als im Japanischen Wissenschaftsrat gab es weder im President's Science Advisory Committee in den USA noch im Wissenschaftsrat in der Bundesrepublik Deutschland jemals eine nennenswerte marxistische Strömung.

In Deutschland wie in Japan war es dabei wichtig; dass die Forschungsprojekte auch spezifischen Interessen der Forschungsverwaltungen entsprachen. Dies sieht man besonders deutlich in Japan, wo die Entwicklung erst dann richtig in Fahrt kam, als das Forschungsministerium den Eindruck gewinnen konnte, der Herr des Verfahrens zu sein. Die traditionell besseren Beziehungen der deutschen Wissenschaftler zu ihrer Regierung gaben der deutschen Hochenergiephysik hier einen deutlichen Startvorteil. Auch die Nähe des CERN erwies sich als ein Vorteil. Es bildete einen Kristallisationskeim für die deutsche Hochenergiephysik und für die internationale Kooperation, die für das DESY in der zweiten Hälfte der 70er überlebenswichtig geworden war.

---

[50] L. Hoddeson: Establishing KEK ... a.a.o., S.29.
[51] Ebenda, S.38.
[52] S. Hayakawa, M. Low: Science Policy ... a.a.o., S.228.

Disziplinen

HELMUT RECHENBERG

Kern- und Elementarteilchenphysik in Westdeutschland und die internationalen Beziehungen (1946–1958)

I. Ausgangslage

Ende der 1920er-Jahre vollzog sich ein Wandel an der Forschungsfront in der Physik. Die atom- und teilweise die molekülphysikalischen Probleme konnten als im Prinzip gelöst gelten, und diejenigen der Festkörper- und Hochenergiephysik (d.h. die Phänomene in Atomkernbereich und in der kosmischen Strahlung) rückten in den Mittelpunkt des Interesses. Das Jahr 1933 mit der Machtergreifung durch die Nationalsozialisten veränderte die bisher trotz der Wirtschaftskrise eigentlich günstigen Voraussetzungen in Deutschland sehr zum Nachteil: die Vertreibung wichtiger Gelehrter und vieler begabter Studenten aus vornehmlich rassistischen Gründen vereinte sich mit grundsätzlicher Mißachtung bis Ablehnung der modernen, auf Quanten- und Relativitätstheorien gegründeten Physik. Es sei hier an das staatlich unterstützte Vorgehen der sog. „deutschen Physik" gegen die als „jüdisch" oder „nichtarisch, internationalistisch" bezeichnete Physik erinnert. Diese Maßnahmen trugen wesentlich dazu bei, daß die Zahl der Studenten in der modernen Physik drastisch zurückging – für 1938 wurde gelegentlich ein Zehntel derjenigen von 1933 angegeben.[1]

Der nach dem Zweiten Weltkrieg von den amerikanischen Besatzungsbehörden veranlaßte *FIAT Review of German Science (1939–1946)* verzeichnet zwar in den Fachgebieten „Kernphysik und kosmische Strahlen" eine rege Tätigkeit – siehe die beiden Bände *14, Teil I* und *Teil II* – mit Zentren der Aktivität in Heidelberg (Kaiser Wilhelm-Institut – KWI – für medizinischen Forschung), Berlin (KWI für Physik, Universität), Bonn (Universität) und Hamburg (Universität) – wozu noch vor allem in der Theorie die Universität Leipzig hinzuzufügen wäre – , man darf aber das wirkliche Verhältnis zwischen der deutschen und der ab Mitte der dreißiger Jahre weltweit führenden amerikanischen Forschung eher durch ein Bild veranschaulichen, nämlich die Ausmaße des Heidelberger Zyklotrons von 1944 und des großen Vorkriegs-Zyklotrons in Berkeley – der Größenunterschied macht reichlich einen Faktor 10 zugunsten der amerikanischen Maschine aus. Hier muß noch angegemerkt werden, daß das Heidelberger Zyklotron seine endgültige Fertigstellung

---

[1] Siehe H. Rechenberg (Hrsg.): Werner Heisenberg: Deutsche und jüdische Physik. R.Piper Verlag, München und Zürich 1992, bes. Teil II.

eigentlich der kriegsbedingten Uranforschung verdankt. Nach dem Kriege verschlechterten sich die deutschen Verhältnisse weiter gegenüber denen der führenden Nationen aus vier Gründen:
1. Kriegszerstörungen;
2. Abbau von Apparaturen in der Kernphysik aus militärischen bzw.Reparationsgründen (so holten die sowjetischen Besatzungstruppen die Kernbeschleuniger in Berlin-Dahlem bzw. Miersdorf und die britischen das Hamburger Betatron ab, während die amerikanischen zunächst alle Heidelberger Apparaturen beschlagnahmten);
3. Abwerbung bzw. Verschleppung von Spitzenkräften in der Forschung durch die Aktion „Paperclip" der Amerikaner und ähnlicher der Sowjets;
4. Verbote durch das Alliierte Kontrollrats (AKR)-Gesetz Nr.25 bzw.später in Westdeutschland das Gesetz Nr. 22 der Alliierten Hohen Kommission (AHK).

Das AKR-Gesetz Nr.25 vom 29.April 1946 untersagte nicht nur die naturwissenschaftliche Forschung „auf Gebieten, welche rein oder wesentlich militärischer Natur sind", sondern auch besonders auf dem Gebiete der „Angewandten Kernphysik". Das spätere Gesetz Nr.22 der AHK (zur „Überwachung von Stoffen, Einrichtungen und Ausrüstungen auf dem Gebiet der Atomenergie") vom 2.März 1950 schloß etwa neben der Errichtung von Kernreaktoren auch „die Herstellung oder den Bau von Elektro-Kernmaschinen aus, die imstande sind, Energien von mehr als hundert Millionen Elektronenvolt an ein positiv geladenes Kernpartikel oder an ein Ion zu vermitteln" (Teil I, Abschnitt c).[2] Unterschiedliche Meinungen über die Auswirkungen dieser Verbote und Einschränkungen werden aus einem Brief vom 7.Dezember 1946 an Werner Heisenberg ersichtlich. Walther Bothe bemerkte darin zu einem Manuskript Heisenbergs über die deutschen Kriegsarbeiten zur technischen Ausnutzung der Atomkernenergie[3]:

> „Der letzte Absatz ist natürlich ganz eine Sache der persönlichen Auffassung. Nach meinem Gefühl sollte man nicht allzu großen Optimismus an den Tag legen, denn von hier aus erscheint der Artikel III.2 des Gesetzes Nr. 25 doch recht bedenklich. ... Wahrscheinlich nehme ich diese Frage etwas wichtiger als Sie, weil ich als schlechter Theoretiker mehr an das naive Experimentieren denke, aber in derselben Lage werden wohl die meisten Experimentalphysiker sein."

II. Neuanfang in Heidelberg und Göttingen

Der Neuanfang der Forschungen auf den verschiedenen Gebieten der Kern- und Elementarteilchenphysik gelang am raschesten an Orten, wo die beteiligten Physiker über direkte Kontakte zu den Mitarbeitern oder Kollegen der Besatzungsmacht verfügten, namentlich in Heidelberg (dem Hauptquartier der US Forces) und Göttingen. Aber auch Wolfgang Gentner, der 1946 als Ordinarius an

---

[2] W.D.Müller: Geschichte der Kernenergie in der Bundesrepublik Deutschland. Schäfer, Stuttgart 1990, Anhänge 1 und 2, S. 635-640 und 641-649.
[3] Brief von W.Bothe an W.Heisenberg, 7.Dezember 1946, Werner-Heisenberg-Archiv München (im folgenden: WHA München).

die Universität Freiburg wechselte, konnte seine guten Beziehungen zu Frédéric Joliot aus der deutschen Besatzungszeit in Paris ausnützen; außerdem erbte er Geräte vom KWI für Physik aus dem zur französischen Besatzungszone gehörenden Hechingen. Hauptzentren des Wiederbeginns der deutschen Kernphysik wurden aber die Institute Bothes und Heisenbergs in Heidelberg bzw. Göttingen, deren Entwicklung seit 1946 hier kurz skizziert sei.

II.1 Bothe an der Universität Heidelberg und am Max-Planck-Institut für medizinische Forschung

Walther Bothe war 1932 als Nachfolger Philipp Lenards an die Universität Heidelberg berufen worden, wechselte aber 1934 als Direktor der physikalischen Abteilung ins KWI für medizinische Forschung.[4] Dort baute er die vorher an der Physikalisch-Technischen Reichsanstalt in Berlin begonnene kernphysikalische Forschung aus, leitete Mitarbeiter an, wie Wolfgang Gentner und Heinz Maier-Leibnitz, und nahm im Zweiten Weltkrieg am deutschen Uranprojekt teil. Im Juni 1945 wurde sein Institut von den Amerikanern beschlagnahmt. Zunächst richtete sich dort das „Third Central Medical Establishment" ein, das die Auswertung der deutschen Luftfahrtsmedizin betrieb. Bothe wurde 1946 wieder Ordinarius an der Universität Heidelberg, besorgte sich Geräte aus einem früheren Institut der Reichspost und nahm mit einigen in der Kernphysik erfahrenen Assistenten (Gottfried von Droste, Kurt Hogrebe, Erwin Fünfer) die Arbeit wieder auf. Nach dem Auszug der Medizinergruppe – sie wurde nach San Antonio, Texas verlagert, wohin auch Maier-Leibnitz folgte – „wollte die Army eigentlich das ganze Institut in Anspruch nehmen. Es gelang jedoch in schwierigen Verhandlungen, in die auch der Präsident Otto Hahn [der Max-Planck-Gesellschaft] eingeschaltet war, zu erreichen, daß die Nordhälfte des Instituts frei blieb und das Zyklotron mit einigen Räumen an der Südwest-Ecke des Instituts, der ehemalige Casino-Raum mit dem Van de Graaff und der radioaktive Chemieraum freigegeben wurden".[5]

Bothe vollzog also den erneuten Einstieg in die kernphysikalische Forschung mit einigen alten und neuen Apparaturen. Bald gewann er mit Christoph Schmelzer (früher Jena, 1948 Dozent in Heidelberg), dem 1948 aus den USA zurückgekehrten Heinz Maier-Leibnitz und Hans Steinwedel (1948 aus Hannover gekommen) fähige Mitarbeiter. Ende 1948 wurde Hans Jensen als Theoretiker aus Hannover nach Heidelberg berufen; er begründete mit Otto Haxel (Göttingen) und Hans Suess (Hamburg) die Theorie des Schalenmodell der Atomkerne, unabhängig und etwa gleichzeitig wie Maria Goeppert-Mayer in Chicago.[6] 1950 kam Haxel schließlich auch nach Heidelberg als Direktor des II. Physikalischen Institutes und verstärkte dort die kernphysikalische Forschung weiter. Diese ersten Nachkriegsbemühungen wurden gekrönt durch die zum 60.Geburtstag Bothes vom 1.-3.Juli 1951 veranstaltete „Diskussionskonferenz über Probleme der Kernphysik und Ultrastrahlung". An dieser Tagung nahmen auch 40 ausländische Physiker teil, darunter Lothar Nordheim,

---

4 U.Schmidt-Rohr: Erinnerungen an die Vorgeschichte und Gründungsjahre des Max-Planck-Instituts für Kernphysik. Privatdruck, Heidelberg 1996.
5 Ebenda, S.63.
6 Otto Haxel, Hans D. Jensen und Hans E .Suess: Zur Interpretation der ausgezeichneten Nucleonenzahlen im Bau der Atomkerne, Naturwissenschaften 36, 376 (1949). Hans Jensen erhielt zusammen mit Maria Goeppert-Mayer und Eugen Wigner den Nobelpreis für Physik des Jahres 1963.

Maria Goeppert-Mayer, Thomas Lauritsen und Viktor Weisskopf aus den USA, Charles Peyrou aus Frankreich und S.F.Singer aus England.[7] Nur Frédéric Joliot wurde die Einreise von den amerikanischen Dienststellen verweigert. „Von der Tagung versprechen wir uns neben der Wiederbelebung der wissenschaftlichen Verbindungen einen guten wissenschaftlichen Gewinn, vor allem unbezahlbare Anregungen für den kernphysikalischen Nachwuchs in Deutschland, der hier leider noch in großer Isolierung lebt", schrieb Hans Jensen in den Finanzierungsanstrag.[8]

Ab 1951 gab der amerikanische Hochkommissar Zusagen, das ganze ehemalige KWI für medizinische Forschung zu räumen. Ende 1952 übernahm dann Bothe wieder die physikalische Abteilung am nunmehrigen Max-Planck-Institut (MPI) für medizinische Foschung, Hans Kopfermann aus Göttingen wurde sein Nachfolger an der Universität. Mit zum Teil neuen Mitarbeitern warf sich Bothe nun auf folgende Aufgaben:

(a) Neubau des Zyklotrons (Schmelzer und K.Schmeisser);
(b) Erforschung der kosmischen Strahlung;
(c) Ausbau der Kernspektroskopie.

Bereits im September 1953, auf der gemeinsamen Tagung der Österreichischen und Deutschen Physikalischen Gesellschaften in Innsbruck, berichteten Bothe („Einige Probleme der kosmischen Ultrastrahlung") und Schmelzer („Das europäische Gemeinschaftsprojekt eines 30 GeV-Protonensynchrotrons") über die am Institut ausgeführten Arbeiten. 1954 wechselte Schmelzer zum CERN nach Genf; seine Nachfolger Lothar Koester und Ulrich Schmidt-Rohr stellten das MPI-Zyklotron 1956 fertig. Die Forschungen konzentrierten sich zunehmend auf die Kernspektroskopie; auch eine Zusammenarbeit mit dem 1952 an die Technische Hochschule München gegangenen Maier-Leibnitz bahnte sich an (Entdeckung des Mössbauer-Effektes 1957). Bothe, der 1954 (zusammen mit Max Born) den Physik-Nobelpreis erhielt, starb am 8.Februar 1957.

II.2 Das Kaiser Wilhelm /Max-Planck-Institut für Physik in Göttingen

Im April und Mai 1945 wurden neun führende Mitarbeiter des deutschen Uranprojektes, darunter vom KWI für Physik in Berlin Werner Heisenberg, Erich Bagge, Horst Korsching, Carl Friedrich von Weizsäcker und Karl Wirtz, dazu der unbeteiligte Max von Laue, von einem amerikanischen Spezialkommando (ALSOS) verhaftet und schließlich im englischen Farm Hall bis Januar 1946 interniert. Nach ihrer Entlassung in die britische Besatzungszone baute Heisenberg (als Direktor) mit von Weizsäcker (als Leiter der theoretischen Abteilung) und Wirtz (als Leiter der experimentellen Abteilung) das KWI für Physik, welches 1943 teilweise nach Hechingen verlagert worden war, als MPI für Physik in Göttingen wieder auf.[9] Die im Berliner Instut zurückgebliebenen Apparaturen (Kernbeschleuniger) und einige Mitarbeiter (z.B. Ludwig Bewilogua) wurden von den Besatzungstruppen in die Sowjetunion gebracht. Von Laue kümmerte sich bald um die Erneuerung der Deutschen Physikalischen Gesellschaft und der Physikalisch-Technischen Reichsanstalt in Braun-

---

[7] H. Maier-Leibnitz, Hrsg.: Diskussions-Konferenz über Probleme der Kernphysik und der Utrastrahlung in Heidelberg vom 1.-3.Juli 1951. Universität Heidelberg 1951.

[8] U. Schmidt-Rohr: Erinnerungen ... a.a.o., S.73.

[9] H. Rechenberg: Werner Heisenberg und das Kaiser Wilhelm- (Max-Planck) Institut für Physik. Physikalische Blätter 37, 357-364(1981).

schweig und ging 1951 nach Berlin ans Fritz-Haber-Institut der Max-Planck-Gesellschaft. 1947 wurde dem Göttinger Institut eine Abteilung Astrophysik unter Ludwig Biermann aus Hamburg angegliedert. Es kam in den Räumen der früheren Aerodynamischen Versuchanstalt (auch ein Institut der KWG) unter, deren Einrichtungen (etwa der Windkanal) die Briten abtransportiert hatten, und mußte anfangs namentlich mit folgenden Schwierigkeiten kämpfen:

(a) Finanzierung in der ersten Nachkriegzeit;
(b) Fehlen von Einrichtungen (die Hechinger Apparaturen kamen z.T. an die Universität Freiburg)
(c) Bestimmungen des AKR-Gesetzes Nr.25.

Aus Farm Hall kehrte Heisenberg eigentlich sehr optimistisch zurück. Er hatte dort im September 1945 mit Patrick Blackett, einem Freund und Kollegen aus der alten Göttinger Zeit und nun wissenschaftlicher Berater der neuen britischen Labour-Regierung, gesprochen. Beide hatten für eine möglichst weitgehende – natürlich nichtmilitärische – von den Alliierten Besatzungsmächten kontrollierte kernphysikalische Forschung in Deutschland plädiert.[10] Das AKR-Gesetz Nr.25 machte nun einen Strich durch diese Hoffnung. Heisenberg und Wirtz wandten sich daher zunächst Problemen der Biologie und der kosmischen Strahlung zu – allerdings ließen sich die bald angestrebte Höhenstrahlungsexperimente mit Flugzeugen der Royal Air Force nicht verwirklichen. Andererseits kam ein reger Austausch mit britischen Physikern zustande: bereits Ende 1947 wurde Heisenberg zu Vorträgen über Elementarteilchenphysik und Supraleitung nach Bristol eingeladen, und Paul Dirac schickte 1948 seinen Studenten Richard Eden nach Göttingen, um bei Heisenberg S-Matrixtheorie zu lernen.[11]

Die Zusammenarbeit mit ausländischen Kollegen bot damals die wichtigste Gelegenheit, Anschluß an die moderne Entwicklung in der Kern- und Elementarteilchenphysik zu gewinnen. In seiner programmatischen Rede vor Göttinger Studenten vom 13.Juli 1946 mit dem Titel „Wissenschaft als Mittel zur Verständigung unter den Völkern" hob Heisenberg zwar weniger „die praktische Wichtigkeit" der Forschungen hervor als die Tatsache, „daß sie den Blick zu dem zentralen Bereich wendet, von dem sich die Welt im ganzen ordnet", und argumentierte weiter: „Selbst wenn dieses Interesse [nach reiner Erkenntnis] für einige Zeit von praktischen Konsequenzen der Wissenschaft und von dem Streben nach Macht überschattet sein sollte, so wird es sich doch immer durchsetzen und die Menschen der verschiedenen Völker und Rassen verbinden."[12] Der Redner war andererseits völlig davon überzeugt, daß gerade in der Kern- und Elementarteilchenphysik sich die erfolgreiche frühere internationale Zusammenarbeit vertiefen müsse, so daß auch in Deutschland wieder ungehindert grundlegende Forschungen auf diesen Gebieten, zu denen er auch die nichtmilitärische Kernenergieanwendung zählte, möglich sein sollte. Natürlich setzte er dabei auf die Unterstützung seiner Freunde aus dem Ausland, mit denen er schon früher, sogar im Zweiten Weltkrieg, erfolgreich zusammengearbeitet hatte. In der Tat meldete sich bereits im März 1946 Eduardo Amaldi aus Rom in diesem Sinne[13]:

---

[10] Gespräch Heisenberg mit P.Blackett vom 7.September 1945 in Farm Hall. In: D.Hoffmann (Hrsg.): Operation Epsilon. Rowohlt, Reinbeck 1993, S.217-220.

[11] H.Rechenberg: The early S-matrix theory and its propagation (1942-1952). In L.M.Brown und L.Hoddeson, Hrsg.: Form Pions to Quarks, Cambridge University Press, Cambridge, New York usw. 1989, S.551-578, bes. 568-570.

[12] W. Heisenberg: Wissenschaft als Mittel zur Verständigung unter den Völkern. Deutsche Beiträge, Heft 2, S. 164-174, bes. S. 173.

[13] E.Amaldi and W.Heisenberg, 27.März 1946, WHA München.

"After many years of segregation we need as much as possible to establish again international relationship. Here the situation is not very good but it is possible that it is considerably better than in Germany. ... I would like to know if you would consider the possibility to come next year perhaps during the winter time, for a few months to Rome. ... I am writing also to Prof. Hahn in the same sense... In any case I would like to know from you if also von Weizsäcker and Gentner would consider the possibility to come for some time over here."

Im Januar 1947 wiederholte Gilberto Bernhardini die Einladung im Namen eines neuen „Studienzentrums für Nuklearphysik". Zwar vergingen noch weitere zwei Jahre, ehe Heisenberg nach Rom kommen konnte, aber dann setzte ein reger Austausch zwischen Göttingen und Italien ein, besonders über die damals brennenden Fragen der Elementarteilchenphysik.[14]

Ein eher unerwarteter Brief kam 1949 ebenfalls aus Rom. Der Sekretär im „Außenministerium des Souveränen Maltheser-Ritterordens" schrieb darin an Heisenberg, daß ein „Herr Professsor Otero Navascués im Auftrage der spanischen Regierung" nach Deutschland kommen würde, „um die Möglichkeit des Studiums und der erweiterten Fortbildung einiger junger spanischer Physiker, für die Stipendien geplant sind, an Ort und Stelle zu untersuchen"[15]. Die Spanier waren in erster Linie an Kernphysik und Kernenergietechnik interessiert; deshalb hielt Heisenberg im August 1950 mehrere Vorträge über die „Neue Auffassung vom Bau der Atomkerne" an der Sommeruniversität in Santander, ebenfalls im April 1951 in Madrid – Karl Wirtz gab gleichzeitig einen Kurs über Kernenergie. Ab Anfang 1952 kamen Studenten aus Madrid ins Göttinger Institut und führten teilweise Arbeiten mit Neutronen aus, und sie ermöglichten es Wirtz, die alliierten Einschränkungen bezüglich der Kernenergieforschung zu umgehen und sich frühzeitig für die Reaktorforschung vorzubereiten.[16]

Im Gegensatz zu Bothe Institut konnte das MPI für Physik nicht auf eine vorhandene Ausstattungen zurückgreifen. So mußten die Mitarbeiter erst lernen, Geräte für die Elementarteilchenphysik zu bauen, etwa eine Nebelkammer oder eine Koinzidenzapparatur. Andererseits öffnete das MPI seine Experimentierhalle und die große Werkstatt den Physikern an der Göttinger Universität, namentlich Otto Haxel und Fritz Houtermans; sie entwarfen Experimente und brachten ihre Doktoranden und Diplomanden im Institut unter. Peter Meyer, ein Assistent Kopfermanns betreute zeitweise Zählerexperimente, und Martin Deutschmann kam 1952 aus Freiburg und konstruierte eine gut funktionierende Nebelkammer. Auch die neueste Untersuchungstechnik in der Elementarteilchenphysik hielt Einzug in Göttingen. Manfred Teucher, ein Schüler Kopfermanns, sollte sich um eine Photoplattengruppe kümmern. Der damalige Diplomand Klaus Gottstein erinnerte sich später[17]:

„Ich sah aus der Literatur, daß die Gruppe von C.F.Powell in England, die gerade in Kernemulsionen das Pi-Meson entdeckt hatte und laufend weitere wichtige Ergebnisse aus der

---

14 Siehe den Briefwechsel Heisenberg mit G.Bernhardini u.a., WHA München.
15 J.Gehlen an W.Heisenberg, 29.März 1949, WHA München.
16 Siehe auch A. Presas i Puig: La correspondencia entre José M. Otero Navascués y Karl Wirtz, un episodio de las relaciones internacionales de la Junta de Energía Nuclear, In: J.M. Sánchez Ron (Ed.), Cien años de Física Cuántica. Arbor Nr. 559/2000, S. 527-601.
17 K.Gottstein: Die Anfänge der Elementarteilchenphysik im Göttinger Max-Planck-Institut für Physik. Manuskript 1991, S. 6-7.

kosmischen Strahlung veröffentlichte, offenbar die Kernemulsionstechnik vollständig beherrschte. Also fuhr ich während der Semesterferien im Herbst 1950 dorthin, um mich ... zwei Wochen bei den Mitarbeitern von Powell umzuschauen. Prof. Powell empfing mich sehr freundlich ... [und] lud mich nach Ablauf der zwei Wochen ein, doch für eine längere Zeit in seinem Labor zu bleiben."

Gottstein blieb dann neun Monate in Bristol,und erlernte die Feinheiten der Emulsionstechnik. Als im April 1952 Houtermans Teucher an die Universität Bern mitnahm, organisierte Gottstein in Göttingen die Kernemulsionsgruppe. Er beteiligte sich auch an den internationalen Ballonexpeditionen von 1952 und 1953 unter Powell in Sardinien, die Fotoplatten hoch in die Atmosphäre trugen. Nach bestandenem Doktorexamen begab er sich im Sommer 1956 nach Berkeley zu Luis Alvarez und arbeitete sich in die Auswertung von Blasenkammer-Bildern ein, der Beobachtungstechnik, die vor allem an den neuen Beschleunigern eingesetzt wurde. Gerade die Anwendung neuer Techniken in der Elementarteilchenphysik wurde eine der Hauptaufgaben des MPI für Physik in den Göttinger Jahren und danach.

III. Nationale Forschungspolitik und die Gründung von CERN

Den Forschungsstil der beiden wichtigsten Institute für Kern- und Elementarteilchenphysik bestimmte wesentlich die Interessen ihrer Leiter. Bothe und Heisenberg unterschieden sich erheblich in ihren Ansichten: der erfahrene Heidelberger Experimentalphysiker ließ einzelne Apparaturen aufbauen, die die gestellten Aufgaben am besten erfüllten; der Göttinger Theoretiker dagegen legte Wert auf die systematische Anwendung der fortschrittlichsten, schon bekannten Methoden, mit denen er seine Mitarbeiter Forschung betreiben ließ. Heisenberg versuchte außerdem, das gesamte Spektrum der modernen Kernforschung abzudecken, wobei er frühzeitig auf den Abbau der alliierten Einschränkungen hoffte.

Noch bevor im Mai 1949 das Grundgesetz der Bundesrepublik Deutschland (BRD), zu der sich die drei westlichen Besatzungszonen vereinten, in Kraft getreten war, gründeten die wissenschaftlichen Akademien von Göttingen, Heidelberg und München zusammen mit der Max-Planck-Gesellschaft den „Deutschen Forschungsrat (DFR)" mit dem Präsidenten Heisenberg. Der DFR hatte die Aufgabe, „sich aller gemeinsamen Angelegenheiten der wissenschaftlichen Forschung anzunehmen und als zentrale Verbindungsstelle zwischen Staat und Wissenschaft dafür Sorge zu tragen, daß die Ergebnisse der Forschung für das Gemeinwohl nutzbar gemacht werden": Neben der Förderung des Zusammenhaltes und der Einheit der einzelnen Wissenschaften, der Beratung der Regierungsstellen von Bund und Ländern, der Unterstützung und Koordination künftiger Forschungsarbeiten und der Mitwirkung bei ihrer Finanzierung sollte er auch „die Vertretung aller gemeinsamen Anliegen und Forderungen der deutschen wissenschaftlichen Forschung gegenüber Regierungsstellen und allen anderen Faktoren der politischen, kulturellen und wirtschaftlichen Öffentlichkeit sowie die Vertretung der deutschen wissenschaftlichen Forschung gegenüber dem Ausland und den internationalen wissenschaftlichen und kulturellen Organisationen und Institutionen" übernehmen. Den Gründern des DFR schwebten hier sicher Vorbilder aus Großbritannien ("British Research Council") oder den USA vor, und sie vertraten den Standpunkt, daß wichtige Zukunftsaufgaben der Nation, wie die Versorgung mit Grundstoffen und die Entwicklung der Kernenergie, in die Verantwortung der neuen Institution fallen sollten. Obwohl der DFR schließlich an den politischen Gegebenheiten, besonders der föderalen Struktur der BRD (mit der kulturellen Zuständigkeit der Länder) und natürlich auch der eher konservativen Haltung der Universitätsrepräsentanten scheiterte, gingen eine Reihe seiner Vorstellungen in die „Deutsche Forschungsgemeinschaft (DFG)" über, die sich aus dem DFR und der gleichfalls 1949 erneuerten „Notgemeinschaft der deutschen Wissenschaft" im Jahre 1951 bildete. Heisenberg wurde Vizepräsident der DFG und Vorsitzender ihres „Ausschusses für Kernphysik".[18] In seinen Funktionen innerhalb des DFR und der DFG spielte er eine wesentliche Rolle bei der Gründung der Institution, die sich die westeuropäischen Staaten für die kernphysikalische Forschung schufen und die zum Genfer Laboratorium CERN führte.

Die ersten Schritte zur europäischen Kernforschung begannen im Dezember 1949 auf der „European Cultural Conference" in Lausanne, als der Administrator des französischen *Commissariat à l'Energie Atomique*, Raul Dautry, eine Botschaft seines Landsmannes Louis de Broglie verlas, in der dieser eine internationale europäische Forschungsorganisation vorschlug. Im Juni 1950, anläßlich der Hauptversammlung der Weltorganisation UNESCO in Florenz, betonte der amerikanische Physiker Isidor Rabi „die Notwendigkeit, regionale Zentren und Laboratorien für Wissenschaftler zu schaffen auf Gebieten, in denen die Bemühungen eines einzelnen Landes nicht ausreichten". Nach Vorgesprächen mit Rabi und anderen erörterten im Dezember 1950 bei dem Genfer Treffen des „European Cultural Centre" Pierre Auger, B. Feretti, Hendrik A.Kramers, Peter Preiswerk u.a. insbesondere die Möglichkeit eines europäischen Beschleunigers für die Elementarteilchenphysik. Die UNESCO, die Auger vertrat, übernahm die Führung und berief im Dezember 1951 eine Pariser Konferenz ein.[19]

Heisenberg hatte von diesen Bemühungen sehr frühzeitig durch von Laue (der 1949 in Lausanne teilnahm) und seine italienischen Freunde erfahren und besprach die Situation mehrfach mit westdeutschen Regierungsstellen. Am 8.Dezember 1951 erhielt er vom Staatssekretär im Auswärtigen Amt, Walter Hallstein, einen Brief mit der Ankündigung[20]:

> „Ich bestelle Herrn Universitätsprofessor Dr. Werner Heisenberg und Herrn Dr. Alexander Hocker zu Delegierten der BRD auf der am 17. Dezember in Paris beginnenden, von der UNESCO einberufenen Konferenz über die Durchführung von Arbeiten zur Einrichtung eines europäischen Laboratoriums für Kernphysik. Die Genannten sind bevollmächtigt, an der Aufstellung des von der Konferenz zu beschließenden Planes mitzuwirken, jedoch mit dem Vorbehalt, daß Vereinbarungen über finanzielle Verpflichtungen vor Unterzeichnung der Zustimmung der Bundesregierung bedürfen."

Auf der Pariser Konferenz gab Heisenberg im Namen der deutschen Delegation eine positive Stellungnahme zu dem von den Ländern Italien, Frankreich, Belgien und Schweiz eingebrachten Vorschlag ab, einen Beschleuniger von 3-10 GeV Energie mit dem dazu gehörigen Laboratorium

---

[18] H.Eickemeyer, Hrsg.: Abschlußbericht des Deutschen Forschungsrates (DFR). R.Oldenbourg, München 1953.
[19] A.Hermann u.a.: History of CERN, Band 1. North Holland, Amsterdam 1987.
[20] W.Hallstein an W.Heisenberg, 8.Dezember 1951, WHA München.

bei Genf zu bauen. Er fuhr fort: "Concerning the great problem of building a big machine one should not just try to copy the big American machines, but one should, using all experience collected by the Americans, start by improving on the different elements of construction." Gleichzeitig versuchte er, zwischen dem west-südeuropäischen Plan einseits und englisch-skandinavischen Vorstellungen, die kleinere Laboratorien bevorzugten, andererseits zu vermitteln und schließlich die europäische Forschung auch auf dem Gebiete der Beschleunigertechnik voranzutreiben. So formulierte er im Juni 1952 auf der zweiten Sitzung des Planungsrats für das Genfer Laboratorium in Kopenhagen die Meinung:

> "If one wants to break entirely new ground, one has to consider the construction of a machine in the 10 GeV region. Following the discussions of the conference, the apparent success of the Brookhaven machine seems to show that a machine working in the energy range between 10 and 20 GeV could be constructed along the lines of the Brookhaven cosmotron and would probably be the cheapest way of obtaining such high energies. ... Since the construction of such a big machine would take some number of years ... it is very desirable ... to start the European cooperation in experimental atomic physics very quickly by first building a smaller machine in the 500 MeV range and by sponsoring other forms of nuclear research."

Die Delegierten in Kopenhagen beschlossen, mehrere Arbeitsgruppen zu bilden, eine für den Beschleuniger, eine für das Laboratorium und eine wissenschaftliche, für die die beteiligten Länder Mitarbeiter abstellen sollten. So schickte das Göttinger MPI für Physik den Theoretiker Dr. Gerhart Lüders zunächst (vom Oktober 1952 bis März 1953) in die theoretische Gruppe nach Kopenhagen und später (vom Oktober 1953 bis März 1954) in die Beschleunigergruppe nach Genf, wo er die Stabilität der Bahnen geladener Teilchen untersuchte. Man fand dann heraus, daß das neuere Prinzip des „alternierenden Gradienten" für die Magnetfelder des Synchrotrons erlaubte, die Baukosten wesentlich zu senken. Auch aus anderen deutschen Instituten stießen namentlich Maschinenbauer nach Genf, so Christoph Schmelzer und Adolf Schoch aus dem Heidelberger MPI, und der ältere erfahrene Wolfgang Gentner aus Freiburg wurde 1955 zum Direktor der Abteilung Synchrozyklotron (d.i. der kleinere 600 MeV-Beschleuniger) und der Forschung mit diesem ins CERN berufen. Heisenberg schließlich diente von 1952 bis 1957 als Vorsitzender des "Scientific Research Council" der ersten europäischen Forschungsinstitution nach dem Zweiten Weltkrieg.[21]

IV. Kerntechnik und Hochenergiephysik in Westdeutschland

Den vereinten Bemühungen der Physiker in Freiburg, Göttingen, Heidelberg und an anderen Stellen gelang es in den fünfziger Jahren, die deutsche Forschung über Kern- und Elementarteilchenphysik an den internationalen Stand heranzuführen. Unternehmungen, wie die Sammlung von Referaten über „Kosmische Strahlung" am MPI für Physik (1953 Buch bei Springer) halfen dabei, vor allem natürlich herausragende Forschungsergebnisse – etwa die „Heidelberger" Theorie des

---

[21] Memoranden und Akten zu CERN, WHA München.

Schalenmodells der Atomkerne oder die „Göttinger" Ergebnisse in der Theorie der Elementarteilchen, besonders das TCP-Theorem von Gerhart Lüders und die grundlegenden Untersuchungen von Harry Lehmann, Kurt Symanzik und Wolfhart Zimmermann zur lokalen, renormierten Quantenfeldtheorie. Auch wenn den ehrgeizigen Bemühungen von Heisenberg und Wolfgang Pauli zu einer neuartigen einheitlichen Feldtheorie aller Elementarteilchen der Erfolg versagt blieb, lieferte sie doch wichtige Anregungen für spätere Theorien, etwa die Vorstellung von Symmetriebrechungen. Die experimentelle Forschung lag, vor allem wegen der Behinderung durch die alliierten Gesetze, natürlich weiter zurück, konnte jedoch ab Mitte der fünfziger Jahre deutlich aufholen. Hier seien beispielhaft zwei Entwicklungen angeführt: die eine ging wieder vom Göttinger Institut aus, die andere löste der frühere "Paperclip"-Wissenschaftler Willibald Jentschke aus, der im Sommer 1956 aus Urbana, Illinois, nach Hamburg geholt wurde, um dort das „Deutsche Elektronen-Synchrotron (DESY)" zu bauen.

IV.1 Kernreaktor- und Fusionsforschung in Göttingen und München

Fast gleichzeitig mit der Gründung der westdeutschen Republik wurde das „Besatzungsstatut für die BRD" (am 24.Mai 1949) verkündet, in der das AKR-Gesetz Nr.25 durch die AKH-Gesetze Nr.24 und 22 abgelöst wurde. Diese verschärften eher die Schwierigkeiten für die bundesdeutsche Forschung in Kern- und Elementarteilchenphysik, indem sie ausdrücklich die Entwicklung von Reaktoren sowie Beschleunigern mit Energien von mehr als 100 MeV verboten. Trotzdem hielt Heisenberg ab 1950 regelmäßig Vorträge über „Atomtechnik im Frieden" und hoffte, daß die europäischen Einigungsbemühungen bald die einschneidenden Vorschriften lockern würden. So plädierte er im Dezember 1951 in Münster dafür, daß Deutschland freiwillig Bindungen zur Kontrolle der Atomkernenergie eingehen solle, und 1954 bot er an, unter eben diesen Bedingungen eine Reaktorstation bei München einzurichten. Damals bestanden bereits detaillierte Pläne, das MPI für Physik, das in Göttingen aus allen Nähten platzte, nach München zu verlegen. Die Reaktorstation sollte zunächst in nicht zu großer Entfernung vom eigentlichen Institut liegen, so daß man ihre Kantine in der Mittagspause von dort zu Fuß erreichen konnte, und das Institut selbst gut von der Universität und der Technischen Hochschule erreichbar sein. Mehrere Ortsvorschläge im Norden Münchens wurden diskutiert, schließlich boten sich für das Institut eine Lage in Freimann und für die Reaktorstation eine solche zehn Kilometer nördlich bei Garching an.[22]

Auch die politischen Umstände für den offiziellen Einstieg in die Kernenergieforschung gestalteten sich endlich günstiger. Obwohl der 1952 geschlossene Vertrag für eine „Europäische Verteidigungsgemeinschaft" zwei Jahre später im französischen Parlament scheiterte, kamen bald die „Römischen Verträge" zustande, die der BRD eine gewisse Souveränität in Fragen der Kernenergie gewährten. Das im Oktober 1955 gebildete „Ministerium für Atomfragen" unter Franz Josef Strauß berief Heisenberg in seine „Atomkommission". Zuvor im August fand auf amerikanische Initiative die „Konferenz über die friedliche Ausnützung der Atomenergie" in Genf statt, auf welcher der nichtmilitärische Aspekt der Kern- und Hochenergiephysik allen Nationen zur Verfügung gestellt wurde. Allerdings entschied Bundeskanzler Adenauer, daß die westdeutsche Reaktorentwick-

---

[22] Aktenordner "Institut" (MPI für Physik), WHA München.

lung nicht in München, sondern in Karlsruhe angesiedelt werden sollte. Karl Wirtz und seine Reaktorgruppe verließen daher das MPI für Physik im Sommer 1957, noch vor der Umsiedlung. Den der BRD angebotenen amerikanischen Forschungsreaktor bekam Heinz Maier-Leibnitz von der Technischen Hochschule München; in Garching entstand unter seiner Leitung ein großartiges kernphysikalisches Zentrum, in dem vor allem Neutronen zu Struktur- und Bestrahlungsuntersuchungen verwendet wurden.[23]

Heisenberg zog sein Institut ganz aus der Reaktorforschung heraus, begann aber noch in Göttingen eine andere Entwicklung auf dem Gebiet Kernenergie, die auf die „Kernfusion" hinauslief. Diese besaß durchaus eine Tradition im Institut, denn Carl Friedrich von Weizsäcker hatte dort bereits seit 1937 über die in Sternen als Energiequelle ablaufenden Kernverschmelzungen theoretisch nachgedacht. Das Thema einer künstlichen Kernfusion zur Energieherstellung auf der Erde wurde ab 1956 im Göttinger MPI bearbeitet, und Heisenberg berief dazu 1957 als Nachfolger von Wirtz für die Experimentelle Abteilung Gerhart von Giercke aus Genf; dieser sollte nun vor allem die notwendigen, groß angelegten „Plasmaexperimente" planen und leiten. Heisenberg selbst trug im August 1957 vor der Bayerischen Atomkommission seine Vorstellungen über die „Möglichkeiten der technischen Ausnützung der thermonuklearen Reaktionen" vor. Als Vorsitzender des „Arbeitskreises Kernphysik" der Deutschen Atomkommission nahm er dann an der zweiten Genfer Atomkonferenz im Jahre 1958 teil, die von den Fragen der kontrollierten Kernfusion und der Freigabe der bisherigen geheimen Forschungen der Großmächte beherrscht war. Die darauf im Münchener MPI für Physik und Astrophysik aufgebauten zugehörigen Apparaturen sprengten jedoch wenige Jahre später den Rahmen des neuen Institutes. Für die Fusionsforschung entstand daher ab 1960 in Garching neben der Reaktorstation von Maier-Leibnitz ein großes Institut für Plasmaphysik, in das wesentliche Teile des Heisenbergschen Institutes umzogen.[24]

IV.2 Die Gründung des Deutschen Elektronensynchrotrons[25]

Zur Entstehung des „Deutschen Elektronensynchrotrons (DESY)" berichtet ein „Entwurf" vom 31.7.1957[26]:

„Bei den Berufungsverhandlungen des Herrn Jentschke mit Hamburg als Nachfolger für den vakanten Lehrstuhl am Physikalischen Staatsinstitut war der Plan des Baues eines Hochenergiebeschleunigers diskutiert worden. Diese Pläne wurden in einer langen Diskussion mit Herrn Heisenberg in Urbana im Oktober 1954 weiter erörtert. Es war auch die Meinung Heisenbergs, daß in Deutschland auf dem Gebiet des Baues von Hochenergiebeschleunigern etwas geschehen müsse."

---

[23] H. Maier-Leibnitz, H. Rechenberg und S. Ulbig: Rückblick auf fünf Jahrzehnte Physik. Physikalische Blätter 50, 223-226(1994).
[24] Aktenordner "Institut für Plasmaphysik", WHA München, und W. Heisenberg: Das Kaiser-Wilhelm-Institut für Physik. In Jahrbuch der Max-Planck-Gesellschaft 1971. München 1971, S.46-89.
[25] Siehe auch den Beitrag von F. Hars im vorliegenden Band.
[26] Dieses und weitere Memoranden und Berichte im Aktenordner "DESY", WHA München.

Dieser Plan hatte allerdings durchaus eine lokale Vorgeschichte, denn in Hamburg gab es ja schon gegen Kriegsende das von Rolf Widerøe und Rudolf Kollath eingerichtete Betratron, welches die Briten als Kriegsbeute entführten. Nach dem Weggang von Rudolf Fleischmann, der von 1946 bis 1952 das Physikalische Staatsinstitut leitete, war man in der Hansestadt bereit, die Beschleunigerphysik wieder aufzunehmen. Über die Qualifikation Jentschkes befragt, konnte Heisenberg zunächst wenig Auskunft geben, besuchte aber den Kandidaten bei nächster Gelegenheit in den USA und äußerte sich dann sehr positiv über dessen Vorstellungen. Jentschke kam mehrfach zu Verhandlungen nach Deutschland, und im Juli 1955 wurden ihm vom Hamburger Senat die geforderten 7,5 Millionen Mark für ein 2,5 Protonensynchrotron zugebilligt. Anfragen auf zusätzliche finanzielle Unterstützung bei der Deutsche Atomkommission wurden zunächst vertagt, aber dann trafen sich Heisenberg und Jentschke auf dem Genfer "Symposium on High Energy Accelerators and Pion Physics" Mitte Juni 1956. Eine „deutsche Gruppe diskutierte die Situation auf dem Gebiet der Teilchenbeschleuniger", vermerkte bereits der obengenannte „Entwurf" und weiter:

> „Sie kam überein, den deutschen Kernphysikern den Bau einer größeren Maschine, und zwar eines Elektron-Synchrotrons mit einer Energie von etwa 6 GeV vorzuschlagen, und arbeitete zu diesem Zweck eine Denkschrift aus, in der die gegenwärtige Lage der experimentellen kernphysikalischen Forschung allgemein und in Deutschland im besonderen diskutiert wurde."

Neben Willibald Jentschke beteiligten sich an der Denkschrift Wolfgang Gentner und Christoph Schmelzer (damals in Genf), Wolfgang Riezler und Wolfgang Paul (Bonn) sowie Wilhelm Walcher (Marburg). Vor allem die Bonner Physiker konnten selbst auf eine eigene Beschleunigertradition zurückblicken, die auf die Vorkriegszeit unter Fritz Kirchner zurückging. Nun interessierten sich der Kernphysiker Riezler und vor allen Dingen der Kopfermann-Schüler Paul sehr für die Konstruktion von Apparaturen für die Hochenergiephysik. Als Paul 1952 aus Göttingen nach Bonn berufen wurde, begann er sofort mit der Planung eines starkfokussierenden 500 MeV-Elektronensynchrotrons. Nach der Gründung von CERN übernahm er im wesentlichen die Aufgabe, den deutschen Nachwuchs für den Maschinenbau in seinem Institut zu erziehen, wobei ihn Helmut Steinwedel unterstützte. Heisenberg kannte und billigte das Memorandum der Experimentalphysiker auf der Konferenz von 1956. „Sie wissen ja aus unserer Besprechung in Genf, daß ich mit dem ganzen Plan voll einverstanden bin," schrieb er am 13.Juli 1956 an Walcher, als dieser ihn über die Ergebnisse einer Sitzung im Arbeitskreis Kernphysik des Atomministeriums unterrichtete. Bereits im November desselben Jahres legte Professor Jentschke ein erstes „Gesamtbudget für den Bau des Elektron-Synchrotrons" vor, das auf 5 Jahre Personalkosten in Höhe von 6,222 Millionen DM, Baukosten von 10,3 Millionen DM und dazu 1,6 Millionen DM für Modellkosten veranschlagte. Dazu kamen noch Ausgaben für Wohnungen, Arbeitsplatzbeschaffung usw.

Die Hamburger Planungen schritten zügig voran. Der Fachausschuß Kernphysik der DPG, weitgehend identisch mit dem entsprechenden Gremium des Atoministeriums, beriet Einzelheiten in Sitzungen in Bonn vom Juli und Oktober 1956 und Februar 1957. Auf der letzten Tagung wurde ein Arbeitsprogramm beschlossen, das die Aufnahme der praktischen Arbeit in Hamburg auf den Mai 1957 festlegte. Das Gelände, der ehemalige Militärflugplatz Bahrenfeld in Hamburg-Altona konnte erworben und eine Finanzierung von 50: 50 zwischen dem Bund und der Hamburger Bürgerschaft ausgehandelt werden. Zum Jahreswechsel 1957/58 erhob sich die Frage, ob man statt des vorgesehenen Synchrotron nicht preisgünstiger einen Linearbeschleuniger bauen sollte. Der Kostenanstieg des DESY auf ca. 60 Millionen DM verursachte weitere Schwierigkeiten; schließlich unterzeichneten Atomminister Balke und Hamburgs Bürgermeister Brauer am 18.Dezember 1959 den Staatsvertrag für DESY, und im November 1964 stand der fertige Beschleuniger der Wissenschaft zur Verfügung. Der Arbeitskreis Kernphysik hatte diesen nationalen Beschleuniger trotz der großen Ausgaben der Bundesrepublik für das internationale Kernforschungszentrum CERN – dessen 30 MeV-Protonensynchrotron bereits 1959 in den Betrieb gehen konnte – durchgesetzt. Der westdeutsche Staat hatte damit seine volle Mündigkeit auch in Sachen Hochenergiephysik erlangt.

Wir haben in dieser gedrängten Übersicht der westdeutschen Entwicklung der Kern- und Elementarteilchenphysik in den ersten 12 Jahren nach dem Zweiten Weltkrieg besonderes Augenmerk auf die experimentelle Seite gelegt. Hier waren die Defizite seit den dreißiger Jahren ungeheuer angewachsen, während die Theorie trotz zeitweiser Schwierigkeiten mit der Ideologie des Dritten Reiches weniger gelitten hatte. In der Tat gab es selbst zwischen 1933 und 1945 u.a. wichtige Beiträge, vor allem aus der Heisenbergschen Schule in Leipzig, zur Theorie der Kerne und der Phänomene in der kosmischen Strahlung. Nach dem Zweiten Weltkrieg setzten etwa bereits erwähnten Ergebnisse, wie das Schalenmodell der Atomkerne in Heidelberg oder die Untersuchungen zur Quantenfeldtheorie in Göttingen durchaus auch international anerkannte Akzente in der modernen Atomkern- und Hochenergieforschung.

THOMAS STANGE

Die Reinstitutionalisierung der Kernphysik in der DDR

Einleitung

Wie für alle Lebensbereiche war das Kriegsende für die deutsche naturwissenschaftliche Forschung und ihre Institutionen zunächst eine gewaltige Zäsur. Zumal die Wissenschaftslandschaft nach dem 8. Mai 1945 eine gänzlich andere war: Berlin war nicht länger das Zentrum der Naturwissenschaftler, und mit den unterschiedlichen Besatzungsmächten standen den Versuchen der Forscher, ihre althergebrachten Institutionen wiederzubeleben, unterschiedliche Erwartungshaltungen bezüglich deren Neudefinition gegenüber. Für die Preußische Akademie der Wissenschaften etwa kann (vereinfachend) gesagt werden, daß die sowjetische Besatzungsmacht und daran anschließend die SED sich das Traditionsbedürfnis der „bürgerlichen" Wissenschaftler zunutze machten, um in einem langwierigen und wechselhaften Prozeß die nunmehr so bezeichnete Deutsche Akademie der Wissenschaften zu Berlin nach ihren jeweiligen Vorstellungen und Zielen umzugestalten.[1]

Auf der Ebene der einzelnen Naturwissenschaften griff das von den vier Besatzungsmächten im Frühjahr 1946 beschlossene Kontrollratsgesetz Nr. 25 entscheidend in den Wiederaufbau ein, da damit die Arbeit an Themen mehrerer „kriegsrelevanter" Teildisziplinen ganz oder teilweise verboten wurde. Natürlich war dies eine seitens der Alliierten bewußt gewollte Diskontinuität. Sie war zwar nicht vollkommen und im Laufe der Zeit Schwankungen unterworfen, bedeutete aber auf Jahre einen gravierenden Einschnitt für die betroffenen Zweige der deutschen Wissenschaft.

Zwischen West und Ost ist dabei allerdings ein Unterschied zu konstatieren: Die personelle Kontinuität war in den westlichen Besatzungszonen fast vollständig gegeben, was etwa dazu führte, daß es in der Physik bis in die Mitte der 50er Jahre einen deutlichen Überhang an Physikern gab, die noch vor dem Krieg ausgebildet worden waren. Das machte es dem Nachwuchs schwer, aufzusteigen beziehungsweise der Qualifikation entsprechende Stellen zu finden. In der Sowjetischen Besatzungszone (SBZ) und jungen DDR bestand hingegen etwa zehn Jahre lang ein eklatanter Mangel an erfahrenen Fachleuten.

Dieser Umstand sowie auch die materiellen Verlagerungen der letzten beiden Kriegsjahre bedingten, daß im Westen schnell und umfassend an die institutionellen Netzwerke angeknüpft wurde, auf die das deutsche Uranprojekt gefußt hatte, darunter insbesondere die Kaiser-Wilhelm-Institute für Chemie, Physik und medizinische Forschung. Letzteres bestand fast unbe-

---

[1] Vgl. den Beitrag von P. Nötzoldt im vorliegenden Band.

schadet in Heidelberg fort, die anderen beiden Institute der ab 1946 gegründeten Max-Planck-Gesellschaft wurden in Mainz respektive Göttingen wiedereröffnet.

In der SBZ gab es keine vergleichbare Restauration von Institutionen mit kernpyhsikalischer Vergangenheit. Hier kam es lediglich durch einige wenige Lehrstuhlinhaber an den Hochschulen zu einer ersten bescheidenen Neuaufnahme kernphysikalischer Arbeiten, insbesondere auf dem nicht vom Kontrollratsgesetz betroffenen Gebiet der Höhenstrahlung. Erst 1949 besann man sich der beiden Orte, wo schon vor 1945 Kernphysik betrieben worden war: Im Kaiser-Wilhelm-Institut für Hirnforschung in Berlin-Buch und im Amt für physikalische Sonderfragen der Reichspostforschungsanstalt in Miersdorf bei Berlin. Nach ihrer Reaktivierung wurden beide zwischen 1950 und 1955 die für einige Jahre bedeutendsten Keimzellen für den Wiedereinstieg der DDR in die Kernphysik. Dabei entsprach der örtlichen Kontinuität in Miersdorf überraschenderweise auch eine weitgehend personelle und ideelle – wovon zu berichten sein wird.

Im Schatten des Uranvereins: Das Amt für physikalische Sonderfragen

Die Aktivitäten der Deutschen zum Bau einer „Uranmaschine" im 2. Weltkrieg sind ausführlich beschrieben worden.[2] Die Physikgeschichte hat hier eines ihrer dankbarsten Themen: Berühmte Wissenschaftler, eine wissenschaftlich, politisch und militärisch brisante Forschung inmitten eines totalen Krieges und unter einem menschenverachtenden Regime, ein Dickicht aus nachträglich herbeigeführten Mythen... – die Arbeit an diesem Sujet liefert eine reiche Ernte. Doch durch das darauf geworfene Schlaglicht geraten die Nebenlinien in den Schatten. So erfährt man in der einschlägigen Literatur häufig noch, daß auch die Reichspost Forschungen zur Kernphysik unterhielt. Ein paar Sätze bei Speer, ein paar Seiten in den Memoiren des Manfred von Ardenne und ein technischer Bericht in den für die Amerikaner erstellten FIAT-Reports waren bis vor kurzem das einzige, was man über diese Aktivitäten finden konnte.[3] Inzwischen liegt eine Dissertation zur Geschichte des oben erwähnten Reichspost-Instituts und seiner Nachfolger zwischen 1940 und etwa 1970 vor, auf deren Ergebnissen die folgenden Ausführungen basieren.[4]

Sie beginnen bei Baron Manfred von Ardenne, obwohl dieser nie in jenem Institut gewesen ist.[5] So sehr seine Erinnerungen mit Vorsicht genossen sein wollen, so scheinen seine Einlassungen doch zu stimmen, wonach er den Reichspostminister Wilhelm Ohnesorge Ende 1939 „in einem Schreiben und durch persönlichen Vortrag" auf die Entdeckung der Kern-

---

2 Vgl. etwa M. Walker: Die Uranmaschine. Mythos und Wirklichkeit der deutschen Atombombe, Berlin 1990, und T. Powers: Heisenberg's War. The Secret History of the German Bomb, New York 1993.

3 A. Speer: Erinnerungen, Berlin 1969; M. von Ardenne: Mein Leben für Forschung und Fortschritt, Frankfurt am Main/Berlin 1986 (Neuauflage: Die Erinnerungen, München 1990); H. Salow: Das Miersdorfer Zyklotron, in: W. Bothe und S. Flügge (Hg.): Kernphysik und kosmische Strahlen, Teil II (Naturforschung und Medizin in Deutschland, 1939-1946, Bd. 14), Weinheim 1953, S. 32-42.

4 T. Stange: Die Genese des Instituts für Hochenergiephysik der Deutschen Akademie der Wissenschaften zu Berlin (1940-1970), Hamburg 1998 – inzwischen auch als Buch erschienen, derselbe: Institut X. Leipzig, Wiesbaden 2001.

5 Manfred von Ardenne an den Verfasser vom 24.10.1994.

spaltung aufmerksam gemacht haben will.[6] Zweifellos hoffte er dadurch, von der Reichspost, die bereits einen Teil der Arbeiten seines privaten Forschungsinstituts in Berlin-Lichterfelde finanzierte, weitere Gelder zu erhalten und sich auf dem mit einem Schlag brisant gewordenen neuen Forschungsgebiet zu profilieren. Die Rechnung ging auf, denn Ohnesorge versuchte zu jener Zeit, den Wissenschaftsapparat der Reichspost für seine machtpolitischen Ambitionen zu instrumentalisieren.[7] Anfang 1937 hatte er dazu neben dem traditionellen Forschungsapparat der Reichspost, dem Reichspostzentralamt, die Reichspostforschungsanstalt (RPF) ins Leben gerufen und diese mit Aufgaben betraut, die über den mit der Fernmeldetechnik verbundenen Rahmen hinausgingen.[8]

In der Folge finanzierte die RPF von Ardenne mehrere Auftragsarbeiten, darunter den Bau eines Van-de-Graaff-Generators von 1,1 MV, der bereits 1941 fertig wurde,[9] und schließlich sogar ein auf dem Nebengrundstück seines Privatlabors errichtetes Kernphysikalisches Institut, in dem als wichtigstes Gerät überhaupt ein Zyklotron mit einem Magnetgewicht von 50 t aufgebaut werden sollte. Weitere Auftragsarbeiten betrafen die Entwicklung von Ionenquellen, insbesondere für die Fertigstellung einer Isotopen-Trennanlage, sowie den Bau und die Inbetriebnahme eines Massenspektrometers zur Messung relativer Häufigkeiten.[10] Unter den zur Erledigung dieser Aufgaben angestellten Mitarbeitern, deren genaue Zahl nicht bekannt ist, befanden sich die Physiker Fritz Bernhard und Friedrich Houtermans.

Interessanterweise ließ Ohnesorge aber nicht nur in Berlin-Lichterfelde kernphysikalische Arbeiten durchführen, sondern verfügte gleichsam den Aufbau des Amtes für physikalische Sonderfragen (APS) in Miersdorf bei Zeuthen, zwischen Berlin und Königs-Wusterhausen gelegen. Dieses Amt wurde Ende 1939 gegründet und in den folgenden Jahren auf dem Gelände einer früheren Ausflugsgaststätte sowie auf zwei benachbarten Privatgrundstücken installiert, die dazu Ende 1941 enteignet wurden. Während die Gebäude der Gaststätte lediglich umgebaut werden mußten, wurden zwischen Frühjahr und Herbst 1942 von der Organisation Todt zwei große Experimentierhallen und ein diese verbindender Labortrakt hochgezogen.[11]

Die eingesetzten Mittel waren beträchtlich: So wurden vermutlich ca. 1 Million RM verbaut und schätzungsweise 1,5 Millionen RM für Apparaturen verausgabt. Drei Großgeräte waren geplant: Im Juni 1944 wurde ein Philips-Kaskadengenerator von 1,5 MV in Betrieb genommen, ein zweiter, von der Firma Siemens zu liefernder Generator gleicher Spannung war in Planung, konnte aber bis Kriegsende nicht mehr vollständig ausgeliefert werden, und ein

---

[6] Vgl. M. von Ardenne, Leben, S. 157.

[7] Daß dies trotz der der nationalsozialistischen Bewegung immanenten Wissenschaftsfeindlichkeit Aussicht auf Erfolg versprach, liegt an der Wiederbewaffnung, die seit 1936 offen und im Zuge des Vierjahresplan mit großem Aufwand betrieben wurde. Vgl. dazu M. Renneberg und M. Walker: Scientists, Engineers and National Socialism, in: M. Renneberg und M. Walker (Hg.): Science, Technology and National Socialism, Cambridge 1994, S. 1-11; J. Hoppe: Fernsehen als Waffe. Militär und Fernsehen in Deutschland 1935-1950, in: Museum für Verkehr und Technik (Hg.): Ich diente nur der Technik. Sieben Karrieren zwischen 1940 und 1950 (Schriftenreihe des Museums für Verkehr und Technik Berlin, Bd. 13), Berlin 1995, S. 53-88; und K.-H. Ludwig: Technik und Ingenieure im Dritten Reich, Düsseldorf 1979, S 235.

[8] So nennt Joseph Hoppe in seinem Aufsatz über Arbeiten zur Nutzung der Fernsehtechnik für fernlenkbare Bomben als weitere (militärische) Arbeitsgebiete die Sprachverschlüsselung, die Spionageabwehr, das Radar und die Kernphysik. J. Hoppe: Fernsehen, S. 59.

[9] M. von Ardenne: Über eine Atomumwandlungsanlage für Spannungen bis zu 1 Million Volt, in: Zeitschrift für Physik, 121 (1943) 3/4, S. 236-267.

[10] Bundesarchiv Berlin (BAB), R 47.01, 20827, Bl. 147 (Rückseite).

[11] Aktenvermerk vom 4.4.1951. Unterlagen der Abteilung Organisation und Allgemeine Dienstleistungen des DESY-Zeuthen. Betriebswirtschaftliches Gutachten zum Investitionsplan 1952 vom 22.9.1951. BBA, Aufbauleitung, III/5/102. Und: Vertraulicher Aktenvermerk vom 16.1.1942. Siemens Archiv München, Flir 11 Lg/43, Bd. 2.

Zyklotron von 13 MeV – ähnlich dem bei von Ardenne – stand kurz vor der Vollendung.[12] Weitere Arbeiten umfaßten die Probleme der Massentrennung, den Bau von kernphysikalischen Nachweisgeräten wie Nebelkammer und Zählrohren und die Herstellung künstlicher radioaktiver Isotope. Seitens der Theorie waren besonders Fragen des Verhaltens von Spaltelektronen von Bedeutung.[13]

Die Verbindung zum Uranprojekt dürfte eher nomineller Art gewesen sein – auch wenn das APS offiziell zur Arbeitsgemeinschaft Kernphysik gehörte.[14] Es gab offenbar nur einen einzigen Mitarbeiter, der engeren Kontakt zu den Wissenschaftlern um Heisenberg hatte. Auch scheint man seitens der RPF nur sehr widerstrebend über die eigenen Arbeiten berichtet zu haben.[15] Andererseits war man keineswegs isoliert: Otto Hahn soll das Institut mindestens zweimal besucht haben, und auch ein Aufenthalt des letzten Beauftragten des Reichsmarschalls für Kernphysik, Walther Gerlach, ist verbürgt.[16] Am engsten waren die Verbindungen zum Hahnschen Kaiser-Wilhelm-Institut für Chemie, für das mit der Kaskade zahlreiche Bestrahlungen durchgeführt wurden, und zu Hans-Joachim Born und seiner Genetischen Abteilung am Kaiser-Wilhelm-Institut für Hirnforschung in Berlin-Buch – gemeinsam interessierte man sich für die Auswirkungen von Strahlung auf den Organismus, wozu man Experimente an Ratten und Fruchtfliegen vornahm. Daß nach dem Krieg so wenig über das APS bekannt wurde, ist daher eher erstaunlich. Wahrscheinlich hat nie wieder jemand danach gefragt.[17]

Was das Personal angeht, so arbeiteten kurz vor Ende des Krieges, als bereits einige Mitarbeiter zum Kriegsdienst abkommandiert worden waren, noch immer etwa 60 Wissenschaftler, Ingenieure sowie Verwaltungs- und Hilfskräfte im APS.[18] Leiter des Instituts war Dr. Georg Otterbein, ein Doktorand Peter Debyes, der seine Laufbahn 1934 im Forschungsapparat der Reichspost begonnen hatte.[19] Ebenfalls von dort kamen die Verantwortlichen für den Aufbau der Großgeräte: Dr. Helmut Salow leitete die Beschaffung und Konstruktion des Zyklotrons, Dr. Otto Peter die der Hochspannungsbeschleuniger. Weitere wissenschaftlich-technische Mitarbeiter, die hier zu nennen sind, waren Dr. Detlof Lyons, ein theoretischer Physiker, Dr. Ursula Drehmann, eine Radiochemikerin, Dr. Otto Baier, Assistent von Salow, und der Ingenieur Leo Senzky, Assistent von Peter. Kaum bekannt war bisher auch, daß Dr. Siegfried Flügge, vormals theoretischer Physiker im Hahnschen Kaiser-Wilhelm-Institut für Chemie und

---

[12] Damit unterhielt die RPF zwischen 1940 und 1945 in zwei Instituten also insgesamt fünf Beschleunigerprojekte: zwei Zyklotrone, einen Van-de-Graaff und zwei Kaskadengeneratoren. Zieht man die Kaiser-Wilhelm-Gesellschaft zum Vergleich heran, so wurden zwischen 1935 und 1945 ein Zyklotron und acht Hochspannungsbeschleuniger in sieben Instituten in Angriff genommen. Vgl. B. Weiss: Harnack-Prinzip und Wissenschaftswandel. Die Einführung kernphysikalischer Großgeräte (Beschleuniger) an den Instituten der Kaiser-Wilhelm-Gesellschaft, in: B. vom Brocke und H. Laitko (Hg.): Die Kaiser-Wilhelm/Max-Planck-Gesellschaft und ihre Institute. Studien zu ihrer Geschichte: Das Harnack-Prinzip. Berlin, New York 1996, S. 541-560.

[13] T. Stange: Genese, S. 16-20.

[14] Laut einem Schreiben von Abraham Esau, zu jener Zeit Beauftragter des Reichsmarschalls für Kernphysik, waren in der Arbeitsgemeinschaft Ende 1942 „die drei Wehrmachtsteile, die Reichspost, die Physikalisch-Technische Reichsanstalt, die in Frage kommenden Institute der Kaiser-Wilhelm-Gesellschaft und der deutschen Hochschulen sowie die Industrien vertreten, die für die Durchführung der skizzierten Probleme in Frage kommen." Bericht über die Aufgabe der Arbeitsgemeinschaft Kernphysik vom 24.11.1942. Archiv des Deutschen Museums München (DMM), Irving-Microfilm-Sondersammlung, FR-298, Bl. 1036.

[15] Gerwig an Flanze vom 31.3.1944. BAB, R 47.01, 20827, Bl. 154.

[16] Interview mit Dr. Otto Peter vom 9.8.1995. Und: Gerwig an Ministerialdirigent Flanze vom 31.3.1944. BAB, R 47.01, 20827, Bl. 154f.

[17] Oder es wurde als unbedeutend abgetan, wie es Heisenberg in einem Interview mit David Irving vom 23.10.1965 tat. DMM, Irving-Microfilm-Sondersammlung, FR-300, Bl. 561f.

[18] Interview mit Dr. Otto Peter vom 9.8.1995.

[19] Lebenslauf vom 29.4.1949. Archiv der Berlin-Brandenburgischen Akademie der Wissenschaften (BBA), Akademieleitung, Personalia Nr. 660.

Autor der ersten beiden populärwissenschaftlichen Artikel über die Bedeutung der Kern--
spaltung,[20] ab 1942 in das APS eintrat. Von diesen acht sollten fünf nach dem Krieg wieder
an ihre alte Wirkungsstätte zurückkehren.

Als die Ostfront Anfang 1945 schnell näherrückte, wichen Teile des Instituts nach Bad Salzungen (Thüringen) aus, von wo sie offenbar anschließend nach Schleswig-Holstein evakuiert wurden.[21] Ende April trafen dann die ersten Einheiten der Roten Armee in Miersdorf ein. Schnell interessierte man sich für die Institutseinrichtung, und sogar der Vizechef des sowjetischen Geheimdienstes NKWD, Awrami Sawenjagin, stellte sich ein. Er verfügte die Demontage des Instituts und den Abtransport sämtlicher verbliebener Anlagen, Maschinen, Einrichtungen und Unterlagen in die Sowjetunion.[22] Was blieb waren die Gebäude.

Die Reaktivierung des Instituts

Wie in der Einleitung bereits erwähnt, verfügte die DDR quasi über keine erfahrenen Kernphysiker: Sie waren in ihrer großen Mehrheit gegen Ende des Krieges entweder in die westlichen Landesteile geflohen oder aber als „Spezialisten" von der östlichen Besatzungsmacht zu „intellektuellen Reparationen" in die Sowjetunion verbracht worden. An eine Wiederaufnahme kernphysikalischer Arbeiten war mithin – Kontrollratsgesetz hin oder her – in den ersten Nachkriegsjahren nicht zu denken, zumal die SED vollauf mit dem Aufbau der Verwaltung und dem Ausbau ihrer Machtposition beschäftigt war und ohnehin über keine nennenswerte Wissenschaftstradition verfügte.[23] Der damit einhergehende Mangel an Fachleuten führte dazu, daß die Wissenschaftspolitik der Sowjetischen Militäradministration sowie der ihr nachgeordneten deutschen Verwaltungen, „soweit sie überhaupt feststellbar ist und sich nicht auf die Bildungspolitik bzw. Entnazifizierungsfragen beschränkte," in dieser Zeit versuchte, „vor allem personelle Entscheidungen zu beeinflussen."[24]

Die Kernphysik rückte erst Ende 1949 in das Blickfeld der Parteispitze. Einem Bericht vom März 1952 zufolge kam es damals im Ministerium für Planung, dem Vorläufer der Staatlichen Plankommission, zu einem Gespräch zwischen Dr. Hans Wittbrodt vom Zentralamt für Forschung und Technik (ZFT) und Staatssekretär Bruno Leuschner.[25] Dabei eröffnete Leuschner Wittbrodt, „daß auf dem Gebiete der Atomenergie Arbeiten durchgeführt werden könnten und sollten." Um seine Meinung gefragt, erklärte Wittbrodt, daß „Arbeiten im Zusammenhang mit der Nutzbarmachung der Atomenergie in der Deutschen Demokratischen Republik allein schon vom Standpunkt der personellen und materiellen Möglichkeiten große Schwierigkeiten entge-

---

20 S. Flügge: Kann der Energieinhalt der Atomkerne technisch nutzbar gemacht werden?, in: Die Naturwissenschaften, 27 (1939) 23/24, S. 402-410; und: Die Ausnutzung der Atomenergie, in: Deutsche Allgemeine Zeitung, 15.8.1939.
21 Vgl. Personalbogen vom 6.11.1954. BBA, Personalakte Dr. Ursula Drehmann, Bl. 4.
22 Dr. Otto Peter an den Verfasser vom 19.12.1995.
23 E. Förtsch: Die Institutionalisierung der Forschungspolitik in der DDR bis 1955, in: G. Kral und P. Eisenmann (Hg.): Mensch – Gesellschaft – politische Ordnung, Bamberg 1988, S. 233.
24 P. Nötzoldt: Wissenschaft in Berlin – Anmerkungen zum ersten Nachkriegsjahr 1945/46, in: Dahlemer Archivgespräche, 1 (1996), S. 130.
25 Man lasse sich von der staatlichen Fassade nicht täuschen: Wenn es sich denn so zugetragen haben sollte, dann trafen sich hier zwei SED-Genossen im Auftrag der Parteiführung zu einer vertraulichen Unterredung. Leuschner stieg zwar erst 1953 in das Politbüro auf, gehörte aber bereits zum engeren Führungskreis um Pieck und Ulbricht.

genstünden, daß aber die Durchführung wissenschaftlicher Arbeiten im Zusammenhang mit radioaktiven Isotopen möglich und wünschenswert wäre."

Weiter heißt es in dem Bericht, daß Wittbrodt die Angelegenheit daraufhin mit dem einflußreichen Wissenschaftler Robert Rompe[26] besprach – ein Mitglied des Parteivorstandes der SED (des späteren Zentralkomitees). Während einer Sitzung dieses Gremiums soll sich Rompe direkt an Walter Ulbricht gewandt haben, der bestätigte, daß „der Herrn Dr. Wittbrodt gemachten Eröffnung konkrete Tatsachen zugrunde lägen". Des weiteren gab Ulbricht bei dieser Gelegenheit dem Wunsch Ausdruck, „daß etwaige Schritte nicht ohne seine Kenntnis und Billigung unternommen werden sollten."

In der Folge erstellten Rompe und Wittbrodt ein Exposé für Leuschner, in dem sie anregten, in Berlin-Buch eine Hochspannungsanlage zur Herstellung von Isotopen für medizinische Zwecke errichten zu lassen. Des weiteren „sollte (...) das ehemalige Institut für Kernphysik der Reichspost in Miersdorf wieder aufgebaut werden, um Voraussetzungen für kernphysikalische Arbeiten zu schaffen."[27]

Den Auftrag dazu erhielt die Akademie, was keineswegs selbstverständlich war, denn dort war die Kernphysik dem Einfluß der Partei sehr viel stärker entzogen, als manchen Funktionären lieb gewesen sein dürfte, und eine weitgehende Geheimhaltung war ausgeschlossen. Vielleicht führte aber gerade dieser vermeintliche Nachteil zu der Entscheidung, denn die Akademie „garantierte" den wenig verfänglichen Charakter der Arbeiten, ein Signal, an dem der Sowjetischen Kontrollkommission vermutlich sehr gelegen war.[28]

Die Akademie ging die ihr von höchster staatlicher und parteilicher Stelle gestellte Aufgabe mit großem Elan und hohen Ambitionen an. Bereits die erste Projektierung des zunächst als „Forschungsinstitut für Kern- und Atomphysik" bzw. „Institut X", später dann unverfänglich als „Institut Miersdorf" bezeichneten Objektes vom 30. Mai 1950 sah zehn Abteilungen vor, darunter eine für einen Neutronengenerator von 2 MV, eine zweite Abteilung für ein Zyklotron oder einen Linearbeschleuniger und eine dritte Abteilung für ein Betatron. Weitere Arbeiten sollten sich mit der Isotopen-Forschung (Trennverfahren), dem Bau verschiedener Zählerarten, der Entwicklung geeigneter Ionenquellen, der Höhen- und kosmischen Ultrastrahlung, chemischen Trennverfahren (Radiochemie) sowie theoretischen Untersuchungen beschäftigen.[29]

Verfasser dieser Unterlagen war kein anderer als Georg Otterbein, der mit dieser Projektierung im wesentlichen wiederholte, was er zehn Jahre zuvor begonnen hatte – nur, daß dieses Mal alles größer und großzügiger ausfallen sollte. Otterbein war gegen Kriegsende zu seiner Familie nach Lauterbach (Hessen) zurückgekehrt, wo er bis zum Januar 1946 wohnte, als es zur Trennung der Eheleute kam. In Frankfurt/M. trat er wieder in den Postdienst ein, von wo

---

[26] Zur Vita Rompes vgl. D. Hoffmann: Robert Rompe, in: Müggelheimer Heimatverein e.V. (Hg.): Das Müggeleim Buch. Landschaft – Geschichte – Personen, Berlin 1997, S. 168-170.

[27] Bericht über das Institut Miersdorf der Deutschen Akademie der Wissenschaften vom 20.3.1952. BAB, DF-4, 580. Der Autor des Berichts, Leiter der Hauptabteilung Wissenschaftlich-technische Organisation im ZFT, Dr. Alfred Baumbach, weist darauf hin, daß die Darstellung „vor allen Dingen sinngemäß und nicht immer wörtlich" zu nehmen sei. Die Warnung ist durchaus begründet angesichts der Version, die Wittbrodt und Rompe 1954 bei einer Zusammenkunft im ZK zu Protokoll gaben, wonach dem Aufbau des Instituts eine Unterredung der Professoren Möglich und Rompe sowie Dr. Wittbrodt mit Genossen Ulbricht vorausgegangen sei (Die Situation der kernphysikalischen Forschung in der DDR und die Möglichkeiten ihrer Erweiterung vom 7.7.1954. PMA, AW, DY 30/IV 2/9.04/288, Bl. 8-14, hier Bl. 10). Die Möglichkeit des Einflusses aktueller politischer Zielsetzungen diskutiere ich in T. Stange: Genese, S. 66.

[28] Über die möglichen Gründe spekuliere ich in meiner Dissertation. Vgl. T. Stange: Genese, S. 43f und 66f.

[29] Planung eines Forschungsinstituts für Kern- und Atomphysik (Projekt Zeuthen) vom 30.5.1950. BBA, Akademieleitung, 29.

er im April des Folgejahres zur Gruppe Forschung und Entwicklung des Post- und Fernmeldetechnischen Zentralamtes in Bargteheide (Holstein) wechselte.

Er blieb allerdings nicht lange dort, sondern übernahm in Braunschweig den Aufbau der Fernmelde-Studiengesellschaft der Deutschen Post mbH. Dieser Gesellschaft war allerdings nur ein kurzes Dasein vergönnt, weshalb er sie im Frühjahr 1949 schon wieder abwickeln mußte. Durch einen Kontakt zu erwähntem Hans Wittbrodt im ZFT[30] – die beiden kannten sich vermutlich, denn Wittbrodt hatte während des Krieges bei der RPF in Kleinmachnow bei Berlin auf dem Gebiet der Hochfrequenzforschung gearbeitet[31] – gelangte er im April 1949 in die Akademieverwaltung, wo er schließlich zum wissenschaftlichen Referenten der Klasse für die technischen Wissenschaften aufstieg.

In dieser Eigenschaft fungierte Otterbein bis 1952 als inoffizieller Institutsleiter in Miersdorf: er sorgte für die Übernahme der Grundstücke durch die Akademie, bestellte technische Geräte (darunter den vorgesehenen 2-MV-Kaskadengenerator) und bereitete die für ZFT und Sowjetische Kontrollkommission gleichermaßen nötigen Erläuterungen für erste Forschungsaufträge vor. Natürlich stellte er auch Personal ein, so etwa im Herbst 1952 den vorzeitig aus der Sowjetunion zurückgekehrten Otto Baier, der aufgrund seiner Tätigkeit bei Otto Peter während des Krieges mit dem Aufbau des Hochspannungsbeschleunigers betraut wurde.

Aus Gründen, die Otterbein nicht zu vertreten hatte,[32] wurde aus seinen Plänen in der Folgezeit nur eine kleine Lösung, die aber dennoch in mehreren Aspekten ihrer Ausgestaltung stark an die kernphysikalischen Aktivitäten der RPF im Kriege erinnert. Kernstück der gerätetechnischen Entwicklung war die 2-MV-Kaskade (die 1954 fertig montiert zur Verfügung stand, aber erst ein Jahr später getestet werden konnte, um dann wegen technischer Mängel vorerst wieder demontiert zu werden). Ergänzend dazu sollte ein zweiter Hochspannungsbeschleuniger vom Typ Van-de-Graaff errichtet werden. Des weiteren wurden eine Nebelkammer und Nachweisgeräte für Teilchenstrahlung gebaut sowie Vorarbeiten für ein Massenspektrometer durchgeführt. Mit der Einstellung von Detlof Lyons war schließlich ab Anfang 1954 auch die theoretische Physik wieder im Institut vertreten. Gravierendste Unterschiede zum Krieg: Hinzugekommen war die Emulsionstechnik zum Nachweis hochenergetischer Teilchen der kosmischen Strahlung, was fehlte, waren das Zyklotron und – zunächst noch – die Radiochemie.[33]

Auch einige der Beschaffungsschwierigkeiten erinnern an die Kriegsjahre: Die Auslieferung des Kaskadengenerators wurde mehrfach verschoben und wichtige Teile wie kleine Mengen bestimmter Materialien waren nur unter großen Schwierigkeiten und zeitlichem Verzug zu erhalten. Vergleicht man das nach fünf Jahren Erreichte mit dem APS vom Ende des Krieges, so muß konstatiert werden, daß unter den Bedingungen der jungen DDR sogar noch weniger fertig geworden war als unter der Kriegswirtschaft des Dritten Reiches. Nennenswerte physikalische Forschungsergebnisse konnten so gut wie nicht vorgewiesen werden.

Was die Gebäude angeht, so waren die im Kriege genutzten Bauten Anfang 1951 in den Besitz der Akademie übertragen worden – bis auf die ehemalige Ausflugsgaststätte, die seit 1947 an eine Fondant herstellende Schokoladenfabrik verpachtet worden war. Der Wiederaufbau und Ausbau des Instituts konzentrierte sich daher in den Anfangsjahren auf die Hochspannungshalle und den Labortrakt zwischen dieser und der ehemaligen Zyklotronhalle. Des weiteren wurde ab 1954 mit einem rechtwinklig zu den alten Bauten gelegenen Anbau begonnen,

---

[30] Damals hieß es noch Gruppe Forschung und Technik in der Deutschen Wirtschaftskommission
[31] BAB, DM-3, 799, Bl. 146.
[32] Vgl. T. Stange: Genese, Kapitel 2, insbes. S. 56-61 und 66-68.
[33] Auch beschäftigte sich die Kerntheorie nun mehr mit den aktuellen Kernmodellen. Fragen der Kernspaltung wurden in Miersdorf ganz offensichtlich nicht mehr bearbeitet.

bis schließlich 1956 auch das bisher verpachte Gelände mit dem darauf stehenden Gebäude in das Institut zurückkehrten.

In dieser ersten Phase des wiederbelebten Instituts waren immerhin vier Personen beteiligt, die vormals bei der Reichspostforschungsanstalt bzw. – in drei Fällen – direkt beim APS beschäftigt worden waren: Hans Wittbrodt, Abteilungsleiter im ZFT und ab 1953 wissenschaftlicher Direktor in der Akademie; Georg Otterbein, der von eben jenem Hans Wittbrodt an die Akademie geholt worden war; Otto Baier, der 1952 seinerseits von Otterbein eingestellt wurde; und Detlof Lyons.

Die Rückkehr der Spezialisten

Dennoch herrschte Anfang 1955 noch immer ein Mangel an Fachkräften, was sich auch in der Institutsleitung ausdrückt: Der seit 1952 kommissarisch amtierende Michael Graf von der Schulenburg, den man 1952 aus München geholt hatte, wo seine nur mäßig bezahlte Stellung gefährdet gewesen war, wurde selbst nach über drei Jahren der Leitung der Einrichtung nicht als Fachmann angesehen.[34]

In dieser Situation ergab sich mit der Rückkehr der Spezialisten aus der Sowjetunion eine quantitative wie qualitative Verbesserung. Leute wie der Nobelpreisträger Gustav Hertz (Universität Leipzig), Heinz Barwich (Zentralinstitut für Kernphysik, Rossendorf) oder Manfred von Ardenne (Privatinstitut, Dresden) blieben in der DDR, die sie mit Leitungsposten, lukrativen Einzelverträgen und – zumindest für eine kurze Zeit – einflußreichen Beraterpositionen in den Gremien versah, die nach Aufhebung des alliierten Verbots der Kernphysik in der DDR gegründet wurden (zu nennen ist hier vor allem der Wissenschaftliche Rat für die friedliche Anwendung der Atomenergie).

Neuer Institutsdirektor wurde Dr. Gustav Richter, der während des Krieges unter Gustav Hertz im Forschungslabor II der Siemens & Halske AG gearbeitet hatte. Den Bau der Kaskade übernahm nun Fritz Bernhard, der zwar nicht am APS, aber bei von Ardenne am Lichterfelder Zyklotron beschäftigt gewesen war und somit auch zu den ehemaligen „Reichspostlern" gezählt werden kann. Schließlich befand sich noch Leo Senzky, einst am Bau des Miersdorfer Zyklotrons beteiligt, unter den Heimkehrern; er übernahm im Institut Miersdorf den Bau von Zählrohren.

Das Institut wuchs nun kräftig: Nachdem es 1954 mit 71 Mitarbeitern etwa das APS-Niveau von Ende 1944 erreicht hatte, verfügte es zwei Jahre später bereits über 125 und – bei danach sehr gemäßigtem Anstieg – 1959 schließlich über 140 Kräfte. In diesen Jahren wurde die Kaskade, allerdings wie schon im Kriege lediglich bei 1,5 statt bei 2 MV, endlich einsatzbereit, Bernhard verwirklichte einen Massentrenner und die Abteilung Hochenergetische Prozesse nahm zunehmend an der sich international organisierenden Forschung auf diesem Gebiet teil.

In dieselbe Zeit fällt auch der weitere Aufbau der Radiochemie im Institut, die schließlich durch Ursula Drehmann übernommen wurde. Drehmann komplettierte – von Berlin-Buch kommend, wo sie schon im Kriege häufiger als Gastwissenschaftlerin tätig gewesen war und schließlich wieder mit Hans-Joachim Born zusammengearbeitet hatte, bis dieser Ende 1957 in

---

34 Aktenvermerk vom 23.11.1955. BBA, Akademieleitung, 30.

den Westen ging – die „alte Mannschaft", als sie 1958 die durch Republikflucht vakant gewordene Stelle besetzte.[35]

Zusammenfassung

Während die örtliche Kontinuität nur zu verständlich ist – lediglich in Berlin-Buch und in Miersdorf konnte in der DDR auf ehemalige außeruniversitäre Gebäude zurückgegriffen werden, in denen bereits vor dem Krieg Kernphysik betrieben worden war – ist die personelle Kontinuität zunächst frappierend. Natürlich gab es bis 1955 für die wenigen „alten" Kernphysiker in der DDR zu Miersdorf kaum Alternativen, und mit der Gewinnung Otterbeins stand der ehemalige Leiter des APS als „Personalanker" rechtzeitig wieder zur Verfügung. Wieso aber führte sein Weg sowie der von vier weiteren Mitarbeitern des APS erneut nach Miersdorf, zumal Otterbein und Drehmann sich nach dem Kriege in den westlichen Besatzungszonen befunden hatten?

Im Falle Otterbeins erklärt sich sein Wechsel von West nach Ost am ehesten dadurch, daß für jemanden mit seinen Qualifikationen in den ersten Nachkriegsjahren offenbar weder bei der Post noch in den wissenschaftlich-akademischen Institutionen der Westzonen eine adäquate Aufgabe vorhanden war.[36] Von seiner ersten Frau getrennt, war er familiär nicht mehr gebunden, und so dürfte ihm das Angebot des Ex-Kollegen Wittbrodt durchaus als interessant erschienen sein. Politische Beweggründe sind bei Otterbein hingegen nicht zu erkennen.

Dies gilt außer für Otto Baier auch für die anderen „Heimkehrer". Ob Baier schon während des Krieges Mitglied der KPD war, ist unbekannt. Er war 1944 zum Kriegsdienst freigestellt[37] und an den Seelower Höhen eingesetzt worden. Von dort kehrte er nach Miersdorf zurück, offenbar im Auftrag des NKWD, um Mitarbeiter zu rekrutieren, die mit der Institutseinrichtung in die Sowjetunion gehen würden.[38] Er selbst kam bereits 1952 aus dem Osten wieder und dürfte in Berlin bei Otterbein vorstellig geworden sein, der ihn aufgrund seiner Erfahrungen im Kriege in Miersdorf einstellte.[39] Bis 1954 war er neben dem ebenfalls 1952 eingesetzten kommissarischen Institutsleiter, Dr. Michael von der Schulenburg, der einzige erfahrene Wissenschaftler, dessen Ausbildung noch vor dem Kriege stattgefunden hatte.

Lyons wiederum war offenbar von Bad Salzungen in die Nähe von Königs-Wusterhausen zurückgekehrt. Über Rompe war er an die Humboldt-Universität gekommen, von wo er dann

---

[35] Einstellungsanweisung vom 1.10.1958. BBA, Personalakte Dr. Ursula Drehmann, Bl. 79.

[36] Anders Helmut Salow, der beim Post- und Fernmeldetechnischen Zentralamt der Bizone in Bargteheide unterkam. Vgl. H. Salow: Über Versuche am Elektronenzyklotron, in: Zeitschrift für Naturforschung, 2a (1947) 7, S. 389-395. Peter hingegen blieb im süddeutschen Raum; seine Familie lebte in Rottweil am Neckar, wo er später die väterliche Uhrenfabrik übernahm. Interview mit Dr. Otto Peter vom 9.8.1995. Flügge wiederum war 1944 zum außerordentlichen Professor in Königsberg berufen worden, so daß er – zumal bei seinen Kontakten und seiner Qualifikation – kein Problem hatte, nach dem Krieg an der Göttinger Universität angestellt zu werden. 1947 folgte er einem Ruf auf ein Ordinariat in Marburg. Vgl. F. Schlögl: Siegfried Flügge 70 Jahre alt, in: Physikalische Blätter, 38 (1982) 9, S. 298.

[37] Angeblich wegen schlechter Leistungen (Dr. Otto Peter im Interview vom 9.8.1995), womöglich aber doch wegen seiner Sympathien für den Kommunismus.

[38] Interview mit Dr. Otto Peter vom 9.8.1995. Und: Frau Jutta Bartram an den Verfasser vom 10.1.1996.

[39] Spielte die Parteizugehörigkeit Baiers eine Rolle? Auf jeden Fall war er lange Zeit der einzige erfahrene Wissenschaftler mit Parteibuch im Miersdorfer Institut. Allerdings fehlte ihm offenbar die vom Parteiapparat gewünschte Einstellung – sowohl als Wissenschaftler wie als Genosse –, woran auch seine Arbeit für das MfS (mit "Feindberührung"!) Ende der 50er Jahre nichts änderte.

1954 nach Miersdorf ging, um dort die theoretische Kernphysik aufzubauen.[40] Leo Senzky war nach seiner Rückkehr aus der Sowjetunion auf eigenen Wunsch hin wieder in Miersdorf eingesetzt worden[41] – vermutlich, weil ihm Arbeit und Unterkunft in einem ihm vertrauten Umfeld somit sicher waren. Anders verhält es sich bei Ursula Drehmann: Sie hielt sich bis 1947 in Schleswig-Holstein auf, wechselte dann nach Magdeburg (1948) und schließlich – was anscheinend ihr hauptsächliches Bestreben gewesen war – nach Berlin (1951). Mitte 1955 wurde sie vom aus der Sowjetunion gekommenen Professor Hans-Joachim Born in Berlin-Buch eingestellt, bei dem sie auch im Kriege schon gearbeitet hatte. Von dort wechselte sie dann 1958 als Leiterin der Radiochemie an ihre andere alte Wirkungsstätte zurück.[42]

Da die technischen und personellen Möglichkeiten beschränkt waren und die Arbeit auf kerntechnischem Gebiet bis 1955 verboten blieb, ergab sich auch bei den in Angriff genommenen Vorhaben eine weitgehende Kontinuität, was sich besonders am Instrumentenbau ablesen läßt. Bezüglich des Baus von Massentrenner und kernphysikalischen Nachweisgeräten war diese auch erfolgreich, hingegen zog sich die Errichtung der so dringend benötigten Großgeräte in beinahe unerträglicher Weise hin – die Versorgungslage in der DDR war für eine naturwissenschaftliche Einrichtung eben auch ohne einen Weltkrieg äußerst kritisch. Der Kaskadengenerator, der bereits 1953 hätte in Betrieb gehen sollen, war erst 1959 einsatzbereit, während der eigentlich einfacher zu realisierende Van-de-Graaff bis 1962 nicht fertig und anschließend demontiert wurde. Ein Zyklotron wurde erst gar nicht in Angriff genommen, und das von der Sowjetunion 1957 gelieferte Gerät kam im nach 1955 errichteten Zentralinstitut für Kernphysik in Rossendorf zur Aufstellung, obwohl zwei der in der DDR vorhandenen Experten, Dr. Gustav Richter und Dr. Fritz Bernhard, in Miersdorf arbeiteten.[43]

Hier liegt denn auch eines der Probleme, warum das Institut im Sommer 1962 zu einer Forschungsstelle für Physik hoher Energien umgewidmet wurde und die Kernphysik in Miersdorf (das inzwischen Teil von Zeuthen geworden war) ihr zweites Ende fand. Mit dem Wunsch der Parteispitze, Kernforschung und -technik nach 1955 an der Akademie vorbei aufzubauen, leistete sie einer Zersplitterung der nur schwachen Kräfte Vorschub[44] und stellte die kernphysikalischen Aktivitäten der Akademie vor ein kontinuierliches Legitimationsdefizit. Als die DDR dann ab 1960 politisch und wirtschaftlich in die Krise geriet, kam es zu einer „Konzentration der Mittel" (Ulbricht), der die – zugegeben: wenig erfolgreiche – Kernphysik in Miersdorf zum Opfer fiel.

Allerdings, die wirtschaftliche und wissenschaftliche Begründung dieser Entscheidung war nur die halbe Wahrheit. Ebenfalls eine wichtige Rolle spielte, daß mit der Hochenergiephysik nicht bloß ein aufstrebender Wissenschaftszweig die Kernphysik, sondern auch eine junge, im

---

40 Lyons litt an einer Nervenkrankheit, die ihn für den Hochschulbetrieb zeitweilig untauglich machte. Archiv der Humboldt-Universität zu Berlin, PA L 383, Bd. 2, passim.

41 Liste der Spezialisten, Arbeiter und ihrer Familien, die von der Arbeit in der UdSSR entbunden werden und in die Heimat zurückkehren wollen (vermutlich von Ende 1954). Stiftung Archiv der Parteien und Massenorganisationen der DDR im Bundesarchiv, Bestand Büro Ulbricht, DY 30/J IV 2/202/325.

42 BBA, Personalakte Dr. Ursula Drehmann, passim.

43 Vgl dazu die Ausführungen Heinz Barwichs zu einer Reise nach Ungarn. Einige Schlußfolgerungen aus der Ungarn-Reise des AKK vom 22. Juni bis 1. Juli 1959 vom 8.7.1959. ZfK, 907.

44 Ein weiterer Grund war der Versuch der Privilegierung der zurückkehrenden Spezialisten, um sie von der Abwanderung in die Bundesrepublik bzw. Österreich abzuhalten. Dazu wurden ihnen, wie berichtet, lukrative Führungspositionen angeboten (Siehe auch den beitrag von B. Ciesla/D. Hoffmann im vorliegenden Band). Auch wollte man wohl verhindern, während des Krieges und in der Sowjetunion aufgebaute persönliche Animositäten zu verschärfen. Schließlich muß noch erwähnt werden, daß die Ambitionen der DDR auf dem Gebiet der Kernphysik und Kerntechnik zwischen 1955 bis etwa 1960 sehr viel größer waren als ihre in der sich anschließenden ökonomischen wie politischen Krise. Vgl. dazu auch T. Stange: Genese, Kapitel 4. Und: T. Stange: Zu früh zu viel gewollt. Der mißglückte Start der DDR in die Kernenergie. in: Deutschland Archiv, 30 (1997) 6, S. 923-933.

Krieg und den Jahren danach geprägte, parteilich gebundene Generation die eher apolitischen, noch vor dem Ersten Weltkrieg geborenen älteren Wissenschaftler ablöste.

Während Georg Otterbein und Hans Wittbrodt weiterhin in der Akademieverwaltung wirkten, wechselte Otto Baier nolens volens in die Industrie; Ursula Drehmann war aus gesundheitlichen Gründen bereits im Herbst 1961 zum Zentralblatt für Kernfoschung und Kerntechnik gegangen, und auch Fritz Bernhard hatte die Einrichtung über das Akademie-Institut für physikalische Chemie an die Humboldt-Universität verlassen; Detlof Lyons war verstorben und Leo Senzky ging kurz darauf in Rente. Bis auf die Kaskade wurden die kernphysikalischen Apparaturen über die Republik verteilt, und die Gebäude dienten fortan einer neuen, vitaleren Kontinuität.

KAI HANDEL

Physik und Industrieforschung oder die Suche nach dem „richtigen" Halbleitermaterial

Die Suche nach dem „richtigen" Halbleitermaterial scheint seit den 1960er Jahren abgeschlossen zu sein, denn die heutige Halbleitertechnik basiert fast vollständig auf dem Material Silizium. Das war nicht immer so.

Im folgenden wird dargestellt, wie es ausgehend von der Frage nach der Existenz von Halbleitern in den 1930er Jahren zu der klaren Entscheidung für Silizium als dem für technische Zwecke am bestem geeigneten Halbleitermaterial in den späten 1950er Jahren gekommen ist. Diese Entwicklung lässt sich exemplarisch an den nahezu parallellaufenden Biographien der Physiker Karl Seiler und Heinrich Welker erzählen.[1]

Sowohl Karl Seiler (1910-1991) als auch Heinrich Welker (1912-1981) haben zunächst Mathematik und Physik für das höhere Lehramt studiert. Seiler nahm sein Studium 1929 an der TH Stuttgart und an der Universität Tübingen auf, Welker an der Universität München 1931. Beide schlossen ihr Studium mit einer Abschlussarbeit in Theoretischer Physik 1934 ab. Welker arbeitete zu einem Thema im Zusammenhang mit der Relativitätstheorie bei Arnold Sommerfeld, Seiler zu einem Thema der Dispersionstheorie bei Peter Paul Ewald. Beide entschieden sich für eine anschließende Promotion wiederum in Theoretischer Physik. Welker blieb in München, Seiler wechselte zu dem Sommerfeldschüler Erwin Fues nach Hannover und folgte ihm später nach Breslau. In ihren Arbeiten, die sie 1936 fertig stellten, setzten sich beide mit Grundlagenproblemen der Quantenmechanik auseinander.

Während Seiler 1937 an das Institut für physikalische Chemie zu Rudolf Suhrmann in Breslau wechselte und an Fragen der Heliumverflüssigung und somit der experimentellen Tieftemperaturphysik arbeitete, blieb Welker der Theoretischen Physik treu und wandte sich dem Problem der Supraleitung zu. Für ihre jeweiligen Arbeiten wurden sie 1939 (Welker) und 1940 (Seiler) habilitiert.

Danach wechselten beide in unterschiedlichen Institutionen in die Kriegsforschung und begannen sich mit der Funktionsweise von Kristalldetektoren auseinander zu setzen. Sie stießen schnell auf die Schottky-Theorie des Metall-Halbleiter-Kontakts als grundlegende Theorie.

---

[1] In meiner 1999 fertig gestellten Dissertation ist die hier nur kurz umrissene Thematik ausführlich und auf breiterer empirischer Basis abgehandelt. Dort finden sich auch weitere Literatur- und Quellenhinweise. Siehe K. Handel: Anfänge der Halbleiterforschung und Entwicklung. Dargestellt an den Biographien von vier deutschen Halbleiterpionieren. Dissertation an der RWTH Aachen 1999.

Was ist ein Halbleiter in den 1930er Jahren?

Was genau ein Halbleiter ist, ob es überhaupt eine abgrenzbare Stoffklasse gibt, die diese Bezeichnung verdient, und wie diese empirisch abzugrenzen wäre, war in den 1930er Jahren nicht geklärt. Führende deutsche Experimentalphysiker, unter ihnen Bernhard Gudden und Walter Meissner, hatten während die dreißiger Jahre sogar mehrfach und vehement ihre grundlegenden Zweifel ausgedrückt.

Mit diesen Zweifeln hatten sich auch die Theoretischen Physiker auseinanderzusetzen, so dass Wolfgang Pauli im September 1931 in seiner bekannt drastischen Art an seinen Assistenten Rudolf Peierls schrieb: „Über Halbleiter soll man nicht arbeiten, das ist eine Schweinerei, wer weiß ob es überhaupt Halbleiter gibt."[2] Vermutlich hatte Peierls im vorausgehenden Brief Pauli von der gerade in Leipzig vorgestellten Theorie von Alan Wilson berichtet, die es ermöglichte, zwischen Metallen, Isolatoren und eben Halbleitern theoretisch zu unterscheiden und seinen Willen bekundet, sich nun auch damit zu beschäftigen.[3] Pauli brachte daraufhin lediglich seine aufgrund der experimentellen Situation berechtigten Zweifel zum Ausdruck, dass sich ein empirisch so schlecht abgesichertes und unübersichtliches Gebiet wie das der Halbleiter zur Bearbeitung durch einen jungen Theoretischen Physiker eignete. Im Gegensatz zur verbreiteten Meinung hat sich Pauli nämlich stets sehr für die *grundlegenden* Probleme der Festkörperphysik interessiert.[4]

Zwar machten die theoretische und die experimentelle Beschäftigung mit Halbleitern während der dreißiger Jahre große Fortschritte, doch blieben viele Fragen ungeklärt, für die eine bessere Zusammenarbeit zwischen Theoretikern und Praktikern notwendig gewesen wäre. Diese Probleme hatte Gudden schon 1934 erkannt und in einer Art Aufgabenkatalog formuliert:

„[D]ie Theorie ... hat die Aufgabe, aus den bekannten Atomenergiewerten und dem Gitterbau Lage und Art der erlaubten und verbotenen Energiezustände des Gitters und damit die Größe der Leitfähigkeit vorherzusagen und nicht nur nachträglich verständlich zu machen. ...

Experimentell wird es vor allem nötig sein, wesentlich mehr gesicherte Beobachtungstatsachen beizubringen als das bisher geschehen ist ...

Experimentalphysiker und Theoretiker, Chemiker und Physikochemiker werden mehr miteinander als nebeneinander wirken müssen."[5]

Dieses Arbeitsprogramm hätte auch ohne die Vertreibung der jüdischen Wissenschaftler ab 1933 in Deutschland aufgrund der institutionellen Trennung von Theoretischer und Experimenteller Physik kaum verwirklicht werden können. Diese Trennung wurde erst in den neuen Zentren der Festkörpertheorie in England und den USA aufgebrochen, in denen es - auch beein-

---

[2] Pauli an Peierls, 29. Sept. 1931 in W. Pauli: Wissenschaftlicher Briefwechsel. Band II: 1930-1939, hg. von Karl von Meyenn unter Mitwirkung von Armin Hermann und Viktor F. Weisskopf. New York, Berlin, Heidelberg 1985, Nr. 287, S. 94.

[3] Der Brief von Peierls ist nicht erhalten. Die Vermutung erschließt sich aus dem Zusammenhang des Briefwechsels und der Tatsache, dass Wilson seine Theorie 1931 im Frühjahr und Sommer in Leipzig vorgestellt hatte.

[4] Siehe dazu z.B. die ausführlichen Diskussionen der Phänomene Magnetismus oder Supraleitung in seinem Briefwechsel.

[5] B. Gudden: Elektrische Leitfähigkeit elektronischer Halbleiter, in: Ergebnisse der exakten Naturwissenschaften 13, 1934, S. 223-256, Zitat auf S. 254.

flusst durch die 1933 einsetzende massenhafte Emigration von Wissenschaftlern - zu einer intensiven Zusammenarbeit von Metallurgen, Experimentalphysikern und Theoretikern kam. Dort wurden ab 1933 die ersten von Gudden geforderten quantitativen Berechnungen spezifischer Materialparameter in direkter Kooperation von Experimentatoren und Theoretikern durchgeführt.[6]

Trotz dieser erfolgreichen Berechnungen passten Mitte der 1930er Jahre die theoretische Beschreibung und die experimentellen Ergebnisse auf dem Halbleitergebiet nur in einzelnen Punkten zueinander. In vielen Bereichen mussten sowohl die experimentellen Daten als auch die theoretischen Berechnungen noch viele Entwicklungsschritte durchlaufen, bevor sich ein einheitliches Bild ergab. Beispielsweise hatten Wilson und andere sofort nach der theoretischen Erklärung eines Halbleiters begonnen, Theorien der Gleichrichtung am Metall-Halbleiter-Kontakt gemäß des Bändermodells zu entwickeln, waren aber damit gescheitert.

Ein erstes qualitatives und in Teilaspekten auch quantitatives Verständnis des gleichrichtenden Effekts am Metall-Halbleiter-Kontakt gelang erst 1939 durch die semiklassische Theorie von Walter Schottky. Dieser hatte bei der Formulierung seiner Theorie nicht auf die neuesten quantenmechanischen Erkenntnisse über die Struktur der Festkörper zurückgegriffen, sondern lediglich einige quantenmechanische Ergebnisse (geringe Ladungsträgerdichte, Möglichkeit der Löcherleitung) mit klassischen Modellen (Diffusionstheorie) kombiniert und dadurch die wesentlichen Messergebnisse an den technisch wichtigen Kupferoxydul-Gleichrichtern qualitativ erklären können. Die heute so wichtige Größe der Bandlücke fand bei Schottky allerdings keine Beachtung.[7]

Zur Beschreibung und teilweise auch zur technischen Verbesserung der Leistungsgleichrichter auf Selen- oder Kupferoxydulbasis reichte die Beschreibung durch die Schottky-Theorie allerdings völlig aus. Auf Kristalldetektoren hatte Schottky seine Theorie zunächst nicht angewandt, beschäftigte sich aber mit dieser Möglichkeit intensiv, als Heinrich Welker sich mit detaillierten Fragen zu diesem Thema an ihn wandte.[8]

Germaniumdetektoren

Heinrich Welker hatte zum April 1940 eine Stelle an der „*Drahtlostelegraphischen und luftelektrischen Versuchsanstalt Gräfelfing*" (DVG) in der Nähe von München angenommen, um an Fragen des Zentimeterwellenradars zu arbeiten. Ursprünglich wäre Welker lieber an der Universität geblieben und hatte sich im Juli 1939 auch schon um die Teilnahme an einem Dozentenlager des NS-Dozentenbundes beworben, ohne die eine weitere Hochschulkarriere unter der NS-Herrschaft kaum möglich gewesen wäre.

---

6   Siehe dazu insb. M. Eckert: Die Atomphysiker. Eine Geschichte der theoretischen Physik am Beispiel der Sommerfeldschule. Braunschweig, Wiesbaden 1993, S. 173-195 und L. Hoddeson, G. Baym, M. Eckert: The Development of the Quantum Mechanical Electron Theory of Metals, 1926-1933, in: L. Hoddeson et al (Hg.): Out of the Crystal Maze. New York, Oxford 1992, S. 88-181 insb. S. 153-160.

7   Zur Geschichte der Schottky-Theorie siehe insb. H. Schubert: Walter Schottky und die Halbleiterphysik, in: Kultur & Technik, 10, 1986, H. 4, S. 250-258 und ders.: Industrielaboratorien für Wissenschaftstransfer. Aufbau und Entwicklung der Siemensforschung bis Ende des Zweiten Weltkrieges anhand von Beispielen aus der Halbleiterforschung, in: Centaurus, 30, 1987, S. 245-292.

8   Siehe dazu den Briefwechsel zwischen Welker und Schottky in den Heinrich Welker Dokumenten (HWD) und den Walter Schottky Dokumenten (WSD) im Archiv des Deutschen Museums München, insb. HWD 006.

Doch im Dezember 1939 wurde der Aerodynamiker Wilhelm Müller zum Nachfolger Sommerfelds berufen und damit eine jahrelange Auseinandersetzung beendet, die sich zu einer machtpolitischen Angelegenheit innerhalb der unterschiedlichen NS-Organisationen ausgeweitet hatte. Als Nazi-Ideologe und Vertreter der nationalsozialistisch geprägten „Deutschen Physik" war Müller im politischen Streit zwischen dem nationalsozialistischen Dozentenbund der SS und der Reichsleitung der NSDAP gegen den von der Fakultät favorisierten Werner Heisenberg als Sommerfelds Nachfolger durchgesetzt worden.[9] Müller stand der modernen Theoretischen Physik und damit auch allen Schülern Sommerfelds feindlich gegenüber.

So war Welker nach dem Amtsantritt Müllers gar nichts anderes übrig geblieben, als sich nach anderen Möglichkeiten umzusehen, da er einerseits Müller „keine Assistentendienste leisten wollte"[10], andererseits Müller auch keine Zweifel daran aufkommen ließ, dass er an Welker nicht interessiert war. Später beschwerte sich Müller mehrfach beim Rektor darüber, dass Welker lediglich für Kriegsforschungen beurlaubt und daher formal noch an seinem Institut angestellt war. Im November 1941 erklärte er zum letzten Mal:

„Zu meinem Erstaunen sehe ich im Verzeichnis des Personalstandes, daß der seinerseits von Sommerfeld angestellte Dr. Welker noch immer als planmäßiger Assistent meines Instituts geführt wird. Ich habe bereits mehrfach erklärt, daß Welker, der übrigens bereits seit April 1940 in der Industrie beschäftigt ist, als Assistent für mich überhaupt nicht mehr in Frage kommt und daher sinngemäß von einer Beurlaubung keine Rede sein kann. Ich will mit Sommerfeldschülern nichts zu tun haben und muß verlangen, daß auch äußerlich der Absage jeder Verbindung mit dieser Schule Rechnung getragen wird."[11]

Daraufhin wurde Welker schließlich aus dem Vorlesungs- und Personalverzeichnis der Universität München gestrichen.

An der DVG hatte man hingegen zunächst Interesse an Welkers Fähigkeiten als Theoretischer Physiker, da das Problem der Detektion von Zentimeterwellen bisher ungelöst war. Die im Meterwellenbereich erfolgreich arbeitenden Elektronenröhren versagten ab einer bestimmten Grenze fast völlig, da die Elektronen in der Röhre den Weg von Kathode zur Anode nicht mehr innerhalb eines Zyklus' zurücklegen konnten. Welker sollte nun sehen, ob ihm zu diesem Thema etwas einfällt. Bald kam er auf die Kristalldetektoren, von denen bekannt war, dass manche zwar auch im Zentimeterwellenbereich noch funktionierten, die aber weder richtig verstanden waren, noch gezielt konstruiert werden konnten. Mit Hilfe der Schottky-Theorie untersuchte Welker daraufhin theoretisch die Machbarkeit von Zentimeterwellendetektoren auf Halbleiterbasis und kam zu einem grundsätzlich positiven Ergebnis. Zwar mussten noch einige technische Probleme gelöst werden, diese stellten aber nach Ansicht Welkers keine unüberwindlichen Schwierigkeiten dar.[12]

Welkers Arbeiten zur Machbarkeit von Zentimeterwellendetektoren reichten allerdings 1941 nicht aus, ihm eine Unabkömmlichkeits-Stellung bei der DVG zu sichern, da die Notwendigkeit von Zentimeterwellen im Radarbereich in Deutschland zu diesem Zeitpunkt umstritten

---

9 Zur Debatte um die „deutsche Physik„ und die Diskussion um die Nachfolge Sommerfelds siehe D. Cassidy: Werner Heisenberg. Leben und Werk, Heidelberg, Berlin, Oxford 1995, S. 426-485; Eckert, Atomphysiker ... a.a.o., S. 196-205 und M. Walker: Die Uranmaschine. Mythos und Wirklichkeit der deutschen Atombombe, Berlin 1990, S. 79-101.

10 Interview mit Heinrich Welker geführt durch Jürgen Teichmann, Gisela Torkar, und Michael Eckert, 4. Dezember 1981, Transkript im Archiv des Deutschen Museums, München, S. 25.

11 Müller an Rektor, 12. Nov. 1941, HWD 005 (wie Fn. 8).

12 H. Welker: Über den Spitzendetektor und seine Anwendung zum Nachweis von cm-Wellen, in: Jahrbuch 1941 der deutschen Luftfahrtforschung III, 1941, S. 63-68.

war und viele Kollegen Welkers bei der DVG davon ausgingen, dass man sich mit Detektoren nur solange beschäftige, bis man die entsprechenden leistungsfähigen Röhren zur Verfügung habe. Vor diesem Hintergrund musste sich Welker als jungverheirateter Mann, der nicht an die Front wollte, auch nach anderen Möglichkeiten der „kriegswichtigen Forschung" umschauen. In diesem Zusammenhang bewarb er sich auch bei Werner Heisenberg um eine „Assistentenstelle mit Kernphysik und einer U.K.-Stellung" in dem später als „Uranverein" bekannt gewordenen Projekt - allerdings ohne Erfolg.[13] Schließlich gelang es ihm im Frühjahr 1942, als seine Einberufung zum Militärdienst unmittelbar bevorzustehen schien, doch noch die „Kriegswichtigkeit" von Materialuntersuchungen für Kristalldetektoren anerkennen zu lassen. Um diese Untersuchungen durchführen zu können, wechselte er an das Physikalisch-Chemische Institut der Universität München zu Prof. Dr. Klaus Clusius.

In ausführlichen Experimenten untersuchte Welker dort von April 1942 bis Mitte 1943, welches Material sich für die Detektorproduktion am besten eignen würde und entschied sich schließlich für Germanium. Denn seine Experimente hatten ergeben, dass Germanium die besten gleichrichtenden Eigenschaften bei einer Ladungsträgerkonzentrationen von 0,5 bis $5 \cdot 10^{16}$ Teilchen/cm^3 hatte. Dies entsprach genau der von Schottky vorhergesagten und auch bei den technisch genutzten Leistungsgleichrichtern gefundenen Reinheit. Bei gleicher Ladungsträgerdichte sollte sich die hohe Ladungsträgerbeweglichkeit im Germanium im Vergleich zu allen anderen bekannten halbleitenden Materialien positiv auf die Leitfähigkeit auswirken. Darüber hinaus ermöglichte es der geringe Schmelzpunkt, Germanium direkt durch Giessen in die für den Detektor gewünschte Form zu bringen.

So waren für Welker die wesentlichen Gründe für die Bevorzugung des Germaniums für Zentimeterwellendetektoren die Übereinstimmung seines Verhaltens mit der Schottky-Theorie, die hohe Elektronenbeweglichkeit und der vergleichsweise niedrige Schmelzpunkt von ca. 960 °C. Welker hatte aber keinen unmittelbaren Kontakt zu der bei Siemens zunächst in Berlin und später in Wien einsetzenden Detektorproduktion. Dort stellte sich zur Überraschung aller Beteiligten heraus, dass sich die von Siemens nach Welkers Forschungen konstruierten und produzierten Germaniumdetektoren nur sehr schlecht zur Gleichrichtung von Zentimeterwellen geeignet und in diesem Bereich den Silizium-Detektoren der Firma Telefunken deutlich unterlegen waren.

Siliziumdetektoren

Telefunken hatte seit dem Frühjahr 1943 große Anstrengungen unternommen, möglichst schnell brauchbare Zentimeterwellendetektoren zu produzieren. Im Februar 1943 war nämlich über Rotterdam ein englischer Bomber von der deutschen Flugabwehr abgeschossen worden, der mit der neuesten alliierten Radartechnik ausgestattet war. Bei der Rekonstruktion des teilweise zerstörten Radargeräts ergab sich, dass die Engländer mit Zentimeterwellentechnik arbeiteten und dadurch hochauflösende Radarbilder erhielten, die es ihnen einerseits ermöglichten, im Schutze der Dunkelheit über Deutschland zu navigieren und deutsche Städte anzugreifen, und andererseits nachts aufgetauchte U-Boote zu orten und anzugreifen.

Vorrangiges Ziel des sofort eingesetzten Koordinierungsgremiums mit dem Namen „Arbeitsgemeinschaft Rotterdam" (AGR) war es, Gegenmaßnahmen gegen die alliierte Radar-

---

13 Heisenberg an Welker, 17. Juli 1941, HWD 006 (wie Fn. 8).

ortung zu entwickeln. Als Voraussetzung dafür musste man zunächst in der Lage sein, die alliierten Radarsignale überhaupt zu empfangen. Die Entwicklung von Kristalldetektoren erhielt deshalb höchste Priorität. In diesem Zusammenhang fanden die ständigen Klagen der funktechnischen Industrie über den Fachkräftemangel endlich Gehör und im Rahmen einer Rückrufaktion wurden ca. 1500 Hochfrequenzfachkräfte von der Front zurückberufen. Zu ihnen gehörte auch Karl Seiler.[14]

Seiler kam Mitte Mai 1943 in die Telefunken-Forschungslaboratorien nach Breslau und wurde sofort in die Herstellung von Kristalldetektoren eingebunden, die zunächst noch aus ungereinigten Siliziumbruchstücken bestanden. Bald arbeitete Seiler mit dem Breslauer Chemiker Paul Ludwig Günther zusammen, dem es gelungen war, durch ein chemisches Reduktionsverfahren gereinigtes Silizium in Schichten auf ein Trägermaterial aufzubringen. Seiler optimierte nach Abschätzungen mit der Schottky-Theorie das grundsätzliche Design des Telefunken-Detektors, wählte insbesondere elektrisch leitendes Graphit statt isolierender Keramik als Trägermaterial und konnte so schon bald funktionierende Zentimeterwellendetektoren auf Siliziumbasis vorstellen. Ende 1943 wurde die Kleinserienfertigung aufgenommen, an deren Organisation und Durchführung Seiler unmittelbar beteiligt war.[15]

Nach Messungen von Seiler und Günther wies das in Frage kommende Silizium allerdings eine Elektronenkonzentration auf, die weit über der von der Schottky-Theorie als günstig charakterisierten lag. Zusätzlich hatte Silizium, wie sich wenig später herausstellte, eine weit geringere Ladungsträgerbeweglichkeit als Germanium. Zusammen mit der technischen Schwierigkeit des vergleichsweise hohen Schmelzpunkts von Silizium bei über 1400 °C, der eine direkte Bearbeitung und Reinigung von Silizium unmöglich machte, hätte Germanium das überlegene Halbleitermaterial für Kristalldetektoren sein müssen. Silizium erwies sich in der Praxis aber als geeigneter. Zu ähnlichen Ergebnissen kamen auch die wissenschaftlich-technischen Experten des alliierten Radarprojekts.[16]

In der Nachkriegszeit hielt Welker an den theoretischen Gründen für Germanium fest, Seiler war weiter von der praktischen Überlegenheit von Silizium überzeugt.

Nachkriegszeit

Obwohl sich Silizium während des Krieges sowohl in Deutschland als auch international als das praktisch bessere Material erwiesen hatte, folgte nach dem Krieg zunächst die Blütezeit des Germaniums.

Germanium ließ sich wegen seines im Vergleich zum Silizium niedrigeren Schmelzpunktes (960°C zu 1440°C) leichter bearbeiten, insbesondere besser reinigen und in Monokristallen ziehen. Dadurch eignete es sich hervorragend zum Studium der allgemeinen Halbleitereigenschaften. In den folgenden Jahren wurde Germanium als der prototypische Modellhalbleiter angesehen.

---

[14] Zu den Rückrufaktionen siehe K.-H. Ludwig: Technik und Ingenieure im Dritten Reich. Düsseldorf 1974, 252-259, zur AGR siehe die Sitzungsprotokolle der Arbeitsgemeinschaft Rotterdam. Herausgegeben von Leo Brandt. Düsseldorf 1959.

[15] K. Seiler: Detektoren, in: FIAT Review of German Science, 1939-1946, Electronics Part 1, 1948, S. 272-292; AGR-Protokolle (wie Fn. 14). Siehe auch das Interview mit Karl Seiler, geführt durch Jürgen Teichmann und Ernest Braun, 2. Juni 1982, Archiv des Deutschen Museums, München.

[16] H. Torrey, C. Whitmer: Crystal Rectifiers. New York, London 1948.

Vom heutigen Standpunkt aus hatte Germanium auch die physikalisch besseren Eigenschaften, so dass es nicht zufällig ist, dass 1947 der erste Transistor mit Germanium realisiert wurde und wenig später die ersten Germaniumtransistoren auf den Markt kamen. Die Transistorerfindung verstärkte den Trend in Richtung Germanium zusätzlich. Weder Seiler noch Welker konnten sich dieser Entwicklung entziehen.

Seiler bei der Süddeutschen Apparate-Fabrik

Karl Seiler hatte sich nach den Krieg mangels anderer Alternativen - wegen seiner Mitgliedschaft in der NSDAP konnte er zunächst nicht an die Universität zurückkehren[17] - mit einer *Silizium*detektorproduktion selbstständig gemacht, war aber Ende 1948 von der Süddeutschen Apparate-Fabrik (SAF) als Laborleiter für die Entwicklung von *Germanium*dioden und -transistoren angeworben worden, da es zu dieser Zeit vollkommen unwidersprochen war, dass Germanium das dafür am besten geeignete Material war. So begann auch Seiler, der im Stillen Silizium für das überlegene Halbleitermaterial hielt, sich mit der Entwicklung von Germaniumbauteilen zu beschäftigen.

Schon 1949 konnte die SAF Germaniumdioden in Serie herstellen, darauf aufbauend brachte sie Ende 1952 den ersten in Deutschland in Serie hergestellten Transistor auf den Markt. Andere deutsche Hersteller folgten im Laufe des Jahres mit eigenen Germaniumtransistoren.

So schien sich Anfang der 1950er Jahre Germanium als das mit Abstand beste Halbleitermaterial zumindest zur Herstellung von Transistoren fest etabliert zu haben. Verschiedentlich wurde sogar die Erwartung ausgedrückt, „daß man in Zukunft nur noch mit Germanium arbeiten würde."[18] Davon war auch Heinrich Welker zunächst ausgegangen.

Welker in Paris

Auch Welker hatte sich in unmittelbarem Anschluss an den Zweiten Weltkrieg zunächst als unabhängiger Ingenieur versucht, denn als Mitglied von nationalsozialistischen Organisationen boten sich auch für ihn trotz Unterstützung seines Doktorvaters Arnold Sommerfeld zunächst keine beruflichen Möglichkeiten an deutschen Universitäten. Seine Tätigkeit als unabhängiger Ingenieur bot ihm aber keine ausreichenden Forschungsmöglichkeiten, so dass er im Laufe des Jahres 1946 das Angebot annahm, seine Germaniumforschungen in Paris für die französische Post fortzusetzen. Gemeinsam mit Herbert Mataré (*1912) baute er dort für die französische Westinghouse ein Halbleiterlaboratorium auf, das Produktentwicklung für Germaniumdetektoren nach amerikanischem Vorbild betrieb, die noch 1947 in Serie gehen konnten.

---

17 Jedoch hatte er direkt nach seiner Entnazifizierung 1948 an der TH Stuttgart wieder eine Assistentenstelle bekommen können, die er zwar nur wenige Monate behielt, aber den Kontakt zur Hochschule auch später nicht abreißen ließ. 1949 wurde er Lehrbeauftragter und 1953 Honorarprofessor an der TH Stuttgart.
18 W. Büll: Kristalldioden. Entwicklung in Theorie und Praxis, in: Funkschau 22, 1950, S. 209-211.

Nebenbei beschäftigten sich Welker und Mataré mit Überlegungen zu einem „verstärkenden Dreielektrodenkristall". Etwa zur gleichen Zeit wie John Bardeen und Walter Brattain gelang es Mataré und Welker einen funktionierenden Punktkontakt-Transistor im Labor zu demonstrieren. Im Gegensatz zu den Amerikanern hatten sie zu dieser Zeit den Funktionsmechanismus dieses Transistors allerdings nicht durchschaut. Dennoch gelang es der französischen Post den technischen Vorsprung bei der Germaniumbearbeitung zu nutzen, um die ersten europäischen Transistoren 1949 in Serie zu produzieren - natürlich auf Germaniumbasis. Nach diesen anfänglichen Erfolgen verschlechterten sich allerdings die Forschungsbedingungen für Welker in Frankreich, da die französische Regierung eigene Forschungsprogramme für Halbleitertechnik auflegte und diese in Geheimhaltung betrieb.[19]

Welker befasste sich in der Folge wieder mit der Theorie der Supraleitung und insbesondere mit systematischen Überlegungen zum Zusammenhang von Periodensystem und Auftreten der Supraleitung, als er 1950 von der Möglichkeit hörte, Transistoren auch aus Bleiglanz (PbS) herzustellen. Gewohnt mit dem Periodensystem im Kopf über Materialeigenschaften nachzudenken, brachte ihn der Bleiglanz-Transistor auf die Idee, grundsätzlich zu untersuchen, welche Verbindungen von zwei Elementen Halbleitereigenschaften aufweisen würden. Bald kam er zu dem Ergebnis, dass Legierungen aus Elementen der dritten und der fünften Hauptgruppe ähnliche Eigenschaften wie die Elemente Silizium und Germanium aufweisen müssten.

Erste Experimente mit Indiumantimonid überzeugten Welker und auch Ferdinand Trendelenburg von der Machbarkeit und der Leistungsfähigkeit der neuen Materialien. Trendelenburg suchte Mitte 1950 nach einem geeigneten Leiter der Abteilung Festkörperphysik des neu einzurichtenden Forschungslaboratorien der Siemens-Schuckertwerke in Erlangen. Welker war aufgrund seiner früheren Zusammenarbeit mit Siemens für diese Stelle bereits im Gespräch, als er Trendelenburg die Idee einer neuen Klasse von Halbleitern präsentieren konnte. Trendelenburg war von dieser Idee so fasziniert, dass er Welker die Position sofort anbot. Welker akzeptierte und kehrte nach Deutschland zurück.[20]

Noch vor seinem offiziellen Arbeitsbeginn in Erlangen reichten die Siemens-Schuckertwerke gemeinsam mit Welker ein grundlegendes Patent ein, das allgemein „elektrisches Halbleitergerät" schützte, das dadurch gekennzeichnet war, dass „als Halbleiter eine Verbindung mit Atomverhältnis 1:1" der Elemente der dritten und fünften Hauptgruppe verwendet wurden. Damit wollten die Siemens-Schuckertwerke sich bei der wirtschaftlichen Ausnutzung der neuen Materialklasse Vorteile verschaffen, um auf dem Halbleitergebiet mit den führenden amerikanischen Firmen konkurrieren und von deren Patenten unabhängig werden zu können.[21]

---

[19] Compagnie des Freins et Signaux Westinghouse, H. Welker, H. Mataré: Nouveau système cristallin à plusieurs électrodes réalisant des effets de relais électroniques, Französisches Patent 1.010.427, eingereicht 13 . Aug. 1948; R. Sueur: Le Transistron Triode Type P.T.T. 601, in: L'Onde Électrique 29, 1949, S. 389-397. Siehe dazu ausführlich Handel, Halbleiterforschung ... a.a.o., S. 117-145.

[20] Vgl. den Beitrag von O. Madelung im vorliegenden Band.

[21] H. Welker: Elektrisches Halbleitergerät, Deutsches Patent DBP 970420, 21g, 11/02, eingereicht am 11. März 1951.

Periodensystem			III-V-Verbindungen					
III.	IV.	V. Gruppe						
B	C	N			BN			
				BP		AlN		
Al	Si	P	BAs		AlP		GaN	
			BSb	AlAs		GaP		InN
Ga	Ge	As		AlSb		GaAs		InP
					GaSb		InAs	
In	Sn	Sb				InSb		

Abb. 1: Veranschaulichung des Entstehens der III-V-Verbindungen aus den Elementen der III. und V. Hauptgruppe des Periodensystems. (Abbildung nach *H. Welker*: Über halbleitende Verbindungen vom Typus AIII BV, in: Technische Rundschau 50, 1956, S. 1-16).

Mit großen Erwartungen investierten die Siemens-Schuckertwerke hohe Geldbeträge in die grundlegende Erforschung der Materialeigenschaften dieser Halbleiter, denn nach Welkers theoretischen Voraussagen waren von den später sogenannten III-V-Halbleitern teilweise deutlich bessere physikalische Eigenschaften zu erwarten. Insbesondere die Elektronenbeweglichkeit einzelner Verbindungen sollte viel höher sein und auch größere Bandlücken sollten vorkommen. Darüber hinaus konnte durch Mischkristallbildung ein größerer Bereich der Bandlücken kontinuierlich abgedeckt werden, so dass die Hoffnung aufkam, für jede Anwendung (Transistoren, Dioden, Leistungsgleichrichter) einen auf die spezifischen Anforderungen abgestimmten Halbleiter mit überlegenen Eigenschaften konstruieren zu können.

Daher sah man bei den Siemens-Schuckertwerken die III-V-Halbleiter im Vorteil gegenüber Germanium und Silizium und erwartete den wirtschaftlichen Durchbruch dieser Materialien, der aber zunächst nicht und später nur in Bereichen kam, die in den 1950er Jahren nicht absehbar gewesen waren. Der Grund war aber nicht, dass sich die III-V-Halbleiter schlechter als erwartet eigneten, sondern, dass sich das konkurrierende Silizium besser als erwartet eignete.

Siliziumreinigung

Das war Anfang der 1950er Jahren kaum vorauszusehen gewesen und hing wesentlich mit den neuen Siliziumreinigungsverfahren zusammen, die im Halbleiterlaboratorium Pretzfeld der Siemens-Schuckertwerke (mit-)entwickelt und zur Produktionsreife geführt worden waren. In Pretzfeld und verschiedenen anderen Laboratorien in der Welt wurden zwischen 1952 und 1954

Verfahren entwickelt, die es ermöglichten, Silizium trotz seines hohen Schmelzpunktes von über 1400 °C in hochreinem Zustand und einkristalliner Form herzustellen.[22]

Dies beflügelte unter anderem auch Karl Seiler, der stets von der Überlegenheit des Siliziums für technische Anwendungen überzeugt gewesen war und der Eberhard Spenke, den Leiter des Pretzfelder Laboratorium, bereits im Oktober 1950 für Silizium interessieren konnte.[23] Seiler selbst musste sich zunächst den kurzfristigen kommerziellen Interessen der SAF beugen und Germanium-Bauteile entwickeln, konnte aber bald in den Laboratorien der SAF und durch seine Tätigkeit als Lehrbeauftragter und Honorarprofessor an der TH Stuttgart auch dort Forschungsarbeiten an Silizium anregen. So wurden beispielsweise in Stuttgart 1952 erste pn-Übergänge in Silizium hergestellt und untersucht und 1954 bei der SAF Siliziumreinigungsverfahren verbessert.[24]

Der wesentliche technische Vorteil des Siliziums gegenüber dem Germanium bestand darin, dass Bauteile aus Silizium noch bis zu einer Betriebstemperatur von fast 200 °C einwandfrei funktionierten, während Bauteile aus Germanium bereits bei einer Temperatur von 60-70°C unzuverlässig reagierten. Die ersten kommerziellen Anwendungen konzentrierten sich in Deutschland daher auf den Bereich der Leistungsgleichrichter, da hier hohe Betriebstemperaturen bislang nur durch aufwendigste Kühlmaßnahmen verhindert werden konnten.[25] Doch bald kamen auch Anwendungen für Dioden und Transistoren in der Konsumelektronik hinzu.

Als Seiler 1956 als Geschäftsführer zur Firma Intermetall wechselte, konzentrierte er die dortige Entwicklungsarbeit fast völlig auf Siliziumprodukte und konnte damit Intermetall Anfang der 1960er Jahre als einen der wenigen deutschen Halbleiterhersteller in die Gewinnzone führen. Zu diesem Zeitpunkt hatte sich Silizium als Halbleitermaterial für Dioden, Leistungsgleichrichter und Transistoren fast völlig durchgesetzt. Die Erfindung und kommerzielle Durchsetzung des Integrierten Schaltkreises und die Entdeckung der hervorragenden technischen Eigenschaften des natürlichen Siliziumdioxids bei der Massenproduktion von Siliziumbauteilen in Planartechnik verstärkten lediglich den bereits in den 1950er Jahren angelegten Trend.[26]

Als Nischen für die III-V-Halbleiter kristallisierten sich in den Sechzigerjahren und Siebzigerjahren Anwendungen heraus, für die Silizium wegen seiner Materialeigenschaften grundsätzlich nicht geeignet war. Hier sind insbesondere die Halbleiterlaser zu nennen, ohne die moderne Telekommunikation in Glasfasernetzen nicht möglich wären. Bei ihnen werden mit der Größe der Bandlücke und ihrer Art (direktes Bandgap, Photonenemission im sichtbaren Bereich) zwei Eigenschaften einzelner III-V-Halbleiter (z.B. GaAs) ausgenutzt, die Silizium oder Germanium nicht besitzen.

---

22 H. Pfisterer: Zur Geschichte des Reinst-Siliziums bei Siemens von 1951 bis 1957, in: E. Feldtkeller, H. Goetzeler (Hg.): Pioniere der Wissenschaft bei Siemens. Erlangen 1994, S. 118-127 und Handel, Halbleiterforschung ... a.a.o., S. 167-185 (wie Fn. 1).

23 E. Spenke: Zur Frage eines Silizium-Flächengleichrichters, Aktenvermerk, 7. Oktober 1950, WSD 039 (wie Fn. 8).

24 H. Kleinknecht, K. Seiler: Einkristalle und pn-Schichtkristalle aus Silizium, in: Zeitschrift für Physik 139, 1954, S. 599-618; S. Müller: Siliciumreinigung durch tiegelfreies Zonenziehen, in: Zeitschrift für Naturforschung 9b, 1954, S. 504-505.

25 Im Gegensatz dazu entsprang das Interesse der USA an Silizium dem Bedürfnis Transistoren und Dioden für militärische Anwendungen bei hohen Temperaturen zur Verfügung zu haben.

26 Zur Durchsetzung des Integrierten Schaltkreises siehe z.B. W. Kaiser: Mikroelektronik, die verspätete Basisinnovation, in: F. Schinzinger (Hg.): Unternehmer und technischer Fortschritt, München 1996, S. 127-153. Für eine andere Einschätzung zum Zeitpunkt der Durchsetzung des Siliziums als Halbleitermaterial siehe P. Seidenberg: From Germanium to Silicon. A History of Change in the Technology of the Semiconductors, in: A. Goldstein, A. Aspray: Facets. New Perspectives on the History of Semiconductors. New Brunswick 1997, S. 35-74.

Zusammenfassung

Seiler hatte sich nach eigenen Aussagen schon 1943/44 für Silizium entschieden, als er sah, dass Welker zwar physikalisch bessere, aber technisch weniger brauchbare Dioden mit Germanium herstellen konnte. Die physikalischen Eigenschaften von Germanium und Silizium spielten bei dieser Entscheidung keine Rolle.

Welker hatte sich aus physikalischen Gründen, zum einen wegen der Übereinstimmung bei der Elektronendichte mit der Schottky-Theorie und zum anderen wegen der hohen Elektronenbeweglichkeit, für Germanium entschieden. Die Erfindung des Punktkontakt-Transistors auf Germaniumbasis schien ihm 1948 Recht zu geben. In der Überzeugung, dass sich die physikalisch besten Halbleitermaterialien durchsetzen würden, konzentrierte er sich weiterhin auf die physikalischen Eigenschaften und entwickelte Halbleiter, die dem Silizium und Germanium in ihren physikalischen Parametern überlegen waren.

Die Erfolge in der Silizium-Reinstdarstellung zu Mitte der 1950er Jahre führten dazu, dass sich das zunächst technisch schwierig beherrschbare und physikalisch unterlegene Silizium als ein Material für fast alle Anwendungen gegen Spezialmaterialien für unterschiedliche Anwendungen durchsetzte. So hat sich mit Silizium *nicht* das physikalisch beste Halbleitermaterial durchgesetzt, sondern dasjenige, für das am schnellsten technisch beherrschbare und daher billige Herstellungsverfahren entstanden waren.

Das war Anfang der 1950er Jahre kaum abzusehen gewesen, doch Seiler und Welker hatten ihre Materialentscheidungen schon fast zehn Jahre früher getroffen. Seiler bevorzugte das in technischen Anwendungen robuste Silizium. Welker legte sich auf die physikalischen Eigenschaften fest und entschied sich zunächst für Germanium und später für die in dieser Hinsicht noch besseren III-V-Halbleiter. Beide hatten für ihre Entscheidungen gute Gründe.

OTFRIED MADELUNG

Schottky – Spenke – Welker
Erinnerungen an die „Gründerjahre„ der Halbleiterphysik in Deutschland nach dem Zweiten Weltkrieg

Mit der systematischen Erforschung der Halbleitereigenschaften des Germaniums und der Erfindung des Transistors schien in der frühen Nachkriegszeit die Halbleiterforschung und -entwicklung eine Domäne der amerikanischen Physik zu werden. Es war ein Glücksfall, daß damals bei den Siemens-Schuckert-Werken in Erlangen/Pretzfeld drei Physiker von internationalem Rang zusammenkamen: Walter Schottky, Eberhard Spenke und Heinrich Welker. Ihnen ist es zu verdanken, daß in den 50er Jahren die deutsche Halbleiterforschung in Theorie, Experiment und technischer Anwendung Weltgeltung erlangte. In diesem Artikel soll aus persönlichem Erleben die damalige Entwicklung geschildert werden.

Nachdem ich 1950 bei Heisenberg über ein Thema aus der Höhenstrahlung promoviert hatte, verschlug es mich in die Industrie. Ich nahm ein Angebot an, im neu gegründeten Allgemeinen Laboratorium der Siemens-Schuckert-Werke in Erlangen in die Halbleiterabteilung einzutreten. Da ich der erste eingestellte Wissenschaftler war und da das für das Laboratorium vorgesehene Gebäude erst im Bau war, wurde ich ans Gleichrichterlabor Pretzfeld der Siemens-Schuckert-Werke ausgeliehen, um bei Schottky und Spenke Halbleiterphysik zu lernen. Damit kam ich in einen Kreis, der eine Keimzelle für die Entwicklung der Halbleiterphysik in Deutschland wurde. Über diese ersten Jahre der Nachkriegs-Halbleiterphysik möchte ich berichten.

Die Entwicklung der Halbleiterphysik in den fünfziger Jahren und ihre Vorgeschichte scheint mir ein typisches Beispiel dafür zu sein, wie sich neue Gebiete der Physik entwickeln: richtige Vorhersagen treffen auf Vorurteile, frühe Erfolge geraten in Vergessenheit weil die Zeit noch nicht reif ist, die Entwicklung verläuft über Irrwege und Umwege. Die großen Pionierleistungen kommen nicht von denjenigen, die irgend etwas „zum erstenmal„ gedacht und ausgesprochen haben (auch wenn diese oft in Patentverfahren als Kronzeugen für „Vorveröffentlichungen„ genannt werden). Zum Fortschritt tragen wesentlich die Forscher bei, die die *richtige Idee* zur *richtigen Zeit* hatten, die *weitschauend* genug waren, um die Bedeutung der Idee zu übersehen, und denen die *Arbeitsbedingungen* zur Realisierung der Idee zur Verfügung standen.

Die Vorgeschichte

Der Name „Halbleiter„ existiert seit 200 Jahren. Noch zu Beginn dieses Jahrhunderts rechnete man alle schlecht leitenden Stoffe dazu, also neben Festkörpern wie z.B. Kupferoxidul und Selen auch Asbest, Holz und „feuchten Bindfaden„. Als Geburtsakt der Halbleiterphysik möchte ich die 1931 publizierte Arbeit von *Wilson* über die Theorie der elektronischen Halbleiter nennen.[1] Das wenige Jahre vorher von Bloch entwickelte Bändermodell wurde auf Festkörper mit einer Bandlücke zwischen besetztem Valenzband und unbesetztem Leitungsband angewendet. Zur Beschreibung der Leitungseigenschaften des Valenzbandes wurde das Heisenbergsche Konzept der Defektelektronen oder – wie man heute sagt – Löcher benutzt. Gitterstörungen wurden durch lokalisierte Terme in der verbotenen Zone berücksichtigt. So enthielt die Wilsonsche Theorie alle wesentlichen Konzepte, die zur Beschreibung eines Halbleiters nötig waren. Sie wurde in allen Lehrbüchern (wie im berühmten Handbuchartikel von Sommerfeld und Bethe 1933, im Buch von Fröhlich 1935 u.a.) dargestellt und war damals „Stand der Wissenschaft„.

Trotzdem dauerte es lange, bis Theorie und Experiment zusammenkamen. Die Halbleiterphysik galt noch lange als „Dreckphysik„, mit oft unreproduzierbaren Ergebnissen. Denn die Präparation und Technologie der damals als Halbleiter bekannten Materialien steckte noch in den Kinderschuhen.

So begegnete der Wilsonschen Theorie zunächst deutliches Mißtrauen. Schon Wilson selbst hatte in seiner ersten Arbeit einen Überblick über den „Stand des Wissens„ gegeben, der aus unserer heutigen Sicht eine erstaunliche Unkenntnis auf der Materialseite zeigt: *Silizium* wird als Metall klassifiziert mit der Begründung: „da es nur im unreinen Zustand einen negativen Temperaturkoeffizienten hat„. *Titan* soll ein Halbleiter sein. Wilson zitiert Gudden, daß möglicherweise keine reine Substanz halbleitende Eigenschaften habe. Wilsons Fazit: „From the experimental side, therefore, the existence or non-existence of semi-conductors remains an open question... Theoretically there is no reason why semi-conductors should not exist.„

Weitere Stimmen seien genannt, die charakteristisch für Fehleinschätzungen der damaligen Zeit sind: *Pauli* schreibt 1931 an Peierls: „Über Halbleiter sollte man nicht arbeiten, das ist eine Schweinerei, wer weiß ob es überhaupt Halbleiter gibt.„ *Gudden* schreibt 1935: „Metalle wie Silizium ..... sollten wirklich nicht mehr mit den elektronischen Halbleitern in einen Topf geworfen werden, da der Grund für ein äußerlich ähnliches Verhalten völlig wesentverschieden ist.„[2] *Meißner* ordnet 1935 Silizium zu den Metallen, Germanium zu den Isolatoren und vermutet, „daß eine besondere Klasse von Halbleitern ..... nicht vorhanden ist.„[3]

Solche Urteile lassen sich in der Literatur bis Kriegsende verfolgen. In seinem bekannten Lehrbuch „Modern Theory of Solids„ zählt *Seitz* 1940 die „etablierten Halbleiter„ auf.[4] Weder Germanium noch Selen werden genannt, Silizium nur als „impure Si„, daneben Tellur. Die Liste enthält dann nur noch einige Halogenide, Oxide, Sulfide, Selenide und als „mögliche Halbleiter„ unreines SiC und Ag_2Te.

---

[1] A. H. Wilson, Proc. Roy. Soc. **133** (1931) 458; **134** (1932) 277.
[2] B. Gudden, Ergebnisse der exakten Naturwissenschaften Bd. 12, Berlin 1934.
[3] W. Meißner, Handbuch der Experimentalphysik, Leipzig 1935.
[4] F. Seitz, The Modern Theory of Solids, New York 1940

Nun gab es natürlich nicht nur Vorurteile. Vielen Wissenschaftlern war durchaus bewußt, daß es Festkörper geben müßte, die in hinreichend reinem Zustand Halbleiter gemäß der Wilsonschen Theorie sein würden. Aber sie setzten sich erst langsam gegen viele Widerstände durch.

Soweit zur Situation bei Kriegsende. Eine konsistente Theorie lag zwar vor. Präparative Schwierigkeiten verhinderten jedoch die Herstellung reiner Substanzen und damit den Vergleich mit der Theorie. Gegen Ende des Krieges wurde dann in den USA ein neues Buch aufgeschlagen: Das Element *Germanium* wurde zur Grundsubstanz der Forschung und der technischen Anwendung. Der Durchbruch kam mit der Überwindung der präparativen Schwierigkeiten bei Germanium vor allem durch die Gruppe von Lark-Horowitz in Purdue und die Halbleitergruppe der Bell-Labs, wo dann auch folgerichtig Brattain und Bardeen im Dezember 1947 den Transistoreffekt fanden. Ein halbes Jahr später gaben die Bell Laboratorien die Ergebnisse ihrer Germanium-Forschung der Öffentlichkeit bekannt. Damit setzte ein Strom von Publikationen ein, der schnell zeigte, daß mit Germanium die Modellsubstanz der Wilsonschen Theorie vorlag.

Das Gleichrichterlaboratorium der Siemens-Schuckert-Werke

Als ich im Herbst 1950 nach Pretzfeld kam, lernte ich dort *Walter Schottky*[5] und *Eberhard Spenke* kennen. Walter Schottky war 1944 unter dem Eindruck der Kriegsverhältnisse in Berlin mit seiner Familie nach Pretzfeld in Oberfranken umgesiedelt. Die Wahl dieses Ortes wurde maßgebend dadurch bestimmt, daß ihm dort die verlagerte Bibliothek des VDE-Verlages zur Verfügung stand.

Auf die Entwicklung der Schottkyschen Gleichrichtertheorie trafen alle Bedingungen zu, die oben genannt sind.[6] Schottky war der richtige Mann. Sein Konzept der Raumladungs-Randschicht war ein folgerichtiger Schritt in der Reihe seiner Arbeiten. Daß dieses Konzept zur richtigen Zeit kam, zeigt die Tatsache, daß Nevill Mott zur selben Zeit fast zum gleichen Resultat kam. Die Idee lag also in der Luft. Aber Mott hat sie nicht so nachdrücklich verfolgt wie Schottky. Dies lag sicher mit daran, daß Schottky in der Industrie arbeitete und damit die Konsequenzen der Theorie für die Gleichrichterforschung nachdrücklicher erkannt wurden. Zudem waren die Arbeitsbedingungen bei Siemens Schottky auf den Leib geschnitten. Seit er sein Ordinariat für theoretische Physik an der Universität Rostock aufgegeben hatte und zu Siemens & Halske zurückkehrte, hatte er dort die Stelle eines „wissenschaftlichen Beraters,, mit völliger Freiheit in der Wahl seines Forschungsgebietes. Wo gibt es das sonst in der Physikgeschichte, daß ein Ordinarius für theoretische Physik einer Universität sein Lehramt aufgibt und zur Industrie zurückgeht, um ungestört seinen theoretischen Forschungen nachgehen zu können?

---

[5] Zu Walter Schottky vgl. auch: *O. Madelung*, Festkörperprobleme XXVI (1986) 1
[6] *W. Schottky*, Z. Phys. **113** (1939) 367

> **Walter Schottky (1886–1976)**
>
> 1912–1915 Assistent bei W. Wien in Jena
> 1915–1919 Mitarbeiter bei Siemens & Halske in Berlin
> 1920–1922 Privatdozent an der Universität Würzburg
> 1922–1927 Professor für theor. Physik an der Universität Rostock
> 1927–1951 Wissenschaftler bei Siemens & Halske in Berlin und den Siemens-Schuckert-Werken in Berlin und Erlangen
>
> **Wichtige Arbeiten:** Erfindung der Raumladungsgitterröhre und der Schirmgitterröhre 1915/16, Theorie des Schrot-Effektes 1918, experimenteller Beweis von Sperrschichten in Metall-Halbleiter-Kontakten (1929), thermodynamische Arbeiten zur Gitterfehlordnung und zum Konzept der elektrochemischen Brennstoffzelle, Entwicklung der „Raumladungs- und Randschichttheorie der Kristallgleichrichter" (1938/39).

Ein weiterer Glücksfall war, daß ihm dort mit Eberhard Spenke ein Mitarbeiter zugeteilt wurde, der ihn in jeder Hinsicht ergänzte. Eberhard Spenke war 1929 als „mathematischer Assistent„ Schottkys bei Siemens eingetreten. Ihm kam es zu, Schottkys Gedanken ins Verständliche zu übersetzen. Denn Schottky war schwer verständlich. Er hatte seine eigene Terminologie und konnte sich nur schwer in die Lage eines Zuhörers versetzen, der diese, ihm selbstverständliche Terminologie nicht kannte.

> **Eberhard Spenke (1905–1992)**
>
> 1949–1946 Mitarbeiter im Zentrallaboratorium der Siemens & Halske AG in Berlin
> 1946–1970 Aufbau und Leitung des Laboratoriums Pretzfeld der Siemens-Schuckert-Werke AG
>
> **Wichtige Arbeiten:** Als „mathematischer Assistent" Walter Schottkys Mitarbeit bei dessen Arbeiten über den Schrot-Effekt, das thermische Rauschen und die Randschichttheorie der Kristallgleichrichter, Weiterentwicklung dieser Theorien; grundlegende Arbeiten über die Physik der bipolaren Halbleiter-Bauelemente; Entwicklung von Silizium-Hochleistungs-Gleichrichtern und Thyristoren.

Spenke folgte Schottky nach Pretzfeld und übernahm 1946 das Laboratorium, das dort für die noch in der Verlagerungsstätte Sielbeck (Holstein) ansässige „Selengruppe„ eingerichtet wurde. Aufgabe dieses Laboratoriums war zunächst die Weiterentwicklung von Selen- und Kupferoxidul-Gleichrichtern. Daneben arbeitete Spenke an der Theorie der Randschichtgleichrichter weiter und publizierte noch 1949 auf diesem Gebiet.

Als ich 1950 nach Pretzfeld kam, wurde die Gleichrichterentwicklung zwar noch fortgeführt. Spenkes Gedanken waren aber schon weiter. Germanium, der Transistor und alle aus dieser Entwicklung zu ahnenden Konsequenzen standen im Mittelpunkt der Diskussionen, an denen ich teilnahm. Dies war ganz im Sinn der Weisung, die das Labor 1947 vom Vorstandsvorsitzenden der Siemens-Schuckert-Werke mitbekommen hatte: „Als Grenzgebiet hat .. (die Gleichrichtertechnik)

.. ihre Bedeutung in der Elektrotechnik nach wie vor nicht verloren. .... Es besteht die Notwendigkeit, jede Anstrengung auf diesem Entwicklungsgebiet im Rahmen des Möglichen zu unternehmen. Diese Anstrengungen sind wohl auf absehbare Zeit hinaus auch unabhängig vom wirtschaftlichen Ergebnis zu machen. Die Dienststelle Pretzfeld soll sich als Forschungslaboratorium betrachten und unabhängige Grundlagenforschung auf breiter Basis betreiben."[7] Es war auch im Sinn dieser Firmenpolitik, daß die Entwicklung der Selengleichrichter im Laufe der Jahre wieder nach Berlin zurückgegeben werden konnte. Spenke wurde dadurch frei, zunächst an Germanium die Forschung und Entwicklung von Gleichrichtern weiterzutreiben, die dann – mit Silizium – das Pretzfelder Labor an die Weltspitze brachte. Auch diese Richtlinien einer verständnisvollen und weitblickenden Geschäftsführung gehören zu dem Umfeld, das ich vorhin als unabdingbar für wissenschaftliche Erfolge nannte.

Was ich bei Schottky und Spenke lernte, war für beide Persönlichkeiten typisch. *Schottky* lernte ich zunächst mehr als schweigender Zuhörer kennen, wenn er seine komplizierten (und durch eine eigene Terminologie noch verkomplizierten) Gedanken ausführte. „Sie brauchen nichts zu verstehen. Um meine Gedanken zu ordnen, brauche ich nur jemanden, der zuhört." An der täglichen Forschung nahm Schottky – damals schon kurz vor dem Ruhestand – nur beratend teil. Er blieb jedoch noch lange Jahre wissenschaftlich tätig. In dieser Zeit gab er viele Anregungen. Schon im Frühjahr 1946 regte er in einem internen Bericht Untersuchungen an p-n-Übergängen an und sagte deren Gleichrichter- und Lumineszenzeigenschaften voraus.

Bleibenden Verdienst hat Schottky dann noch gewonnen als erster Vorsitzender des Halbleiterausschusses der DPG und Herausgeber der „Halbleiterprobleme", die die Hauptvorträge der Halbleitertagungen seit 1953 enthielten. Nicht nur durch seine Autorität und Persönlichkeit hat er damals die junge deutsche Halbleiterphysik zusammengeführt. Er hat auch zu jedem Referat der „Halbleiterprobleme" einen Kommentar geschrieben – oft länger als das Referat selbst – und damit den Wert dieser Bände (allerdings auch die Zeit bis zur Drucklegung) wesentlich erhöht.

Spenke war anders. Er forderte seine Zuhörer und Mitarbeiter. Oft bekamen wir Manuskriptteile zum Lesen, erste Entwürfe für sein 1955 erschienenes Buch „Elektronische Halbleiter". Wir mußten dann berichten. Wehe, wenn wir einen der Fehler oder Ungenauigkeiten nicht nannten, die er inzwischen schon gefunden hatte. Sein beißender Spott war gefürchtet. Spenke war ein unerbittlicher Genauigkeits-Fanatiker. Jede Diskussion führte er bis in alle Details zu Ende.

---

[7] B. *Plettner*, Abenteuer Technik, Siemens und die Entwicklung der Elektrotechnik seit 1945. München, Zürich 1993.

Das Erlanger Forschungslaboratorium der Siemens-Schuckert-Werke

Im Frühjahr 1951 war es soweit, ich konnte als einer der ersten Mitarbeiter meinen Raum im „Allgemeinen Laboratorium„ in Erlangen (dem späteren „Forschungslaboratorium„ der Siemens-Schuckert-Werke) beziehen. Dieses Laboratorium wurde – in Nachfolge der im Krieg zerstörten Berliner Forschungsstätten der Siemens-Schuckert-Werke – in Erlangen, dem neuen Hauptsitz dieses Unternehmens im Jahr 1950 mit ungewöhlicher Großzügigkeit neu aufgebaut. Diesem unter der Leitung des Akustikers Ferdinand *Trendelenburg* stehenden Laboratorium wurde vom Aufsichtsrat der Firma aufgegeben, „sich in freier Forschung Gebieten der Naturwissenschaften zuzuwenden, die grundsätzlich für das Tätigkeitsfeld der SSW Bedeutung haben.„[8] Die Großzügigkeit der Formulierung war eine wichtige Vorbedingung für den Erfolg.

Schon in Pretzfeld hatte ich gehört, im Frühjahr 1951 käme der neue Leiter dieser Abteilung, ein Dr. Welker. Er habe neue halbleitende Substanzen entdeckt. Eine Bemerkung eines Mitarbeiters in Pretzfeld habe ich noch im Ohr: „Das ist sicher der schwarze Phorphor. Aber der bringt nichts."

Heinrich Welker (1912– 1981)

1935–1940 Wissenschaftlicher Assistent bei A. Sommerfeld
1940–1942 Tätigkeit in Versuchsanstalten in Gräfelfing und Oberpfaffenhofen
1942–1945 Wiss. Tätigkeit am physikalisch-chemischen Institut der Universität München
1947–1951 Laborleiter bei Westinghouse, Paris
1951–1961 Leiter Abt. Festkörperphysik des FL der SSW
1961–1969 Leitung des Forschungslaboratoriums der SSW
1969–1977 Leitung der Forschungslaboratorien der Siemens AG

Wichtige Arbeiten: Theorie der Supraleitung (1938/39), Messung der Elektronenbeweglichkeit in Germanium, Entwicklung von Ge-Hochfrequenz-Dioden (1942/44), Theorie der kapazitativen Steuerung von Strömen durch Drei-Elektroden-Halbleiteranordnungen (1945), Vorhersage und Erforschung der Halbleitereigenschaften der III-V-Verbindungen (seit 1951)

Welker war wie Schottky und Spenke von Haus aus Theoretiker. Wie diese beiden erweiterte er sein eigenes Arbeitsgebiet später in Richtung experimenteller Forschung und technischer Entwicklung. Dies zunächst unfreiwillig. Denn als Sommerfeld emeritiert wurde, wollte Welker nicht bei

---

[8] F. Trendelenburg, Aus der Geschichte des Hauses Siemens, Kap. 5: 1945 und späterer Wiederaufbau der Forschung, Technikgeschichte in Einzeldarstellungen Nr. 31, VDI Verlag GmbH, Düsseldorf

dem Nachfolger, dem als Physiker unbekannten Nationalsozialisten Müller bleiben. Arbeiten in verschiedenen Forschungsinstituten führten ihn zur Ultrakurzwellentechnik und – im Zusammenhang mit der RADAR-Forschung – zum Gebiet der Gleichrichtung ultrahochfrequenter elektromagnetischer Wellen.[9] Er erkannte schnell, daß hierfür Germanium-Spitzendetektoren wichtig waren. Er wendete sich der Germanium-Forschung zu, entdeckte die hohe Elektronenbeweglichkeit in Germanium, entwickelte Gleichrichter. Nach Kriegsende ging er nach Paris zu Westinghouse, wo er zunächst Ge-Dioden, später auch Ge-Transistoren entwickelte.

Aufgrund theoretischer Überlegungen, über die ich in einem früheren Beitrag in den Physikalischen Blättern berichtet habe[10], kam er zu der Vermutung, daß in der Gruppe der III-V-Verbindungen wie InSb, GaAs u.a. „germaniumähnliche„ Halbleiter mit vielversprechenden Eigenschaften zu finden sein müßten. Das Konzept der „Nachbildung„ von Halbleitern der IV. Gruppe durch III-V-Verbindungen gleicher Kristallstruktur und das von Pauling übernommene Konzept der damit verbundenen „Resonanzverfestigung„, ließen Welker hoffen, Halbleiter höherer Trägerbeweglichkeiten und mit einem höheren Schmelzpunkt zu finden, die technisch dem Germanium und dem damals schwer zu präparierenden Silizium überlegen sein sollten.

Welker war sich seines Erfolges so sicher, daß schon vor Beginn der experimentellen Untersuchungen das grundlegende Patent angemeldet wurde. Dieses auf den 11. März 1951 erteilte Patent enthält die Idee der III-V-Verbindungen in einer beeindruckenden Breite.

Im Frühjahr 1951 begannen wir mit den experimentellen Untersuchungen. Die ersten III-V-Verbindungen wurden mit primitiven Mitteln hergestellt. Doch dann zeigten sich schnell Erfolge. Wir begannen mit dem InSb, entdeckten schnell dessen hohe Elektronenbeweglichkeit, die gegenüber anderen Halbleitern um eine Zehnerpotenz höher lag. Daraus ergaben sich interessante galvanomagnetische Eigenschaften. Untersuchungen an anderen III-V-Verbindungen bestätigten und übertrafen Welkers Erwartungen. Im Herbst 1952 erschien die erste Publikation Welkers über seine Entdeckung. Sie erregte ungeheures Aufsehen. Eine ganze Gruppe von neuen halbleitenden Verbindungen wurde vorgestellt. Ein Halbleiter mit einer Elektronenbeweglichkeit weit größer als in Germanium wurde genannt. Mehr noch, die neue Gruppe schuf einen Übergang von den vierwertigen Elementen zu den II-VI-Verbindungen, von denen viele, z.B. ZnO, ZnS, CdS, schon lange bekannt waren. Welker konnte zeigen, welche Änderungen in den Eigenschaften beim Übergang von den Elementen über die III-V- zu den II-VI-Verbindungen auftreten und auf welche physikalische Ursachen sie zurückzuführen sind.

Dem heutigen Halbleiterphysiker erscheint alles dies selbstverständlich und naheliegend. Damals bedeutete es eine Sensation, denn man war noch nicht gewohnt, die Halbleiter als eine zusammengehörige Familie zu sehen.

In der folgenden Zeit wandten sich viele Arbeitsgruppen in der Industrie und an Universitäten den III-V-Verbindungen zu. Zehn Jahre später waren über tausend Arbeiten über diese Halbleitergruppe publiziert.

Wie kam es zu diesem Erfolg? Alle oben genannten Kriterien kamen zusammen: Der richtige Mann hatte die richtige Idee. Der Zeitpunkt war ideal und ebenso die Arbeitsbedingungen, unter denen er arbeiten konnte. Lassen Sie mich diese Punkte einzeln besprechen.

---

[9] Vgl. den Beitrag von K. Handel im vorliegenden Band.
[10] Zu Heinrich Welker und den III-V-Verbindungen vgl. die ausführlichere Darstellung: *O. Madelung*, Phys. Blätter 39 (1983) 79.

Welker war der richtige Mann, um seine Idee auch zu realisieren. Von der Vorbildung her theoretischer Physiker besaß er die Fähigkeit der Abstraktion physikalischer Sachverhalte auf ihre Grundlagen. Seine experimentellen Arbeiten hatten ihn gelehrt, was realisierbar ist und welche experimentellen Hilfsmittel eingesetzt werden müssen. Hinzu kam eine gewisse Hartnäckigkeit in der Durchsetzung seiner Ideen. Er hatte sich einige Leitlinien gesetzt, an denen er unbeirrt festhielt. So war seine Vorstellung, daß eine Resonanzverfestigung beim Übergang von kovalenter zu ionischer Bindung für die wichtigsten Eigenschaften der III-V-Verbindungen maßgebend sein sollte, zwar in ihren Grundzügen richtig. Sie war aber – wie sich später herausstellte – irrelevant für die wichtigsten Eigenschaften der III-V-Verbindungen. Sein Beharren an dieser Vorstellung, sein Glaube an dieses theoretische Konzept waren aber letzten Endes ein wichtiger Impuls, ohne den vieles nicht so schnell realisiert worden wäre. Neben dem Gemisch von Intuition und Zähigkeit, neben seinem experimentellen Geschick und seiner Erfahrung besaß Welker die Befähigung, Mitarbeiter zu führen und zu begeistern. Er war ein Vorgesetzter, wie man ihn sich nur wünschen kann.

Die Idee war umfassend genug. Mit den III-V-Verbindungen wurde eine Gruppe von mehr als zehn Halbleitern vorgestellt, deren Eigenschaften Germanium-ähnlich waren, die sich jedenfalls als dem Germanium und Silizium ähnlicher erwiesen als die anderen damals bekannten Halbleiter. Und wichtiger noch: Die Gruppe spannte eine Brücke zu den II-VI-Verbindungen und vereinte die Familie der tetraedrischen Halbleiter, sie gab Anhaltspunkte in welcher Richtung man nach weiteren Halbleitern suchen mußte. Wichtig war, daß die Idee theoretisch abgesichert war, daß sie Halbleitereigenschaften begründete und nicht das Ergebnis zufälliger tastender Experimente war. Der Kampf um das Grundpatent dauerte lange. Es wurden, wie dies bei Patenten immer der Fall ist, Vorveröffentlichungen herangezogen, aus denen sich Teilaspekte hätten ableiten lassen können – nur hatte sie niemand abgeleitet. Es wurden Arbeiten zitiert, in denen Untersuchungen an einzelnen III-V-Verbindungen mitgeteilt wurden – nur fehlten dort alle Hinweise auf den Halbleitercharakter dieser Verbindungen. Dies rührt wieder an die Frage der Fruchtbarkeit einer Idee. Wer einen Teilgedanken zuerst gedacht hat, das ist irrelevant; er mag vielleicht einen Teil der Priorität beanspruchen. Wer ein Problem in vollem Umfang begriffen und einer Lösung zugeführt hat, dem gebührt die Anerkennung. Und diese Anerkennung ist Herrn Welker in den Folgejahren reichlich zuteil geworden.

Man darf aber auch nicht verkennen, *daß der Zeitpunkt ideal war*. Germanium hatte seinen Einzug in die Bauelemente-Technologie gehalten. Darüber hinaus war es zum Prototyp des Halbleiters geworden. Das Silizium stand noch im Hintergrund. Alle Welt war auf der Suche nach neuen Möglichkeiten. Das weite Feld der III-V-Verbindungen bot Raum für vielfältige Untersuchungen, für Hoffnungen und Erwartungen, die vielleicht zu einem früheren Zeitpunkt nicht gestellt worden wären.

Schließlich waren die Möglichkeiten ideal, die Welker bei Siemens vorfand. Der wirtschaftliche Aufschwung der fünfziger Jahre bewog die Firmenleitung das neue Labor großzügig einzurichten. Vor allem aber hatte das „Allgemeine Laboratorium„ in *Ferdinand Trendelenburg* einen hervorragenden Leiter. Als international erfolgreicher Wissenschaftler und langjähriger Industriephysiker wußte er, worauf es bei Grundlagenforschung im Rahmen eines Industrielabors ankam. Er schirmte seinen Bereich so weit als möglich ab, um uns die Freiheit für unsere Arbeit und die Konzentration auf unsere Forschungsaufgaben zu erhalten. Die Atmosphäre glich mehr der eines Max-Planck-Institutes als der eines Industrielabors. Natürlich gab es Nebenaufgaben. Die Patentliteratur mußte verfolgt werden – eine Aufgabe, die mir als dem Theoretiker zufiel. Auch hatte ich – da ja ein Theoretiker angeblich die meiste Zeit hat – Gäste im Labor herumzuführen. Denn nach außen war das Labor weit offen, so weit wie es auf einem Gebiet möglich war, das industrielle Bedeutung hatte. Gäste kamen aus aller Welt. Sie bekamen viel gezeigt, aber letztendlich hat das Labor auch von ihnen viel profitiert. Das Leben in unserer Arbeitsgruppe war von der gemeinschaftlichen Arbeit gekennzeichnet. Jeder hatte seinen Aufgabenbereich, wir ergänzten uns, aber wir halfen auch aus, wenn Not am Mann war. Ich habe als Theoretiker Einkristalle gezogen, andere haben theoretisch gearbeitet, wenn dies für die Gruppe am zweckmäßigsten war. Dieser Geist des Labors, geprägt durch die sich ergänzenden Persönlichkeiten von Ferdinand Trendelenburg und Heinrich Welker, erscheint mir wichtig genug, auch hier nochmals festgehalten zu werden. Die Frage der Menschenführung und der Arbeitsbedingungen ist auch im Wissenschaftsbetrieb wichtig. Im Forschungslabor war sie damals wohl optimal gelöst.

Die weitere Forschung und Entwicklung in Pretzfeld

Jetzt wieder zurück nach Pretzfeld. Das dortige Laboratorium hatte ideale Vorbedingungen für die Gleichrichterentwicklung mit neuen Halbleitern. Spenkes jahrelange Erfahrung bei der Entwicklung von Kupferoxidul- und Selengleichrichtern wurden ergänzt durch seine theoretischen Arbeiten zur Schottkyschen Gleichrichtertheorie.

Für die Kupferoxidul- und Selen-Entwicklung darf man allerdings den Einfluß der Theorie nicht überbewerten. Die präparativen Schwierigkeiten standen im Vordergrund. In einem Pretzfelder Bericht aus der Nachkriegszeit heißt es: „Die Fertigung von Selengleichrichtern war zeitlebens mehr Kunst als Technik, und der Empiriker mit Fingerspitzengefühl war tonangebend."

Nachdem Spenke die Last der Selenforschung genommen war, wandte er sich ganz dem Germanium zu, daneben zunächst auch den III-V-Verbindungen. Aber schon ein Jahr nach dem Beginn unserer Arbeit in der Welkerschen Gruppe einigten wir uns: Forschung an Verbindungshalbleitern in Erlangen, an Elementhalbleitern in Pretzfeld. Dies war aus zwei Gründen logisch:

Zum einen war die III-V-Forschung damals reine Grundlagenforschung. Die Untersuchung der physikalischen Eigenschaften der III-V-Verbindungen erforderte die volle Kapazität des Erlanger Labors; an eine gezielte Suche nach Anwendungen war auf lange Zeit nicht zu denken. „Zufällig" gefundene Anwendungsmöglichkeiten, wie die Hall-Generatoren aus InSb und InAs, wurden auch schnell an Entwicklungslaboratorien abgegeben.

Die Germanium-Forschung dagegen war schon so weit fortgeschritten, daß technische Anwendungen im Vordergrund standen. Und dann war es damals schon klar, daß die nächste Etappe in der anwendungsorientierten Forschung nach Germanium das Silizium sein würde. Auf diesem Gebiet gab es in Pretzfeld dank Spenkes Gründlichkeit und Beharrlichkeit schon bald große Erfolge. Das tiegelfreie Zonenziehen zur Reinigung von Silizium wurde von Emeis erfunden. Natürlich lag auch diese Technik in der Luft. An mehreren Stellen in der Welt wurde sie gleichzeitig in Angriff genommen. Aber in Pretzfeld wurde die Entwicklung so konsequent weitergetrieben, daß Siemens bei der Silizium-Reinigung führend wurde. Damit war die Möglichkeit der Entwicklung von Silizium-Bauelementen gegeben. Auch hier war Spenkes Gruppe an der Spitze der technischen Entwicklung. Die ersten Starkstromgleichrichter auf Silizium-Basis wurden 1955 vorgestellt.

Zusammenfassung

Das erste Nachkriegsjahrzehnt 1945 – 1955 war ein Jahrzehnt stürmischer Entwicklung auf dem Halbleitergebiet. In dieser Entwicklung haben die Laboratorien Pretzfeld und Erlangen der Siemens-Schuckert-Werte eine entscheidende Rolle gespielt. Prägend waren die Persönlichkeiten *Walter Schottky*, *Eberhard Spenke* und *Heinrich Welker*. Aber auch sie konnten nur erfolgreich sein durch die Zeit, in der sie ihre Entdeckungen und Entwicklungen machten und durch das Umfeld, vor allem durch eine einsichtige und großzügige Firmenleitung, die den Laboratorien alle nur erdenklichen Möglichkeiten bot.

Es muß aber auch betont werden, daß diese Labors nicht isoliert arbeiteten. Die Pretzfelder Silizium-Technologie wäre nicht möglich gewesen ohne die chemische Vorreinigung, die in anderen Siemens-Laboratorien entwickelt wurde. Unsere Erlanger Forschung auf dem III-V-Gebiet war nicht möglich ohne Zusammenarbeit mit Spezialisten anderer Laboratorien. Hier möchte ich vor allem auf die enge und freundschaftliche Zusammenarbeit der Spenkeschen und des Welkerschen Gruppe hinweisen.

Aber dies wäre das Thema für einen neuen Artikel. Zu diesem neuen Thema würde auch gehören, wie es weiterging. Denn die „paradiesischen Zustände„, die ich geschildert habe, waren Folge der „Gründerjahre„ nach dem Krieg. Jede Firmenleitung muß sehen, daß sich die in die Forschung investierten Mittel auszahlen. Nach 1955 wurde deshalb manches anders, vieles mehr gewinnorientiert. Aufgaben wurden umverteilt. Andere Laboratorien wurden in die Entwicklung einbezogen, Produktionen wurden verlagert. Neue Entwicklungsrichtungen taten sich auf. Andere Firmen, andere Forschungslaboratorien übernahmen die Spitze. Aber das ist der übliche Lauf der Wissenschaft.

Ich bin dankbar, daß ich an diesem goldenen Jahrzehnt der Halbleiterforschung bei den Siemens-Schuckert-Werken teilhaben konnte.

Personen

JOST LEMMERICH

Lise Meitner – eine Chance zur Rückkehr nach Deutschland?
Es gibt für sie aber unüberwindbare Schranken, wenn auch die Sehnsucht zur Rückkehr bleibt

Das jetzt besprochene Thema einer möglichen Rückkehr Lise Meitners aus der Emigration nach Deutschland hat auch Ruth Lewin Sime[1] in ihrer Meitner-Biografie behandelt. Hier sollen nun auch noch weitere Quellen zu diesem Problem aufgeführt werden. Sie zeigen, daß die Entscheidungsfindung Lise Meitners deutlich komplexer, facettenreicher war, die Schwerpunkte der gegenseitigen Missverständnisse und des Verständnisses auch eine andere Deutung zulassen.

Ich darf wohl voraussetzen, daß Lise Meitners Lebenslauf, ihre Flucht aus Deutschland 1938 und ihre völlig unzureichenden Arbeitsmöglichkeiten in der Emigration im Nobel-Institut Stockholm, bekannt sind. Erst 1946 erhielt sie im Rahmen der Technische Hochschule Stockholm ein kleines, selbständiges Labor.

Nach 1945 forderte sie mehrmals von ihren Freunden, die nach ihrer Flucht in Deutschland geblieben waren, Hahn, Laue, Rosbaud und anderen, eine deutliche Erklärung zu dem begangenen nationalsozialistischen Unrecht abzugeben, besonders zu dem an anderen Völkern begangenen Untaten. Immer wieder fragte und suchte sie nach den Gründen für das furchtbare Geschehen. Diese Forderungen muß man stets als Hintergrund ihrer Aussagen einbeziehen.

In der französisch besetzten Zone Deutschlands lagen nur zwei Universitätsstädte, Freiburg und Tübingen. Die Französische Regierung entschloß sich daher auf der links-rheinischen Seite die ehemalige Mainzer-Universität wieder zu gründen. Nach Mainz sollte auch das Kaiser-Wilhelm-Institut für Chemie kommen, das bei der Verlagerung 1943 von Berlin nach Tailfingen kam. Dort leitete Fritz Straßmann die Kernchemische- und Joseph Mattauch die Physikalische-Abteilung. Mattauch war der Direktor. Er erkrankte schwer an Tuberkulose und fiel praktisch aus. Weder die Universität, die in alten Wehrmachts-Baracken notdürftig untergebracht werden sollte, noch das KWI für Chemie hätten ausreichende Laboreinrichtungen in Mainz zur Verfügung gehabt.

Hahn[2] unterrichtet Lise Meitner laufend über das Geschehen der alten Institute. Am 1. November 1947 schreibt er ihr unter anderem:

> „In Tailfingen war ich zwei Tage; hatte hauptsächlich mit Mattauch viel zu bereden, wobei die von den Franzosen gewünschte Verlagerung des Instituts in das hoffnungslos zerstörte Mainz, trostlose Mainz das Hauptthema war. Es gibt da so viele Schwierigkeiten, verschiedene Strömungen politischer Art etc.etc., daß ich vorerst noch nicht

---

[1] R.L.Sime: Lise Meitner A life in Physics, Berkely, Los Angeles, London 1996 S. 347 u.f. Während der Drucklegung der Vorträge ist die deutsche Ausgabe erschienen. R. L. Sime: Lise Meitner. Ein Leben für die Physik, Übersetzt von D. Gerstner, Frankfurt am Main 2001.

[2] Nachlaß Lise Meitners, Churchill Archives Centre, Cambridge (im folgenden: MTNR) 5/22.

weiß, was werden soll. Dazu die deprimierte Stimmung der Chemiker: Seelmann, Götte etc., die nicht wissen, was sie ohne irgend eine Strahlungsquelle außer etwas Radium überhaupt noch tun sollen. Die Menschen in Deutschland sind jetzt halt alle labil, gereizt, oft ungerecht. Ihre Gedanken drehen sich darum, woher Kartoffeln, woher Heizung für den Winter herbeischaffen."

Noch vor Erhalt des Briefes schreibt Lise Meitner an Straßmann[3], am 2. November:

„... ich habe die Zeit unsere schönen Zusammenarbeit nicht vergessen. Es war mir in den schweren Jahren des Krieges immer ein Trost, daran zu denken, wie offen wir in Dahlem miteinander hatten sprechen können und wie völlig unbeeinflusst Sie von der unglücklichen Ideologie des Nazismus geblieben waren."

Einen Monat später stellte Straßmann Lise Meitner vor eine schwierige Entscheidung. Im seinem Brief vom 9. 12. schildert er die Schwierigkeiten mit Mattauch und dem sicher bald erfolgenden, neuen und langen Kuraufenthalt in der Schweiz. Dann heißt es:

„Ich habe nun lange mit Herrn Hahn, der meine Ansichten teilte, gesprochen bezüglich der Folgen, die ein solches Unglück für das Institut haben muß u. wird. Ich habe Herrn Hahn vorgeschlagen, Ihnen zu schreiben u. Sie zu fragen, ob Sie die Leitung des Instituts und der Physik übernehmen wollten. Herr Hahn war gleich mir überzeugt, daß das die beste Lösung für das Institut wäre, glaubte aber nicht, daß Sie einen solchen Vorschlag auch nur erwägen würden. Da ich ein Optimist bin, will ich es trotzdem tun u. hoffe nicht nur aus persönlichen sondern auch aus sachlichen Gründen auf einen positiven Erfolg."

Lise Meitner antwortet am 21.12. Nach einer Einleitung heißt es:

„Ihr lieber Brief hat mich aus vielen Gründen aufrichtig gefreut; die gute Erinnerung, die Sie unserer langjährigen Zusammenarbeit bewahrt haben und Ihre persönlich so freundschaftliche Einstellung bedeuten mir sehr viel. Glauben Sie mir bitte, ich habe oft, wenn ich über die deutschen Verhältnisse in der Hitlerzeit nahe der Verzweiflung war, an manche unserer Gespräche gedacht und darin eine gewisse Beruhigung und Hoffnung gefunden.

Die Frage, die Sie mir in Ihrem letzten Brief gestellt haben, ist sehr schicksalsschwer, und ich habe versucht, sie in allen ihren Konsequenzen durchzudenken. Danach scheint mir, daß, ehe ich mit gutem Gewissen eine Entscheidung treffen kann, ich etwas besser orientiert sein müßte, vor allem, wer die jetzigen Mitarbeiter der chemischen und physikalischen Abteilung sind. Ich sage ganz aufrichtig, daß, wenn die Anfrage nicht von Ihnen gekommen wäre, ich sie wirklich nur mit „Nein" hätte beantworten können, obwohl mich die Sehnsucht nach meinem alten Wirkungskreis niemals verlassen hat. Aber was ist von diesem Kreis noch übrig, und wie sieht es in den Köpfen der jüngeren Generation aus? Dazu kommt der Umstand, daß ich weder die Gabe noch die Neigung habe, Dinge nicht wissen zu wollen, weil sie bedrückend sind. Ich habe alle die schrecklichen Ereignisse, die das Hitlersystem mit sich gebracht hatte, sehr genau verfolgt und in ihren Gründen und Auswirkungen zu verstehen versucht, und das bedeutet, daß ich auch heute vermutlich zu manchen Problemen eine andere Einstellung habe, als die Mehrzahl der deutschen Freunde und Kollegen. Würden wir uns verstehen können? Und ein gegen-

---

[3] MTNR 5/16B.

seitiges menschliches Verstehen ist doch die unerläßliche Grundlage für ein wirkliches Zusammenarbeiten. Ich zweifele nicht an Ihnen, aber das genügt ja nicht?"

Am 10./12. Januar 1948 teilt Frau Meitner ihrer Freundin Eva von Bahr-Bergius[4] mit, daß sie gefragt wurde, ob sie bereit wäre, die Direktion des Kaiser-Wilhelm-Instituts zu übernehmen, das in Mainz neu aufgebaut werden soll.

„Ich habe vorläufig ausweichend geantwortet, ich glaube persönlich, daß ich nicht in Deutschland leben könnte. Nach allem, was ich aus den Briefen meiner deutschen Freunde sehe und von anderer Seite über Deutschland höre, haben die Deutschen immer noch nicht begriffen, was geschehen ist und alle Greul, die ihnen nicht persönlich widerfahren sind, völlig vergessen. Ich glaube, ich würde in dieser Atmosphäre nicht atmen können."

Hier wird von ihr eine Vorentscheidung klar niedergelegt.

Im April wird Frau Meitner an den Feierlichkeiten zum Gedenken an ihren verehrten Lehrer Max Planck in Göttingen teilnehmen. Sie schreibt deswegen am 23.3. 1948 an Hahn, daß sie lieber in einem Hotel untergebracht werden will, um fortzufahren:

„Und es gibt ja auch einige menschliche Probleme, die sich viel leichter lösen lassen, wenn ich etwas unabhängiger wohnen kann."

„Ganz nebstbei - wirklich ganz nebstbei - ist es für mich ein gewisses Problem in der K.W.G. sozusagen als Gast von Dr. Telschow zu wohnen. Ich zweifle nicht an seiner Tüchtigkeit und Nützlichkeit für die K.W.G., aber er hat u.a. die vom Hitlerismus dekretierte Minderwertigkeit der Frau so völig akzeptiert und in die Praxis umgesetzt, dass ich keinen großen Wert auf ein häufiges Zusammensein mit ihm lege."

Es muß in diesem Zusammenhang angemerkt werden, daß bei einem Wiedereintritt in die K.W. G. Frau Meitner wieder Herrn Telschow verwaltungsmäßig als Vorgesetzten haben würde.

Bei ihrem Besuch in Göttingen kommt es dann zu Gesprächen mit Mattauch, der vielleicht in die Schweiz gehen will, und Straßmann. Das Tagebuch Lise Meitners enthält nur die Zeit der Verabredung, jedoch keine Hinweise auf den Inhalt der Gespräche.

Am 26. 5. berichtet Hahn[5] Lise Meitner über seine Reise in die Schweiz, wo er mit Scherrer die Frage Mainz und Mattauch bespricht:

„.... wenn Mattauch sich entschliesst, die Berufung in die Schweiz anzunehmen, dann muß dies als endgültig angesehen werden und nicht nur als vorübergehend. Was mit dem Institut dann wird, weiß ich tatsächlich nicht. Ich möchte Dich aber doch noch einmal fragen, wie Du zu dem Angebot stehst, nach Mainz zu kommen. Ich wage nicht, Dir zuzureden, aber Herr Straßmann glaubt ja, daß er es verantworten könne, es zu tun. Ich wäre Dir sehr dankbar, wenn Du mir noch einmal kurz darüber schriebest."

Meitner[6] antwortet auf Hahns Brief am 6. Juni und teilt ihm mit, daß sie gehört hätte, Mattauch wolle für zwei Monate nach Schweden kommen.

---

4   MTNR 5/20.
5   MTNR 5/22.
6   MTNR 5/22.

„Jedenfalls glaube ich nicht, daß ich die Stelle in Mainz übernehmen kann. Ich habe wenig Angst vor den ungünstigen Lebensverhältnissen, aber sehr erhebliche Bedenken gegenüber der geistigen Mentalität. Alles, wo ich außerhalb der Physik anderer Meinung sein würde als die Mitarbeiter, würde sicher mit den Worten begegnet werden: Sie versteht natürlich die Verhältnisse nicht, weil sie Österreicherin ist oder weil sie jüdischer Abstammung ist. Ich habe diese Bedenken auch Straßmann gegenüber betont, und er hat nur mit der Wiederholung seiner Behauptung geantwortet, wie notwendig ich für das Institut wäre. Er hat also meine Bedenken nicht zu widerlegen gewagt. Das bedeutet, daß ich nicht mit dem Vertrauen der jüngeren Mitarbeiter rechnen könnte, das ich einmal besessen habe und das meiner Meinung nach immer - und heute noch besonders - die wichtigste Grundlage für eine gute Zusammenarbeit ist."

„Es würde ein ähnlicher Kampf werden, wie ich ihn in den Jahren 33 - 38 mit sehr wenig Erfolg geführt habe, und heute ist mir sehr klar, daß ich ein sehr großes moralisches Unrecht begangen habe, daß ich nicht 33 weggegangen bin, denn letzten Endes habe ich durch mein Bleiben doch den Hitlerismus unterstützt. Diese moralischen Bedenken bestehen ja heute nicht, aber meine persönliche Situation würde bei der allgemeinen Mentalität nicht sehr verschieden von der damaligen sein, und ich würde nicht wirklich das Vertrauen meiner Mitarbeiter haben und daher nicht wirklich von Nutzen sein können."

Hahn antwortet am 16. 6. mit einem zweiseitigen Brief. Er geht zuerst auf politisch-menschliche Probleme ein, die zwischen ihnen bereits mehrmals und unterschiedlich erörtert wurden. Auch spricht er ihre Meinungsverschiedenheiten an, ob er bei Interviews in Stockholm Lise Meitners Mitarbeit gewürdigt hat. Danach geht er auf ihren Brief ein:

„Du sprichst von dem Kampf, den Du in den Jahren 1933 bis 1938 mit sehr wenig Erfolg geführt hast. Worin bestand denn dieser Kampf? Hättest Du, wenn Du in unserer Lage gewesen wärst, anders gehandelt als so Viele von uns, nämlich notgedrungen Konzessionen zu machen und innerlich dabei unglücklich zu sein?"

Hahn gibt dann ein Beispiel des Verhaltens von Planck in der Akademie, erwähnt den Ausschluß Einsteins aus der Gesellschaft Deutscher Chemiker und ein Geschehnis bei der Abstimmung zum Anschluß Österreichs 1938.

Am Ende das Briefes heißt es dann:

„Wir alle wissen, daß Hitler für den Krieg verantwortlich ist und für das unsägliche Unglück in der ganzen Welt, aber es muß ja wieder einmal eine Art Verständnis auch für das deutsche Volk, gegen das die Alliierten nach ihrer immer wieder wiederholten Behauptung keinen Krieg geführt haben, in der Welt eintreten.

Sei nicht böse, daß ich so offen geschrieben habe. Es liegt mir sehr daran, daß wenigstens wir uns verstehen."

Lise Meitner fordert von Hahn, in einem Brief von ihrem Urlaub in Italien am 23. 7., nochmals eine Stellungnahme:

„Daß ich es niemals übel nehme, wenn Du aufrichtig schreibst, was Du denkst, brauche ich wohl nicht erst zu betonen. Ob ich Deine geäusserten Ansichten teile, ist natürlich eine andere Sache.

> An Deinem Brief ist mir aufgefallen, daß Du meine wegen Mainz geäußerten Bedenken mit keinem Wort berührt hast. Ich kann daraus nur schliessen, daß Du sie für berechtigt hältst."

Daß die Bedenken von Lise Meitner über den Antisemitismus sehr berechtigt waren, wir wissen es! War aber Hahn überhaupt in der Lage, eine Antwort darauf zu geben? Er als Präsident hatte keinen Kontakt zu den jüngeren Mitarbeitern in KWI für Chemie. Und wenn er ihn gehabt hätte, wie hätte er eine Antwort auf Lise Meitners Frage herausfinden können? Hätten ihm die Mitarbeiter offen gesagt, was sie denken, ob sie das nationalsozialistische Unrecht verurteilen oder nicht? Die Mitglieder der NSDAP Erbacher und Droste im alten Institut waren ausgeschieden. Doch muß man beachten, daß 1947 Lise Meitner[7] um sogenannte „Persilscheine" für Entnazifizierungsverfahren gebeten wurde. Das zeigte ihr die Unglaubwürdigkeit des Gesinnungswandels und die Absurdität der Entnazifizierung.

Hahn kommt erst während eines kurzen Urlaubs an der Weser am 12.8. dazu, zu antworten. Er gibt einen Überblick über seine letzten Aktivitäten für die MPG. Er antwortet ihr nur indirekt, da er erst über Mattauch berichtet:

> „Ich selbst habe mich, wie Du weißt, immer zurückhaltend gezeigt; weniger wegen der von Dir vermuteten event. Schwierigkeiten, als wegen der ganz ungewöhnl. Schwierigkeiten des Aufbaus des - meiner Meinung nach viel zu groß geplanten - Instituts und der ganzen Mainzer Situation. Mich drückt diese ganze Verlagerung. Tübingen wäre uns allen viel lieber gewesen; aber die Franzosen haben ihre ursprüngliches Versprechen rückgängig gemacht."

Nach einem längeren Aufenthalt in England, wo sie an Physiker-Tagungen teilnimmt und ihre Verwandten besucht hat, findet sie in Stockholm Hahns offizielle Bitte vor, „Auswärtiges Mitglied" in der Max-Planck-Gesellschaft zu werden, wie sie „Wissenschaftliches Mitglied" in der Kaiser-Wilhelm-Gesellschaft war. Sie ist dazu bereit und legt dem privaten Breif an Hahn „ein paar feierliche" Zeilen bei. Dann erwähnt sie, daß sie Mattauch in England mehrmals getroffen hat:

> „Auch ein persönliches Gespräch zwischen uns über die Stellung in Mainz war teilweise unangenehm, teilweise komisch. Er schien komischer Weise einen großen Wert darauf zu legen, mir (und auch anderen) auseinanderzusetzen, daß er nicht etwa mein Nachfolger war, sondern auch zur Zeit Deiner Direktorenschaft eine viel unabhängigere Stellung gehabt hat als ich, und daß er jetzt über Straßmann steht. Und als er im August noch nicht recht wußte, ob er nach Bern gehen sollte oder nicht, fing er plötzlich an, mir zu Mainz zuzureden und fügte hinzu, Straßmanns Vorschlag, mich statt Gentner nach Mainz zu haben, wäre doch sehr freundlich gegen ihn (Mattauch), denn eine Berufung von Gentner würde eine Rückkehr von Mattauch ausschließen, während mein Kommen nach Mainz doch nur ein paar Jahren Verzögerung für seine Rückkehr in diese Stellung bedeuten würde. Ich mußte wirklich aufpassen, um nicht zu lachen."

Fast genau ein Jahr nach ihrer ersten Antwort auf Straßmanns Anfrage, beendet sie die Angelegenheit in einem Brief vom 10.12., nachdem sie kurz auf Mattauchs Verhalten eingeht:

> „Aber, da ich ja, wie Sie wissen, schon vorher entschlossen war, nicht nach Mainz zu gehen - und Sie kennen ja auch meine Gründe - lagen die Dinge jedenfalls auf meiner Seite sehr einfach."

---

[7] MTNR 5/5.

In Gegenwart von Lise Meitner und Otto Hahn wird im Herbst 1956 das neue Institut in Mainz eingeweiht.

James Franck gegenüber bemerkt sie[8] im Brief vom 15.10. 1956 dazu:

„In Mainz ist das neue Institut teilweise wirklich schön, teilweise pompös - wie leider Vieles im heutigen Deutschland. Es ist sicher fünfmal größer als unser Institut war, ausgezeichnet eingerichtet für Spezialprobleme, aber sehr eng spezialisiert. In der physikalischen Abteilung fast nur Massenspektrographen für Präzisionsmessungen. Ich habe etwas Herzweh gehabt, als mich Mattauch durch die vielen Räume geführt hat. Ob nicht in einem Forschungsinstitute eine so weitgehende Spezialisierung vermieden werden konnte?"

Andererseits hat Max von Laue, der mit Lise Meitner den ganzen Krieg hindurch intensiv korrespondiert hatte, versucht sie zur Annahme der Mainzer Position zu überreden. Lise Meitner argumentiert in einem langen Brief vom 24.6.1948 Laue gegenüber:

"Und die sehr wesentliche Frage des Antisemitismus in Deutschland haben Sie außer Betracht gelassen."[9]

Aus dem erweiterten Quellenmaterial erkennt man, wie, außer der Hauptfrage des akuten und latenten Antisemitismus im Nachkriegsdeutschland, auch andere, recht verschiedene Gründe Lise Meitner wohl dazu bestimmten, nicht für dauernd nach Deutschland zurückzukehren, aber ebenso sieht man, wie Otto Hahn empfindet, daß er ihr, aus ganz realen Gründen, nicht zureden kann, den Posten anzunehmen, ja er ist behutsam bestrebt, sie von einer Zusage abzuhalten. In einem langen Streit wurde ihr die finanzielle Wiedergutmachung durch die Max-Planck-Gesellschaft[10] gewährt. Das führte nun endlich zur Sicherung des Lebensabends von Frau Meitner.

Heinrich Kuhn – Akademischen Freiheit ist eine zerbrechliche Blume – Wiedergutmachen kann man eigentlich nichts

Das Leben Heinrich Kuhns[11] wird nur sehr wenigen Anwesenden bekannt sei. Ich werde daher zuerst einige wichtige Lebensdaten mitteilen: Er wurde 1904 in Breslau geboren, sein Vater war Rechtsanwalt. 1922 begann Heinrich Kuhn mit dem Studium der Chemie in Greifswald. 1924 legte er das erste chemisches Verbandsexamen, entsprechend der heutigen Diplomvorprüfung, ab. Im selben Jahr ging er zur Vertiefung des Studiums im Fach Physik nach Göttingen. Die Dissertation machte er bei James Franck über „Absorptionsspektrum und Dissoziationswärme von Halogenen" 1925/26. Er war ab Sommersemester 1927 außerplanmäßiger

---

8 MTNR 5/5 James Franck.
9 Lise Meitner - Max von Laue Briefwechsel 1938-1948. Hrsg. Jost Lemmerich, Berlin 1998, S. 518.
10 MTNR 5/8 Julius Heppner.
11 Biogr. Mem. Fell. Roy. Soc. Vol.42 1996 S. 119; Georg-August Universität Göttingen, Archiv, 4 V C 345 (neue Signatur); A. Szabó: Vertreibung - Rückkehr - Wiedergutmachung Göttinger Hochschullehrer im Schatten des Nationalsozialismus, Göttingen 2000.

Assistent mit einen Stipendium von der Notgemeinschaft, das immer wieder verlängert wurde und bis 1934 gehen sollte. Er habilitierte sich und erhielt die venia legendi 1931. Er heiratete 1931 die Tochter Marie Bertha des Pädagogik Professors Hermann Nohl.
Franck schreibt im Stipendienantrag von 1932:

„...Herr Kuhn zu den begabtesten Experimentalphysikern, die mir seit Jahren vorgekommen sind. ....Im Unterricht, Praktikum und Vorlesung leistet er ausgezeichnetes."

Drei wichtige Veröffentlichungen tragen Francks und Kuhns Namen. Bald nach der Machtübernahme durch die Nazis werden Kuhns Vorlesungen gestört. Die Kollegen fordern ihn auf, die Vorlesungstätigkeit aufzugeben, sie wünschen keine Unruhe an der Universität.

Pohl schreibt, in Vertretung für Franck, der sein Amt niedergelegt hatte, am 24.7.1933 an den Kurator: „ ...teilt ergebenst mit, daß Dr. Heinrich Kuhn auf seinen Wunsch am 31.7. seine außerplanmäßige Assistentenstelle niederlegt."

Die Entpflichtung durch den Preussischen Minister für Wissenschaft, Kunst und Volksbildung trägt das Datum vom 11. 9. 1933 und gibt als Grund das Gesetz zur Wiederherstellung des Berufsbeamtentums an.

Lindemann, Professor in Oxford, ein Schüler von Nernst, besucht deutsche Universitäten, um hochqualifizierte Physiker für England zu gewinnen. Er sucht auch Franck in seiner Wohnung auf, der ihm Kuhn vorstellt und empfiehlt. So kommt Kuhn nach Oxford. Aber die Nachwirkungen der Wirtschaftskrise trafen auch in England die Universitäten. Kuhns müssen von jeweils befristeten Stipendien leben. Eine Altersversorgung ist erst nach 1945, als Kuhn endlich eine planmäßige Assistentenstelle erhält, möglich. Diese Stellung führt 1955 zu einer außerplanmäßigen Professur. Wissenschaftlich ist er auf dem Gebiet der hochauflösenden Spektroskopie außerordentlich erfolgreich tätig. Seine Lehrbefähigung wird sehr hoch geschätzt.

Am 3.4.1947 schreibt der Dekan der Mathematisch-Naturwissenschaftlichen Fakultät der Universität Göttingen Professor Arnold Eucken[12] an Heinrich Kuhn:

„Sehr geehrter Herr Kollege,

vor etwa Jahresfrist, als noch keine direkte Postverbindung zwischen Deutschland und dem Auslande bestand, hatte es die englische Militärregierung übernommen, den 1933 oder später aus politischen Gründen ausgeschiedenen Mitgliedern des Lehrkörpers der Universität Göttingen die Nachricht zu übermitteln, daß die Fakultät nach Aufhebung der Verfügungen des ehemaligen Reichserziehungsministeriums die alten Rechte dieser Kollegen grundsätzlich wieder in vollem Umfange als hergestellt betrachten. Gleichzeitig sollte unserem Wunsche Ausdruck gegeben werden, die betreffenden Herren möchten, soweit es die Verhältnisse irgend gestatten, zur Wiederaufnahme ihrer Lehrtätigkeit nach Göttingen zurückkehren.

Während uns von einer Anzahl Kollegen (wieder durch Vermittlung der englischen Militärregierung) Antworten auf diese Mitteilung, bzw. Anfrage zugingen, fehlt bisher von Ihnen der erwartete Bescheid. Möglicherweise ist das fragliche Schreiben der englischen Militärregierung überhaupt nicht in Ihre Hände gelangt. Auch halten wir es nicht für ausgeschlossen, daß in dem Schreiben der Militärregierung der Wunsch der Fakultät, Ihnen durch Wiederanerkennung Ihrer venia legendi wenigstens ein schwaches Aequivalent

---

12 Weder der Brief von A. Eucken an H. Kuhn, noch die Antwort Kuhns an Eucken ist den den Akten des Dekans zu finden.
Frau Marielle B. Kuhn war so liebenswürdig, Kopien der beiden Brief aus dem Nachlaß von Professor Kuhn zur Verfügung zu stellen, wofür ich sehr herzlich danke.

für das Ihnen zugefügte Unrecht anzubieten, nicht in ausreichendem Maße zu Ausdruck gekommen ist. Sollte ein solcher Eindruck bestehen, bitte ich Sie, versichert zu sein, daß er auf einem durch die gesamte Sachlage bedingten Mißverständnis beruht. Auf alle Fälle würde die Fakultät es mit Freude begrüßen, wenn die unmittelbaren Beziehungen zu Ihnen wieder aufgenommen würden und wenn Sie die Freundlichkeit hätten, uns mitzuteilen, ob Sie grundsätzlich bereit wären, nach Göttingen oder an eine andere deutsche Universität zurückzukehren, falls Ihnen eine Ihrer gegenwärtigen Position entsprechende Stellung angeboten wird.

Mit bester kollegialer Begrüßung

Ihr ergebener A. Eucken"

Der Brief enhält noch einen kurzen handschriftlichen Gruß von Eucken.

Wie aus Euckens Brief ersichtlich ist, war der Brief an Heinrich Kuhn an das Trinity College der Universität Bristol adressiert. Der Fakultät war eigenartigerweise nicht bekannt, daß Heinrich Kuhn in Oxford lebte. Es wohnte jedoch Kuhns Schwiegervater, Professor Hermann Nohl noch in Göttingen, so daß man sehr einfach die Adresse von Kuhn hätte erfragen können. Warum das unterblieb, ist unklar.

Heinrich Kuhn ging der „venia legendi" nach 1933 verlustig, da er ja nicht mehr in Göttingen seiner Pflicht als Privatdozent nachkommen konnte. Die Fakultät läßt es dann völlig offen, welche Art von akademischem Posten sie dem Kollegen Kuhn anbietet, anbieten will.

Heinrich Kuhn antwortet am 4.6.1947:

„Sehr geehrter Herr Professor Eucken,

Ihr Schreiben vom 3.4.1947 erreichte mich erst heute. Die Verzögerung ist anscheinend durch die falsche Adresse entstanden. Die in Ihrem Schreiben erwähnte Mitteilung der Militär-Regierung habe ich, vielleicht aus dem gleichen Grunde, nie erhalten.

Ich habe schon seit 1939 die Britische Staatsangehörigkeit angenommen, und auch in anderen Beziehungen, persönlicher und beruflicher Art, sind meine und meiner Familie Bindungen an England so stark, dass es für uns nicht in Betracht kommt, für dauernd nach Deutschland zurückzukehren.

Hingegen hoffe ich, einmal aus privaten Gründen Göttingen zu besuchen, und gern würde ich dann einige der alten Beziehungen zu Fachkollegen wieder aufnehmen.

Überhaupt hoffe ich, dass die Beziehungen der deutschen Wissenschaft mit dem Auslande bald wieder aufgenommen werden.

Mit besten Grüßen

Ihr ergebener"

Heinrich Kuhn kam dann gelegentlich nach Deutschland und besuchte auch Göttingen.. Am 9. Mai 1955 stellte Kuhn dann einen Antrag auf Wiedergutmachung[13]. Das Niedersächsische Kultusministerium teilte ihm umgehend mit, daß der Entzug der Lehrerlaubnis „nicht unter die Schädigungstatbestände der Wiedergutmachung nationalsozialistischen Unrechts" fällt, aber in einer Novellierung aufgenommen werden soll. Sie wurde am 23.12 1955 verkündet. Am 3.2. 1956 wird Kuhn mitgeteilt, das sein Antrag dem Universitätskurator zugeleitet worden ist. Der Text von Kuhns Antrag ist in den überlieferten Akten nicht enthalten, aber man kann rekonstruieren, daß er beantragt hat, ihm die Rechtsstellung eines ordentliche Pro-

---

[13] Vgl. MTNR 5/8 Julius Heppner sowie den Beitrag von A. Szabó im vorliegenden Band.

fessors seit 1939 zu gewähren. Dazu können die Gutachten von Max Born und Richard Pohl verwendet werden. Born schreibt, daß er Kuhn näher kennen lernte, als der eine experimentelle Optikvorlesung abhielt, die parallel zu seiner Vorlesung über die Theorie der Optik stattfand.

Das Ministerium mahnt bei der Universität die Erledigung des Vorgangs am 23. Mai an.

Das Niedersächsische Kultusministerium teile dem Universitätskurator am 2.9. 1957 mit, daß dem Antrag stattgegeben wird und Kuhn 1939 ein Ordinariat erhalten hätte. Die Wiedergutmachungs-Zahlungen sollen dann rückwirkend vom 1.1.1954 laufen. Er erhält 100% Versorgungsbezüge.

Kuhn klagt dann noch bei dem Landesverwaltungsgericht Hannover die Führung des Titels ord. Prof. em. ein, aber die Klage wird kostenpflichtig am 27.11.1958 abgewiesen. Auch eine Berufung hat keinen Erfolg.

Ein materielle Wiedergutmachung kann selbstverständlich nie das ersetzen, was ein Vertriebener an den ideelle Werten, Verwandte, Freunde, Heimatgefühl verliert, aber auch kein Äquivalent sein für die Ängste und Sorgen, die auf ihm in der Emigration lasten.

ANIKÓ SZABÓ

Re-Emigration und Wiedergutmachung
Die Ordinarien Max Born und James Franck

Ehe über Max Born und James Franck berichtet wird, sollen zunächst einige Darlegungen über die Rückberufungs- und Entschädigungspolitik erfolgen. Skizziert wird die grundsätzliche Einstellung der Professoren in Deutschland gegenüber einer Berufung von Emigranten in der unmittelbaren Nachkriegszeit; des weiteren wird die Gesetzgebung dargestellt, die seit 1951 die Möglichkeit bot, eine juristische Wiedergutmachung an ehemals verfolgten und emigrierten Hochschullehrern zu leisten.

Die Rückberufungsfrage

Die Professoren in Deutschland wollten nach 1945 die Universitäten frei von Einflüssen des Staates und damit auch der Militärregierung halten. Nachdem sie jahrelang den Eingriffen der Nationalsozialisten ausgesetzt waren, wünschten sie sich die Hochschulautonomie als zentrale Grundlage ihrer Hochschulverfassung zu etablieren. Dabei stellte sich bald heraus, daß ihre Wünsche weit über das in der Weimarer Zeit Erreichte hinausging.[1]
   Auch in der Berufungspolitik verlangten die Professoren freie Entscheidungsgewalt. Sie wollten ihre künftigen Kollegen berufen und die sollten sich durch wissenschaftliche Kompetenz auszeichnen. So war die Stimmung auf den Nordwestdeutschen Hochschulkonferenzen, die gemeinsam mit den Vertretern der britischen Militärregierung stattfanden, nicht immer ungetrübt. Diese forderten, sich verantwortlich gegenüber den ehemals verfolgten und emigrierten Hochschullehrern zu zeigen, und ihnen ihre vormaligen Ämter anzubieten.
   Auf der ersten Hochschulkonferenz am 24./25. September 1945 in Göttingen wurde ein Beschluß gefaßt, der die Rückberufung und Rehabilitierung der Emigranten zum Thema hatte. Er sollte eine „solidarische Ehrenpflicht aller deutschen Hochschulverwaltungen, Hochschulen und Fakultäten" sein.[2] Schaut man sich aber den genauen Wortlaut dieses Beschlusses an, muß man doch ein wenig an seiner Glaubwürdigkeit zweifeln. Der Beschluß sah vor, den entlassenen und emigrierten Hochschullehrern in — wie es hieß — „allen geeigneten Fällen" den Status des Hochschullehrers wieder anzuerkennen. Bei „akademischer Verwendbarkeit" — so

---

[1] F. Pingel: Wissenschaft, Bildung und Demokratie — der gescheiterte Versuch einer Universitätsreform, in: Josef Foschepoth und Rolf Steiniger: Die britische Deutschland- und Besatzungspolitik 1945-1949, Paderborn 1985, S. 186f.
[2] M. Heinemann: Nordwestdeutsche Hochschulkonferenzen. Hildesheim 1990, Teil I, S. 70.

wurde erklärt — sollten sie ihr Amt zurückerhalten, dagegen würden sie bei — so wurde es ausgedrückt — „verminderter akademischer Verwendbarkeit" emeritiert und finanziell versorgt. „Gegebenenfalls" — so wurde vage formuliert —, sollten ihnen ihre früheren Stellen freigehalten werden.³ Die Professoren in Deutschland wollten entscheiden, wer von den Emigranten die wissenschaftliche Reputation besaß, als aktive Lehrkraft wieder in den Lehrkörper integriert zu werden. Eine politische Verantwortung gegenüber ihren Kollegen, deren Vertreibung sie in der Regel selbst miterlebt hatten, wurde mit diesem Argument abgewehrt. Die Briten mußten auf dieser wie den weiteren Hochschulkonferenzen erkennen, wie sehr die Diskussionen von Ausflüchten geprägt war, wenn es um die Rückberufung der Emigranten ging.

Die Probleme in Deutschland erschien den Hochschullehrern dringender. Und dazu gehörten die vielen heimatvertriebenen, geflüchteten und von der Entnazifizierung betroffenen Kollegen. Für sie engagierten sich die Professoren in weit größerem Maße. Deren Sorgen und Nöte hatten sie direkt vor Augen und dies verdrängte die der Emigranten.⁴ Die Vorstellungen der Briten, sich um die Emigranten zu bemühen und mit ihnen einen demokratischen universitären Neuanfang zu versuchen, setzten sich nicht durch. Die Militärvertreter drängten zwar, die emigrierten Professoren zurückzuberufen, doch lag die Umsetzung in der Entscheidungsgewalt der Universitäten. Eine generelle Verpflichtung der Universitäten, die emigrierten Hochschullehrer wieder aufzunehmen, gab es nicht. Entsprechend gering war die Zahl der Remigranten.

Die juristische Wiedergutmachung

Den ehemals verfolgten Beamten, und damit auch den Hochschullehrern, eine Entschädigung für in der NS-Zeit erlittene berufliche Nachteile zu bieten und sie finanziell zu versorgen, versprach das „Gesetz zur Regelung der Wiedergutmachung nationalsozialistischen Unrechts für Angehörige des öffentlichen Dienstes" (BWGöD).⁵ Am 11. Mai 1951 wurde das Gesetz verkündet. Die ehemals Verfolgten, die dem öffentlichen Dienst angehört hatten, waren gesetzlich besser gestellt als diejenigen, die nach dem Bundesergänzungsgesetz, dem späteren Bundesentschädigungsgesetz (BEG), anspruchsberechtigt waren.⁶

Warum gab es nun diese unterschiedliche Entschädigungsregelungen? Der maßgebliche Grund, eine separate Entschädigungsregelung für ehemals Verfolgte zu erlassen, die dem öffentlichen Dienst angehört hatten, war das Ausführungsgesetz zum Artikel 131 des Grundgesetzes, das auch am 11. Mai 1951 verkündet wurde. Es regelte gleichfalls die Versorgung und Unterbringung von Angehörigen des öffentlichen Dienstes. Unter das Gesetz fielen verschiedene Personengruppen des öffentlichen Dienstes wie Flüchtlinge, Vertriebene, ehemalige Soldaten, aber auch diejenigen, die von den Entnazifizierungsbestimmungen betroffen waren. Die Zuordnung dieser heterogenen Gruppen zu einem Gesetz war politische Strategie. Personen mit politisch belasteter Vergangenheit, vor allem die gesellschaftlichen Eliten, er-

---

3   Beschluß der Hochschulkonferenz Göttingen, 26./27.9.1945, in: M. Heinemann, Nordwestdeutsche Hochschulkonferenzen ... a.a.o., S. 549.
4   Der weitere Beschluß der ersten Hochschulkonferenz in Göttingen rief dazu auf, eine Unterstützungskasse für notleidende Hochschullehrer einzurichten. M. Heinemann, Nordwestdeutschen Hochschulkonferenzen ... a.a.o., S. 549.
5   § 1 BWGöD vom 11.5.1951, in: BGBl. I vom 12.5.1951, S. 291. Das BWGöD wurde am 5.4.1951 im Bundestag verabschiedet, am 11. Mai verkündet und trat mit Wirkung vom 1.4.1951 in Kraft.
6   BErgG vom 18.9.1953, in: BGBl. I vom 21.9.1953, S. 1387-1408.

hielten Stellungen und Versorgungsbezüge und damit nicht unwesentliche Funktionen in der bundesrepublikanischen Gesellschaft. Die zeitgleiche Verabschiedung des „131er-Gesetzes" und des Wiedergutmachungsgesetzes, das BWGöD, war ein symbolischer Akt der politischen Symmetrie. Es wäre politisch nicht vertretbar gewesen, für die Versorgung der nichtverfolgten, insbesondere der politisch belasteten Bediensteten zu sorgen, nicht aber für die Verfolgten.[7] Die Gesetzgebung für die ehemaligen Angehörigen des öffentlichen Dienstes, die in der NS-Zeit emigriert waren, das BWGöD(Ausland), wurde aber fast ein Jahr danach, am 18. März 1952 erlassen.[8] Und das schon angesprochene Bundesentschädigungsgesetz (BEG) wurde noch später, nämlich am 18. September 1953, verabschiedet. Die zeitliche Abfolge der Gesetzesverkündungen ist ein weiteres Indiz dafür, daß vornehmlich die Interessen der Gruppen von zentraler Bedeutung waren, die unter das sogenannte „131er—Gesetz" fielen. In dieser Hinsicht bekommt das Wiedergutmachungsrecht für die ehemaligen Angehörigen des öffentlichen Dienstes (BWGöD) eine Alibifunktion.[9]

Der finanzielle Unterschied, ob ein Betroffener eine Entschädigung nach dem Bundesentschädigungsgesetz (BEG) oder dem BWGöD erhielt, war immens. Deshalb standen die Wiedergutmachungsberechtigten nach dem BWGöD im Fokus zweier verschiedener Perspektiven. Während die Verfolgtengruppen, die nach dem Bundesentschädigungsgesetz (BEG) anspruchsberechtigt waren und häufig nur gering, in vielen Fällen überhaupt nicht entschädigt wurden, deren ungeheure Privilegierung sahen, waren die Verfolgten des öffentlichen Dienstes gegenüber den „131er" in vielen Punkten benachteiligt; z. B. bei der Wiedereinstellung, der Dauer der Verfahren, bei der verspäteten Angleichung von Regelungen des BWGöD an vergleichbare des „131-Gesetzes".

Die Anspruchsberechtigung nach dem BWGöD bezog sich auf die (ehemalige) Zugehörigkeit zum öffentlichen Dienst. Dies führt zu einer zentralen Problematik in der Gesetzespraxis. Denn die Definition, welche Arbeitsverhältnisse dem öffentlichen Dienst zuzuordnen waren, wurde erst sukzessive, häufig durch langwierige Klageverfahren erstritten. Da das BWGöD in der Fassung von 1951 ausschließlich die Bediensteten des öffentlichen Dienstes berücksichtigte, waren alle Hochschullehrer, die in keinem dienstrechtlichen Verhältnis zu einem öffentlichen Arbeitgeber gestanden hatten, nicht nach diesem Gesetz anspruchsberechtigt. Dies betraf den Kreis der nichtbeamteten außerordentlichen Professoren, Privatdozenten und Honorarprofessoren. Sie waren von dem Wiedergutmachungsgesetz ausgeschlossen, obwohl ihnen der NS-Staat im Mai 1933 ihre Lehrberechtigung aufgrund der Bestimmungen des Gesetzes zur Wiederherstellung des Berufsbeamtentums entzogen hatte. Ihre Verfolgung war somit — auch formal — eindeutig nachzuweisen.[10]

Erst nach Verabschiedung des Dritten Änderungsgesetzes vom 23. Dezember 1955 wurde ihnen eine Anspruchsberechtigung zugestanden. Zum einen wurde der Tatsache Rechnung getragen, daß nichtbeamtete Hochschullehrer genauso wie beamtete von den nationalsozialistischen Verfolgungsmaßnahmen betroffen waren. Zum anderen berücksichtigte man, daß sie

---

7 O. Gnirs: Die Wiedergutmachung im öffentlichen Dienst, in: H. Finke, O. Gnirs, G. Kraus, A. Pentz (Hg.): Entschädigungsverfahren und sondergesetzliche Entschädigungsregelungen, München 1987, S. 266.

8 BWGöD(Ausl.) vom 18.3.1952, BGBl. I S. 137ff.

9 C. Goschler: Wiedergutmachung. Westdeutschland und die Verfolgten des Nationalsozialismus 1945-1954, München 1992, S. 240f.

10 Noch am 23. Oktober 1953 verneinte das Hamburger Oberverwaltungsgericht die Anspruchsberechtigung der nichtbeamteten außerordentlichen Professoren und Privatdozenten. Hauptstaatsarchiv Hannover (im folgenden: HstAH), Nds. 50, Acc. 96/88, Nr. 173, kommentierender Vermerk der Nds. Staatskanzlei zum Entwurf des Dritten Änderungsgesetzes, 25.10.1954. G. Anders: Gesetz zur Regelung der Wiedergutmachung nationalsozialistischen Unrechts für Angehörige des öffentlichen Dienstes. 2. neub. u. verm. Aufl., Köln; Berlin 1956, S. 87 Anm. 12.

„ohne Schädigung" wie alle Hochschullehrer durch die Reichshabilitationsordnung vom 17. Februar 1939 zum Beamten auf Widerruf ernannt worden wären.[11] Der Entzug der Lehrberechtigung wurde endlich als „Schadenstatbestand" einbezogen (§ 5 Abs. 1 Nr. 4 BWGöD). Damit wurden die nichtbeamteten Professoren und Privatdozenten den anderen ehemals verfolgten Professoren gleichgestellt, sofern sie nachweisen konnten, sie wären voraussichtlich hauptamtlich Hochschullehrer geworden.[12] Danach wurde ihnen eine Entschädigungsleistung zugesprochen, die sich nach ihrer akademischen Karriere richtete bzw. nach einer fiktiv erstellten Karriere angenommen wurde. Anhaltspunkte einer fiktiven Karriere waren, ob der ehemals Verfolgte an einer ausländischen Hochschule tätig war, ob er publiziert und geforscht hatte und er Anerkennungen erhalten hatte. Damit die Sachbearbeiter der Wiedergutmachungsverfahren die Karriere einschätzen konnten, wurden Gutachten der entsprechenden Fakultät eingeholt.[13]

Angesichts eines Verfolgtenschicksals erscheint es mehr als problematisch, die Höhe einer Entschädigung nach der „angenommenen akademischen Laufbahn", nach dem Leistungsprinzip zu bestimmen. Dem Gedanken der Wiedergutmachung widerspricht es allemal, weil es im scharfen Kontrast zu der individuell erlittenen Tragik eines Verfolgten durch seine Vertreibung stehen konnte. Die durch die politische Ausgrenzung *Gescheiterten* konnten schwer den Nachweis erbringen, ob sich der Verlauf ihrer Karriere „ohne die Schädigung" erfolgreich gestaltet hätte. Nicht selten erfuhren die Hochschullehrer durch die Verfahren eine abermalige Demütigung.

Brisant bei den Verfahren ist außerdem, daß die Professoren, die — wenngleich im unterschiedlichem Ausmaß — mit den Nationalsozialisten kooperiert hatten, als Gutachter die Macht erhielten, die mutmaßliche Laufbahn des ehemals verfolgten Hochschullehrers zu beurteilen und damit über die Höhe der Wiedergutmachung zu bestimmen. Ihre Gutachten beeinflußten im wesentlichen die Entscheidung, ob ihm die Rechtsstellung und das Ruhegehalt eines ordentlichen, außerordentlichen oder außerplanmäßigen Professors zuerkannt wurde.

Die Ordinarien Max Born und James Franck — Rückkehr und Wiedergutmachung

Die oben geschilderten Probleme bei der juristischen Wiedergutmachung hatten Max Born und James Franck als beamtete ordentliche Professoren nicht. Auch besaßen sie als weltberühmte und hochangesehene Physiker die Reputation, die für die Professoren in Deutschland der Maßstab war, um für eine Berufung in Aussicht genommen zu werden. Außerdem besaßen sowohl Max Born und James Franck internationale Kontakte, die einer deutschen Universität nach 1945, nach den Jahren der wissenschaftlichen und geistigen Isolation, von großem Nutzen sein konnte.

---

[11] Reichshabilitationsordnung vom 17.2.1939, in: DWEV 1939, Amtlicher Teil, S. 126-135, hier S. 126. Vgl. auch die Ausführungen in: HStAH, Nds. 50, Acc. 96/88, Nr. 173, kommentierender Vermerk der Nds. Staatskanzlei zum Dritten Änderungsgesetz, 25.10.1954.
[12] § 21b BWGöD vom 23.12.1955, in: BGBl. I S. 827, siehe G. Anders: Gesetz zur Regelung, S. 257ff.
[13] Vgl. Kommentar zu § 21b BWGöD, in: G. Anders: Gesetz zur Regelung, S. 259.

Max Born

Der Physiker Max Born hatte 1933 wegen seiner „jüdischen Abstammung" Deutschland verlassen müssen und emigrierte nach Großbritannien. Ende März 1935 wurde Born von der Universität Göttingen entpflichtet. Erst nachdem ihm am 9. November 1938 die deutsche Staatsangehörigkeit aberkannt worden war, verlor er durch einen ministeriellen Erlaß vom 20. Mai 1939 nach § 51 des Deutschen Beamtengesetzes seinen Beamtenstatus und seine Titel.[14]

Über eine Rückberufung Borns durch die Göttinger Fakultät ist — ebenso wie bei Franck — nichts genaues bekannt. Offenbar war die Göttinger Fakultät nicht abgeneigt, ihnen eine Professur anzubieten. Jedenfalls wurde dies von ihr 1946 gegenüber der Militärregierung zum Ausdruck gebracht. Ein Schriftwechsel zwischen der Fakultät und Born bzw. Franck ist aber nicht überliefert. Das erste nachweisliche Bemühen um Max Born setzte im Jahr 1949 ein, als die Mathematisch—Naturwissenschaftliche Fakultät einen Antrag beim Niedersächsischen Kultusministerium stellte, die emigrierten Professoren zu emeritieren. Daraufhin erhielt Born durch den Erlaß des Niedersächsischen Kultusministeriums vom 15. August 1949 die Rechte eines entpflichteten Professors wieder zugesprochen und ihm wurde genehmigt, seinen Wohnsitz in England zu behalten.[15] Damit war die Rechtsfolge des § 51 des Deutschen Beamtengesetzes aufgehoben, durch die Born nach seiner Ausbürgerung den Beamtenstatus und seine Titel verloren hatte.

Born besuchte mit seiner Frau im September 1948 das erste Mal Deutschland, als ihm in Clausthal-Zellerfeld die Max-Planck-Medaille verliehen wurde. Von dem Zeitpunkt an besuchte das Ehepaar Born regelmäßig Deutschland.[16] Fünf Jahre nach dem ersten Besuch wurde Max Born im Jahr 1953 auf der 1000-Jahrfeier der Stadt Göttingen die Ehrenbürgerschaft verliehen; mit ihm anderen, ehemals verfolgten Professoren: dem Pädagogen Herman Nohl, dem Mathematiker Richard Courant und schließlich auch James Franck. Nach der Feier in Göttingen suchten sich Hedwig und Max Born ein Haus in Bad Pyrmont aus, das ihnen nach seiner Emeritierung in Schottland als Altersruhesitz dienen sollte. Wieder in Edinburgh berichtete Born am 29. September 1953 Albert Einstein über seine Pläne. Er schrieb:

> „Das Leben in Deutschland ist wieder recht angenehm, die Leute sind gründlich zurechtgeschüttelt — jedenfalls gibt es viele feine, gute Menschen. Wir haben keine Wahl, weil ich dort eine Pension habe, hier nicht." [17]

Der Plan von Born, nach Deutschland zurückzukehren, rief bei Albert Einstein scharfe Kritik hervor.[18] Einstein verstand und billigte den Entschluß seines Freundes nicht, in — wie er es drastisch ausdrückte — das „Land der Massenmörder"[19] zurückzukehren. Born kommentierte später seinen Entschluß:

> „Während des Krieges und für einige Zeit danach, besonders als die Greuel von Auschwitz, Buchenwald, Belsen etc. bekannt wurden, waren wir derselben Meinung. Dann

---

[14] HStAH, Nds. 401, Acc. 112/83, Nr. 985, Vermerk über die Emeritierung der emigrierten Professoren an der Göttinger Math. Nat. Fak., 18.11.1949.
[15] HStAH, Nds. 401, Acc. 112/83, Nr. 985, Vermerk über die Emeritierung der emigrierten Professoren an der Göttinger Math. Nat. Fak., 18.11.1949.
[16] A. Einstein, H. und M. Born: Briefwechsel 1916-1955. Kommentiert von M. Born. Geleitwort von B. Russell. Vorwort von W. Heisenberg, München 1969, S. 261.
[17] A. Einstein, H. und M. Born: Briefwechsel ... a.a.o., S. 258.
[18] A. Einstein an M. Born am 12.10.1953, in: A. Einstein, H. und M. Born: Briefwechsel ... a.a.o., S. 266.
[19] Einstein an Born, 12.10.1953, in: A. Einstein, H. und M. Born: Briefwechsel ... a.a.o., S. 259.

aber, als wir die Verbindung mit Verwandten und Freunden in Deutschland wieder aufnahmen, begann die Sache anders auszusehen. Viele von ihnen hatten Furchtbares erlebt und erlitten. Meine Frau suchte zu helfen, soviel sie bei der Knappheit in Großbritannien konnte. Im Jahre 1953 lief meine Anstellung in Edinburgh ab. Daß ich keine ausreichende Altersversorgung zu erwarten hatte, ist nicht, wie Einstein meinte, eine Folge der ‚Schottischen Sparsamkeit'; in ganz England wie in Schottland gibt es keine Pensionen für Professoren, sondern nur eine Zwangsversicherung, deren Ertrag von der Dienstzeit abhängt. Dieses war in meinem Falle zu kurz; mein Einkommen wäre weniger als das eines ungelernten Arbeiters gewesen. Dazu kam, daß das rauhe Klima Schottlands für einen dort nicht Aufgewachsenen schwer erträglich ist. ... Inzwischen war ich als Professor Emeritus in Göttingen wieder eingesetzt worden, mit vollem Gehalt. Erst viel später wurde bestimmt, daß dies auch im Ausland gezahlt werden könnte."[20]

Neben den emotionalen Gründen wie der Verbundenheit zu Land und Leuten, hatte die Rückkehr also sehr existentielle Gründe. So war die finanzielle Alterssicherung ausschlaggebend für die Rückkehr nach Deutschland. In seinem Emigrations- und Exilland Großbritannien bekam er seine deutsche Pension — immerhin noch im Jahr 1953 — nicht ausgezahlt. Hinzu kam das Klima in Edinburgh, das ihm, der unter Asthma litt, immer wieder schwer zu schaffen gemacht hatte.[21] Die Auswahl des Rückkehrortes Bad Pyrmont begründete sich aus der Lebensgeschichte des Ehepaares Born, doch nannte Born als weiteren Grund die räumliche Nähe zu Göttingen.[22] Born kam nach Deutschland zurück und blieb der Universität Göttingen nicht nur als emeritierter Professor verbunden. Born erhielt noch im Jahr 1954 für seine Forschungen zur Quantenphysik, die er bereits 1926 entwickelt hatte, gemeinsam mit Walter Bothe den Nobelpreis. Er war aktiv in der Antiatombewegung und gehörte im April 1957 zu den achtzehn Atomwissenschaftlern, die den Göttinger Aufruf gegen Atomwaffen und nukleare Aufrüstung der Bundesrepublik unterzeichneten.[23] Born starb am 5. Januar 1970 in Göttingen. Einen Antrag nach dem BWGöD hatte Born nie gestellt. Als er nach Deutschland zurückkehrte, erhielt er die beantragte Soforthilfe für Rückwanderer nach dem Bundesentschädigungsgesetz (BEG) in Höhe von 6000,— DM.[24]

James Franck

Der jüdische Nobelpreisträger James Franck war am 17. April 1933 aus Protest gegen die Politik der Nationalsozialisten von seinem Amt zurückgetreten und schließlich in die USA emigriert. Im Gegensatz zu Born beantragte James Franck Wiedergutmachung. Doch gab es enorme Verzögerungen, bis das Wiedergutmachungsverfahren von James Franck abgeschlossen war.

Zunächst soll aber sein Standpunkt zu einer Rückkehr nach Deutschland dargelegt werden. Wie bereits angemerkt, lassen sich wie bei Born auch im Falle Francks Rückberufungsbe-

---

20 A. Einstein, H. und M. Born: Briefwechsel ... a.a.o.,, S. 260f.
21 Vgl. dazu die Autobiographie. Max Born: Mein Leben, München 1975.
22 A. Einstein, H. und M. Born: Briefwechsel ... a.a.o., S. 260f.
23 J. Lemmerich: Der Luxus des Gewissens, Max Born. James Franck. Physiker ihrer Zeit. Ausstellungskatalog, Berlin 1982, 166f..
24 HStAH Nds. 110W, Acc. 84/90, Listennr. 474/21, Aktz. 135216.

mühungen der Göttinger Fakultät nicht eindeutig belegen. Bekannt ist aber, daß Franck im September 1947, dem Jahr seiner Emeritierung in den Vereinigten Staaten, einen Ruf von der Universität Heidelberg erhielt. Für ihn bedeutete dieses Angebot ganz offensichtlich eine starke innere Auseinandersetzung. Schließlich lehnte er den Ruf ab, doch war es ihm sehr wichtig, der Verwaltung und den Mitgliedern der Universität Heidelberg die genauen Gründe mitzuteilen. Dieses Schreiben gibt die komplexen Überlegungen eines Emigranten wieder, die *gegen* eine Rückkehr nach Deutschland sprachen.

Es gab drei zentrale Argumente, mit denen Franck seine Ablehnung begründete. Da war zunächst die Loyalität gegenüber der neuen Heimat, die ihm in der Not Schutz gewährt hatte. Zum zweiten war er nicht bereit zu riskieren, sich in ein Umfeld von Mitläufern, von gleichgültigen Zuschauern oder möglicherweise sogar von nationalsozialistischen Tätern zu begeben. Als Jude sah er es nicht als seine Aufgabe an, sich mit diesen Menschen auseinanderzusetzen. Und zum dritten wurde Franck von der Sorge getragen, es würde keine Verständigung zwischen einem Emigranten und denen geben, die während der Diktatur und des Krieges in Deutschland gelebt hatten, weil ihre Erfahrungen zu verschieden seien. Vielmehr erwartete er als Remigrant Mißtrauen oder sogar Vorwürfe. Als er den Ruf ablehnte, bat er, der Verwaltung und den Mitgliedern der Universität Heidelberg diese Gründe mitzuteilen.

Die Göttinger Mathematisch-Naturwissenschaftlichen Fakultät beantragte für Franck, wie für die anderen emigrierten Professoren der Fakultät, am 26. Juli 1949 seine Emeritierung beim Kultusminister.[25] Das Kultusministerium teilte mit, die Entlassung des Jahres 1934 gelte als aufgehoben und Franck werde im Wege der Wiedergutmachung emeritiert, wenn er einen entsprechenden Antrag stelle.[26] Doch das Verfahren kam ins Stocken, weil Franck in dieser Hinsicht offenbar nichts unternahm. Am 16. Dezember 1950 erneuerte die Fakultät ihren Antrag für Franck. Der Dekan der Mathematisch-Naturwissenschaftlichen Fakultät, Paul ten Bruggencate, bat das Ministerium, Franck Wiedergutmachung zukommen zu lassen. Der freiwillige Amtsverzicht dürfe dabei der Wiedergutmachung weder im Wege stehen noch ihn schlechter stellen als die anderen ehemals verfolgten Hochschullehrer. „Prof. Franck", so ten Bruggencate, „ist ein viel zu vornehmer und selbstloser Mann, um je in eigener Angelegenheit Schritte zu unternehmen".[27]

Der zuständige Referent des Kultusministeriums bestand aber aufgrund der gesetzlichen Regelungen auf einen Antrag von Franck. Von diesem Grundsatz könnte im Falle von Franck umso weniger abgegangen werden, da „ein unmittelbarer Zwang auf Prof. Dr. Franck seitens der Behörde zum Verzicht auf sein Amt nicht ausgeübt worden ist." Der Referent im Ministerium versicherte jedoch, eine großzügige Behandlung der Angelegenheit zu unterstützen.[28] Im Gegensatz zu Max Born ging das Ministerium im Falle Francks sehr formal vor. Auf einen ehemals Verfolgten konnte dies unangenehm wirken: Ihm wurde nicht Wiedergutmachung angeboten, sondern er mußte darum bitten. Schließlich beauftragte Franck im November 1951 Rechtsanwälte in Göttingen, damit sie sein Anliegen gegenüber den deutschen Behörden vertraten.[29] Er selbst wollte sich offenbar nicht mit ihnen auseinandersetzen. Trotz der Versicherung auf seiten des Ministeriums, das Verfahren von Franck zu unterstützen, schleppte es

---

25 HStAH, Nds. 401, Acc. 112/83, Nr. 985, Dekan der Math.-Nat. Fak. an das Nds. Kultusministerium, 26.7.1949.
26 HStAH, Nds. 401, Acc. 112/83, Nr. 985, Nds. Kultusministerium an den Kurator der Univ. Göttingen, 18.11.1949.
27 Universitätsarchiv Göttingen (im folgenden: UAG), K, PA James Franck, Bl. 129, Dekan der Math.-Nat. Fak., ten Bruggencate, an das Nds. Kultusministerium, 16.12.1950.
28 UAG; K, PA James Franck, Bl. 133, Nds. Kultusministerium, Kurt Müller, an den Kurator der Univ. Göttingen, 11.4.1955.
29 UAG, K, PA James Franck, Bl. 134a, Vollmacht von James Franck, 9.11.1951.

sich hin. Franck war inzwischen der Ansicht, er bekäme aufgrund seines freiwilligen Amtsverzichts im Jahr 1933 keine Entschädigung.[30] Diese Sorge war aber unbegründet, denn nach § 7 BWGöD war die Entschädigung auch dann gewährleistet, wenn es ein sogenanntes „Einverständnis mit der schädigenden Maßnahme" gegeben hatte. Dies galt in Fällen, in denen ein „freiwilliger" Antrag auf Entlassung oder Versetzung in den Ruhestand gestellt worden war, oder aber der Eid auf Hitler verweigert worden war.[31] Ob es spezifische Gründe gab, die das Verfahren von Franck derart lange verzögerten, ist nicht ersichtlich. Franck erging es wie vielen ehemals Verfolgten. Sie mußten sehr lange warten, bis das Verfahren zum Abschluß gebracht wurde und sie ihre ersten Zahlungen erhielten. Am 13. August 1954 — also fast vier Jahre, nachdem Franck einen Rechtsvertreter beauftragt hatte — beschwerte sich dieser beim Kurator, weil immer noch keine Entscheidung vorlag.

„Ich werde laufend von den verschiedensten Seiten, darunter von namhaften ausländischen Wissenschaftlern danach gefragt, woran es liege, daß man Herrn Professor Franck im Gegensatz zu vielen anderen noch nicht wieder in seine Rechte eingesetzt habe. Die verzögerliche Behandlung macht insbesondere bei den ausländischen Fragern einen sehr schlechten Eindruck. Es ist sogar bereits die Vermutung geäußert, daß versteckte anitsemitische Gründe mitspielen könnten ..."[32]

Nachdem Francks Rechtsanwalt die Beschleunigung des Verfahrens angemahnt hatte, dauerte es „nur" noch drei Monate, ehe der Wiedergutmachungsbescheid erging. Der freiwillige Amtsverzicht stand einer Wiedergutmachung dabei nicht im Wege. Mit dem Bescheid vom 19. November 1954 erhielt Franck die Rechtsstellung eines entpflichteten ordentlichen Professors und als Ruhegehalt die Entpflichtetenbezüge.[33]

Eine Rückkehr nach Deutschland kam für Franck aber nie in Frage. Nach einem Besuch bei seinem Schüler Werner Kroebel in Kiel, kam Franck zum zweiten Mal nach Deutschland, als er im Jahr 1953 gemeinsam mit Max Born die Ehrenbürgerschaft in Göttingen verliehen bekam. In den folgenden Jahren wiederholte er seinen Besuch. Im Frühjahr 1964 unternahm Franck erneut eine Europareise, um eine Reihe von Freunden wiederzusehen. Am 21. Mai 1964, unmittelbar vor seiner beabsichtigten Rückkehr in die Vereinigten Staaten, verstarb er in Göttingen.

---

[30] Vgl. UAG, Gemeinsames Prüfungsamt der Math.-Nat. Fak., PA Franck, Arnold Bergstraesser aus Freiburg/Brsg. an den Prorektor Hermann Heimpel vom 10.6.1954.
[31] G. Anders, Gesetz zur Regelung ... a.a.o., S. 137ff.
[32] UAG, K, PA James Franck, Bl. 165, RA Beyer an den Kurator der Univ. Göttingen, 13.8.1954. Anlaß für diesen Brief war u. a. das Schreiben Arnold Bergstraessers vom 10.6.1954.
[33] UAG, K, PA James Franck, Bl. 172-180, Bescheid vom 19.11.1954.

BURGHARD WEISS

„Ein Forscher ohne Labor ist wie ein Soldat ohne Waffe"
Ernst Schiebold und die zerstörungsfreie Materialforschung und -prüfung in Deutschland

Ernst Schiebold gilt als Pionier der röntgenographischen Kristallstrukturforschung und der technischen Radiologie, i.b. der zerstörungsfreien Materialforschung und -prüfung. Darüber hinaus lieferte er wichtige Beiträge zur Kristallographie, Metallkunde, Metallphysik und Werkstoffwissenschaft. An Biographien sowie Eponymen, die Schiebolds Leistungen für die Materialforschung und -prüfung würdigen, ist daher kein Mangel.[1]

Keiner dieser Beiträge hat bisher thematisiert, daß Schiebold zu jenen Vertretern der technischen Intelligenz gehört hat, die ihre Fähigkeiten freiwillig in den Dienst des Dritten Reichs gestellt haben.[2] Technischen Gütern und Verfahren ist oft eine duale Nutzbarkeit inhärent (*dual-use goods and technologies*): Zwischen ihrer Nutzung als Werkzeug oder Waffe ist nur ein schmaler Grat. Ernst Schiebold war bereit, diesen Grat zu überschreiten. Seiner DDR-Karriere hat dies - wie hier zu zeigen sein wird - nicht geschadet, wenngleich die Organe der Staatssicherheit der DDR ein Auge auf ihn hatten.[3]

Schiebold selbst hat es in seinen zahlreich erhaltenen Selbstzeugnissen verständlicherweise vermieden, dieses anzusprechen. Ein erster Hinweis findet sich jedoch in dem von Samuel Goudsmit verfassten und 1947 publizierten Bericht über die Aufklärungsmission ALSOS der Alliierten des Zweiten Weltkriegs.[4] Breiteren Kreisen wurden Schiebolds Aktivitäten erst 1993 durch eine autobiographische Äußerung Rolf Wideröes bekannt.[5] Das Dossier, das Schiebolds Aktivitäten während des Dritten Reiches quellenmäßig belegt, ist im Staatsarchiv

---

[1] Marianne Schminder: Nationalpreisträger Prof.Dr.phil. Ernst Schiebold 65 Jahre, in: Wissenschaftliche Zeitschrift der Hochschule für Schwermaschinenbau Magdeburg 3 (1959), Heft 2, 115-116. - Egon Becker: Ernst Schiebold (1894 bis 1963), in: Wissenschaftliche Zeitschrift der Technischen Hochschule Magdeburg 27 (1983), Heft 3, 43-48. - Otto-von-Guericke-Universität Magdeburg, Fakultät für Maschinenbau (Hrsg.): Wissenschaftliches Kolloquium zum Gedenken an Prof. Dr.phil. Ernst Schiebold aus Anlaß seines 100. Geburtstages veranstaltet von der Fakultät für Maschinenbau und dem Institut für Werkstofftechnik und Werkstoffprüfung der Otto-von-Guericke-Universität am 9. Juni 1994 in Magdeburg (UArch Mgdb. C 961). - "Ernst Schiebold", in: Wer war Wer in der DDR, Frankfurt a.M. 1995, S. 637. - "Ernst Schiebold", in: Deutsche Biographische Enzyklopädie, hrsg. von Walther Killy u. Rudolf Vierhaus. München / New Providence / London / Paris 1995-2000, Bd. 8 (1998), S. 624. - Horst Blumenauer: 45 Jahre Institut für Werkstofftechnik und Werkstoffprüfung, Manuskript o.D., ca. September 1999 (UArch Mgdb. C 961).

[2] Für weitere Beispiele dieser Art s. Karl-Heinz Ludwig: Technik und Ingenieure im Dritten Reich, Düsseldorf 1974. - Vgl. auch die prägnanten Darstellungen in: Ich diente nur der Technik. Sieben Karrieren zwischen 1940 und 1950, Berlin 1995 (Schriftenreihe des Museums für Verkehr und Technik, 13).

[3] S. i.b. die in den Archiven des Ministeriums für Staatssicherheit der DDR (MfS) überlieferten, wegen ihrer Ursprungsprovenienzen jetzt aber im Bundesarchiv-Zwischenarchiv Dahlwitz-Hoppegarten verwahrten Unterlagen (BArch, ZA I 5421, A. 4).

[4] Samuel Goudsmit: ALSOS, New York 1947, S. 154. -

[5] Pedro Waloschek (Hrsg.): Als die Teilchen laufen lernten. Leben und Werk des Großvaters der modernen Teilchenbeschleuniger Rolf Wideröe, Braunschweig 1993, S. 79. -

Leipzig überliefert.[6] Über seine Provenienz war leider bis heute nichts Genaueres zu ermitteln.[7] Weitere Materialien fanden sich in den Universitätsarchiven Leipzig und Magdeburg, im Archiv der Max-Planck-Gesellschaft (Berlin-Dahlem), im Bundesarchiv (Berlin-Lichterfelde und Dahlwitz-Hoppegarten) sowie im Archiv der Niels Bohr Library des Center for History of Physics am American Center of Physics, College Park, Maryland, USA.[8]

Bildung und frühe Karriere

Albin Ernst Schiebold stammte aus Leipzig, wo er am 9. Juni 1894 als Sohn des Polizeibeamten Albin Schiebold und dessen Ehefrau Martha Schiebold geb. Lehmann zur Welt kam. Nach Schulausbildung und Abitur am Nikolai-Gymnasium in Leipzig sowie Studium der Naturwissenschaften an der dortigen Universität promovierte Schiebold am 27.6.1918 (Rigorosum) bzw. 8.8.1919 (Verteidigung der Dissertation) mit einer röntgenologischen Abhandlung über „die Verwendung der Lauediagramme zur Bestimmung der Struktur des Kalkspates" zum Dr. phil.. Seit 1.4.1918 Assistent am Mineralogischen Institut der Universität Leipzig, legte er im Februar 1920 auch das Staatsexamen für das Höhere Lehramt ab; in den Schuldienst trat er aber nicht. Zum 1.8.1922 bezog er eine Stelle als Leiter der Abteilung für angewandte Physik am Kaiser-Wilhelm-Institut für Metallforschung in Neubabelsberg (später Dahlem, ab 1934 Stuttgart), eine Position, die die Leitung und den Ausbau des Röntgenlaboratoriums einschloß.[9]

Zum 1.4.1926 erhielt Schiebold einen Ruf auf das planmäßige Extraordinariat „für physikalisch-chemische Mineralogie, Petrographie und Feinbaulehre" der Universität Leipzig, eine Stellung, die mit der Leitung der physikalisch-chemischen Abteilung des Mineralogischen Instituts der Universität verbunden war. Die philosophische Fakultät begründete ihre Wahl mit Schiebolds bedeutenden Beiträgen zur röntgenographischen Kristallstrukturlehre.[10] 1931 ernannte ihn die Kaiser Wilhelm-Gesellschaft (KWG) zum auswärtigen wissenschaftlichen Mitglied des Kaiser Wilhelm-Instituts (KWI) für Metallforschung. Schiebolds Interesse galt primär der Strukturaufklärung von polykristallinen Substanzen (Metallen) mit Hilfe von Röntgenstrahlung. Zur Röntgenstrukturanalyse kamen später Grobstrukturuntersuchungen hinzu. Schiebold wurde zu einem Pionier der zerstörungsfreien Materialprüfung in Deutschland, deren Bedeutung für die Qualitätssicherung in der Industrie er frühzeitig erkannt hatte.

Mit der zerstörungsfreien Materialprüfung durch Röntgenstrahlen hatte Schiebold ein Gebiet gewählt, das im Zuge der Aufrüstungspolitik und der Rohstoffwirtschaft der Nationalsozialisten rasch an Bedeutung gewann. Darüber hinaus erfüllte er auch die politischen Voraussetzungen, um von der Entwicklung nach 1933 zu profitieren: Schiebold stand politisch rechts. Bereits während seiner Zeit am KWI für Metallforschung war er Mitglied der Deutschnationalen Volkspartei (DNVP, Ortsgruppe Potsdam) geworden, der er von 1922 bis 1924 angehörte.

---

[6] Sächsisches Staatsarchiv Leipzig (im folgenden: StArch Lpzg.), Nachlaß Schiebold.
[7] Mündliche Mitteilung von Dolores Herrmann, Sächsisches Staatsarchiv Leipzig, März 1998.
[8] Zitiert als: UArch Lpzg., UArch Mgdbg., MPG, BArch., AIP.
[9] Werner Köster: Max-Planck-Institut für Metallforschung in Stuttgart, in: Jahrbuch der Max-Planck-Gesellschaft 1961, Teil II, S. 600-610, hier S. 603. Vgl. auch Walter Ruske: 100 Jahre Materialprüfung in Berlin, Berlin 1971, S. 138.
[10] Gutachten der Philosophischen Fakultät der Universität Leipzig vom 24.7.1925 für das Ministerium für Volksbildung in Dresden (UArch Lpzg., Film 426, PA 931 (Personalakte Schiebold)).

Zum 1.5.1933 trat er der NSDAP bei (Mitgliedsnummer 2989336/77542). Ferner war er Mitglied im NS-Lehrerbund. „An der aktiven Betätigung in anderen Gliederunen der Partei", so eine Stellungnahme seines Dekans von 1936, sei er nur durch ein Fussleiden verhindert, „das auch der Anlass für seine Befreiung vom Kriegsdienst war." (...) „Seine positive Einstellung zum neuen Staat" stehe ausser Zweifel.[11]

1935 gelang es Schiebold, die Sächsische Wirtschaftskammer und die Stadt Leipzig zur Gründung eines privatwirtschaftlich organisierten Forschunginstituts „für röntgenologische Roh- und Werkstofforschung" zu bewegen, dessen Leitung er übernahm. Finanziell getragen wurde das Institut durch eigene Einnahmen sowie durch einen Förderverein, dem neben der Industrie- und Handelskammer Leipzig und der Stadt Leipzig zahlreiche Industriefirmen angehörten. An seinem Institut, das im Gebäudekomplex des Mineralogischen Instituts der Universität untergebracht war, betrieb Schiebold u.a. anwendungsorientierte Untersuchungen im Auftrag der Industrie. Auf der Leipziger Messe war er mit einem eigenen Ausstellungsstand vertreten, auf dem er einen mobilen Röntgenuntersuchungswagen demonstrierte und von der Industrie Aufträge für röntgenologische Materialprüfungen einwarb.[12]

Trotz oder vielmehr gerade wegen seines Engagements für den Einsatz der zerstörungsfreien Materialprüfung in der Industrie war Schiebolds fachliche Stellung im Mineralogischen Institut der Universität Leipzig nicht unumstritten. So beklagte der Direktor des Instituts, der Mineraloge Karl Hermann Scheumann, daß sich das Extraordinariat unter Schiebolds Leitung „zu einer besonderen Abteilung entwickelt /habe/, die eine ausgesprochen technische Richtung nahm und sich damit der reinen mineralogisch-petrographischen Forschung mehr und mehr entzog."[13] Schiebold habe die ganze Abteilung auf Werkstoffuntersuchungen umgestellt und damit eine Untersuchungsrichtung geschaffen, „die nichts mehr mit den Lehraufgaben unseres Instituts zu tun hatte." In Bezug auf Schiebolds kommerzielle Aktivitäten stellte Scheumann fest, daß wohl auch von Schiebold selbst nicht mehr bestritten werden könne, „dass diese Entwicklung den Rahmen eines mineralogischen Instituts gesprengt" habe.[14] Scheumann betrieb daher - mit Unterstützung der Fakultät, aber gegen Schiebolds erbitterten Widerstand - die Ausgliederung der Schieboldschen Abteilung aus dem Mineralogischen Institut; ein Bestreben, dem das Sächsische Ministerium für Volksbildung 1941/1942 dadurch entsprach, daß es die Abteilung Schiebold nebst Extraordinariat der Technischen Hochschule Dresden angliedern wollte. Sie sollte als 4. Abteilung für zerstörungsfreie Werkstofforschung des staatlichen Versuchs- und Materialprüfungsamtes an der TH Dresden firmieren, verblieb de facto aber immer in Leipzig.[15]

---

[11] Beurteilung des planmässigen ausserordentlichen Professors Dr. Ernst Schiebold, gez. Wilmanns, Dekan der math.-naturwiss. Abteilung der Philosophischen Fakultät, 14.5.1936 (UArch Lpzg., Film 426, PA 931 (Personalakte Schiebold)).

[12] Materialien dazu in MPG, Abt. III, ZA 94 (Schiebold).

[13] K.H. Scheumann, Entwurf für einen Antrag der Philosophischen Fakultät der Universität Leipzig an das Sächsische Ministerium für Volksbildung, 16.9.1940 (UArch Lpzg., Film 426, PA 931 (Personalakte Schiebold)).

[14] K.H. Scheumann an Ministerialdirektor Lohde, Sächsisches Ministerium für Volksbildung, 31.8.1942 (UArch Lpzg., Film 426, PA 931 (Personalakte Schiebold)).

[15] Ausführliche Dokumentationen dazu in UArch Lpzg., Film 1165, RA 2077 (Rentamtsakte).

Rüstungsforschung für den Krieg

In die Zeit des Konfliktes mit Scheumann, der, wie Schiebolds Personalakte belegt, nicht der einzige Konflikt zwischen beiden war, und zahlreicher Angriffe innerhalb der Fakultät, formulierte Schiebold einen Vorschlag an die Luftwaffe, fokussierte Röntgenstrahlen zur Vernichtung herannahender Feindflugzeuge zu verwenden: Die Röntgenstrahlen sollten entweder die Besatzungen töten oder durch Vorionisation der Luft die Kolbenmotoren der Flugzeuge außer Betrieb setzen und sie so zum Absturz bringen.

Angesichts der o.e. Gemengelage kann zwar angenommen werden, daß dieses Projekt nicht allein Schiebolds Sorge um die Verteidigungsfähigkeit des Reiches entsprang, die in Anbetracht wachsender alliierter Luftüberlegenheit ständig prekärer wurde, sondern auch dem Bestreben geschuldet war, durch Gewinnung mächtiger Auftraggeber die eigene Stellung zu stärken bzw. abzusichern. Insofern ist die Annahme einer sekundären Motivation nicht unberechtigt. Die unlängst von einem Schiebold-Schüler geäußerten Vermutung, Schiebold sei es vielleicht „gar nicht in erster Linie um die Realisierung des Todesstrahls, sondern um die Arbeitsgenehmigung, um die Durchführung des Projektes, um das Überleben seiner Einrichtung, seiner Mitarbeiter" gegangen, wofür ihm eben jedes Mittel recht war, „wenn es nur den gewünschten Erfolg zeigte",[16] ist allerdings ein apologetischer Topos, der von technisch-wissenschaftlichen Experten immer dann bemüht wurde, wenn es darum ging, ihr Handeln während des Dritten Reiches im Nachhinein zu legitimieren. Wie kaltblütig hätte Schiebold sein müssen, um die militärische Führung der technischen Luftrüstung auf dem Höhepunkt des Krieges mit einer „wissenschaftlichen Luftnummer" an der Nase herumzuführen?

Schiebolds politische Überzeugungen sowie seine bereits länger währende Zusammenarbeit mit der Luftwaffe sprechen eine andere Sprache. Einer im Archiv der MPG überlieferten Zusammenstellung seiner Dienstreisen zufolge unternahm Schiebold bereits ab Spätsommer 1942, also rund ein halbes Jahr vor seinem Vorschlag an die Luftwaffe, regelmäßig Dienstreisen zum Reichsluftfahrtministerium (RLM) in Berlin sowie zu den Junkers Flugzeug- und Motorenwerken in Magdeburg. Wegen seiner Expertenschaft im Bereich der Materialprüfung dürfte Schiebold frühzeitig in Kontakt zum RLM und zur Luftfahrtindustrie gekommen sein. Vom 5.-6. und 21.-23. April 1943 jedenfalls hat er sich im RLM aufgehalten und bei dieser Gelegenheit muß er Offizieren der Luftwaffe, wenn nicht sogar dem für die Luftrüstung zuständigen Generalluftzeugmeister, Generalfeldmarschall Erhard Milch selbst, seinen Projektvorschlag unterbreitet haben.[17] Die erste schriftliche Ausarbeitung dazu ist nicht datiert, aber durch zwei Nachträge vom 19. und 21. April 1943 ergänzt worden.[18] Milch reagierte positiv: der Generalfeldmarschall erteilte den „Sonderauftrag" der Dringlichkeitsstufe DE (DE 6224/0109/43).

---

[16] Egon Becker: Der Beitrag von Ernst Schiebold zur Entwicklung der zerstörungsfreien Werkstoffprüfung, in: Otto-von-Guericke-Universität Magdeburg, Fakultät für Maschinenbau (Hrsg.): Wissenschaftliches Kolloquium zum Gedenken an Prof. Dr.phil. Ernst Schiebold aus Anlaß seines 100. Geburtstages veranstaltet von der Fakultät für Maschinenbau und dem Institut für Werkstofftechnik und Werkstoffprüfung der Otto-von-Guericke-Universität am 9. Juni 1994 in Magdeburg (wie Anm. 1), S. 45-50, hier S. 47.

[17] Schiebold selbst nannte später den 20. April 1943 als Datum seines Vortrags bei Milch, "zu dem die Herren Hptm. Fennel und Hollnack auf meine Veranlassung zugezogen wurden"; Schiebold an Georgii, Forschungsführung der Luftwaffe, 29.02.1944 (StArch Lpzg., Nachlaß Schiebold, Nr. 1, S. 92).

[18] E. Schiebold: Vorschlag eines zusätzlichen Kampfmittels zur Bekämpfung und Vernichtung der Besatzung feindlicher Flugzeuge und Erdkampftruppen in der Defensive mittels Röntgen- und Elektronenstrahlen, undatiert, ca. April 1943, sowie zwei Nachträge dazu, datiert 19. bzw. 21. April 1943 (StArch Lpzg., Nachlaß Schiebold, Nr. 1).

Im seinem ersten Exposé wies Schiebold darauf hin, daß zur Erzielung der von ihm intendierten Wirkung (direkte Schädigung des Personals fliegender feindlicher Einheiten durch eine Strahlendosis von mindestens 600 Röntgen/sek in 2 km Entfernung) gewaltige Energien erforderlich sein würden: „Um in grösserer Entfernung noch eine Wirkung zu erzielen (...) müssen Röntgenröhren und -apparate verwendet werden, welche zum mindestens kurzzeitig eine primäre Leistung von 10 000 bis 1000 000 kVA aufnehmen." Dies entsprach einer Leistung 10 bis 1000 Megawatt! „Es sei bemerkt", so Schiebold weiter, „dass eine primäre Energie von 10 000 kW, welche 1 Sek. wirkt, der Arbeit von etwa einer Million mkg. entspricht. Diese primäre Energie muss in Strahlenenergie umgesetzt werden, wobei der Nutzkoeffizient verhältnissmässig gering ist (ca. 2-3%). Dieser ist aber m.W. nicht sehr viel schlechter als beim Geschütz, wo er 7 - 13% beträgt, wenn man das Verhältnis der im Treibmittel erhaltenen chemischen Energie zur kinetischen Energie (an der Mündung) des Geschosses berechnet."[19] Da den beteiligten Experten der Luftwaffe offenbar dennoch bald Zweifel kamen, ob die (erst längerfristig wirksame) Schädigung des fliegenden Personals der richtige und effiziente Weg zur wirksamen Strahlenwaffe sei, wurde schon am 19. April als eine technologische Variante ins Auge gefasst, „das Verhalten von Flugmotoren und dgl. gegenüber Ansaugem stark ionisierter Luft mit Hilfe von Röntgenstrahlen oder Elektronenstrahlen in den Motor zwecks evtl. Störung des Zündvorganges der verschiednen Zylinder zu untersuchen."[20]

Für die Erprobung des Schieboldschen Vorhabens sollte mit dem Maximum der verfügbaren Röntgenleistung begonnen werden. Ein alter Bekannter Schiebolds, mit dem er seit Mitte der zwanziger Jahre auf dem Gebiet der zerstörungsfreien Materialprüfung zusammengearbeitet hatte, der Hamburger Röntgenfabrikant Richard Seifert, machte darauf aufmerksam, daß „eine der modernsten Röntgenanlagen als Spitzenleistung der deutschen Röntgenindustrie (1 000 000 Volt Belastungsmöglichkeit bis 10 mA bei konstanter Gleichspannung) z.Z. ungenutzt in Hamburg für das Barmbecker Krankenhaus verpackt aufbewahrt wird, da während der Kriegzeit diese für medizinische Zwecke gedachte Apparatur nicht in Benutzung genommen werden konnte."[21] In der Tat war diese von Siemens, AEG und OSRAM für Zwecke der Strahlentherapie entwickelte Anlage bei Kriegsbeginn fertig produziert und getestet gewesen, in Hamburg aber nicht mehr zur Aufstellung gekommen, da der Bau der notwendigen Hochspannungshalle der kriegbedingten Kontigentierung von Rohstoffen zum Opfer fiel.[22]

Seiferts Vorschlag wurde aufgegriffen. Die Luftwaffe kaufte die bis dato von der Stadt Hamburg finanzierte Anlage für RM 103.000,- und ließ sie zu einem Ort „X" transportieren. Dabei handelte es sich um den Flugplatz bzw. Fliegerhorst 20/XII in Groß-Ostheim (heute: 63762 Großostheim), einer in der linksmainischen Ebene bei Aschaffenburg (am westlichen Rand des bayerischen Spessarts) gelegene Ortschaft, etwa 35 km südöstlich von Frankfurt am Main. Hier wurde Schiebolds Projekt unter strenger Geheimhaltung angesiedelt; es firmierte fortan

---

[19] a.a.O., hier S. 6.
[20] a.a.O., hier S. 15.
[21] a.a.O., hier S. 17.
[22] Zu der erwähnten Röntgenanlage s. F. Haenisch, K. Lasser, A. Eisl u. W. Rump: Die Röntgentherapieanlage für 1 Million Volt Spannung im Allgemeinen Krankenhaus Hamburg-Barmbeck, in: Strahlentherapie 68 (1940), 357-404; Konrad Norden u. Anton Eisl: Die Röntgenröhren-Entwicklung der AEG, in: Forschen und Schaffen. Beiträge der AEG zur Entwicklung der Elektrotechnik bis zum Wiederaufbau nach dem zweiten Weltkrieg, bearb. von B. Schweder, 3 Bde., Berlin 1965, III, S. 415-420; Burghard Weiss: Die Megavolt-Röntgenanlage des Allgemein Krankenhauses Hamburg-Barmbek (1938-1945): Vom Therapiegerät zur Strahlenwaffe, in: Medizinhistorisches Journal 35 (2000), 55-84.

als „Forschungsstelle der Luftwaffe Groß-Ostheim".[23] Welche Motive für die Wahl dieses Standorts ausschlaggebend waren, bleibt offen.[24] Vom Luftgaukommando Wiesbaden wurde die notwendige Halle errichtet und bei C.H.F. Müller in Hamburg eine Ersatzröhre bestellt.[25] Zur Aufstellung der Anlage kam es aber dennoch nicht. Ihre Leistung von 6-10 kW lag ohnehin um drei bis fünf Größenordnungen unter derjenigen, die für Realisierung der Schiebold-Pläne doch mindestens erforderlich gewesen wäre. Wegen der Höhe der umzusetzenden Leistungen (Megawatt) waren konventionelle Röhrenkonstruktionen für Schiebolds Vorhaben nicht brauchbar, da die gewaltigen Elektronenströme die Anti-Kathode der Röhre sofort zum Schmelzen bzw. Verdampfen gebracht hätten. Schiebold sann auf Abhilfe; sein Vorschlag: Vergrößerung des Brennflecks der Röhre bis hin zur Großflächen-Anode von zwei Meter Durchmesser. Ein derartiger Vorschlag war nicht besonders originell; die Vergrößerung der Anodenfläche zum Zwecke der Leistungssteigerung von Röntgenröhren war von der Industrie bereits früher diskutiert, dann aber verworfen worden. Durch Schiebolds Vorschlag stimuliert verhandelte im Juni 1943 ein Vertreter des RLM, Hauptmann Hollnack, mit dem Leiter der Röhrenentwicklung der AEG, Dr. Anton Eisl, über eine mögliche Beteiligung der AEG an derartigen Entwicklungen. Schon im Mai war Eisl von Staatsrat Esau aufgefordert worden, zu Schiebolds Projekt Stellung zu beziehen. Das Gutachten liegt nicht vor; interpretiert man das Protokoll der Besprechung aber richtig, so dürfte Eisl in Bezug auf die Erfolgsaussichten des Schieboldschen Projektes seine Skepsis kaum verhohlen haben. Eine aktive Beteiligung seinerseits, so ließ er abschließend wissen, werde „nur auf Grund höherer Anweisung" möglich sein.[26]

Mit seiner Skepsis bzw. Ablehnung stand Eisl nicht allein. Im Mai 1944 kam Schiebold schwer unter Druck, als auf einer Sitzung des zur Kontrolle der Forschungsstelle Groß-Ostheim eingesetzten Kuratoriums, dem neben Vertretern des RLM auch die Professoren Esau, Georgii, Gerlach, Heisenberg, Mentzel und Tamms angehörten, der technische Anspruch des Projekts in Frage gestellt wurde.[27] Das daraufhin vom Jenaer Physiker Helmuth Kulenkampff angeforderte Gutachten kam schließlich im Juli 1944 zu einem Schluß, das den Sinn des Schieboldschen Projektes endgültig verneinte. Nach einer punktweisen Diskussion der von Schiebold bei der Berechnung der erzielbaren Dosisleistung gemachten Annahmen kam Kulenkampff zu einer Abschätzung, welche von derjenigen Schiebolds um einen Faktor 60 nach unten abwich. Kulenkampffs Fazit angesichts dessen: „Was die bei jedem einzelnen der besprochenen Faktoren nicht so erheblichen Unterschiede anbetrifft, so sind sie für das Gesamtergebnis insofern belanglos, als Primärleistungen von 300 000 kW ebenso utopisch sind wie solche von 3 000 000 oder 20 000 000 kWatt...".[28]

---

[23] Alois Stadtmüller: Maingebiet und Spessart im Zweiten Weltkrieg, 3. Auflage, Aschaffenburg 1987, S. 122-126 u. S. 163-165.

[24] Der Flugplatz war nach Ende des Frankreich-Feldzuges kaum mehr für Flugbewegungen benutzt worden und wurde erst im Spätsommer 1944 wieder mit Kampfverbänden belegt. Ein anderer möglicher Grund für die Auswahl könnte gewesen sein, daß dieser Platz unmittelbar westlich der sog. Wetterau-Main-Tauber-Stellung lag, die Mitte der dreißiger Jahre zu einer Verteidigungslinie ähnlich der Siegfried-Linie (Westwall) ausgebaut worden war; s. Alois Stadtmüller: Aschaffenburg im Zweiten Weltkrieg, 3. Auflage, Aschaffenburg 1987, S. 136-148.

[25] Pläne zu den Baumaßnahmen in Groß-Ostheim in StArch Lpzg., Nachlaß Schiebold, Nr. 1. Vgl. auch C. Bley: Geheimnis Radar 1949, S. 35.

[26] E. Schiebold: Niederschrift über die Besprechung mit Herrn Dr. Eisl von der AEG Röhrenbau Berlin-Oberschöneweide am 3. Juni 1943 (StArch Lpzg., Nachlaß Schiebold, Nr. 1).

[27] StArch Lpzg., Nachlaß Schiebold, Nr. 1, Bl. 119-133.

[28] H. Kulenkampff: Stellungnahme zum Bericht von Prof. Dr. E. Schiebold, 17. Juli 1944 (StArch Lpzg., Nachlaß Schiebold, Nr. 1, Bl. 105-109).

Wenngleich Schiebold also scheitern mußte, da die in Röntgenanlagen verfügbaren Leistungen um viele Größenordnungen zu gering waren, um die angestrebten Ziele zu erreichen, so blieb sein Vorschlag dennoch nicht wirkungslos: er hatte zur Folge, daß die Luftwaffe Interesse an intensitätsstarken Röntgenquellen bzw. Teilchenbeschleunigern entwickelte. Hier aber waren vor allem solche für Elektronen interessant, da Elektronen (Kathodenstrahlen) als Alternative zu den Röntgenstrahlen in Betracht gezogen werden konnten. Seit Beginn der dreißiger Jahre war die Entwicklung der Röntgentechnik von dem Trend gekennzeichnet, immer härtere, d.h. energiereichere Röntgenstrahlen zu erzeugen, da man sich davon neue Möglichkeiten sowohl in medizinischer als auch in technischer Hinsicht versprach (Tiefentherapie, Materialprüfung). Röntgenstrahlen werden erzeugt, indem in einer hochevakuierten Röhre Elektronen beschleunigt und auf ein Target (Anti-Kathode) aus Metall gelenkt werden, wo ein (sehr geringer) Teil ihrer kinetischen Energie in Röntgenstrahlen umgesetzt wird. Zur Härtung der Strahlung war es demnach erforderlich, Elektronen auf immer höhere Energien zu beschleunigen. Die zur Beschleunigung der Elektronen erforderlichen Hoch- bzw. Höchstspannungen wurden durch Hochvoltgeneratoren, vorzugsweise sog. Kaskaden, erzeugt. Die Erzeugung höchster Spannungen und ihre Anwendung in Beschleunigungsröhren stieß jedoch bald an eine technische Grenze, die bei 1 MV lag. In Deutschland wurde lange versucht, diese Grenze hinauszuschieben. Abhilfe bot hier erst die Erfindung der Mehrfach- bzw. Resonanzbeschleuniger, bei denen die Teilchen eine (vergleichsweise niedrige Spannung) viele Male hintereinander durchlaufen und so Energien akkumulieren, die weit jenseits der Grenze von 1 MeV liegen. Für schwere Teilchen war dies das Zyklotron, für Elektronen das Betatron.

Der praktische Beweis, daß ein Betatron funktionieren kann, war bereits 1935 durch Max Steenbeck erbracht worden. Die bei Siemens begonnene Entwicklung war zunächst abgebrochen worden, wurde aber 1942 wieder aufgenommen, nachdem es Donald W. Kerst in den USA gelungen war, Elektronen auf bis zu 20 MeV zu beschleunigen.[29] Hochenergetische Elektronenstrahlen wurden bereits seit einigen Jahren in der Medizin als Alternative zu Röntgenstrahlen in Betracht gezogen, da sie eine erhebliche Durchdringungsfähigkeit aufwiesen, hauptsächlich erst in der Tiefe des Gewebes absorbiert wurden und zudem wirtschaftlicher als Röntgenstrahlen waren: während bei der Erzeugung von Röntgenstrahlen ein Großteil der Energie der auf die Kathode prallenden Elektronen in Form von Wärme verloren geht (ca. 99%), hatte man den Nachteil nicht, wenn die Elektronen direkt ohne Konversion in Röntgenstrahlen eingesetzt wurden. Die Luftwaffe förderte deshalb auch die Entwicklung des Betatrons. Dazu versicherte man sich des norwegischen Physikers Rolf Wideröe, eines Pioniers der Betatronentwicklung, den Offiziere der Luftwaffe im Frühjahr 1943 in Norwegen aufsuchten und zur Rückkehr nach Deutschland bewogen.[30] Initiator der Anwerbung Wideröes war möglicherweise Schiebold, der hoffte, diesen brillanten Kopf für sein Forschungsinstitut gewinnen zu können,[31] mit der Betatron-Entwicklung jedoch nichts mehr zu tun bekam.

---

[29] Max Steenbeck: Beschleunigung von Elektronen durch elektrische Wirbelfelder, in: Die Naturwissenschaften 31 (1943), 234-235. Vgl. auch die Autobiographie von Max Steenbeck: Impulse und Wirkungen, Berlin 1977, S. 118.

[30] Als die Teilchen laufen lernten: Leben und Werk des Großvaters der modernen Teilchenbeschleuniger Rolf Wideröe. Zusammengestellt und redigiert von Pedro Waloschek, Braunschweig 1993, S. 63 und 78. Vgl. auch Materialien dazu im Archiv der Philips Medizin Systeme Hamburg sowie AIP, Wideröe Papers.

[31] Danach sollte Wideröe sich verpflichten, seine Ideen und Erfindungen auf dem Gebiet der Strahlentransformatoren "dem Institut /für röntgenologische Roh- und Werkstofforschung, B.W./ für allgemeine Forschungszwecke und zur praktischen und wirtschaftlichen Verwertung zu überlassen" sowie seine Arbeitskraft dem Institut /für röntgenologische Roh- und Werkstofforschung, B.W./ "auf Grund einer Dienstverpflichtung durch den Reichskommissar für die besetzten norwegischen Gebiete" zur Verfügung zu stellen. Vertragsentwurf, datiert 19.10.1943, in StArch Lpzg., NL Schiebold, Bll. 84-89.

Diese fand bei C.H.F. Müller in Hamburg bzw. Siemens in Erlangen statt und lieferte bis Kriegsende noch wichtige Resultate.[32]

Schiebolds Privat-Institut, das im Gebäudekomplex des Mineralogischen Instituts der Universität Leipzig untergebracht war, wurden bei einem Luftangriff am 4. Dezember 1943 zerstört. Danach konnte nur noch provisorisch in Baracken, Kellern und Turnhallen von Schulen gearbeitet werden. Die Personalstärke betrug bei Kriegsende ca. 20 Mitarbeiter.[33]

Nachkriegszeit und DDR

Mit dem Zusammenbruch und der Errichtung der Sowjetischen Besatzungszone (SBZ) verlor Schiebold wegen Mitgliedschaft in der NSDAP zum 30.11.1945 seine Stellung an der Universität Leipzig. Im Entnazifizierungsverfahren, durchgeführt vom „Amt für Ermittlung und Vollzug" des Rates der Stadt Leipzig, wurde Schiebold im Einvernehmen mit der zuständigen Sowjetischen Militäradministration (SMAD) allerdings als „nominell", also als Mitläufer, eingestuft. Gegen seine weitere Verwendung in der Volkswirtschaft bestanden danach offiziell „keine Bedenken".[34]

Schiebold arbeitete, zusammen mit seinem Bruder Gerhard sowie einer Handvoll Mitarbeiter, zunächst privatwirtschaftlich, oder in der Diktion der Zeit, privatkapitalistisch, weiter. Zusammen mit seinem Bruder Gerhard führte er im Rahmen seines Instituts wissenschaftliche Untersuchungen auf dem Gebiet der Gütekontrolle und Qualitätssteigerung durch und fertigte Gutachten.

Im Sommer 1948 geriet Schiebold ins Fadenkreuz der Polizei. Die exakten Gründe dafür liegen im Dunkeln, können aber in der Klage des Mineralogen Karl Hermann Scheumann, Schiebold habe ihn 1934 denunziert, um ihn (Scheumann) von der Leitung des Mineralogischen Instituts der Universität Leipzig zu verdrängen, vermutet werden. Da Scheumann mit Schiebold wegen diverser Meinungsverschiedenheiten, i.b. in Bezug auf die Aufgabenstellung des Instituts, mehrfach heftig aneinander geraten war (s.o.), kann vermutet werden, daß es sich hier um eine von Scheumann initiierte Retourkutsche bzw. einen Racheakt handelte. Schiebold konnte in den Vernehmungen jedoch glaubhaft machen, Scheumann niemals denunziert oder bezichtigt, vielmehr lediglich im Rahmen eines gegen Scheumann anhängigen Disziplinarverfahrens über ihn ausgesagt zu haben. Da Beweise für eine Denunziation offenbar fehlten, wurde Schiebold nach nur vierzehntägiger Haft im Februar 1949 entlassen und das staatsanwaltliche Ermittlungsverfahren im März 1949 eingestellt.[35] Die Ermittlungen des Kriminalamtes Leipzig hatten jedoch erneut die NS-Vergangenheit Schiebolds zu Tage gebracht und darüber hinaus festgestellt, daß sein Institut nicht nur mehrere seiner ehemaligen Mitarbeiter mit NS-Vergangenheit beschäftigte, sondern auch weder bei der Landesregierung noch bei der Universität um Genehmigung des Betriebs nachgesucht hatte. Damit hatte Schiebold offensichtlich gegen das Gesetz Nr. 25 der SMAD identisch mit Gesetz Nr. 25 des Alliierten Kon-

---

32 Vgl. British Intelligence Objectives Sub-Committee (BIOS), Final Report No. 148 "German Betatrons" und Final Report No. 201 "Visit to C.H.F. Müller AG". Vgl. auch Herman F. Kaiser: European Electron Induction Accelerators, in: Journal of Applied Physics 18 (1947), 1-18.
33 E. Schiebold: Bericht über die Tätigkeit des Instituts für röntgenologische Roh- und Werkstoffforschung Leipzig im Jahre 1944 (Entwurf), 8. Februar 1945 (MPG, Abt. III, ZA 94 (NL Schiebold)).
34 Zit. nach: Rat der Stadt Leipzig (Gülzow) am DAMW, 1.6.1951 (UArch Mgdb. PA 22.075, Bl. 40).
35 BArch, ZA I 5421, A. 4.

trollrats für Deutschland, wonach alle Forschungsarbeiten einer Genehmigungspflicht unterlagen, verstoßen. Im Oktober 1948 erging entsprechende Meldung an die SMAD. Im Februar 1949 wurde Schiebolds Institut von der Kriminalpolizei durchsucht und einige Geräte sichergestellt; Ende März wurde Schließung und Versiegelung des Instituts angeordnet. Diese allerdings war nur von kurzer Dauer, denn gleichzeitig stellte die Abteilung für Hochschulen und Wissenschaft im Ministerium für Volksbildung des Landes Sachsen den Antrag, Schiebolds Institut baldmöglichst der Universität Leipzig anzuschließen, da es „planwichtige Aufgaben zu erfüllen vermag."[36]

Als Grund darf vermutet werden, daß die von Schiebold und seinen Mitarbeitern durchgeführten Untersuchungen für die Wirtschaft der SBZ/DDR inzwischen von beträchtlicher Bedeutung waren. So gehörten zu den Auftraggebern seines privaten Instituts neben einigen Betrieben der SBZ-Metallindustrie auch die Sowjetische Aktiengesellschaft (SAG) für Brennstoffindustrie sowie das Sowjetische Technologische Büro. Hinzu kam Schiebolds Beratertätigkeit und Engagement für die Kammer der Technik (KdT) sowie (seit 1.10.1949) die Leitung der physikalischen Abteilung des Eisenforschungsinstituts Hennigsdorf, das dem Ministerium für Schwerindustrie der DDR unterstand.[37] Auch in der DDR dominierte, was die Wiederverwendung von Experten anging, politischer Pragmatismus: Technisch-wissenschaftliche Experten waren dort so knapp, daß ihre politische Vergangenheit kaum eine entscheidende Rolle spielen konnte. Zudem galt fachliche Kompetenz in den fünfziger Jahren der SED als ausreichender Ersatz für politische Aktivität, sofern es sich um bewährte und ausgewiesene Mitglieder der „alten Intelligenz" handelte.[38] So kam auch in Schiebolds Fall die zuständige Stelle des Rates der Stadt Leipzig zu dem Schluß, daß es sich bei Schiebold um einen „hervorragenden Metall- und Mineralfachmann, Feinstrukturanalytiker und Röntgenologen mit absolut vollkommenem Wissen" handele, dessen man sich versichern müsse, ungeachtet der Tatsache, daß „einige wenig fortschrittliche Zeitgenossen noch immer /versuchten/, die frühere Zugehörigkeit unseres Experten zur Nazipartei zu unterstreichen und die Leistungen und Möglichkeiten des Professor Schiebold zu bagatellisieren."[39]

Mit dieser Einschätzung stand Schiebolds Wiederaufstieg in der DDR nichts mehr im Wege: Zum 1.8.1951 avancierte Schiebold zum Leiter der „Forschungsstelle für zerstörungsfreie Werkstoffprüfung" des Deutschen Amtes für Material- und Warenprüfung (DAMW), das 1950 zur Neuordnung des Sachverständigen- und Gutachterwesens der DDR gegründet worden war. Da Schiebold sich standhaft weigerte, in Halle an der Saale, dem Standort des DAMW, zu arbeiten, mußte die Zweigstelle in Leipzig angesiedelt werden. Schiebolds Position im DAMW allerdings hatte ihren Preis: sein privates Leipziger Institut wurde dabei seiner Bedeutung beraubt, indem es jetzt nur noch für Unteraufträge des DAMW zum Einsatz kam; die Befugnis zur Durchführung eigener Forschungsaufträge wurde dem privaten Institut so entzogen.

Die private Verfassung des Leipziger Instituts war den Einheitssozialisten ein ständiger Dorn im Auge; Schiebolds politische und rechtsformale Verstösse sowie seine offenkundig geringe Neigung, ökonomische Gegebenheiten zu respektieren und private und staatliche Interessen klar voneinander zu trennen, förderten ihre Bestrebungen, das Institut zu vergesellschaften. Zwischen 1946 und 1952 firmierte Schiebolds Institut noch als reines Privatunternehmen. Zur Koordinierung der Prüftätigkeit beider Leipziger Institute wurde zum 1. Oktober 1952 ein Ko-

---

[36] BArch, ZA I 5421, A. 4.
[37] BArch, ZA I 5421, A. 4.
[38] Vgl. Reinhard Siegmund-Schultze: Der Schatten des Nationalsozialismus: Nachwirkungen auf die DDR-Wissenschaft, in: Dieter Hoffmann u. Kristie Macrakis (Hrsg.): Naturwissenschaft und Technik in der DDR, Berlin 1997, 105-121, hier S. 115.
[39] Zit. nach: Rat der Stadt Leipzig (Gülzow) am DAMW, 3.7.1951 (UArch Mgdb. PA 22.075, Bl. 48).

operationsvertrag mit dem DAMW abgeschlossen, der bis 1956 in Kraft blieb und die Leipziger Zusammenarbeit auf dem Gebiet der Grobstrukturuntersuchungen an Schweißverbindungen regelte: Das Privatinstitut Schiebolds wurde so vom DAMW aufgesogen.[40]

Zum 1. September 1954 erhielt Schiebold einen Ruf an die ein Jahr zuvor gegründete Hochschule für Schwermaschinenbau in Magdeburg, die im Mai 1961 in den Rang einer Technischen Hochschule erhoben und in Technische Hochschule (TH) „Otto von Guericke" Magdeburg umbenannt wurde. Den Anstoß zur Gründung dieser neuen Hochschule hatte eine Denkschrift der Kammer der Technik (KdT) gegeben, die 1948 feststellte, daß die TH Dresden als einzige Technische Hochschule der SBZ mit der Ausbildung des Ingenieurnachwuchses überfordert war, so daß „viele Studenten nach den Hochschulen im Westen abwandern." Konkret dachte man hier an die nur 100 km entfernte TH Braunschweig, die schon vor dem Zweiten Weltkrieg Ausbildungsort zahlreicher mitteldeutscher Ingenieure gewesen war. Unter Berücksichtigung der Bedürfnisse der regionalen Industrie - Schwermaschinenbau, Chemie, Berg- und Hüttenwesen - sollte hier ein attraktives DDR-Gegenstück zu TH Braunschweig geschaffen werden.[41]

Mit seiner Berufung nach Magdeburg übernahm Schiebold die Professur mit Lehrstuhl für das Fachgebiet Werkstoffkunde und Werkstoffprüfung und wurde gleichzeitig Direktor des Instituts für Werkstoffkunde und Werkstoffprüfung (IWW). Seine dortige Stellung war fachlich wie politisch unumstritten. Schiebold saß so fest im Sattel, daß er es sich leisten konnte, in einer Denkschrift 1955 mit schonungsloser Offenheit und unter Bezugnahme auf die Situation im kapitalistischen Ausland, i.b. in Westdeutschland, auf den Rückstand hinzuweisen, den die DDR auf dem Gebiet der Spektrochemie[42] hatte. Den eklatanten Defiziten, die in der DDR sowohl in apparativer wie personeller Hinsicht konstatiert werden müßten, sei nur durch die Gründung eines zentralen Instituts für Spektrochemie beizukommen. Als Standort wurde wegen der Nähe zur Schwerindustrie Magdeburg vorgeschlagen.[43] Die Gründung gelang bis Mitte der sechziger Jahre nicht.

Die Regierung der DDR, vertreten durch das Ministerium für Schwermaschinenbau sowie das Staatssekretariat für Hoch- und Fachschulwesen (SHF), bemühte sich anfangs nach Kräften, den Ausbau der Werkstofforschung, deren Bedeutung für die einheimische Schwerindustrie bei der SED unstrittig war, voranzutreiben. So war Schiebolds Institut mit seinen drei Abteilungen für Allgemeine Metallkunde, Metallphysik und Zerstörungsfreie Werkstoffprüfung das erste Institut der Hochschule, das im Frühjahr 1956 in ein ganz neues Gebäude einziehen konnte.[44] Ende 1963 wurde am IWW ein Zentrales Applikationslabor für zerstörungsfreie Materialprüfung (ZAL) eingerichtet, das der Industrievertragsforschung dienen sollte.

Der Bemühungen der DDR-Regierung ungeachtet, blieb die Situation des IWW dennoch prekär: nach dem kurzen Investitionsboom Anfang der fünfziger Jahre wurden die Investitions- und Forschungsmittel seit 1957 stark zurückgefahren. Gleichzeitig stiegen die Studentenzahlen. In den Situationsberichten Schiebolds und der ihm nachfolgenden Hochschullehrer wiederholten sich deshalb ewig gleiche Klagen: Überlastung durch Lehraufgaben, Raummangel, un-

---

[40] MPG, Abt. III, ZA 94 (Schiebold).

[41] C. Schäfer u. I. Schirrmeister: Im Archiv geblättert: Frühe "Westkontakte", in: http://www.uni-magdeburg.de/unirep/maerz98/md/archiv.html

[42] Spektrochemie = Analytische Chemie unter Verwendung spektrochemischer, i.b. spektralanalytischer Methoden; vgl. Stichwort "spectrochemical analysis" in: Encyclopedia Britannica, 15th ed., Chicago 1985, Bd. 11, S. 78.

[43] E. Schiebold: "Über die Bedeutung der Spektrochemie für die technische Betriebskontrolle und Vorschläge zur Gründung eines zentralen Institutes für Spektrochemie", 7. Mai 1955 (UArch Mgdb. A 502).

[44] Das Institut für Werkstoffkunde und Werkstoffprüfung, in: Zehn Jahre Technische Hochschule Otto von Guericke Magdeburg (Festschrift), Magdeburg 1963, S. 181-185.

zureichende Personalausstattung sowie veraltete und verschlissene Geräte.[45] Zwar stand Geld bereit, Geräte aus DDR-Produktion zu erwerben; Meß- und Prüfgeräte für innovative Verfahren wie Anwendung von Ultraschall bzw. magnetischer und magnetinduktiver Verfahren waren aber nur im kapitalistischen Ausland zu bekommen. Trotz ständiger Mahnungen der Hochschullehrer, man werde den Anschluß an die moderne Entwicklung verlieren, wurden die für Importe notwendigen Devisen verweigert. Forderungen von Seiten der Wissenschaft, das ZAL zu einem DDR-zentralen Institut für zerstörungsfreie Materialprüfung analog den bestehenden Zentralinstituten für Schweißtechnik in Halle (ZIS) bzw. Gießereitechnik in Leipzig (ZIG) auszubauen, erfüllten sich bis Mitte der sechziger Jahre nicht.[46]

Der gravierenden und fortdauernden Mängel und Probleme ungeachtet blieb Schiebold der DDR gegenüber loyal.[47] Zwar trat er nie der SED bei, sein „gesellschaftliches Engagement" zeigte sich jedoch u.a. in der Mitgliedschaft im Freien Deutschen Gewerkschaftsbund (FDGB) und anderen Organisationen wie dem Club des Kulturbundes „Otto von Guericke", dem er seit seiner Gründung vorstand.

Zahlreiche Ehrungen folgten. Von 1956 bis 1960, d.h. für zwei Amtsperioden, war Schiebold Dekan der Fakultät für Technologie des Maschinenbaus. Zu Beginn des Jahres 1959 erhielt er die Goldene Ehrennadel der Kammer der Technik. Der Kulturbund der DDR verlieh ihm die Johannes-R.-Becher-Medaille. Der Nationalpreis II. Klasse „für hervorragende Leistungen auf dem Gebiet der Kristallographie und Metallkunde", der ihm im Oktober 1960 verliehen wurde, bildete den äußerlich sichtbaren Höhepunkt seiner Wertschätzung in der Wissenschaftslandschaft der DDR. Mit seiner Emeritierung 1962 wurde Schiebold schließlich Ehrensenator der Technischen Hochschule „Otto von Guericke".[48] Schiebold starb nach kurzem Krankenhausaufenthalt am 4. Juni 1963 in Magdeburg.[49] Seine letzte wissenschaftliche Arbeit, die unvollendet blieb, war eine historische Studie über Leben und Wirken des Namenspatrons der Hochschule, Otto von Guericke, um deren Anfertigung er von der Hochschulleitung aus Anlaß der 10-Jahr-Feier der Technischen Hochschule gebeten worden war.[50]

---

[45] S. inter alia Ernst Schiebold: Die Entwicklung des Institutes für Werkstoffkunde und Werkstoffprüfung im Berichtsjahr 1954/55, o.D. (UArch Mgdb. A 507); ders.: Kritische Einschätzung der gegenwärtigen Situation des Instituts für Werkstoffkunde und Werkstoffprüfung, o.D., ca. Mai 1960 (UArch Mgdb. A 507); ders.: Situation im Institut für Werkstoffkunde und Werkstoffprüfung Ende 1961, o.D. (UArch Mgdb. A 508); Günter Freyer u. E. Becker: "Bericht über die Entwicklung des Zentralen Applikationslaboratoriums im Institut für Werkstoffkunde und Werkstoffprüfung seit seiner Gründung im Jahre 1964 und seine Perspektive", 15.11.1966 (UArch Mgdb. A 503); Günter Freyer: "Kurzer Situationsbericht über die Aufgaben und die Tätigkeit des ZAL im Institut für Werkstoffkunde und -prüfung", 09.05.1967 (UArch Mgdb. A 503); ders.: "Die derzeitige Situation auf dem Gebiete der zerstörungsfreien Materialprüfung in der DDR und Vorschläge zu ihrer Verbesserung", 17.08.1967 (UArch Mgdb. A 503). -

[46] Es darf vermutet werden, daß der Wunsch nach Zentralisierung zwei miteinander verflochtenen Motiven entsprang: es entsprach dem generellen Strukturprinzip der DDR-Wissenschaftspolitik, Aktivitäten nicht dezentral, sondern für die DDR gebündelt in einem zentralen Institut anzusiedeln, wie es auch im Rahmen der Akademie der Wissenschaften (AdW) usus war. Forderungen nach Zentralisierung mochten so in der DDR-Wissenschaftsbürokratie eher Gehör finden. Mit der Zentralisierungsforderung verband sich ferner die Hoffnung der Wissenschaftler, die oben geschilderten Probleme in Bezug auf Raum- und Geräteausstattung würden durch Ressourcenbündelung in den Griff zu bekommen sein.

[47] Vgl. z.B. E. Schiebold: Auswertung des XXII. Parteitages der KPdSU am Institut für Werkstoffkunde und Werkstoffprüfung der Technischen Hochschule Otto von Guericke Magdeburg, gez. E. Schiebold, 13.12.1961 (UArch Mgdb. A 508).

[48] Marianne Schminder: Nationalpreisträger Prof.Dr.phil. Ernst Schiebold 65 Jahre, in: Wissenschaftliche Zeitschrift der Hochschule für Schwermaschinenbau Magdeburg 3 (1959), Heft 2, S. 115-116.

[49] Ernst Schiebold, in: Deutsche Biographische Enzyklopädie, hrsg. von Walther Killy u. Rudolf Vierhaus. München / New Providence / London / Paris: K.G. Saur, Bd. 8 (1998), S. 624.

[50] E. Schiebold: Otto von Guericke als Ingenieur und Physiker, in: Zehn Jahre Technische Hochschule Otto von Guericke Magdeburg (Festschrift), Magdeburg 1963, S. 9-91.

Fazit

Schiebolds Karriere erstreckte sich über drei politische Systeme, die Weimarer Republik, das Dritte Reich und die DDR, wobei - ungeachtet politischer Verstrickungen - eine bemerkenswerte Kontinuität deutlich wird. Diese Kontinuität war durch Schiebolds Expertenschaft auf dem Gebiet der angewandten Wissenschaft, hier i.b. der technischen Radiologie, bedingt. Technische Expertise ist volkswirtschaftlich bedeutend und ergo invariant gegen Veränderungen des politischen Systems. Die Verehrung großer Techniker ist daher ebenfalls eine Invariante:

Die Technische Hochschule in Magdeburg und deren Nachfolgerin, die Otto-von-Guericke-Universität, ebenso wie die *community* der Werkstoffwissenschaftler haben Schiebold ein ehrendes Andenken bewahrt. Bereits 1983, veranlaßt durch Schiebolds zwanzigsten Todestag, wurde der *Ernst-Schiebold-Lehrstuhl für Grundprobleme der Werkstoffprüfung* eingerichtet (heute: *Ernst-Schiebold-Gastprofessur für Werkstoffwissenschaften*). 1994 fand aus Anlaß seines hundertsten Geburtstages in Magdeburg ein *Schiebold-Gedenkkolloquium* statt. Die Deutsche Gesellschaft für zerstörungsfreie Werkstoffprüfung verleiht seit 1997 jährlich ihre *Schiebold-Gedenkmünze*. Im Jahre 1999, zehn Jahre nach der Selbstauflösung der DDR, folgte als bisher letzte öffentliche Ehrung die Benennung des Institutsgebäudes an der Großen Steinernetischstraße in Magdeburg zum *Ernst-Schiebold-Gebäude*.[51]

Weder die Rechtmäßigkeit dieser Ehrungen noch gar Schiebolds fachliche Leistungen sollen hier in Frage gestellt werden, sie sind unbestritten. Vorgebeugt werden allerdings sollte einem Trend zur hagiographischen Überhöhung, der aus biographischen Darstellungen, vor allem jüngeren Datums, herauszulesen ist. Das verständliche Bedürfnis der *community*, positive Identifikationsfiguren zu benennen, deren Verdienste die Selbstauflösung der DDR und Abwicklung der DDR-Wissenschaft überdauert haben, sollte einer kritischen Würdigung dieser Personen, welche sämtliche Facetten ihres Wirkens beleuchtet, nicht im Wege stehen.

---

[51] Vgl. dazu Otto-von-Guericke-Universität Magdeburg, Pressemitteilung Nr. 43 vom 7. April 1999.

GÜNTER DÖRFEL

Werner Hartmann
Industriephysiker, Hochschullehrer, Manager, Opfer

Mitte der 50er Jahre waren jene deutschen Physiker, die die Sowjetunion zur Mitgestaltung ihres Parts im Rüstungswettlauf der Systeme „eingeladen" hatte, zurückgekehrt. Eine starke Gruppe von ihnen – zu den bekanntesten Mitgliedern zählten Gustav Hertz, Max Steenbeck, Heinz Barwich, Ernst Rexer, Manfred von Ardenne – sah in den von der DDR gebotenen Bedingungen gute Möglichkeiten zur Gestaltung ihrer wissenschaftlichen und persönlichen Ziele. Am Schicksal Werner Hartmanns – Schüler von Gustav Hertz und Walter Schottky, Organisator und wissenschaftlicher Leiter eines Industriebetriebes zur Entwicklung und Herstellung kernphysikalischer Instrumente, später „Vater der Mikroelektronik" in der DDR, Träger zweier Nationalpreise – wird deutlich, daß diese zunächst bedürfnis-, prestige- und leistungsdefinierten Bedingungen ideologisch und wirtschaftlich bedingten Veränderungen unterworfen waren, die die Handlungsspielräume immer mehr einengten. Das mußte dort, wo – wie im Falle Werner Hartmanns – versucht wurde, wissenschaftliche Tätigkeit und (quasi-) industrielles Management erfolgreich zu vereinen, zu dramatischen Konflikten führen.

Die Ereignisse und Verkettungen, über die hier zu berichten ist, auch ihre Erklärung und Kommentierung erheben für sich genommen nicht den Anspruch, als *Wissenschaft* zu gelten. Aber zu unserer *Geschichte* gehören sie allemal. Und vielleicht können sie, in einen umfassenderen Kontext gestellt als hier möglich, als weitere Elemente einer wissenschaftlichen Geschichtsaufbereitung, und, was das enger gefaßte Anliegen dieser Tagung betrifft, einer *wissenschaftsgeschichtlichen* Darstellung einer wichtigen Nachkriegsphase dienen.

Der Rahmen, in den diese Elemente wie Mosaiksteinchen gewissermaßen einzupassen sind, ist schon aufgespannt. Ich erinnere an den von Dieter Hoffmann und Kristie Macrakis herausgegebenen Band und die dort von Burghard Weiss gegebene Darstellung der Kernforschung und Kerntechnik in der DDR[1] sowie an vergleichbare Studien, die Gerhard Barkleit und Eckhard Hampe am Hannah-Ahrendt-Institut der Technischen Universität Dresden durchgeführt haben[2]. Hans Lippmann[3] hat schon frühzeitig versucht - noch zu DDR-Zeiten am Grabe Werner Hartmanns - dessen Persönlichkeit wieder Gerechtigkeit widerfahren zu lassen. Hans

---

[1] Burghard Weiss: Kernforschung und Kerntechnik in der DDR; in Dieter Hoffmann und Kristie Macrakis (eds.): Naturwissenschaft und Technik in der DDR. Berlin 1997.

[2] Siehe z. B. Eckhard Hampe: Zur Geschichte der Kerntechnik in der DDR von 1955 bis 1962. Hannah-Arendt-Institut für Totalitarismusforschung an der TU Dresden, Berichte und Studien Nr. 10, Dresden 1996 und Gerhard Barkleit: Hochtechnologien und Zentralplanwirtschaft der DDR. in: Aus Politik und Zeitgeschichte (Beilage zur Wochenzeitung Das Parlament), B 38/97 v. 12. 09. 97.

[3] Hans Lippmann: Werner Hartmann - ein Physikerschicksal im SED-Staat. Phys. Bl. 48 (1992) 1, 35-36.

W. Becker[4] kommt das Verdienst zu, das Wissen um die Rolle Hartmanns bei der unter schwierigsten Umständen erfolgten Etablierung und Entwicklung der Mikroelektronik in der DDR wachgehalten und hartnäckig - und in ideeller Hinsicht letztlich auch erfolgreich - auf eine Rehabilitierung hingewirkt zu haben. Mir selbst sei gestattet, den Versuch zu unternehmen, gewisse Ereignisse und Etappen im Leben Werner Hartmanns, die ich aus eigenem Erleben, aus Hartmanns Mund oder Nachlaß sowie aus den Berichten seiner Ehefrau und meiner ehemaligen Arbeitskollegen kenne, in jene Zusammenhänge zu stellen, die die vielschichtige und sich keineswegs geradlinig vollziehende Nachkriegsentwicklung charakterisieren.

Die Phase bis 1945

Werner Hartmann - Jahrgang 1912 - schreibt sich im Herbst 1930 als Physikstudent an der Technischen Hochschule Berlin-Charlottenburg ein. Die Zeiten sind schlecht, und so erweist sich der zeitweilige Status als Werkstudent und Praktikant bei Askania, Osram und der Telefonfabrik Berlin als hilfreich. Später, im Umgang mit Studenten, jungen Wissenschaftlern und Ingenieuren, wird Hartmann immer wieder dankbar auf bestimmte Verhaltensweisen - sie alle drehen sich um systematisches und genaues Arbeiten - aufmerksam machen, die er in dieser Zeit erlernen mußte. Auch seine Hochschullehrer - er nennt neben Gustav Hertz den Physiker Westphal, den Chemiker Volmer, den Mathematiker Rothe und den Praktikumsassistenten Houtermans - müssen den Bildungsweg eines Werkstudenten geschätzt oder doch zumindest akzeptiert haben. Jedenfalls gelingt es, die werks-, ausbildungs- und prüfungsbedingten Abläufe organisatorisch und inhaltlich zu meistern; er schließt als erster Physikstudent das Vorexamen „mit Auszeichnung" ab. Nun beruht der so erlangte Vorsprung gegenüber den Kommilitonen nicht auf vordergründiger intellektueller Überlegenheit, sondern auf einer Charaktereigenschaft: Das Fach „Beschreibende Maschinenlehre", eine Pflichtveranstaltung, erfreute sich bei den Physikern, sowohl bei Studenten als auch bei ihren Hochschullehrern, im allgemeinen keiner hohen Beliebtheit, und so galt es keineswegs als ehrenrührig, in diesem Fach lediglich auf Mindestkenntnisse verweisen zu können. Anders bei Werner Hartmann. Er kann sich der Faszination der Technik und der Originalität ihrer Denkweisen nicht entziehen. Entsprechend positiv ist das Prüfungsergebnis und damit auch das gesamte Vorexamen. Es ist nicht vermessen, hier einen Hinweis auf seine spätere Maxime, den beständigen Versuch eines Brückenschlages zwischen Naturwissenschaft und Technik, zu sehen.

Die Charlottenburger Professoren binden ihre Studenten voll ins wissenschaftliche Leben Berlins ein. Hartmann erlebt die berühmten physikalischen Kolloquien an der Friedrich-Wilhelm-Universität. Zwar sind Einstein und Pringsheim schon emigriert, aber er hört Planck, Heisenberg, Schrödinger, Delbrück, Nernst, Paschen. Ein Vortragsmanuskript Borns begleitet ihn während seines UdSSR-Aufenthaltes. Schließlich verehrt er das Manuskript Johannes Hertz, Gustav Hertzs Sohn, der in Rostow am Don ein Physikstudium absolviert.

1934 wechselt Gustav Hertz, dem als sog. „Vierteljuden" die Wirkungsmöglichkeiten an der Technischen Hochschule immer mehr beschnitten worden waren, zu Siemens. Einige

---

[4] Hans W. Becker: Prof. Werner Hartmann - Würdigung eines diskriminierten Wissenschaftlers. radio und fernsehen 39 (1990) 10, 648-650.

seiner Studenten, auch Werner Hartmann und dessen Freund Erwin Müller - letzterer sollte später als Erfinder des Feldionenmikroskopes Berühmtheit erlangen und in den USA zu wissenschaftlichen Ehren kommen - begleiten ihn. Da trifft es sich gut, daß sich Hartmann, angeregt von Schottkys Arbeiten[5] - Schottky war schon geraume Zeit im Zentrallabor des Werner-Werkes tätig - dem Sperrschichtproblem zugewandt hatte. Wenn, so überlegte Hartmann, der Gleichrichtereffekt am System Metall/oxidischer Halbleiter von der Herausbildung einer sog. „Sperrschicht" bestimmt wird, dann sollte es doch möglich sein, diese Sperrschicht in einem technologischen Schritt bewußt einzubringen, also mit einer „künstlichen" Sperrschicht zu arbeiten. Er experimentierte am damals schon technisch genutzten System Kupfer/ Kupferoxydul und auf Anregung Schottkys mit Zinkoxyd/Silber. Als künstliche Sperrschichten benutzte er ultradünne organische Lackschichten. Seine Arbeiten waren erfolgreich. Finanziell gesehen in Form einer Ablösesumme in Höhe von zweitausend RM, die Siemens für das Recht zur weiteren Nutzung zahlte. In akademischer Hinsicht brachte ihm diese Leistung eine von Hertz mit „sehr gut" bewertete Diplomarbeit. Seine Ansätze und Meßergebnisse wurden als Beiträge zur Weiterentwicklung halbleiterphysikalischer Vorstellungen anerkannt[6]. Sie mündeten in eine gemeinsam mit Schottky verfaßte Notiz[7] und in eine von Schottky empfohlene und betreute Dissertation[8]. Mit dieser promovierte Hartmann 1936 an der Technischen Hochschule bei Volmer, Becker und Kopfermann.

Der Vorgang ist exemplarisch für Hartmanns Arbeitsweise und für die Ansprüche, die er später an seine Schüler und Mitarbeiter stellen wird: Unkonventionelle Ansätze sind erlaubt, sogar erwünscht. Eine pseudo-naive Akzentuierung der Fragestellung kann hilfreich sein. Mißerfolge, sogar vielfache - als unbeirrbarer Quantisierer physikalischer, wirtschaftlicher und soziologischer Effekte pflegte er die zwischenzeitlichen Irrtumswahrscheinlichkeiten auf dem Wege zum Erfolg mit 9:10 anzusetzen - waren ebenso einkalkuliert wie der letztendliche Erfolg Pflicht.

Im Spätherbst 1936 wendet sich Hertz einem neuen wissenschaftlichen Thema zu: Fotokathoden und Bildwandler. Erneut schließt sich Hartmann an. Die Konsequenz ist sein 1937 vollzogener Wechsel zur Fernseh-GmbH. Ein von Manfred von Ardenne ausgesprochenes Angebot zur Mitarbeit in dessen Lichterfelder Laboratorium schlägt Hartmann aus. Die Konturen des Fortgangs der weiteren Arbeiten bis Kriegsende sind leicht zu überschauen. Die zunächst der Physik des neuen Mediums Fernsehen dienende Tätigkeit[9] wird zur Rüstungsforschung. Offenbar zur wichtigen, denn die Uk-Stellung[10] gilt als „doppelt" - welch eine makabere Bürokratie - und hält bis zum Kriegsende.

Soweit die Vorgeschichte. Wenn wir in ihr nach Wurzeln für die spätere ereignis- und auch konfliktreiche Entwicklung suchen, dann finden wir eines nicht: politische Motive. Werner Hartmann kommt aus einem kleinbürgerlichen Elternhaus. Er läßt, wie andere seiner Kommilitonen auch, zunächst durchaus gewisse Sympathien für die nationalsozialistische Machtergreifung 1933 erkennen. Intensives und dauerhaftes Engagement meidet er. Die spätere Entwicklung bestärkt ihn in seiner Zurückhaltung. Und er hat Glück. In seinem Umfeld

---

5   Vgl. den Beitrag von O. Madelung im vorliegenden Band.

6   Werner Hartmann: Über künstliche Sperrschichten an elektronischen Halbleitern von verschiedenem Leitungstypus. Physik. Zeitschr. XXXVII (1936), 862-865.

7   Werner Hartmann u. Walter Schottky: Über den Sinn der Gleichrichterwirkung bei Überschuß- und Defekt-Halbleitern. Die Naturwissenschaften 24 (1936), 558.

8   Werner Hartmann: Elektrische Untersuchungen an oxydischen Halbleitern. Z. Physik 102 (1936), 709-733.

9   Werner Hartmann: Ueber Photozellen mit Sekundärelektronenvervielfachern. Hausmitteilungen der Fernseh-GmbH 1 (1939), 226-230.

10 Uk: offizielle Abk. für "unabkömmlich".

werden erfolgreiche Arbeit, aber nicht unbedingt politische Betätigung oder gar parteipolitisches Bekenntnis verlangt.

Der „Gastaufenthalt"

Mitte Mai 1945 findet Hartmann im Briefkasten seiner Wohnung in Zehlendorf eine Nachricht von Gustav Hertz. Bemerkenswert ist nicht der Inhalt - Hertz lädt Hartmann zu einem Besuch nach Dahlem ein - , sondern der Brief an sich. Wie kommt ein Brief ohne funktionsfähige Post von Dahlem nach Zehlendorf? Der Besuch bringt Klarheit. Deutsche Wissenschaftler sollten in der Sowjetunion für zwei (!) Jahre, beginnend im Herbst 1945, beim Aufbau eines physikalischen Institutes behilflich sein. Die Modalitäten wollten Hertz und Volmer im Juni in Moskau mit Molotow aushandeln, und beide Wissenschaftler waren aufgefordert worden, geeignete Mitarbeiter vorzuschlagen. Hertz hatte u. a. Barwich und Hartmann genannt. Von da an stand Hartmann unter dem „Schutz" der Besatzungsmacht. Diese hatte dann auch gleich die postalischen Aufgaben übernommen.

Was den Schutz durch die Besatzungsmacht betraf, so hatte dieser vielfältige Aspekte. Das Haus von Hertz war besonders gekennzeichnet. Ein Schild besagte, daß der Nobelpreisträger als „hervorragender Wissenschaftler" unter dem Schutz der Besatzungsmacht stünde. Das hatte eine mit den speziellen Gegebenheiten weniger vertraute niedrigere Charge freilich nicht gehindert, mit dem Pistolenknauf auf die Herausgabe einer Armbanduhr zu dringen. Jedenfalls trug Hertz, als Hartmann zum erbetenen Besuch antrat, ein Pflaster auf der Stirn. Hartmann hatte also bei seiner Entscheidung, ob er der Einladung nachkommen oder sich besser drücken sollte, diesen „Schutz" wohl einzukalkulieren. Andererseits macht die geschilderte Episode deutlich, daß die Besatzungsmacht wenige Wochen nach Ende der Kampfhandlungen keineswegs in der Lage war, allgegenwärtig wirksam zu werden. Im Falle des hier geschilderten Einzelschicksals ist also davon auszugehen, daß die Entscheidung für eine zeitweilige Arbeit in der Sowjetunion wohl unter einem gewissen Druck, letztlich auch indirekt ausgeübt vom väterlichen Freund und Förderer, aber keineswegs unter direktem Zwang zustande kam. Immerhin ist zu bedenken, daß erfolgreiche wissenschaftliche Arbeit im zerstörten Deutschland auf absehbare Zeit unmöglich erscheinen mußte.

Aus Gründen, die aus Berliner Sicht zunächst nicht erkennbar waren, entwickelte der Wissenschaftlertransfer nach der Sowjetunion eine bemerkenswerte Dynamik. Statt der für Juni vorgesehenen Vorverhandlungen fand der Abtransport statt. Am 13. Juni fliegt die Gruppe, der Hartmann zugeteilt ist, ab in Richtung Moskau. In den zwei Kisten, die er mitnehmen darf, befinden sich auch das schon erwähnte Vortragsmanuskript Borns und ein Beutel mit Heimaterde. Man wird in der Nähe von Moskau untergebracht und steht „ unter dem Schutz des NKGB"[11]. Dieser Schutz ist durchaus zweiseitig zu sehen. Schließlich befindet man sich in Feindesland und gegenüber einer Bevölkerung, die noch vor Wochen zu äußerster Kriegsanstrengung und zum Haß motiviert worden war. Zum erstenmal und hauptsächlich unter diesem Gesichtspunkt denkt Hartmann über das Risiko nach, welches er eingegangen ist.

Im August findet der ausgeübte Zeitdruck seine Erklärung. Über Hiroshima und Nakasaki waren Atombomben gezündet worden, und die nunmehr verkündete Aufgabe für die deutsche

---

[11] NKGB: Abk. für **N**arodnyj **K**omissariat **G**ossudarstwennoj **B**esopasnosti, dt. Volkskommissariat für Staatssicherheit..

Wissenschaftlergruppe läßt wenig Spielraum zu: *Aufbau eines Institutes zur Mitarbeit an der Nutzung der Kernenergie bei Suchumi am Schwarzen Meer.*
 Immerhin dürfen die deutschen Wissenschaftler im Rahmen dieser Vorgabe ihre Arbeitsgebiete selbst abstecken. Hartmann entscheidet sich für Physikalische Meßtechnik. Der beginnende kalte Krieg erzeugt Spannungen. Als einzige hatten Hertz und Barwich anerkannte Arbeiten, die mit dem vorgegebenen Programm korrespondierten, nämlich Untersuchungen zur Isotopentrennung (Diffusion durch poröse Diaphragmen), durchgeführt. Aber die „Gastgeber" mochten ihnen nicht abnehmen, daß es nur um Wasserstoff- und Neon-Isotope und keineswegs um Uran-Verbindungen gegangen war. Schließlich ergab sich folgende Arbeitsteilung in der Gruppe Agudseri (das war der Standort des Institutes):
 Prof. Hertz, Dr. Barwich, Dr. Zühlke, Dr. Mühlenpfordt: Isotopentrennung,
 Prof. Volmer, Dr. Richter: Schweres Wasser,
 Dr. Hartmann: Meßtechnische Begleitung der Anreicherungsprozesse,
 Dr. Schütze: Aufbau eines Massenspektrometers.
 Im benachbarten Sinop befaßten sich
 Prof. Thiessen mit korrosionsbeständigen metallischen Diaphragmen,
 Dr. Steenbeck mit Isotopentrennung durch Zentrifugen und
 von Ardenne mit dem Entwurf eines magnetischen Massentrenners.
Verlassen wir hier die chronologische Entwicklung und suchen nun nach jenen objektiven und subjektiven Grunderfahrungen, die die weitere Entwicklung Hartmanns, seine Entscheidung für die DDR und seinen Weg in der DDR mitbestimmt haben:
 Die materielle Ausstattung der deutschen Institute ist gut, und die dazustoßenden jungen sowjetischen Kollegen besitzen eine solide Ausbildung. Insofern sind wesentliche Voraussetzungen für erfolgreiches wissenschaftliches Arbeiten gegeben. Hartmann notiert später: „An dieser Stelle sollte ich anmerken, daß ich in meinem beruflichen Leben niemals, weder vorher in Deutschland noch hinterher in der DDR, so konzentriert arbeiten konnte." Förderlich ist offenbar der Umstand, daß trotz hoch eingeschätzter Dringlichkeit der Arbeiten eine unmittelbare Anbindung an das Bombenprojekt nicht gegeben ist.
 Hartmann nutzt von Anfang an jede Gelegenheit - Zeitung, Wörterbuch, Kontakte zum Dienst- und zum Wachpersonal - um die russische Sprache zu erlernen. Dieser Umstand macht ihn de facto zum Sprecher der deutschen Gruppe, und er erlaubt ihm, seine wissenschaftlichen Programme und Ergebnisse effektiv zu vertreten. Er macht die Erfahrung, daß sich begründeter Widerspruch durchaus auszahlt.
 Hartmann schätzt den obersten fachlichen Vorgesetzten, den Vorsitzenden des Staatlichen Komitees für Atomenergie, Emeljanow, und er respektiert auch den direkten Vorgesetzten für die beiden Institute in Agudseri und in Sinop, den Hochfrequenzfachmann Migulin. Beiden bescheinigt er bessere Führungsqualitäten als den deutschen Titulardirektoren Hertz und von Ardenne.
 Sehr viel problematischer sind die persönlichen Lebensumstände, die die politische Grundstimmung widerspiegeln. Die Sicherheitskräfte greifen ein, wenn die Kontakte zwischen den sowjetischen Staatsbürgern und den Deutschen zu eng werden. Ende der vierziger Jahre fragt sich Hartmann, ob die Rückführung überhaupt jemals zugelassen werden wird, und er verstreut die mitgeführte Heimaterde. Die Deutschen lehnen die Unterschrift unter ihnen angebotene Arbeitsverträge ab, da diese keinerlei Aussagen über die Dauer des Arbeitsverhältnisses enthalten. Die Situation ist für den Sprecher der Deutschen, Hartmann, nicht unkritisch, aber die sowjetische Seite kommt nicht wieder auf dieses Thema zurück. Der vertragslose Zustand besteht fort. Drei deutsche Hilfskräfte, ehemalige Kriegsgefangene, werden 1951 im Zuge der Stalin-Berijaschen Säuberungen verhaftet. Die Gründe bleiben für die deutsche Kolonie im Dunklen. (Alle drei werden erst 1955 nach der Bundesrepublik Deutschland entlassen.)

Im gleichen Jahr, 1951, lehnt Hartmann den ihm angebotenen Kauf eines Motorrades ab mit der Frage, wohin man denn mit diesem Gefährt fahren solle. Aber später greift er doch zu, erwirbt sogar ein Auto. Die Lebensumstände bessern sich. Er darf publizieren[12], wird ins akademische Leben eingebunden und betreut an den Universitäten von Moskau und Leningrad sechs Diplom- und drei Doktorarbeiten. Auch dies ist für die Verhältnisse bezeichnend: Trotz Hartmanns Wirken für Moskau und Leningrad gelingt es dem einflußreichen Emeljanov nicht, Hartmann an der einheimischen georgischen Universität von Tiflis zu etablieren. Es bleibt unklar, ob zentralistische russische Bevormundung im Spiel ist oder eine nationalistische georgische Retourkutsche.

Und man denkt wieder an Deutschland. Obwohl keinerlei Zusagen vorliegen, beginnen die Renommierten unter den „Gästen" aus der Ferne ihr Feld zu bestellen. Hartmann entwickelt seine Vorstellung von einem stark wissenschaftlich geprägten Industriebetrieb für kernphysikalische Meßtechnik, den er aufbauen und leiten möchte, und von einer organisatorisch parallelen und inhaltlich identischen Hochschullehrertätigkeit, und er lanciert seine Ideen über die in der DDR an einflußreicher Stelle tätigen Dr. Wittbrodt und Dr. Görlich[13]. Mit Wittbrodt ist er aus Studientagen, mit Görlich aus Fernseh-GmbH-Zeiten bekannt. Hartmanns Vorstellungen werden vehement unterstützt von Manfred von Ardenne. Dieser ist auf der Suche nach Mittler zur industriellen Umsetzung der erwarteten Ergebnisse seines bereits im Aufbau begriffenen Dresdner Institutes[14] und unterstreicht seine Vorstellungen mit der Forderung, seinen und Hartmanns Namen in die Firmenbezeichnung einzubauen. Das geht dem korrekten Hartmann zu weit, und der Betrieb, der nach der Rückkehr im Herbst 1955 gegründet wird, erhält den neutralen aber programmatischen Namen „Vakutronik".

Diese Rückkehr kündigte sich im Sommer 1954 gerüchteweise an. Im Herbst reiste Hertz, der schon geraume Zeit abseits vom Institut in der Nähe von Moskau gelebt hatte, aus. Die Abreise der anderen erfolgte im März 1955; geordnet, aber wie alle wichtigen Ereignisse ohne Vorankündigung.

Vermutlich wird die Frage, warum die Wissenschaftlerpersönlichkeiten, von denen hier die Rede ist, ihre weiteren Wirkungsmöglichkeiten in der DDR suchten, der damaligen realen Situation gar nicht gerecht. Aber versuchen wir eine Antwort: Da sind möglicherweise materielle Beweggründe. Die Wissenschaftler waren, gemessen an den Bedingungen der harten Nachkriegsjahre, nicht übermäßig aber einigermaßen gut entlohnt worden. Es ist unklar, wie weit das erworbene Vermögen nach Westdeutschland hätte transferiert werden können. Aber da ist ganz gewiß auch eine positive Grunderfahrung bezüglich der wissenschaftlichen Arbeitsmöglichkeiten. Und die wie wir heute wissen naive Erwartung, daß gewisse lästige und entwürdigende Begleiterscheinungen dieser wissenschaftlich durchaus ertragreichen Phase im zivilisierten Zentraleuropa kein Thema sein sollten.

---

[12] Siehe Werner Hartmann et. al.: Tabelle von Kernmomenten. Fortschr. Physik. Wiss. (russ.) 57 (1955), 714 sowie Werner Hartmann et. al.: Impulsamplitudenanalysator unter Verwendung einer Elektronenstrahlröhre. Z. exp. theoret. Physik (russ.) 30 (1955), 699-705..

[13] H. Wittbrodt war Mitarbeiter in der Leitung der Deutschen Akadmie der Wissenschaften und dort maßgeblich an den Bemühungen zur Schaffung einer stark naturwissenschaftlich ausgerichteten, staatlich gesteuerten Forschungsgemeinschaft beteiligt (Vgl. den Beitrag von P. Nötzoldt im vorliegenden Band). P. Görlich, vom wissenschaftlichen Profil und der Tätigkeit (Zeiß Ikon Dresden) her ähnlich orientiert wie W. Hartmann, war nach eigener Tätigkeit in der UdSSR (bis 1952) wiss. Hauptltr. und später Forschungsdirektor beim VEB Carl Zeiss Jena.

[14] Vgl. den Beitrag von B. Ciesla und D. Hoffmann im vorliegenden Band.

Die Vakutronik-Periode

Man darf nachfragen, ob Hartmann mit seinem 1953 entwickeltem Konzept - Aufbau eines physikalisch geprägten Industriebetriebes *und* Hochschullehrertätigkeit - zwei Eisen ins Feuer legte, oder ob er beide Aktivitäten wirklich als zwei Seiten einer Medaille auffaßte. Aus eigenem Erleben, insbesondere aber angesichts der Konsequenz, mit der er dieses Konzept bis zum bitteren Ende verfolgte, und unter Würdigung seiner Siemens-Erfahrungen unter Schottky und Hertz und mit der Fernseh GmbH, bin ich ziemlich sicher, daß die zweite der genannten Auffassungen zutrifft.

Im November 1955 wird die Rechtsträgerschaft des von Werner Hartmann gegründeten Betriebes durch den Ministerrat der DDR erklärt. Im März 1956, nach Abschluß des Habilitationsverfahrens, wird Hartmanns zum Professor mit vollem Lehrauftrag für Kernphysikalische Elektronik an die TH Dresden berufen. Hartmanns wissenschaftlicher Ruf und die Einbindung ins akademische Leben bewahren den von ihm geleiteten Betrieb vor Nachwuchssorgen. Dieser Betrieb entwickelt sich rasant. Unbürokratisch wird ein altes Fabrikgrundstück gefunden und erschlossen. Daß es sich im ausländischen Besitz befindet, ist für die Nutzer uninteressant. Für die juristischen Fragen ist der Staat zuständig. Verhandelbar sind diese Probleme wegen der diplomatischen Isolierung der DDR ohnehin kaum. Schon 1956 wird ein ehemaliger Fernmeldebetrieb in Radebeul bei Dresden integriert, und zwischen 1957 und 1959 entsteht eine neue Produktionsstätte in Pockau-Lengefeld im Erzgebirge. Trotzdem wird die Jacke zu eng. Die Belegschaft ist auf etwa 1500 Mitarbeiter angewachsen. Ein 1959 verliehener Nationalpreis signalisiert gesellschaftliche Anerkennung für die geleistete Schwerarbeit. Im gleichen Jahr entwickelte Neubaugedanken finden Zustimmung beim Leiter des Amtes für Kernforschung und Kerntechnik, Karl Rambusch, und bei Erich Apel, dem damaligen leiter der Wirtschaftskommission beim PoLitbüro der SED.

Erich Apel, als Vorgänger Günter Mittags an hervorragender Stelle im Regierungsapparat tätig, schätzt Werner Hartmann sehr und bleibt ihm, ungeachtet der unterschiedlichen politischen Grundhaltungen, bis zu seinem Freitod 1965 freundschaftlich verbunden.

Die Belegschaft ist hochmotiviert. Ganz im Gegensatz zu üblichen verordneten Aufbauprogrammen beteiligt man sich an den Wochenenden unspektakulär aber effektiv an Beräumungsarbeiten auf den für den Neubau vorgesehenen Ruinengrundstücken. Aber das Projekt scheitert. Im Frühjahr 1961 werden wegen der offensichtlich gewordenen wirtschaftlichen Schwäche der DDR alle Investitionen, die nicht unmittelbar die Lebensbedingungen der Bevölkerung verbessern helfen, gestoppt. Diese Entwicklung geht parallel mit einer gewissen weltweiten Ernüchterung hinsichtlich der von der Kerntechnik zu erwartenden Möglichkeiten. Und sie spiegelt die Zuspitzung im kalten Krieg der Systeme wider. Die Weiterentwicklung friert ein, allerdings auf einem für DDR-Verhältnisse ziemlich hohem Niveau[15].

An der Fakultät für Kerntechnik der Technischen Hochschule Dresden liest Hartmann über „Signale der Strahlungsdetektoren und ihre Verarbeitung", über „Kernphysikalische Elektronik" und über „Kernphysikalische Meßgeräte". Später, nach Auflösung der Fakultät für Kerntechnik, bietet er an den Fakultäten für Mathematik und Naturwissenschaften sowie für Elektrotechnik die Vorlesungen „Physik der Halbleiter" und „Elektrophysik" an.

---

[15] Den erreichten Stand fixierende Übersichten geben Werner Hartmann: Kernforschung und Kerntechnik in der DDR - Der VEB Vakutronik Dresden - Wissenschaftlich-industrieller Betrieb. Kernenergie 5 (1962) 6, 489-496 und Dietrich Gerber: VEB Vakutronik WIB Dresden - 10 Jahre Entwicklung und Fertigung von Geräten für die Nutzung kernphysikalischer Methoden. Isotopenpraxis 2 (1966) 2, 78-82.

Die geradlinige und erfolgreiche Entwicklung zwischen 1956 und 1961 verdeckt einige Fallstricke, die sich letztendlich als entscheidend für den Abbruch der Karriere Hartmanns erweisen sollten. Die leistungs- und erfolgsorientierte Vorgehensweise Hartmanns macht ihm nicht nur Freunde. Schon 1958 wird von einer ideologisch orientierten Gruppierung im Amt für Kernforschung und Kerntechnik der Vorwurf erhoben, er betreibe die Bildung einer „Plattform"[16]. Der im Grunde unpolitische Hartmann hätte ohne seine UdSSR-Erfahrung mit dieser Anschuldigung wahrscheinlich nichts anzufangen gewußt. So weiß er um die Gefährlichkeit des Vorwurfs und sucht Unterstützung, im persönlichen und kollegialen Bereich bei Gustav Hertz, in politischer und organisatorischer Hinsicht bei Erich Apel. Er erfährt die gesuchte Rückendeckung, insbesondere durch Erich Apel, und er wird darüber hinaus aufgefordert, seine Vorstellungen zur Überwindung der von ihm immer wieder kritisierten sehr lästigen bürokratischen und ökonomischen Hemmnisse darzulegen. Er entwickelt das Konzept des „Wissenschaftlichen Industriebetriebes" („WIB", in Hartmanns ursprünglicher Diktion: „wissenschaftlich-industrieller Betrieb") und referiert darüber als parteiloser Wissenschaftler auf der 9. Plenartagung des ZK der SED im Juli 1960. Kernstück dieses Konzeptes, welches er über einige Jahre verfolgt, sind organisatorische, planungstechnische und finanzielle Regelungen sowie Bemühungen zur Gewinnung wissenschaftlichen Nachwuchses, die alle dem Ziel untergeordnet sind, wissenschaftlichen Höchststand und kürzeste Entwicklungszeiten unter den Bedingungen der industriellen Kleinserienproduktion zu erreichen. Das Konzept findet Beifall, erlangt in Teilen Gesetzeskraft und wird unter den Bedingungen der Nach-Mauerbau-Zeit sehr schnell zur Farce.

Die Begründung der Mikroelektronik in der DDR

Um 1959 wurden in den USA erste Überlegungen zur Integration von Halbleiterstrukturen bekannt. Kilby (Texas Instruments) und Noyce (Fairchild) hatten ihre Grundsatzpatente angemeldet. Um dieser Entwicklung Rechnung zu tragen, wurde Werner Hartmann 1961 mit der Bildung einer „Arbeitsstelle für Molekularelektronik" in Dresden (AME, später AMD) beauftragt. Erich Apel und der in der Deutschen Akademie der Wissenschaften einflußreiche Physiker und Altkommunist Robert Rompe hatten schon 1960 die Bereitschaft Hartmanns zur Übernahme einer solchen Aufgabe erkundet. Das ist die offizielle Darstellung der Vorgeschichte, so wie sie auch Werner Hartmann öffentlich bekundete. Hartmann, vom Wesen her korrekter Preuße, wußte, daß man dem Kaiser lassen mußte was des Kaisers war. Die Logik der Geschichte und persönliche Äußerungen Hartmanns im engsten Kreise legen eine andere Lesart nahe: Der Flugzeugingenieur[17] Apel konnte, bei aller Wertschätzung seiner

---

16 In totalitär geführten Strukturen gilt die Bildung von "Fraktionen" als feindlicher, weil die aktuelle Machtsituation in Frage stellender Akt. Als Bildung einer "Plattform" gilt die gedankliche, d. h. ideologische Vorbereitung einer solchen Gegenposition. Die bekanntesten der auf dieser Ebene geführten großen Auseinandersetzungen sind die Ausschaltung Trotzkis durch Stalin und die Stalinschen "Säuberungen" der dreißiger Jahre ("Moskauer Prozesse").

17 Diese gelegentlich angegebene und hier übernommene Berufsbezeichnung ist ungenau. Erich Apel schloß 1939 ein Studium an der Ingenieurschule Ilmenau, der Keimzelle der heutigen Technischen Universität Ilmenau, ab. Die damaligen Ausbildungsschwerpunkte waren traditions- und regionalbedingt Maschinenbau sowie Glas-, Vakuum-, Elektro- und Meßtechnik. Mit Kriegsbeginn eingezogen, wurde er zum Peenemünder Versuchskommando Nord (VKN) abkommandiert. Nach Kriegsende arbeitete er in seiner thüringer Heimat beruflich als Lehrer und politisch in der SPD. Im Herbst 1946 wurde er für einige Jahre zur Mitarbeit am

intellektuellen und organisatorischen Fähigkeiten, zu diesem Zeitpunkt keinen eigenen Standpunkt zu der sich noch ganz verdeckt anbahnenden Entwicklung besitzen, und die Akademie der Wissenschaften hat bis in die siebziger Jahre, also bis zu jenen ominösen Parteibeschlüssen zur Mikroelektronik, eine merkwürdige und weitgehende Gleichgültigkeit gegenüber dieser Entwicklung bewahrt. Vielmehr hat Hartmann, der sich nie von seinen wissenschaftlichen Wurzeln aus der Siemenszeit gelöst hatte, schon bei seinen Neubauplanungen 1959 Kapazitäten für eine physikalisch begründete Halbleiterelektronik vorgesehen. Apel vertraute den Vorstellungen und Initiativen Hartmanns, und der kluge Rompe lieh seine Stimme, ohne daß damit ein Engagement der Akademie begründet war. Übrigens ist es nie zu der von Hartmann angestrebten Schirmherrschaft der Akademie für die Arbeitsstelle für Molekularelektronik gekommen. Zunächst ergab sich die historisch und subjektiv verständliche aber fachlich unbegründete Unterstellung unter das Amt für Kernforschung und Kerntechnik. Später wurde die naheliegende aber beiderseits lieblos praktizierte Zuordnung zur Vereinigung der volkseigenen Bauelementebetriebe (VVB BuV)[18] vollzogen.

Schon die frühen Jahre der Arbeitsstelle waren schwierig. Personal- und Raumprobleme hemmten, die technologischen Einrichtungen mußten selbst geschaffen werden. Später durchgesetzte Importe waren wegen der Embargosituation übertuert, wirkten zeitlich verzögert und zogen wegen unvermeidbarer Kompatibilitätsprobleme langwierige Anpassungsarbeiten nach sich. In der zweiten Hälfte der 60er Jahre ergab sich eine zwischenzeitliche Entspannung. Hartmann und Mitarbeiter hatten sich sehr zeitig für die sog. TTL-Technik[19] entschieden. Da diese Schaltkreisfamilie später standardprägend für die nachfolgende Entwicklung wurde, blieben der Dresdener Arbeitsstelle manche Umwege, die die Wettbewerber gegangen waren, erspart.

Ein anderer Aspekt wirft ein erhellendes Licht auf die im nachhinein reklamierte Weitsichtigkeit von Partei und Regierung ob ihrer frühzeitigen Entscheidung für jene Entwicklungen, die später mit dem Begriff Mikroelektronik belegt wurden: Hartmann war schon zeitig nach seiner Rückkehr ein „Vorgang" für die Sicherheitsorgane. Es war im Kollegenkreis offenes Geheimnis, daß mindestens einer der Chauffeure im Nebenberuf Mitarbeiter der „Firma" war. Aber man nahm dem nicht unsympathischen Kollegen ab, daß er seine Überwachungs- und Abschirmungsaufgaben nicht mit wichtigtuerischen Denunziationen verwechseln würde. Die spätere Akteneinsicht hat diese Vermutung auch bestätigt. Doch die aktuelle Aktenlage war insgesamt weniger harmlos. Offenbar begründet durch seine kantig wahrgenommene Sprecherfunktion in der UdSSR und vielleicht auch wegen seiner demonstrativ gelebten Überzeugung, daß politische Auffassungen und Leistungsprinzip nicht zu verwechseln und zu vermengen seien - womit er für sich keineswegs die Pflicht zur Loyalität dem Staat gegenüber in Frage stellte - , begegnete man Hartmann von Anfang an mit Mißtrauen. Der provokatorische Vorwurf einer Plattformbildung aus dem Jahre 1958 ist durchaus in diesem Zusammenhang zu sehen. Aber die Überwachungsaktivitäten ließen mit der Übernahme der neuen Funktion vorübergehend deutlich nach. In gehobenen Parteikreisen spöttelte man, Apel habe seinem Schützling eine unverbindliche Spielwiese eingerichtet, und die Sicherheitsorgane gingen davon aus, daß Hartmann auf ein unwichtiges und wenig sicherheitsrelevantes Nebenfeld abgeschoben worden sei.

---

sowjetischen Raketenprogramm dienstverpflichtet – Weiteres siehe: Wer war Wer in der DDR, Berlin 2000, S. 25f.

[18] VVB BuV: offizielle Abk. für Vereinigung Volkseigener Betriebe der Bauelemente- und Vakuumtechnik.

[19] TTL steht für Transistor-Transistor-Logik und beschreibt eine bestimmte Art der Verkopplung der einzelnen Bauelemente auf dem Chip zum integrierten digitalen Festkörperschaltkreis und der Festkörperschaltkreise untereinander.

Die weitere Entwicklung läuft anders und ist unter verschiedenen Aspekten schon dargestellt worden[20]. Sie soll hier nur angedeutet werden. Hartmann überstand den Freitod Apels, aber die Entmachtung Ulbrichts, zu dem er übrigens im Gegensatz zu anderen UdSSR-Heimkehrern kein enges persönliches Verhältnis aufgebaut hatte, überstand er nicht. Hartmann, der nie aufgehört hatte, sich Feinde zu machen - so hatte er die Entlassung eines kontraproduktiv wirkenden Parteisekretärs[21] durchgesetzt - wurde für die Umstände der versuchten Republikflucht eines seiner Mitarbeiter verantwortlich gemacht, mit einer Flut von haltlosen Vorwürfen, die seine fachlichen und organisatorischen Leistungen in Frage stellten, überhäuft, im Juli 1974 als Leiter der Arbeitsstelle abberufen und mit Hausverbot belegt. Dem vom Ministerium für Staatssicherheit gesteuerten „Operativen Vorgang (OV) Molekül" - die Akte umfaßte schließlich 45(!) Bände - lag die These zugrunde, Hartmann sei „ein bürgerlicher Wissenschaftler mit einer antikommunistischen und antisowjetischen Grundhaltung". Mit einer lächerlich geringen Entlohnung in eine subalterne Position im VEB Spurenmetalle Freiberg gedrängt, wurde er so schon vor seiner 1977 erfolgten Pensionierung zum allgemeinen Vergessen verurteilt - was sich aber auch zu DDR-Zeiten nicht vollständig durchsetzen ließ. Übrigens hat Hartmann die ideologie- und machtbestimmten Hintergründe seiner Demontage lange nicht begriffen; er glaubte beweisen zu können, daß er die ursprüngliche Vereinbarung, nämlich Leistung gegen Gestaltungsspielraum, nie verlassen habe und deshalb zu Unrecht gedemütigt worden sei. Er starb sechsundsiebzigjährig, in einer Zeit, als sich erste Würdigungen und Klarstellungen schon nicht mehr unterdrücken ließen, gebrochen und ohne Hoffnung auf die verdiente Anerkennung als Wissenschaftler und Organisator.

---

[20] Siehe insbesondere auch die folgenden Texte: Hans W. Becker: Ein Leben in Würde für die Wissenschaft; Eberhard Köhler: Über den Mut, den eigenen Verstand zu gebrauchen. und Renée-Gertrud Hartmann: Stark nur im aktiven Tätigsein. Vorträge auf einer Gedenkveranstaltung am 14. 06. 1990, Mikroelektronik Dresden GmbH 1990.
Die Arbeit von Reinhard Buthmann: Die strukturelle Verankerung des MfS in Wissenschaft, Technik und Technologie. Dresdener Beiträge zur Geschichte der Technikwissenschaften Heft 25, 39-70, Technische Universität Dresden 1998, nimmt bei generalisierenden Aussagen sehr starken Bezug auf die Umstände der Demontage Werner Hartmanns. Reinhard Buthmann ist Wissenschaftlicher Mitarbeiter des Bundesbeauftragten für die Unterlagen des Staatssicherheitsdienstes der ehemaligen DDR (Gauck-Behörde); sein Beitrag ist die überarbeitete Fassung eines am 13./14. 06. 1998 im Haus der Zukunft Berlin zum Generalthema " Mikrochips als Wunderwaffe - Hochtechnologien im SED-Staat" gehaltenen Vortrags. Vergleichbares berichtet auch Gerhard Barkleit: Wann hört ihr endlich auf zu klauen? – Zur Geschichte der Mikroelektronik in der DDR. Gerbergasse 18 (Forum für Geschichte und Kultur) III / 1997, 28- 31.

[21] In allen größeren staatlichen/volkseigenen Einrichtungen amtierten hauptamtliche Parteisekretäre – außerhalb der organisatorischen Strukturen und unabhängig von den ansonsten geltenden arbeitsrechtlichen Regelungen. Sie wirkten im Auftrag der übergeordneten Leitungsorgane der SED; ohne sie oder gegen sie ging nichts.

Personenregister

Adenauer, K., 62, 64, 65, 67, 69, 129, 150
Adorno, Th. 81, 82
Aeckerlein, G., 89, 90, 92, 93, 94, 95, 96, 97, 98
Alvarez, L., 147
Amaldi, E., 145
Anschütz-Kaempfe, H., 47
Apel, E., 227, 228, 229
Ardenne, M. v., 34, 99, 100, 101, 102, 103, 104, 105, 107, 108, 109, 110, 120, 156, 157, 158, 162, 221, 223, 225, 226
Arnholdt, 45
Auger, P., 148
Bagge, E., 144
Bahr-Bergius, E. v., 193
Baier, O., 158, 161, 162, 163, 165
Balke, S. 152
Bardeen, J., 174, 181
Barkleit, G., 221, 230
Barwich, H., 120, 162, 164, 221, 224, 225
Bavink, B. 82
Becker, H. W., 222, 230
Becker, R., 29, 32, 34, 36, 38, 39, 45, 48
Bense, M. 79
Bernhard F., 82, 157, 162, 164, 165, 168
Bernhardini, G., 146
Bethe, H. 180
Bewilogua, L., 120, 144
Biermann, L., 145
Bischof, 92, 93
Blackett, P., 145
Bloch, F. 180

Bojunga, 49, 50
Bonhoeffer, K.-F., 116
Born, H., 205
Born, H.-J., 158, 162, 164
Born, M., 24, 27, 29, 32, 75, 77, 82, 144, 199, 201, 204, 205, 206, 207, 208, 222, 224
Bothe, W., 142, 143, 144, 146, 147, 156, 206
Brattain, W. 174, 181
Brauer, 96, 152
Braun, F., 90, 172
Brenthel, 92, 93, 94
Brion, 92, 93
Broglie, L. d., 148
Bruggencate, P., 207
Büchner, A., 24
Butenandt, A., 113
Chow, Y. K., 35
Claus, 91
Clusius, K., 171
Courant, R., 205
Dahms, H.-J., 27, 28, 30, 52
Dautry, R., 148
Debye, P., 113, 115
Delbrück, M., 222
Deutschmann, M., 146
Diels, L., 112
Dirac, P., 145
Döring, Th., 29, 36, 91, 92, 93, 94
Drehmann, U., 158, 159, 162, 163, 164, 165
Droste, G. v., 143, 195
Düker, H., 33
Ebert, F., 25

Eden, R., 145
Eickemeyer, H., 58, 66, 67, 68, 148
Emeis 187
Einstein, A. 24, 25, 47, 75, 77, 82, 83, 205, 206, 222
Eisl, A., 213, 214
Eitel, W., 113
Emeljanow, V.S. 225
Enzensberger, H. M. 73, 74, 82, 84
Erbacher, O. 195
Ertel, H., 116
Esau, A., 158, 214
Eucken, A., 31, 32, 35, 43, 44, 197, 198
Ewald, P. P., 167
Falkenhagen, H. 82
Fechter, P. 74, 81
Fennel, 212
Feretti, B., 148
Fischer, E., 59, 80, 81, 113, 114, 122
Fleischmann, R., 151
Flügge, S., 31, 36, 41, 156, 158, 159, 163
Flügge, W., 40
Franck, J., 27, 30, 34, 40, 121, 196, 197, 201, 204, 205, 206, 207, 208
Fraser, R., 37, 131
Friedrich, W., 90, 112, 113, 116, 118, 123, 157
Frings, Th., 118, 123
Fröhlich, H. 180
Frühauf, H., 25, 116, 117, 124, 125
Fuchs, K., 52
Fues, E., 167
Fünfer, E., 143
Galison, P., 127, 128, 129, 131
Geiler, K., 61, 62, 64, 67
Gengler, 47, 48
Gentner, W., 142, 143, 146, 149, 152, 195
Georgii, 212, 214
Gerlach, 59, 61, 62, 64, 65, 66, 67, 68, 69, 71, 75, 77, 80, 82, 84, 158, 214
Gerlach, W., 59, 61, 62, 64, 65, 66, 67, 68, 69, 71, 75, 77, 80, 82, 84, 158, 214
Gerthsen, Chr., 11, 15, 22
Giercke, G. v., 151
Goebbels, J., 108
Goeppert-Mayer, M., 143

Goethe, J. W. v. 73, 80
Goody, 34
Göring, H., 38, 95, 108
Görlich, P., 226
Götte, 192
Gottstein, K., 146, 147
Goudsmit, S., 36, 209
Griewank, K., 115
Grotewohl, O., 118
Gudden, B., 168, 169, 180
Günther, P. L., 38, 172
Habermas, J. 74, 80, 81, 84, 85
Hachenberg, O., 14, 18, 20, 116, 117
Hahn, O., 25, 60, 61, 113, 143, 146, 158, 191, 192, 193, 194, 195, 196
Hahnkamm, E., 47
Hallstein, W., 148
Hampe, E., 26, 221
Harsch, 91
Hartmann, O., 80, 101, 221, 222, 223, 224, 225, 226, 227, 228, 229, 230
Hartmann, W., 80, 101, 221, 222, 223, 224, 225, 226, 227, 228, 229, 230
Havemann, R., 113, 114
Haxel, O., 143, 146
Heckmann, O., 39
Heidegger, M. 74, 79, 81
Heike, 92, 93
Heimeran, E. 74
Heine, H. 80
Heisenberg, W. 22, 25, 28, 42, 51, 59, 60, 61, 62, 63, 64, 65, 66, 67, 68, 69, 70, 71, 73, 75, 76, 77, 78, 79, 80, 81, 82, 83, 84, 113, 115, 133, 135, 141, 142, 143, 144, 145, 146, 147, 148, 149, 150, 151, 152, 156, 158, 170, 171, 179, 205, 214, 222
Hellwege, K. H., 30, 31, 35, 36
Helmholtz, H. v. 75
Herder, J. G. 80
Hertz, G., 24, 25, 37, 120, 121, 162, 221, 222, 223, 224, 225, 226, 227, 228
Hertz, J., 222
Hess, G., 69
Hilsch, R., 45
Himmler, H., 108
Hitler, A., 39, 95, 194, 208
Hocker, A., 148

Hoddeson, L., 128, 129, 131, 132, 138, 145, 169
Hoffmann, D. 73, 117, 145, 160, 164, 217, 221, 226
Hofmann, 91
Hogrebe, K., 143
Hohenemser, K., 33, 48, 51, 52
Hollnack, 212, 214
Höltje, R., 93, 94, 95
Holzmüller, W., 12, 120
Honecker, E., 100
Hoppe, J., 157
Houtermans, F., 34, 35, 146, 147, 157, 222
Hund, F., 20, 23, 115, 116, 120
Hundhammer, A., 66
Hunger, U., 52
Infeld, L., 24, 82
Irving, D., 158
Jensen, H., 143
Jentschke, W., 133, 150, 151, 152
Joliot, F., 143, 144
Joos, G., 31, 39, 40, 42
Jordan, P. 75, 77, 78, 80, 81, 84
Kerst, D. W., 215
Kersten, M., 20, 24
Kertz, W., 27, 30, 41, 42, 43
Kienle, H., 116, 119
Kilby, 228
Kirchner, F., 152
Klein, F., 49
Koester, L., 144
Kohlrausch, F., 90
Kollath, R., 151
König, H., 32, 50
Kopernikus, N. 77
Kopfermann, H., 28, 30, 31, 32, 35, 36, 37, 39, 40, 48, 49, 50, 144, 146, 223
Korsching, H., 144
Kramers, H. A., 148
Krige, J., 128, 129, 137
Kroebel, W., 208
Krug, W., 15
Kuhn, H., 196, 197, 198, 199
Kuiper, G.P., 36
Kulebakin, 114
Kulenkampff, H., 214
Kuss, 45
Kußmann, A., 22

Lamla, E., 41
Lange, F., 57, 102, 104, 105
Lark-Horowitz 181
Lau, E., 13, 15, 21, 116
Laue, M. v., 24, 25, 34, 41, 42, 51, 75, 76, 82, 113, 115, 144, 148, 191, 196
Lauritsen, Th., 144
Ledermann, L., 132
Leerhoff, 52
Lehmann, H. 81, 150, 210
Lehnartz, E., 64, 68, 69
Leibfried, G., 29, 38
Leithäuser, G., 116
Lenard, Ph., 143
Leuschner, B., 159, 160
Lindemann, F.A., 197
Lippmann, H., 221
Lohmann, K., 123
Lüders, G., 149
Ludewig, P., 90
Ludwieg, 40
Lyons, D., 158, 161, 162, 163, 164, 165
Macke, W., 22
Macrakis, K., 13, 15, 25, 28, 106, 114, 217, 221
Maier-Leibnitz, H., 143, 144, 151
Martini, P., 66, 67, 69
Martius, H., 37
Mataré, H., 173, 174
Mattauch, J., 191, 192, 193, 195, 196
Maurer, 92, 93
Mayer, R. 77, 78
Meißner, W., 168, 180
Meitner, L., 191, 192, 193, 194, 195, 196
Mentzel, R., 122, 214
Meyer, 36
Meyer, D., 35
Meyer, E., 29, 50
Meyer, P., 146
Migulin, 225
Milch, E., 212
Möglich, F., 11, 13, 14, 16, 17, 22, 113, 116, 117, 118, 160
Mollwo, F., 36
Molotow, W. M., 224
Mott, N. 181
Mühlenpfordt, J., 120, 225

Müller, 27, 39, 42, 43, 44, 45, 79, 142, 170, 176, 185, 207
Müller, C. H. F., 214, 216
Müller, E., 223
Müller, W., 170
Naas, J., 113, 114, 117
Navascués, O., 146
Neels, H., 119
Nernst, W., 197, 222
Neumann, 32, 47
Noack, K., 124
Nohl, H., 197, 198, 205
Nordheim, L., 143
Noyce, 228
Ohnesorge, W., 109, 156, 157
Oppenheimer, R. J. 75, 82
Otterbein, G., 22, 158, 160, 161, 162, 163, 165
Papapetrou, A., 22
Paschen, F., 222
Paul, W., 36
Pauli, W. 150, 168, 180
Pauling, L. 185
Peierls, R., 168, 180
Pestre, D., 128, 129
Peter, O., 111, 113, 115, 120, 121, 122, 123, 125, 127, 146, 148, 158, 159, 161, 163, 167
Peyrou, Ch., 144
Pferdmenges, F., 69
Pieck, W., 113, 117, 118, 159
Planck, M., 25, 75, 76, 82, 113, 115, 193, 194, 222
Pohl, R., 15, 27, 30, 32, 36, 37, 48, 197, 199
Powell, C. F., 146, 147
Prandtl, L., 28, 29, 35, 37, 44, 45, 46, 47, 48, 115
Preiswerk, P., 148
Pringsheim, P. 222
Pünder, H., 60
Rabi, I., 148
Raiser, L., 65, 66
Rambusch, K., 227
Ramsauer, C. 74
Regler, F., 95, 96
Rein, H., 45, 60, 61, 62, 65
Rexer, E., 221
Richter, G., 120, 162, 164

Richter, J., 102, 103, 105
Riehl, N., 120
Riezler, W., 152
Ritschl, R., 15, 16
Rompe, R., 16, 17, 20, 22, 111, 113, 116, 117, 118, 119, 120, 121, 122, 123, 124, 125, 160, 163, 228
Rosbaud, P., 34, 191
Salow, H., 156, 158, 163
Sauter, F., 31, 32, 33, 39, 51
Sawenjagin, A., 159
Scherrer, P., 193
Scherzer, O., 32, 39
Scheumann, K. H., 211, 212, 216
Schiebold, E., 92, 93, 209, 210, 211, 212, 213, 214, 215, 216, 217, 218, 219, 220
Schiffner, A., 90, 96
Schiller, F., 80
Schmeisser, K., 144
Schmelzer, Chr., 143, 144, 149, 152
Schmidt, H. W., 90
Schmidt-Ott, F., 115
Schmidt-Rohr, U., 143, 144
Schoch, A., 149
Schottky, W., 169, 171, 179, 181, 182, 183, 184, 188, 221, 223, 227
Schrödinger, E. 78, 115, 122
Schroeder, M., 30
Schulenburg, M. v. d., 22, 162, 163
Schuler, M., 29, 35, 36, 37, 38, 40, 46, 47, 48, 49, 50
Schulz, P., 16
Schumacher, F., 95, 96, 97, 98
Schütze, W., 225
Schwarz, v., 93, 94
Seeliger, R., 15, 16, 18, 20, 22, 116, 117
Seelmann, 192
Seidenschnur, F., 91, 92
Seifert, R., 213
Seiler, K., 167, 172, 173, 176, 177
Seitz, F. 180
Selbmann, F., 121
Senzky, L., 158, 162, 164, 165
Severin, 35, 36
Seydewitz, v., 93, 94
Siegel, 91
Sime, L., 191
Singer, S. F., 144

Smend, R., 43
Smythe, 36
Snow, Ch. P., 57
Sommerfeld, A., 32, 167, 170, 173, 180, 184
Speer, A., 109, 156
Spencer, C. A., 50
Spenke, E., 176, 179, 181, 182, 183, 184, 187, 188
Spranger, E. 80
Stasiw, O., 12, 14, 15, 21, 116
Steenbeck, M., 120, 121, 122, 215, 221, 225
Stein, 65
Steinitz, W., 111, 112
Steinwedel, H., 143, 152
Stellmacher, K. L., 36, 49
Stille, H., 113, 115
Stöckmann, 36
Straßmann, F., 191, 192, 193, 194, 195
Strauß, F. J., 150
Stroux, J., 114
Stubbe, H., 118
Studentkowski, 91, 92, 93
Suess, H., 143
Suhrmann, R., 167
Sutton, L. A., 34, 36, 37
Symanzik, K., 150
Tamm, I., 214
Tellenbach, G., 68, 71
Telschow, E., 193
Teltow, J., 12, 15, 21, 115
Teucher, M., 146, 147
Thiessen, P. A., 113, 120, 121, 122, 123, 125, 225
Thüring, B:, 39
Tollmien, W., 28, 29, 35
Tomaschek, R., 39
Traweek, Sh., 130, 131, 136, 137

Trendelenburg, F. 174, 184, 186
Ulbricht, W., 99, 100, 102, 104, 108, 109, 118, 122, 159, 160, 164, 230
Verschuer, O. Fr. v., 113
Volkmann, 39
Volmer, M., 111, 120, 121, 222, 223, 224, 225
Waetzmann, E., 50
Wagner, K. W., 15
Walcher, W., 17, 30, 31, 35, 36, 37, 152
Wandel, P., 39, 80, 83, 113, 141
Weidig, 90
Weisbrod, B., 52
Weiss, B., 15, 25, 158, 208, 213, 221
Weiss, C. F., 34
Weisskopf, V., 144, 168
Weizsäcker, C. F. v. 31, 39, 40, 41, 42, 51, 67, 75, 77, 79, 81, 82, 144, 156, 151
Welker, H. 167, 169, 170, 171, 172, 173, 174, 175, 177, 179, 184, 185, 186, 188
Wende, A., 17, 18, 113, 114
Wesch, L. 39
Westphal, W., 25, 34, 222
Wideröe, R., 151, 209, 215
Wigner, E., 143
Wilson, A., 168, 169, 180
Wirtz, K., 42, 144, 145, 146, 150, 151
Wittbrodt, H., 108, 111, 112, 114, 117, 119, 120, 121, 123, 124, 125, 159, 160, 161, 162, 163, 165, 226
Zahn, H., 29, 35, 37
Zeiler, F., 108, 120
Ziegler, 45
Zierold, K., 62, 63, 64, 65, 66, 122
Zimmermann, W., 150
Zühlke, 225

Autorenverzeichnis

Carson, Prof. Dr. Cathryn
University of California, Office for History of Science and Technology
543 Stephens Hall, Berkeley, CA 94270-2350, USA

Ciesla, Dr. Burghard
Dankwartstr. 24, D-10365 Berlin

Dörfel, Prof. Dr. Günter
Zaukenroder Str. 5, D-01159 Dresden

Handel, Dr. Kai
Landeshochschulkonferenz Niedersachsen
PF 6009, 30060 Hannover

Hars, Dr. Florian
Hamburg, florian@hars.de

Fuchsloch, Dr. Norman
TU Bergakademie Freiberg, Institut für Technik- und Wissenschaftsgeschichte
Fuchsmühlenweg 9, D-09599 Freiberg

Hentschel, Dr. phil. habil. Klaus
Margaretha-Rothe-Weg 3, D-2455 Hamburg

Hoffmann, PD Dr. Dieter
MPI für Wissenschaftsgeschichte
Wilhelmstraße 44, D-100117 Berlin

Laitko, Prof. Dr. Hubert
Florastraße 39, D-13187 Berlin

Lemmerich, Dr. Jost
Im Eichengrund 39, D-13629 Berlin

Madelung, Prof. Dr. Otfried
Am Kornacker 12, D-35041 Marburg

Nötzoldt, Dr. Peter
Berlin-Brandenburgische Akademie der Wissenschaften
Jägerstraße 22/23, D-10117 Berlin

Osietzki, PD Dr. Maria
Ruhr Universität, FB Geschichte- Lehrstuhl für Wirtschafts- und Technikgeschichte
PF 102148, D-44721 Bochum

Rammer, Gerhard
Georg-August-Universität, Institut für Wissenschaftsgeschichte
Humboldtallee 11, D-37073 Göttingen

Rechenberg, Dr. Helmut
MPI für Physik
Föhringer Ring 6, D-80805 München

Stange, Dr. Thomas
Effenweg 6, D-55288 Arnsheim

Szabó, Dr. Anikó
Limmerstr. 92, D-30451 Hannover

Weiss, Prof. Dr. Burghard
Medizinische Universität, Institut für Medizin- und Wissenschaftsgeschichte
Königstraße 42, D-23552 Lübeck

Aus dem Verlagsprogramm

K. Simonyi
Kulturgeschichte der Physik
Von den Anfängen bis heute

3., überarb. und erw. Aufl. 2001,
635 Seiten, zahlreiche Abb. und Tafeln,
32 Seiten Farbtafeln, geb.,
ISBN 3-8171-1651-9

...Wenn man kein anderes Werk über die Geschichte der Naturwissenschaften hat, dieses müßte her. Für den interessierten Leser, ob Laie oder Fachmann, ist es ein reichhaltiger Fundus, den zu erschließen unerwartetes Vergnügen bereitet...
F.A.Z.

...Kulturgeschichte der Physik, Wissenschaftsgeschichte: das ist noch viel zu bescheiden. Das Buch ist eine Bibliothek, ein Bildarchiv, ein Kulturdepot...
Norddeutscher Rundfunk

...Der Ungar Károly Simonyi hat ein Buch geschrieben, das seinesgleichen sucht...
Rheinischer Merkur

Das Buch behandelt die Physikgeschichte – in wechselseitiger Verbindung mit der Entwicklung des mathematischen und philosophischen Gedankenguts – von den frühen Anfängen bis zu den heutigen Tagen.

Wenn man das Buch in die Hand nimmt, fällt sofort dessen außergewöhnliche Struktur auf. Neben dem Haupttext, in dem Teile, die tiefere Fachkenntnisse voraussetzen, durch Kleindruck abgesetzt sind, finden sich in einer breiten Randspalte mehr als 400 Zitate aus den Werken bedeutender Physiker und Zeitgenossen. Hier ist auch ein Großteil der über 700 Abbildungen angeordnet: Zeichnungen, Tabellen, Fotos, Faksimiles.

Ausführliche Bildlegenden geben eine Fülle zusätzlicher Informationen. Der Tafelteil am Ende des Buches ermöglicht in seiner abgestimmten Gesamtheit eine farbige Übersicht über die wichtigsten Schritte in der Entwicklung der Physik. Über 1200 Namen samt Lebensdaten sind im Personenregister verzeichnet.

―――――― *Aus dem Verlagsprogramm* ――――――

W. Engelhardt
Enzyklopädie Raumfahrt
mit einem Vorwort von Ulf Merbold

2001, 694 Seiten, ca. 800 Abb., geb.,
ISBN 3-8171-1401-X

Erstmals werden in dieser Publikation die wichtigsten technischen, wissenschaftlichen und kommerziellen Aspekte der internationalen Raumfahrt beschrieben. Die Aufgaben und Ergebnisse der jeweiligen Satelliten- und Raumsonderprojekte werden erläutert und in Tabellen zusammengestellt. Ausführlich beschreibt der Autor die Aufgaben und Erfolge zahlreicher Anwendungs-Trabanten zur Telekommunikation und Erdbeobachtung.

Ein Schwergewicht liegt auf den nahezu 200 bemannten Raumflügen. Mit seinem Buch bietet der Autor die Grundlagen für die kritische Auseinandersetzung um die wissenschaftlichen, kommerziellen, technologischen und militärischen Aspekte der Raumfahrt.

K.-H. Schlote
Chronologie der Naturwissenschaften
Der Weg der Mathematik und der Naturwissenschaften von den Anfängen in das 21. Jahrhundert

2001, 1.258 Seiten, über 13.000 Einträge, geb.,
ISBN 3-8171-1610-1

Das im Auftrag der Sächsischen Akademie der Wissenschaften erarbeitete „Jahrtausendwerk" ist eine nützliche Chronik der mathematisch-naturwissenschaftlichen Entdeckungen und deren Entdecker. Sie umfaßt mehr als 13.000 Einträge nach Jahren geordnet zwischen 10.000 vor unserer Zeitrechnung bis 1990: Eine Zeitreise durch die Entwicklung unseres naturwissenschaftlichen Weltbildes.

Eine Ausgabe mit CD-ROM soll folgen.

Ostwalds Klassiker der exakten Wissenschaften

Band 264
M. von Ardenne
Arbeiten zur Elektronik
Erl.: H. Berg und S. Reball

2., überarb. und erw. Auflage 1998, 169 Seiten, kt., ISBN 3-8171-3404-5

Der Band „Arbeiten zur Elektronik" gibt einen ausgewählten Einblick in die Vielseitigkeit der Erfindungen des Autodidakten von Ardenne, die unser Leben nachhaltig veränderten und auch heute noch beeinflussen: Rundfunk und Fernsehen gehören heute zum alltäglichen Leben, das Rasterelektronenmikroskop ist aus der wissenschaftlichen Praxis nicht mehr wegzudenken und die Elektronenstrahltechnologie hat eine Einsatzbreite vom Schwermaschinenbau über die Satelliten-Bahnkorrektur bis zur medizinischen Diagnostik.

Band 287
A. Friedmann
Die Welt als Raum und Zeit
Übers., Einl. u. Anm.: G. Singer

2. überarb., Aufl. 2002, 233 Seiten, kt., ISBN 3-8171-3412-6

Friedmanns Entdeckungen entsprangen einer eigenständigen tiefgründigen Durchdringung der allgemeinen Relativitätstheorie. Seine hier erstmals in deutscher Sprache edierte Abhandlung „Die Welt als Raum und Zeit" (1923) sollte ursprünglich die Leser einer philosophischen Zeitschrift, wissenschaftlich korrekt, mit den wesentlichen Voraussetzungen, Inhalten und Konsequenzen des „großen Relativitätsprinzips" bekannt machen. Das Werk ist keine gemeinverständliche Einführung im üblichen Sinn, vielmehr will Friedmann aufzeigen, wie die allgemeine Relativitätstheorie den Anstoß zu einem Neuentwurf des physikalischen Weltbildes gibt, aber auch die Chance eröffnet, tiefere Einsicht in das Wesen und die Leistungsfähigkeit theoretischer Physik zu gewinnen.

Band 286
L. Boltzmann
Entropie und Wahrscheinlichkeit
Bearb.: D. Flamm

2000, 305 Seiten, kt., ISBN 3-8171-3286-7

D. Flamm, ein Enkel Boltzmanns, hat in diesem Band die wichtigsten Arbeiten Boltzmanns zusammengestellt und eingeleitet. Die wesentlichen Themen des Werkes von Boltzmann werden abgehandelt: Die Boltzmanngleichung und das H-Theorem; Loschmidts Umkehreinwand mit Boltzmanns Erwiderung; das Boltzmannsche Prinzip; die Ableitung des Stefan-Boltzmannschen Gesetzes; Ergodentheorie und statistische Ensemble; Boltzmanns Erwiderung auf Zermelos Umkehreinwand; Boltzmanns Empfehlung an Planck, wie er zur Strahlenformel gelangen solle; Boltzmanns evolutionäre Erkenntnis- und Wissenschaftstheorie, die viel von K. Lorenz und K. Popper vorwegnimmt.